HANDBUCH DER EXPERIMENTELLEN PHARMAKOLOGIE

BEGRÜNDET VON A. HEFFTER

ERGÄNZUNGSWERK

HERAUSGEGEBEN VON

W. HEUBNER UND J. SCHÜLLER

PROFESSOR DER PHARMAKOLOGIE AN DER UNIVERSITÄT BERLIN

PROFESSOR DER PHARMAKOLOGIE AN DER UNIVERSITÄT KÖLN

SECHSTER BAND

ENTHALTEND BEITRÄGE VON

O. GESSNER-HALLE A. S. · **G. BARGER**-GLASGOW

MIT 54 ABBILDUNGEN

SPRINGER-VERLAG BERLIN HEIDELBERG GMBH 1938

ISBN 978-3-662-32094-5 ISBN 978-3-662-32921-4 (eBook)
DOI 10.1007/978-3-662-32921-4

URSPRÜNGLICH ERSCHIENEN BEI JULIUS SPRINGER IN BERLIN 1938

Inhaltsverzeichnis.

Seite

Tierische Gifte.

Von

OTTO GESSNER-Halle-Wittenberg.

Einleitung.

Der Begriff „*Tierische Gifte*" wird so übernommen, wie er bei FAUST[1] und FLURY[2] gefaßt ist.

Ebenso ist die *Einteilung* des Stoffes nach der Stellung der Gifttiere im zoologischen System beibehalten worden, da es auch heute trotz Berücksichtigung der inzwischen auf einzelnen Gebieten der tierischen Gifte weit vorgeschrittenen Erkenntnisse noch nicht möglich ist, eine Einteilung des Stoffes nach pharmakologischen Gesichtspunkten *allgemein* vorzunehmen.

Die Reihenfolge der einzelnen Stämme, Klassen und Ordnungen der Gifttiere ist aus Gründen der Einheitlichkeit dieselbe wie bei FAUST, trotzdem diese Reihenfolge nicht dem Vorgehen der systematischen Zoologie entspricht.

Die *Literatur* wurde bis einschließlich 1936 systematisch durchgesehen. Soweit bisher zugänglich, wurden auch die Arbeiten des Jahres 1937 berücksichtigt. Schluß der Bearbeitung der Literatur: Mitte September 1937.

An neueren *zusammenfassenden Darstellungen* seien außer dem durch den vorliegenden Beitrag ergänzten Artikel von FAUST in diesem Handbuch (1924, Bd. II, 2) besonders angeführt:

FAUST, E. ST.: Tierische Gifte. In: Abderhaldens Handb. d. biol. Arbeitsmeth., 2. Aufl., Abt. IV, Teil 7 A, 753 (1923).

FAUST, E. ST.: Tierische Gifte. In FLURY-ZANGGER, Lehrb. d. Toxikologie. Berlin 1928.

FLURY, F.: Tierische Gifte und ihre Wirkung. In: Handb. d. norm. u. path. Physiol. **13**, 102 (1929).

PAWLOWSKY, E. N.: Gifttiere und ihre Giftigkeit. Jena 1927.

PHISALIX, M.: Animaux vénimeux, **1** u. **2**. Paris 1922.

STROHL, J.: Die Giftproduktion bei den Tieren. Leipzig 1926. [Biol. Zbl. **45**, 513, 577 (1925).]

GESSNER, O.: Handwörterbuch d. Naturwiss., 2. Aufl., Bd. V, S. 211 (1935).

Mammalia, Säugetiere.

Ornithorhynchus anatinus SHAW. = *O. paradoxus* BLBCH., *Schnabeltier.*

Nach den neuesten Untersuchungen über das Schnabeltiergift (KELLAWAY und LE MESSURIER[3]) tritt die bereits bekannte *Blutdrucksenkung* nach intravenöser Zufuhr des Giftes plötzlich ein und ist sehr stark, ohne daß die früher als Ursache der blutdrucksenkenden Wirkung angesehene intravasale Blutgerinnung zu beobachten ist. Die Blutdrucksenkung ist vielmehr peripher bedingt und tritt — im Gegensatz zu der Wirkung australischer Schlangengifte — auch

[1] FAUST, E. ST.: Tierische Gifte. Dies. Handb. Bd. II, 2, 1748 (1924).

[2] FLURY, F.: Tierische Gifte und ihre Wirkung. In: Handb. d. norm. u. path. Physiol. **13**, 102 (1929).

[3] KELLAWAY, C. H., u. D. H. LE MESSURIER: Austral. J. exper. Biol. a. med. Sci. **13**, 205 (1935).

bei wiederholter intravenöser Einspritzung des Schnabeltiergiftes stets von neuem ein. Eine zentrale Wirkung, insbesondere auf die Atmung, ist nicht nachgewiesen. Das native Gift wirkt nur sehr *schwach hämolytisch* und hat nur eine geringe zytolytische Wirkung. Bei *altem* Gift ist die Wirkung auf die Blutgerinnung schwach.

Das wirksame Prinzip des Schnabeltiergiftes ist bisher nicht isoliert worden.

Moschus moschiferus Linné, *Moschus-Tier*.

Der in Europa längst obsolet gewordene, in Ostasien noch verhältnismäßig häufig gebrauchte *Moschus* ist neuerdings von Takayama[1] untersucht worden. Danach ist Moschus („Iumon" — M.) beim Kaninchen selbst in Dosen von 1 g/kg wirkungslos. Dagegen bewirkt ein gut alkohollöslicher Anteil dieses Moschus an Fröschen Erregung der motorischen Nervenendigungen und fibrilläre Zuckungen. Ein anderer, wasserlöslicher und dann mit Salzsäure auszuscheidender Anteil führt über Erregung des Vasomotorenzentrums zu Blutdrucksteigerung. Eine dritte Fraktion wirkt am Herzen positiv inotrop und ebenfalls blutdrucksteigernd, während sie den Tonus der glatten Muskulatur senkt. Quantitativ ist aber die Moschuswirksamkeit so gering, daß sie zur therapeutischen Verwendung nicht berechtigt.

Reptilia, Kriechtiere.

Bei den Reptilien finden sich Gifttiere nur in den Ordnungen der Schlangen (*Ophidia*) und der Echsen (*Sauria*). Während bei den Echsen nur zwei giftige Arten aus der Gattung Heloderma (s. S. 37) bekannt sind, weist die Ordnung der Schlangen sehr viele und darunter für den Menschen sehr gefährliche Gifttiere auf.

1. Ophidia, Schlangen.

Neueres Schrifttum über Schlangengifte.

Das *Schrifttum* der letzten 13—14 Jahre über Giftschlangen und ihre Gifte ist sehr umfangreich. Es sind rund 500 Arbeiten, die in diesem Abschnitt schon aus Raummangel nur teilweise besprochen werden können. Die wichtigsten dieser neueren Veröffentlichungen über Schlangengifte haben erhebliche Fortschritte in der Erkenntnis besonders der *Pharmakologie* der Schlangengifte ergeben. Die *Chemie* der Schlangengifte ist indessen — im Gegensatz zu der Chemie der Amphibiengifte — in dieser Zeit verhältnismäßig wenig weitergekommen.

Als neuere *zusammenfassende Darstellungen* über das Gesamtgebiet der Schlangengifte seien hier die Beiträge folgender Autoren genannt: Pawlowsky[2], Flury[3], Kraus[4], Kraus und Werner[5], Schlossberger und Koch[6], Maass[7], Kellaway[8].

---

[1] Takayama, Y.: Tohoku J. exper. Med. **15**, 435 (1930).

[2] Pawlowsky, E. N.: Gifttiere. S. 255—333. Jena 1927.

[3] Flury, F., in: Handb. d. norm. u. path. Physiol. **13**, 154ff. (1929).

[4] Kraus, R.: In Kolle, Kraus u. Uhlenhuth: Handb. d. path. Mikroorg., Bd. III, 1, S. 1. 1930.

[5] Kraus, R., u. F. Werner: Giftschlangen und die Serumbehandlung der Schlangenbisse. Jena 1931.

[6] Schlossberger, H., u. Koch: Tierische Toxine. In: Handb. d. Biochem. d. Menschen u. d. Tiere, 2. Aufl., Erg.-Werk **1**, 589 (1933).

[7] Maass, Th. A.: In Tab. biol., IV, VIII, 345; IX, 105; XI, 354.

[8] Kellaway, C. H.: Snake Venoms. Bull. Hopkins Hosp. a) **60**, 1; b) **60**, 18; c) **60**, 159 (1937).

Zusammenfassende neuere Arbeiten über die Giftschlangen bestimmter Gebiete stammen von YAMAGUTI (Formosa)[1], LOVERIDGE (Ostafrika)[2], KOPSTEIN (Java)[3], PICADO (Costarica)[4], CRIMMINS (Texas)[5], KELLAWAY und EADES[6], FAIRLEY und SPLATT[7], FAIRLEY[8], KELLAWAY[9, 10] (6—10 Australien).

Die übrige — in Auswahl berücksichtigte — Literatur ist in den einzelnen folgenden Unterabschnitten angegeben.

Allgemeines über Giftschlangen.

Von den rund 2300 Schlangenarten der Erde sind nach KRAUS und WERNER[11] nur etwa 390 Arten als Giftschlangen im landläufigen Sinne („*Serpentes venenosi*", „*Thanatophidia*"), d. h. als *aktiv* giftige und für größere Tiere und den Menschen gefährliche Schlangen zu bezeichnen.

Die eigentlichen Giftschlangen gehören sämtlich den beiden Unterordnungen *Colubridae* und *Viperidae* (= *Solenoglypha*) an, und zwar sind die mit röhrig durchbohrten Giftzähnen bewehrten Viperiden ohne Ausnahme Giftschlangen, während bei den Colubriden nur die mit gefurchten Giftzähnen bewaffneten *Proteroglypha* eigentliche Giftschlangen sind.

Zu den Giftschlangen im weiteren Sinne müssen aber auch die zu den Colubriden gehörenden ebenfalls aktiv giftigen Opisthoglypha („Serpentes suspecti") gerechnet werden; denn sie besitzen nicht nur Giftdrüsen mit sehr wirksamem Sekret, sondern auch geriefte Giftzähne, und sie sind für größere Tiere und den Menschen im allgemeinen nur deswegen ungefährlich, weil wegen der ungünstigen Stellung der Giftzähne weit hinten im Kiefer die Übertragung des Giftes praktisch nicht oder nur in so geringem Maße in Frage kommt, daß höchstens örtliche Vergiftungserscheinungen auftreten.

Wirksames Gift enthalten in ihren Giftdrüsen endlich die ebenfalls zu den Colubridae gehörenden *Aglypha*, *„ungiftige"* Schlangen, die keine eigentlichen (gefurchten oder röhrenartig durchbohrten) Giftzähne, sondern nur kleine glatte, nicht unmittelbar mit den Giftdrüsen in Verbindung stehende Zähnchen besitzen und deswegen für größere Tiere und den Menschen unter allen Umständen harmlos sind.

Systematik und geographische Verbreitung der Giftschlangen.

Bezüglich der *Systematik*, der *geographischen Verbreitung* und der Beschreibung der wichtigsten Giftschlangen und ihrer Giftorgane wird auf die mit guten Abbildungen ausgestatteten neueren Werke von M. PHISALIX[12], PAWLOWSKY[13] sowie von KRAUS und WERNER[11] verwiesen. Siehe auch bei MAASS[14].

Die *biologische Differenzierung* mehrerer dem System nach nahe verwandter Bothropsarten versuchte DO AMARAL[15]. Durch Vergleichen der Gifte (D. l. m., Aufhebung der Giftwirkung durch Erhitzen des Giftsekretes, Proteolyse, Hämolyse, gekreuzte Neutralisation der entsprechenden Antisera, Präzipitinreaktion) wurden Unterschiede festgestellt, die auch vom biologischen Standpunkt aus eine Verschiedenheit der untersuchten Bothropsarten (*B. atrox*, *B. jararaca*, *B. jararacussu*) zeigten.

[1] YAMAGUTI, K.: Z. Hyg. **100**, 182 (1923).
[2] LOVERIDGE, A.: Bull. Antivenin Inst. Amer. Glenolden a) **1**, 106; b) **2**, 1; c) **2**, 32 (1928).
[3] KOPSTEIN, F.: Z. Morph. u. Ökol. Tiere **19**, 339 (1930).
[4] PICADO, C.: a) Bull. Antivenin Inst. Amer. Glenolden **4**, 1 (1930); b) Mem. Inst. Butantan **8**, 389; c) ebenda **8**, 395 (1934).
[5] CRIMMINS, M. L.: J. amer. vet. med. Assoc. **71**, 704 (1927).
[6] KELLAWAY, C. H., u. T. EADES: Med. J. Austral. **1929**, 249 (mit Abbildungen der Schlangen).
[7] FAIRLEY, H., u. B. SPLATT: Med. J. Austral. **1929 I**, 336.
[8] FAIRLEY, H.: Symposium on Snake Bite. 1929 (Reprinted from Med. J. Austral. 9., 16., 23. III. u. 8. VI. 1929).
[9] KELLAWAY, C. H.: Bull. Antivenin Inst. Amer. Glenolden **5**, 53 (1932).
[10] KELLAWAY, C. H.: Trans. roy. Soc. trop. Med. Lond. **27**, 9 (1933).
[11] KRAUS, R., u. F. WERNER: Zit. S. 2.
[12] PHISALIX, M.: Animaux vénimeux. Paris 1922.
[13] PAWLOWSKI, E. N.: Zit. S. 2. [14] MAASS, TH. A., Tab. biol., VIII, 345 (1933).
[15] DO AMARAL. A.: Amer. J. trop. Med. **4**, 447 (1924).

Kellaway und Williams[1] fanden bei der Prüfung serologischer und anderer Blutbeziehungen zwischen australischen Schlangen die beste Übereinstimmung mit der zoologisch-systematischen Einordnung in den Ergebnissen der Komplementbindungsreaktion, während mit der Präzipitinreaktion nur teilweise eine Unterscheidung der Gattungen möglich war.

Die Giftorgane der Schlangen.

Den Verlauf der Kopfmuskeln und ihre Beziehungen zu den *Giftdrüsen* (muskuläre Entleerung beim Beißen hauptsächlich durch den Masseter) sowie den Bau der Giftdrüsen selbst untersuchte neuerdings Radowanowitsch[2]. Die Giftdrüse besteht danach aus dem Drüsenkörper, dem Ausführkanal und (meistens) einer akzessorischen Schleimdrüse, deren Sekret zur Verflüssigung des ursprünglich zähflüssigen Giftsekretes dient. An der Giftdrüse der Kobra (*Naja naja*) unterscheidet Radowanowitsch einen kleineren, zentral gelegenen sekretarmen und einen größeren, den erstgenannten Teil umfassenden sekretorischen Drüsenanteil. Beide Drüsenanteile sind histologisch verschieden und sollen verschiedene Giftbestandteile absondern.

Ähnliche Untersuchungen hatte zuvor Wolter[3] an der Kreuzotter (*Vipera berus*) durchgeführt.

Während bei manchen Schlangen die durch die Stellung der *Giftzähne* nach dem Biß bedingte Hinderung des Schlingaktes dadurch beseitigt wird, daß das Os maxillare samt den Giftzähnen beim Schlingakt ausgeschaltet wird, wird bei *Lachesis gramineus* nach Haas[4] das Maxillare nicht außer Tätigkeit gesetzt, sondern nur stillgestellt, und es wird die Beute dann allein mit dem abwechselnd vor- und zurückgeschobenen Unterkiefer hereingezogen.

Fairley[5] fand bei seinen Untersuchungen über den *Beißmechanismus* australischer Giftschlangen u. a. die interessante Tatsache, daß die Todesotter (*Acanthophis antarcticus*) wie die Viperiden die Giftzähne aktiv aufrichten kann. Diese Schlange ähnelt auch auf Grund osteologischer Befunde und ihrem Aussehen nach (s. Abbildung bei Fairley) den Viperiden, gehört aber — wie alle australischen Schlangen überhaupt — mit ihren Furchenzähnen, mit der Konfiguration der Maxilla und vor allem wegen ihres typisch wirkenden Giftes einwandfrei zu den Colubriden.

Fairley stellte mit einer neuen Methode (Impression der Schlangenzähne in Modellmasse) charakteristische Zahnbilder (s. Abbildung bei Fairley) fest. Diese Befunde haben, und zwar insbesondere für die Serumtherapie, deswegen praktische Bedeutung, weil es möglich ist, aus dem Bißbild die Schlangenart zu ermitteln, wenn bei oder nach dem Biß die betreffende Giftschlange nicht erkannt worden ist. Aus dem Abstand der Bißpunkte (s. S. 6) können auch Schlüsse auf die einverleibte Giftmenge gezogen werden.

Im übrigen geht, worauf Kellaway[6] besonders hingewiesen hat, der Wirksamkeit der Schlangengifte keineswegs immer die Ausbildung des Beißapparates parallel. So besitzt die Seeschlange *Enhydrina schistosa* zwar eins der wirksamsten Gifte, hat aber einen nur sehr kümmerlichen Beißapparat.

Die für den Menschen gefährlichsten Schlangen werden daher die sein, welche das wirksamste Gift in möglichst großer Menge produzieren und — bei großer Angriffs- und Beißlust — vermöge eines möglichst starken und vollkommenen Beißapparates (wobei die Länge der Zähne eine hervorragende Rolle spielt) die größten Giftmengen beim Biß auf den Menschen übertragen können.

Stehen zwei Giftzähne im Kiefer dicht beieinander, so liefert jeder dieser beiden Zähne Gift (Klauber[7]).

---

[1] Kellaway, C. H., u. E. Williams,: Austral. J. exper. Biol. a. med. Sci. **8**, 123 (1931).
[2] Radowanowitsch, M.: Jena. Z. Naturwiss. **63**, 559 (1928).
[3] Wolter, M.: Jena. Z. Naturwiss. **60**, 305 (1924).
[4] Haas, G: Anat. Anz. **68**, 358 (1929) — Zool. Jb. Abt. Anat. u. Ontog. **53**, 127 (1931).
[5] Fairley, H.: Med. J. Austral. **1929 I**, 313.
[6] Kellaway, C. H.: Snake Venoms. Bull. Hopkins Hosp. **60**, 1 (1937).
[7] Klauber, L. M.: Bull. Antivenin Inst. Amer. Glenolden **2**, 11 (1928).

Den Mechanismus des *Giftspeiens* der Schlangen (als Speischlangen bekannt sind *Sepedon haemachates* und eine Reihe afrikanischer *Naja-Arten*) untersuchten KOCH und SACHS[1] an einer in Gefangenschaft gehaltenen großen *Naja nigricollis*. Nach längerer Reizung spie das Tier in *zwei gesonderten* Strahlen an eine Glasscheibe. Das entleerte Sekret verursachte am Kaninchenauge stärkste Entzündungserscheinungen und bleibende Gewebsschädigungen und ist mit dem Sekret der Giftdrüsen identisch. Den Vorgang der Entleerung hat man sich meines Erachtens wie bei einer Injektionsspritze zu denken; dem Stempeldruck entspricht hier (s. a. LOVERIDGE[2]) eine besonders kräftige Kontraktion des M. masseter, wodurch die gewaltsame Herausschleuderung des Giftsekretes bewirkt wird.

Gewinnen des Giftes und Giftmengen.

Die bekanntesten Methoden der *Giftentnahme* von der lebenden Schlange sind nach DO AMARAL[3]:

1. Entleeren der Giftdrüsen der durch Chloroform *narkotisierten* Schlange durch Fingerdruck auf die Giftdrüsen, Auffangen des Sekretes in einer Schale, Trocknen im Exsiccator (CALMETTE).
2. Vorgehen wie bei 1., nur Auffangen in einer mit Mull bedeckten Schale (FITZ SIMONS).
3. Die Schlange wird von der 1. Person mit einer Schlinge (unmittelbar hinter dem Kopf liegend) gefangen, mit Daumen und Zeigefinger der rechten Hand im Nacken festgehalten, danach von der Schlinge befreit. Der Schlangenkörper wird von der 1. Person mit der linken Hand fixiert. Die 2. Person öffnet sodann mit einer Pinzette der Schlange das Maul und läßt sie in eine vorgehaltene Petrischale beißen und das Gift entleeren. Zum Schluß werden die Giftdrüsen mit dem Finger noch so weit wie möglich ausgedrückt (BRAZIL, s. Abbildung bei KRAUS und WERNER[4]).
4. Ähnlich wie bei 3., aber von *einer* Person *allein* und mit größerer Schonung des Beißapparates der Schlange durchgeführt: Ein mit Mull (oder Gummi) überspanntes Spitzglas wird mit dem Fuß auf dem Tisch festgeklemmt, der Operateur greift und fixiert die nicht narkotisierte Schlange im Nacken mit der linken Hand, klemmt den Schlangenleib zwischen seinen Schenkeln, bei kleineren Tieren einfach unter dem Arm fest, öffnet sodann mit einer von der rechten Hand geführten Pinzette der Schlange das Maul und läßt das Tier durch den Mull beißen und das Gift in das Glas entleeren. Dabei ist es wichtig, daß der Unterkiefer der Schlangen an der Mull- oder Gummibespannung des oberen äußeren Glasteiles eine Stütze findet (siehe Abbildung bei FITZ SIMONS[5]). Auch hier werden nachträglich beide Giftdrüsen mit den Fingern mäßig stark und gleichzeitig ausgedrückt (DO AMARAL).

Die 4. Methode gestattet einer einzelnen Person, in einer Stunde von 30 bis 60 Schlangen das Gift zu entnehmen, sie vermeidet außerdem Verletzungen der Schlangen, Verlust an Gift (s. Methode 2) und Verunreinigung des Giftsekretes. Dieses Vorgehen ist deswegen besonders zu empfehlen.

Ähnliche Methoden sind von GEORGE[6] und von FAIRLEY und SPLATT[7] angegeben worden.

Die Giftentnahme wird zweckmäßigerweise bei derselben Schlange nur alle 2 Wochen wiederholt. Im übrigen nimmt in der Gefangenschaft die Giftproduktion meistens erheblich ab, und die Tiere gehen verhältnismäßig bald ein. Als Ursache des vorzeitigen Todes ist die Nahrungsverweigerung, die Unzweckmäßigkeit der künstlichen Ernährung und die Schädigung der Schlange bei der Giftentnahme (KRAUS und WERNER[4], DO AMARAL[3]) anzusehen.

FAIRLEY und SPLATT[7] haben aber gezeigt, daß es gelingt, Schlangen auch in Gefangenschaft längere Zeit am Leben zu erhalten, wenn man ihre Lebensgewohnheiten beachtet und in der Gefangenschaft möglichst weitgehend nachahmt. Die Schlangen fressen dann auch spontan und liefern auch bei wiederholter Giftentnahme keine wesentlich geringeren Giftmengen.

[1] KOCH, M., u. W. B. SACHS: Zool. Anz. **70**, 155 (1927). [2] LOVERIDGE: Zit. S. 3.
[3] DO AMARAL, A.: Bull. Antivenin Inst. Amer. Glenolden **1**, 100 (1928).
[4] KRAUS, F., u. R. WERNER: Zit. S. 2.
[5] FITZ SIMONS: Snakes. Deutsche Übersetzung: „Schlangen“, S. 161. Stuttgart 1934.
[6] GEORGE, I. D.: Bull. Antivenin Inst. Amer. Glenolden **4**, 57 (1930).
[7] FAIRLEY u. SPLATT: Zit. S. 3.

Die *Giftmenge* geht bei den Schlangen im allgemeinen der Größe der Giftdrüsen, d. h. bei Tieren *derselben Art* dem Alter (Gewicht und Länge) der Schlangen, dagegen nicht immer auch der Größe *verschiedener Schlangenarten* (selbst aus derselben Gattung) parallel. Vielmehr liefern große Schlangenarten oft wenig Gift, kleinere, wie *Crotalus exsul*, sehr große Giftmengen (KLAUBER[1]).

Weiterhin hängt die Giftmenge, vor allem auch die beim Biß freilebender Schlangen entleerte Giftmenge, außer von den oben geschilderten Faktoren besonders davon ab, welche Zeit seit dem letzten Biß der Schlange verstrichen war.

Auch nach der Futteraufnahme ist die Giftmenge zunächst herabgesetzt (FAIRLEY und SPLATT[2]).

In den Sommermonaten liefern die Schlangen, wie bei poikilothermen Tieren nicht anders zu erwarten, größere Giftmengen als in den Wintermonaten. Außerdem sind die Giftmengen bei den in wärmerem Klima lebenden Schlangen größer als bei Schlangen kühlerer Zonen (HOUSSAY[3]).

Nach FAIRLEY und SPLATT[2] ist sowohl bei verschiedenen Schlangenarten als auch bei verschiedenen Individuen derselben Art die Giftmenge um so größer, je weiter die Giftzähne voneinander entfernt stehen. Genaues Betrachten und Ausmessen der *Bißpunkte* hat daher praktische Bedeutung für Prognose und Therapie des Schlangenbisses: Entfernungen zwischen den Bißpunkten von weniger als 1 cm zeigen die Einverleibung einer geringen, Entfernungen von 1,5—2 ccm dagegen die Einverleibung großer Giftmengen an.

Die bei der Giftentnahme nach der Methode von Do AMARAL (s. S. 5) durch Biß entleerte Giftmenge beträgt 25—75%, meist etwa 50% der Gesamtgiftmenge (= Menge beim Biß + Menge des hinterher noch ausdrückbaren Giftsekretes) (Do AMARAL[4]). Bei den australischen Schlangen fand FAIRLEY[5] durchschnittlich 75% („Reservemenge“ = 25%, Schwankungen dieser Menge 0—85%).

FAIRLEY und SPLATT[2] bestimmten eingehend die Durchschnittswerte für die erstmalige Giftentnahme („primary yield“) und für die in der Gefangenschaft folgenden einzelnen weiteren Giftentnahmen („mean yield during captivity“), sowie die Werte für die bei den einzelnen Schlangen gefundenen Maximal-Giftmengen („highest individual yield for the species“).

Tabelle 1. *Giftmenge* in Milligramm Trockensubstanz bei australischen Giftschlangen nach FAIRLEY u. SPLATT[2].

Schlangenart	1. Erstmalige Giftentnahme (primary yield)	2. In der Gefangenschaft folgende Giftentnahmen (mean yield during captivity)	3. Maximale Giftmenge pro Individuum (highest indiv. yield of the species)
Acanthophis antarcticus (Death-adder)	78,2	64,9	235,6
Notechis scutatus (Tigersnake)	34,9	35,9	155,0
Denisonia superba (Copperhead)	24,9	18,5	84,6
Pseudechis porphyriacus (Black-Snake)	37,0	35,0	74,8
Demansia textilis (Brown-Snake)	4,8	In Gefangenschaft keine meßbare Giftmenge zu gewinnen	5,56

Die Schwankungen in den Giftmengen sind recht bedeutend, im übrigen

[1] KLAUBER: Zit. S. 4. [2] FAIRLEY u. SPLATT: Zit. S. 3.
[3] HOUSSAY, B. A.: C. r. Soc. Biol. Paris **89**, 449 (1923).
[4] Do AMARAL, A.: Bull. Antivenin Inst. Amer. Glenolden **1**, 103 (1928).
[5] FAIRLEY: Zit. S. 4.

wurden bei *Crotalus-* und *Bothrops-Arten*, wohl infolge der verbesserten Technik, von GEORGE[1] Frischgiftmengen von über 600 mg gefunden (s. a. FAUST[2]).

KELLAWAY und THOMSEN[3] fanden bei *Pseudechis australis* eine maximale Giftmenge von 311 mg (Trockensubstanz!).

Die Natur der Schlangengifte.

Allgemeines. Das Schlangengift — das native Giftsekret — ist ein *gemischter Speichel* (s. a. S. 4), zusammengesetzt aus den Absonderungen der serösen Giftdrüsen und der supralabialen Schleimdrüsen.

In frischem Zustand ist das Gift in der *Färbung* verschieden, weiß bei den Aglypha und Opisthoglypha sowie bei Lachesis lanceolatus; sonst meist gelb, goldgelb bis grüngelb (bis smaragdgrün); im übrigen ist das native Giftsekret nicht immer klar, sondern, z. B. bei den aglyphen Colubriden, milchig oder rahmartig.

Der *Trockengehalt* der Schlangengiftsekrete schwankt und beträgt, wie aus Tabelle 2 hervorgeht, im Durchschnitt etwa 25—30% des Frischgiftes.

Tabelle 2. *Trockengehalt* verschiedener Schlangengiftsekrete.

Schlangenarten	Trockensubstanz des Frischgiftes %	Autor
Lachesis Neuwiedii	24	HOUSSAY[4]
„ *alternatus*	24—29	„
Crotalus terrificus	31	„
Lachesis ammodytoides	34—40	„
Crotalus exsul, Mitchelli, tigris	33	DO AMARAL[5]
„ *atrox, cerastes, lepidus, molossus*	30	„
Ancistrodon mokasen, piscivorus, Crotalus adamanteus, confluentus, horridus, oreganus	28,5	„
Sistrurus miliaris	25	„
Bothrops atrox	28	GEORGE[6]
Crotalus terrificus	26	„
Acanthophis antarcticus	30,7	FAIRLEY u. SPLATT[7]

Eiweißgehalt des Trockengiftes. Der Gehalt des Trockengiftes an *Eiweiß* (sowie Lecithin und Cholesterin) ist sehr hoch, das getrocknete Kobragift enthält rund 87%, das Daboiagift sogar fast 97%.

An den Eiweißstoffen haben die Proteosen einen erheblichen Anteil, Albumine und Globuline kommen in wechselnden Mengen vor (GANGULY und MALKANA[8]).

Physikalische und physikalisch-chemische Einwirkungen auf Schlangengifte (Entgiftung). *Wärme*: Unterschiede in der Temperaturresistenz der Gifte nahe verwandter Bothropsarten stellte DO AMARAL[9] fest: Die Gifte von *Bothrops atrox* und *B. jararaca* wurden durch 70°, das Gift von *B. jararacussu* dagegen erst durch 110° C zerstört. Kobragift ist bekanntlich gegen Temperaturen von 80—100° C widerstandsfähig, Kobraantitoxin dagegen hitzeempfindlich.

Bestrahlung mit *ultraviolettem* Licht schädigt umgekehrt Schlangengift stärker als Antitoxin (EIDINOW[10]).

---

1 GEORGE: Zit. S. 5. 2 FAUST: Dies. Handb. Bd. II, 2, 1770—1771 (1924).
3 KELLAWAY, C. H., u. D. F. THOMSEN: Austral. J. exper. Biol. a. med. Sci. **7**, 134 (1930).
4 HOUSSAY: Zit. S. 6. 5 DO AMARAL: Zit. S. 6.
6 GEORGE: Zit. S. 5. 7 FAIRLEY u. SPLATT: Zit. S. 3.
8 GANGULY, S. N., u. M. T. MALKANA: Indian J. med. Res. **23**, 997; **24**, 281 (1936).
9 DO AMARAL: Zit. S. 3.
10 EIDINOW, A.: Brit. J. exper. Path. **11**, 65 (1930).

ARTHUS und Mitarbeiter[1, 2] geben dagegen eine gleichmäßige Zerstörung von Schlangengift und Antitoxin an[1]. Ferner fanden sie eine Aufhebung des Immunisierungsvermögens und eine Hemmung der zerstörenden Wirkung der UV-Strahlen durch Eiweiß (>0,24 proz. Lösungen) und Pepton (>0,32 proz. Lösungen)[2]. Nach EIDINOW[3] heben nur Wellenlängen von <2800 Å die Wirkung des Neurotoxins auf, während Hämolysin und Zytolysin bereits durch Strahlen größerer Wellenlängen (3300—2800 Å) zerstört werden.

MACHT[4] fand 3000—4000 Å am wirksamsten. Die Aufhebung der Giftwirkung tritt bei den Giften von *Crotalus-Arten*, von *Bothrops atrox* und *Ancistrodon piscivorus* schon nach 15 Minuten ein, während das Gift der *Naja naja* gegen UV-Strahlenwirkung widerstandsfähiger ist (MACHT[5]). — WELCH[6] fand Zerstörung von Crotalusgift (*Crotalus atrox*) nach 10 Minuten, von Kobragift (*Naja naja*) nach 15 Minuten langer Bestrahlung.

PHISALIX und PASTEUR[7—12] untersuchten eingehend die zerstörende Wirkung verschiedener Strahlen und anderer Wellen (ultravioletter Strahlen, infraroter Strahlen, Radiumstrahlen, [Emanation], Gleich- und Wechselströme, Kurzwellen) auf Schlangengifte.

Ultraviolette Strahlen zerstören zuerst die Antigene, dann das Neurotoxin, nicht aber das Hämorrhagin[7, 9], ähnlich wirken elektrische Kurzwellen[10—12]. UV-Strahlen vernichten auch die rabizide Wirkung des Viperngiftes[8].

Infrarote Strahlen heben nur die Antigenwirkung auf, zerstören aber nicht das Neurotoxin[9].

Durch die (schon früher mit Eosin nachgewiesene) *photodynamische* Wirkung des Methylenblaus wird *Daboiagift* nach SHORTT und MALLICK[13] rasch und vollständig entgiftet und dabei auch die Antigenwirkung aufgehoben.

Die *Adsorption*[14] von Schlangengift (*Naja naja*) an *Tierkohle* ist vollständig, sie tritt fast momentan ein und ist (zwischen 12 und 38°) unabhängig von der Temperatur (BOQUET[15]).

Chemische Einwirkungen auf Schlangengifte (Entgiftung, Anavenine, Paravenine). *Formaldehyd*: BÄCHER, KRAUS und LÖWENSTEIN[16] ließen (analog dem Vorgehen zur Gewinnung von Bakterientoxoid = Anatoxin) 0,5—1% Formaldehyd bei 60° auf das Gift von *Lachesis lanceolatus* einwirken und erhielten ein Toxoid, das selbst in der 10fachen Menge der normalen D. l. m. nicht zum Tode führte, wohl aber die antigene Kraft, allerdings auch noch die hämorrhagische Wirkung (lokale Entzündungswirkung) des nativen Giftes besaß.

MARTIN[17, 18] zeigte die analoge Formalinwirkung auf das Kobragift[17] und das Daboiagift[18]. Hierher gehören auch die Untersuchungen von HEYMANS[19].

---

[1] ARTHUS, M., u. W. COLLINS: Arch. internat. Physiol. **30**, 250 (1928).
[2] ARTHUS, A.: C. r. Soc. Biol. Paris **103**, 130 (1930).
[3] EIDINOW: Zit. S. 7. [4] MACHT, D.: Amer. J. med. Sci. **189**, 520 (1935).
[5] MACHT, D., u. M. E. DAVIS: Proc. Soc. exper. Biol. a. Med. **30**, 990 (1933).
[6] WELCH, H.: Bull. Antivenin Inst. Amer. Glenolden **4**, 35 (1930).
[7] PHISALIX, M., u. F. PASTEUR: C. r. Acad. Sci. Paris **186**, 538 (1928).
[8] PHISALIX, M., u. F. PASTEUR: C. r. Acad. Sci. Paris **186**, 975 (1928).
[9] PASTEUR, F., u. M. PHISALIX: Verh. 2. internat. Lichtkongr. Kopenhagen **1932**, 670.
[10] PHISALIX, M., u. F. PASTEUR: C. r. Acad. Sci. Paris **199**, 235 (1934).
[11] PHISALIX, M., u. F. PASTEUR: Bull. Soc. zool. France **60**, 282 (1935).
[12] PHISALIX, M., u. F. PASTEUR: C. r. Acad. Sci. Paris **201**, 163 (1935).
[13] SHORTT, H. E., u. S. M. K. MALLICK: Indian J. med. Res. **22**, 529 (1935).
[14] Vgl. FAUST: Dies. Handb. Bd. II, 2, 1790 (1924).
[15] BOQUET, A.: C. r. Acad. Sci. Paris **187**, 959 (1928).
[16] BÄCHER, St., R. KRAUS u. E. LÖWENSTEIN: Z. Immun.forsch. **45**, 93 (1925).
[17] MARTIN, C. de: Indian J. med. Res. **12**, 807 (1925).
[18] MARTIN, C. de: Indian J. med. Res. **13**, 109 (1925).
[19] HEYMANS, M.: Arch. internat. Pharmacodynamie **32**, 101 (1926).

ARTHUS[1] bezeichnete die durch Formaldehyd entgifteten tierischen Gifte, insbesondere Schlangengifte, analog den Anatoxinen (RAMON) als *Anavenine*. Das Anavenin des Kobragiftes, „*Anacobra*", gewann ARTHUS durch Zusatz von 1% Formaldehyd zu einer Trockengiftlösung und Aufbewahrung in zugeschmolzenem Gefäß bei 38°. In 2—3 Wochen erfolgte allmähliche Abnahme, endlich völlige Aufhebung *aller* Teilwirkungen. Den Anaveninen kommt Antigenwirkung zu, sie können somit zur Immunisierung gegen das betreffende Schlangengift benutzt werden (ARTHUS[2]; s. a. S. 31).

GRASSET und ZOUTENDYK[3, 4] bestimmten die kleinste Formaldehydmenge, die eben noch ausreichte, um die Giftwirkung aufzuheben, während die Antigenwirkung möglichst gleich stark blieb, und fanden, daß dazu viel weniger Formaldehyd nötig ist, als von früheren Untersuchern, einschl. ARTHUS, dazu gebraucht worden war. Diese Anavenine bewahren ihre Eigenschaften etwa 21 bis 22 Monate lang, sie sind aber sehr empfindlich gegen Temperatursteigerung und Änderungen der Wasserstoffionenkonzentration[4].

Chlorkalk und *Calciumhypochlorit* [$Ca(OCl)_2$]: Die an sich schon bekannte Zerstörung der Schlangengifte durch Chlorkalk und durch Calciumhypochlorit [$Ca(OCl)_2$] benutzte ARTHUS[5, 6] zur Herstellung der „*Paravenine*" oder „gechlorten Venine", die wie die Anavenine Antigeneigenschaften haben und zur Immunisierung verwendet werden können (s. a. S. 31).

OHYA[7] entgiftete das Gift von *Trimeresurus flavoviridis* („Habu") außer mit Formaldehyd noch mit *Furfurol* und mit Natrium salicylicum. Das mit Furfurol behandelte Gift war zur Immunisierung von Mäusen besonders gut geeignet.

Seifen (Natrium oleoricinicum) bewirken ebenfalls Entgiftung unter Erhaltung der Antigeneigenschaften (CARMICHAEL[8], RENAUD[9, 10]).

Galle, und zwar sowohl Rindergalle als auch Schlangengalle selbst, entgiftet die Gifte von *Bitis arietans* und *Causus rhombeatus*, nicht aber das Gift von *Naja flava*. Das Bitis-„Anatoxin" hatte hohe antigene Wirksamkeit (GRASSET und ZOUTENDYK[11]).

Vermischung von Kobra- und Viperngift in wässeriger Lösung mit *Lanolin* ergibt eine Abschwächung der Giftwirkung (RICHOU und NICOL[12], NICOL und RICHOU[13]).

Auch *Cholesterin*, in öliger Lösung mit Schlangengift emulgiert, schwächt die Wirkung des Schlangengiftes ab (MUSTAFA und NICOL[14], NICOL und MUSTAFA[15]).

Fraktionierung und Reinigung der Schlangengifte. *Aussalzung*: WELKER[16] zerlegte durch Aussalzen mit $(NH_4)_2SO_4$ das Crotalusgift und fand die bei einer Sättigung von 46—64% erhaltenen Fraktionen besonders wirksam. Nach MARKOWITZ, ESSEX und MANN[17] kommt der durch Aussalzen gewonnenen und

1 ARTHUS, M.: J. Physiol. et Path. gén. **28**, 529 (1930).
2 ARTHUS, M.: J. Physiol. et Path. gén. **28**, 773 (1930).
3 GRASSET, E., u. A. ZOUTENDYK: C. r. Soc. Biol. Paris **111**, 432 (1932).
4 GRASSET, E., u. A. ZOUTENDYK: C. r. Soc. Biol. Paris **118**, 1403 (1935).
5 ARTHUS, M.: J. Physiol. et Path. gén. **29**, 705 (1931).
6 ARTHUS, M.: J. Physiol. et Path. gén. **30**, 75 (1932).
7 OHYA, K.: Z. Immun.forsch. **64**, 270 (1929).
8 CARMICHAEL, E.: J. of Pharmacol. **31**, 445 (1927).
9 RENAUD, M.: C. r. Soc. Biol. Paris **99**, 496 (1928).
10 RENAUD, M.: C. r. Soc. Biol. Paris **103**, 143 (1930).
11 GRASSET, E., u. A. ZOUTENDYK: Brit. J. exper. Path. **14**, 308 (1933).
12 RICHOU, R., u. L. NICOL: C. r. Soc. Biol. Paris **118**, 939 (1935).
13 NICOL, L., u. R. RICHOU: C. r. Soc. Biol. Paris **118**, 942 (1935).
14 MUSTAFA, A., u. L. NICOL: C. r. Soc. Biol. Paris **121**, 494 (1936).
15 NICOL, L., u. A. MUSTAFA: C. r. Soc. Biol. Paris **121**, 496 (1936).
16 WELKER, W.: J. Labor. a. clin. Med. **10**, 298 (1925).
17 MARKOWITZ, J., H. E. ESSEX u. F. C. MANN: Amer. J. Physiol. **97**, 22 (1931).

gereinigten Albuminfraktion die charakteristische Wirkung des Crotalusgiftes zu. Aus dem Gift von *Naja atra* gewann IWASE[1] durch Aussalzen mit gesättigter $(NH_4)_2SO_4$-Lösung eine *toxische Hauptkomponente* und mit 38—60proz. $(NH_4)_2SO_4$-Lösung eine *toxische Nebenkomponente*. Beide wichen nicht nur in der Wirkung, sondern auch im Antigencharakter voneinander ab.

Alkohol: KELLAWAY, FREEMAN und WILLIAMS[2] fraktionierten nahezu quantitativ durch Extraktion mit 45proz. Äthylalkohol das Gift von *Acanthophis antarcticus*. Die neurotoxische (curareartige), die blutdrucksenkende und die gerinnunghemmende Wirkung zeigte sich an die *lösliche Proteosenfraktion* geknüpft, während die unlösliche Fraktion (koagulierbare Eiweißstoffe) die schwache gerinnungfördernde Komponente des Giftes enthält. Die hämolytische Wirkung kommt beiden Fraktionen zu, die erregende Wirkung auf glattmuskelige Organe ist vorwiegend, aber nicht ausschließlich, in der *Proteosenfraktion* enthalten.

HOLDEN[3] konnte durch Dialyse, besonders durch Ultrafiltration der Gifte von *Notechis-Arten* und von *Pseudechis porphyriacus*, das „*Thrombin*“ vom „*Neurotoxin*“ und vom „*Hämolysin*“ trennen.

Versuche zur Isolierung des wirksamen Prinzips der Schlangengiftsekrete. *Bothropotoxin*: Aus dem Gift von *Bothrops jararaca* isolierte v. KLOBUSITZKY[4,5] eine als Bothropotoxin bezeichnete, N-freie und kohlehydratfreie[6] Substanz, die in Wasser und Alkohol stark schäumende kolloidale Lösungen ergab. Bothropotoxin ist „*Neurotoxin*“, besaß aber zunächst auch die gerinnungfördernde Wirkung des Bothropsgiftes, die später von v. KLOBUSITZKY und KÖNIG[7] abgetrennt werden konnte und einem Ferment zukommen soll. Bothropotoxin wirkt *nicht* hämolytisch.

MICHEEL und JUNG[8] isolierten aus den Giften der Colubriden *Naja flava*, *Naja naja* und *Sepedon haemachates* eine den *Eiweißstoffen nahestehende* Substanz (45,2% C, 7% H, 14,7% N, 5,5% S, 3% Aschegehalt, mutmaßliches Mol.-Gew. 2500—4000) auf folgendem Wege:

Ultrafiltration des rohen Schlangengiftes in wässeriger Lösung durch Collodiumfilter. Lösung des Filterrückstandes (das Gift dialysiert *nicht* durch Collodiumfilter), Dialyse durch Cellophanschläuche, die das Gift passieren lassen. Einengung des Dialysates im Vakuum und weitere Reinigung. Die gewonnene Substanz ist ihrer Wirkung nach „*Neurotoxin*“ und 5—10mal wirksamer als das ursprüngliche Gift (D. l. m. für die Maus = 0,12 γ/1 g).

MICHEEL und JUNG nehmen an, daß sich die von ihnen dargestellte eiweißähnliche Substanz von den gewöhnlichen Eiweißstoffen nicht nur durch den *hohen Schwefelgehalt*, sondern auch durch das Vorhandensein bestimmter Bausteine unterscheidet, die im gewöhnlichen Eiweiß nicht vorkommen.

Die Substanz wird nicht nur durch Alkali ($> p_H$ 10) inaktiviert, sondern auch bei einem p_H von 9—10, bei dem die Alkaliinaktivierung noch gering ist, durch Einwirkung von Sauerstoff schnell ihrer gesamten Wirkung beraubt. Nach Verdrängen des Sauerstoffes aus der Lösung läßt sich aber die Giftigkeit bei einem p_H von 2—3 durch Cystein völlig wiederherstellen. Hieraus wird gefolgert, daß in dem untersuchten Schlangengift ein in alkalischer Lösung leicht oxydierbares, in saurer Lösung durch eine Thiolgruppe vollständig reduzierbares System vorhanden ist.

---

[1] IWASE, Y.: J. med. Assoc. Formosa **32**, 50 und 57 (1933).
[2] KELLAWAY, C. H., M. FREEMAN u. E. WILLIAMS: Austral. J. exper. Biol. a. med. Sci. **6**, 245 (1929).
[3] HOLDEN, H. F.: Austral. J. exper. Biol. a. med. Sci. **11**, 1 (1933).
[4] v. KLOBUSITZKY, D.: Mem. Inst. Butantan **9**, 259 (1935).
[5] v. KLOBUSITZKY, D.: Naunyn-Schmiedebergs Arch. a) **179**, 204 (1935); b) **180**, 479 (1936).
[6] Auch frei von Halogen, Phosphor und Eisen.
[7] v. KLOBUSITZKY, D., u. P. KÖNIG: Naunyn-Schmiedebergs Arch. **181**, 387 (1936).
[8] MICHEEL, F., u. F. JUNG: Hoppe-Seylers Z. **239**, 217 (1936).

Bei dem aus den Giften verschiedener Viperiden (*Crotalus adamanteus, Cr. terrificus, Bothrops jararaca, B. alternata, Ancistrodon piscivorus*) in analogen Untersuchungen gewonnenen Substanzen fanden MICHEEL und BÖSSER[1] eine wesentlich größere Empfindlichkeit gegen Säure und Alkali, sowie bei *gleich hohem Schwefelgehalt* ein beträchtlich höheres Mol.-Gew. als bei den oben beschriebenen Colubridensubstanzen. Die untersuchten Viperidengifte dialysieren auch nicht durch Cellophan. Beim Ancistrodongift zeigte sich die Eigentümlichkeit, daß nach Durchtritt völlig unwirksamer Anteile die im Cellophanschlauch verbleibende Giftsubstanz stark an Wirkung verlor, die volle Wirkung aber sofort wieder erhielt, wenn beide Fraktionen wieder gemischt wurden. Es wird angenommen, daß im Gift der Viperiden ein (dialysierbarer) Aktivator enthalten ist.

MICHEEL und KRAFT[2] sahen bei der Säurehydrolyse der Schlangengiftsubstanzen eine starke Abnahme der Wirksamkeit, die durch Abbau des kolloiden Trägers (*„Pheron“*) des Gesamtgiftmoleküls (*„Agon“*) erklärt wird. Nach Hinzufügen neuer Eiweißmoleküle zum Hydrolysat („Agon“ minus „Pheron“) wird die Giftigkeit wieder hergestellt, weil mit dem zugefügten Eiweiß ein neues „Pheron“ bereitgestellt und dadurch das „Agon“ wieder aufgebaut wird. Diese *„Symplextheorie“* kann allerdings noch nicht als bewiesen gelten.

TETSCH und WOLFF[3] gewannen aus dem Gift von *Crotalus terrificus* eine mit gesättigter wässeriger Pikrinsäurelösung quantitativ fällbare, nach Zerlegung mit Aceton schneeweiße Substanz, die wie das gereinigte Bienengift (s. S. 72) in Wasser, Methylalkohol und Äthylalkohol löslich ist und die Reaktionen des Eiweißes gibt. Die Analyse ergab: C 44,9%, H 6,6%, N 13,7%, S 3,6%, also eine ganz ähnliche Zusammensetzung wie beim Bienengift.

H. WIELAND und KONZ[4] erhielten durch Reinigung des Kobragiftes (Naja naja) eine Substanz, die 5mal wirksamer ist als das Ausgangsmaterial. Dieser Stoff besteht aus Molekülen gleicher Größe (Mol.-Gew. etwa 1500—2000) und soll die neurotoxische Wirkung seiner Polypeptidnatur verdanken. Durch fraktionierte Fällung ließ sich die hämolytische Komponente von dem *„Neurotoxin“* abtrennen.

Zusammenfassung zum Abschnitt über die Natur der Schlangengifte. Die bisherigen Forschungsergebnisse lassen noch kein klares Bild von der chemischen Natur der Schlangengifte entstehen.

FAUST vertrat nach der Isolierung und pharmakologischen Untersuchung von Ophiotoxin und Crotalotoxin die Auffassung, daß die Hauptbestandteile der Schlangengifte N-freie, also eiweißfreie, nach ihrem physikalisch-chemischen und pharmakologischen Charakter sapotoxinartige Substanzen (*„tierische Sapotoxine“*) sind, welche die Wirkung von *„Neurotoxin“*, *„Hämolysin“*, *„Hämorrhagin“* und *„Cytolysin“* in sich vereinigen.

Die Befunde von FAUST konnten aber bisher nicht bestätigt werden, insbesondere konnten MICHEEL und KRAFT[2] sowie TETSCH und WOLFF[3] trotz genauer Befolgung der Darstellungsvorschriften von FAUST das *Crotalotoxin nicht* gewinnen, und BÖSSER[5] versuchte vergeblich, nach dem Vorgehen von v. KLO-

---

[1] MICHEEL, F., u. E. BÖSSER: Hoppe-Seylers Z. **239**, 225 (1936).

[2] MICHEEL, F., u. K. KRAFT: Nachr. Ges. Wiss. Göttingen, Math.-physik. Kl., N. F. **1**, 85 (1935).

[3] TETSCH, CHR., u. K. WOLFF: Biochem. Z. **288**, 126 (1936).

[4] WIELAND, H., u. W. KONZ: Sitzgsber. bayer. Akad. Wiss., Math.-physik. Kl., H. 2, 177 (1936).

[5] BÖSSER, E.: Siehe MICHEEL u. BÖSSER, Fußnote 1.

BUSITZKY[1] das N-freie *Bothropotoxin* zu isolieren, dessen Vorhandensein an sich die Theorie von FAUST stützen könnte.

Auch die Angabe von FAUST, daß Ophiotoxin und Crotalotoxin nicht dialysieren, ist, worauf MICHEEL und JUNG hinweisen, in Anbetracht der niedrigen Molekulargewichte (390 bzw. 798) schwer verständlich. Hier müßte nachgeprüft werden, ob diese Stoffe tatsächlich nicht dialysieren oder ob die Mol.-Gewichte nicht bedeutend größer sind, als FAUST analysiert hat.

Ferner ist, worauf KRAUS und WERNER[2] besonders aufmerksam machen, der Antigencharakter von Ophiotoxin und Crotalotoxin bisher nicht, auch nicht von FAUST, nachgewiesen worden. Die Analogieschlüsse von FAUST aus den an sich nicht sehr überzeugenden Immunisierungsversuchen mit pflanzlichen Sapotoxinen stellen keinen sicheren Beweis dar.

Außerdem ist in neuerer Zeit gegen die „Saponinnatur" der Schlangengifte von BAYER und ELBEL[3] das Fehlen der Resistenz gegen pflanzliche Saponine beim Igel (parenterale Zufuhr und Wirkung auf Erythrocyten) angeführt worden. Schon vorher hatte v. BÉZNAK[4] bei beriberikranken Tauben Abnahme der Hämolyseresistenz gegen Saponine, nicht aber gegen Schlangengifte gefunden.

FAUST hat übrigens selbst angenommen, daß sein Ophiotoxin im nativen Schlangengiftsekret nicht frei vorkommt, sondern ester- oder salzartig an Eiweißstoffe oder eiweißähnliche Substanzen gebunden sei, und daß diese Bindung nicht nur das (empfindliche) Ophiotoxinmolekül schütze, sondern auch die Resorption begünstige und schließlich für die Wirkung wichtig sei, z. B. für die Hämolysewirkung, die dem reinen Ophiotoxin völlig fehlt.

Die neuesten chemischen Forschungen zwingen demgegenüber wieder zu der älteren Auffassung, daß das *wirksame Prinzip* der nativen Schlangengiftsekrete *eiweißartiger Natur ist*, und daß im übrigen die Schlangengifte *Komplexgifte* sind, die man sich aus chemisch verschiedenartigen Anteilen mit verschiedenen Wirkungsqualitäten aufgebaut zu denken hat.

An der Zusammensetzung dieser Komplex-Schlangengifte können sehr wohl N-freie Substanzen nach Art des Ophiotoxins und des Crotalotoxins beteiligt sein.

Daß auch *Fermente* innerhalb des komplexen Schlangengiftes eine Rolle spielen, ist an sich schon bekannt und neuerdings für die proteolytische Wirkung (*Proteolytische Fermente*) von TSUCHIYA[5], GANGULY[6], SATO und HIRANO[7], für die blutgerinnungfördernde Wirkung (*Koagulase*) von v. KLOBUSITZKY und KÖNIG[1], GANGULY[6], und für die hämolytische Wirkung (*Lecithinase*) von CUBONI[8], KOBAYASHI[9], HUGHES[10] belegt worden.

Im Zusammenhang mit der Bedeutung der verschiedenen Eiweißfraktionen für die Schlangengiftwirkung sei daran erinnert, daß besonders der *Proteosenfraktion* die Hauptwirkung zugeschrieben wird (KELLAWAY, FREEMAN und WILLIAMS[11], GANGULY und MALKANA[12]), und daß WIELAND und KONZ[13] als

[1] v. KLOBUSITZKY, D.: Zit. S. 10, Fußnoten 4, 5, 7.
[2] KRAUS u. WERNER: Zit. S. 2.
[3] BAYER, G., u. H. ELBEL: Z. Immun.forsch. **78**, 82 (1933).
[4] v. BÉZNAK, A.: Pflügers Arch. **212**, 246 (1926).
[5] TSUCHIYA, Y.: Bull. agric. chem. Soc. Japan **11**, 135 (1935) — Mem. Fac. Sci. Agric. Taihoku Imp. Univ. **9**, 138, 277, 291, 325 (1936).
[6] GANGULY, S. N.: Indian J. med. Res. **24**, 287 (1936).
[7] SATO, M., u. T. HIRANO: Mem. Fac. Sci. Agric. Taihoku Imp. Univ. **9**, 84, 105 (1935).
[8] CUBONI, E.: Boll. Ist. sieroterap. Milanese **6**, 469 (1927).
[9] KOBAYASHI, CH.: Mitt. med. Ges. Osaka **27**, 45 (1928).
[10] HUGHES, H.: Biochemic. J. **29**, 437 (1935).
[11] KELLAWAY, FREEMAN u. WILLIAMS: Zit. S. 10.
[12] GANGULY u. MALKANA: Zit. S. 7.
[13] WIELAND u. KONZ: Zit. S. 11.

Träger der Hauptwirkung des Kobragiftes (der neurotoxischen Wirkung) *polypeptidartige Verbindungen* ansehen.

Auch TETSCH und WOLFF[1] kommen auf Grund von Analysen und Reaktionen der Schlangengifte zu dem Schluß, daß die Wirkstoffe des Schlangengiftes (Crotalus terrificus) *eiweißähnliche Stoffe* sind, und daß sie nicht nur chemisch, sondern auch biologisch (beide Giftarten zeigen an Versuchen am Meerschweinchendarm die gleiche *tachyphylaktische* Wirkung) dem Bienengift sehr nahe stehen (s. a. S. 11 und unter Bienengift, S. 72).

Zusammenfassend kann man nach dem jetzigen Stand unserer Erkenntnisse über die *Natur der Schlangengifte* annehmen, daß die Schlangengifte mit den *Giften bestimmter Arthropoden* (Bienen, Spinnen, Skorpione) *verwandt* sind und *Komplexgifte* darstellen, an deren Zusammensetzung durchaus verschiedenartige, aber im nativen Giftsekret miteinander verknüpfte Komponenten beteiligt sind: *Eiweiß* oder eiweißähnliche Bestandteile, insbesondere *Proteosen* bestimmter Prägung, die heute als Träger der Hauptwirkung angesehen werden; *Lipoide* (Toxolecithide); *Fermente* (vor allem proteolytische, lecithinspaltende und die Blutgerinnung beeinflussende Fermente); nach FAUST außerdem *N-freie* Wirkstoffe, die auf Grund ihrer physikalisch-chemischen und pharmakologischen Eigenschaften von FAUST als „*tierische Sapotoxine*" bezeichnet werden und nach FLURY den Gallensäuren nahestehen.

Pharmakologische Wirkungen der Schlangengiftsekrete.

Allgemeines. Ganz allgemein hat man zwischen der *örtlichen Wirkung* der Schlangengifte, beim Schlangenbiß also der in der unmittelbaren oder auch noch in der weiteren Umgebung der Bißstelle auftretenden Veränderungen, und der *resorptiven Giftwirkung* der Schlangengifte zu unterscheiden.

Die *örtliche Wirkung* der Schlangengifte kann sehr heftig sein und in *entzündlichen, hämorrhagisch-ödematösen* Veränderungen und anschließenden *Nekrosen* zum Ausdruck kommen (Viperidengifte), sie kann aber auch gering sein und bei bestimmten Colubridengiften mit Anästhesie einhergehen.

Die *resorptive Wirkung* der Schlangengifte ist je nach der Natur, der Menge und der Resorption des betreffenden Schlangengiftes verschieden, sie kann sowohl das zentrale und periphere *Nervensystem* als auch die *Kreislauforgane*, insbesondere die *Gefäße*, ferner das *Blut* und seine Elemente und endlich die *Muskeln*, die *Drüsen* und die *parenchymatösen Organe* betreffen.

HOUSSAY[2] gibt folgende Gesamtklassifizierung der Wirkung der Schlangengifte auf den tierischen Organismus:

I. *Toxische Wirkung:*
   a) Curareartige Wirkung (Typ: Naja naja).
   b) Neurotoxinartige Wirkung (Typ: Crotalus terrificus).
   c) Schockwirkung (Typ: Lachesis und Bothrops).
   d) Gerinnungfördernde Wirkung (Typ: Vipera Russelii, Lachesis).

II. *Phosphatidase-Wirkung:*
   a) Hämolytische Wirkung.
   b) Gerinnunghemmende Wirkung.
   c) Cytolytische Wirkung.

III. *Protease-Wirkung:*
   a) Örtliche Reizwirkung — Schwellung, Hämorrhagie
   b) Hämorrhagische Wirkung — Gangrän (Typ: Lachesis).

[1] TETSCH u. WOLFF: Zit. S. 11.

[2] HOUSSAY, B. A.: Rev. Soc. argent. Biol. **6**, 351 (1930) — C. r. Soc. Biol. Paris **105**, 308 (1930).

Zu IIIb gehören auch die Pankreashämorrhagie und Fettnekrose bei Injektion in den Ductus pancreaticus, sowie hämorrhagische Fernwirkungen, ferner die Abnahme des Fibrinogens im strömenden Blut (Typ: Crotalus adamanteus, Lachesis flavoviridis u. a.).

IV. *Thrombinwirkungen:* Blutgerinnung.

Zu IV gehören ferner die je nach den Versuchsbedingungen auftretenden Symptome: Änderung der Resistenz der Erythrocyten, Abnahme der Senkungsgeschwindigkeit, Schock, Blutdrucksenkung, Leukopenie, Veränderungen der Eiweißkörper des Blutes.

Schlangenbisse (Vorkommen und Mortalität). In *Indien* sollen jährlich immer noch 20000—25000 Menschen an Schlangenbiß sterben (CHOPRA und ISWARIAH[1]).

Auf der Insel *Java* ist *Naja bungarus* besonders gefährlich. KOPSTEIN[2] beschrieb eine tödliche Vergiftung durch den Biß dieser Schlange bei einem Schlangenbeschwörer.

In den *Vereinigten Staaten* von *Nordamerika* wurden nach HUTCHISON[3] im Jahre 1929 rund 500 Schlangenbisse gemeldet; die meisten Bisse stammten von Klapperschlangen (*Crotalus*) und von der Wassermokassinschlange (*Ancistrodon piscivorus*). Die *Mortalität* betrug ohne Behandlung 16%, bei Serumbehandlung 3,75%.

In *Südamerika* belief sich nach KRAUS[4, 5] die *Mortalität* bei 8000 unbehandelten Bißfällen auf 25—30%, während bei 1868 serumbehandelten Bißfällen nur 2,7% Todesfälle zu verzeichnen waren.

Auf der Insel *Formosa* (es kommen dort 10 Giftschlangenarten vor) wurden in 15 Jahren 272 Menschen von Schlangen gebissen, die *Mortalität* betrug 7,5% (YAMAGUTI[6]).

In *Australien* wurden in 16 Jahren (1910—1926) nach FAIRLEY[7] 244 Todesfälle durch Schlangenbiß verzeichnet. Die meisten Bisse stammten von *Pseudechis porphyriacus* („Black-snake"), die wenigsten von *Acanthophis antarcticus* („Death-adder"). Die *Mortalität* betrug aber nach Bissen der „Death-adder" 50%, nach denen der „Tiger-snake" (*Notechis scutatus*) 40%, während Bisse von *Demansia textilis* („Brown-snake") 8,6% und solche von *Pseudechis porphyriacus* („Black-snake") nur 0,8% Todesfälle verursachten.

In *Deutschland,* wo praktisch nur als einzige Giftschlange die *Kreuzotter* (*Vipera berus*) in Betracht kommt, ist die Zahl der Todesfälle stark zurückgegangen. In Preußen sind in den Jahren 1921—1925 150 Kreuzotterbisse mit nur 1 Todesfall (bei einem 3jährigen Knaben) verzeichnet worden (ROST[8], s. auch Sammelbericht von FRANCKE[9]); in *Frankreich,* wo die Kreuzotter im ganzen bedeutend häufiger und neben ihr noch die Aspisviper (*Vipera aspis*) vorkommt, ist die Mortalität an Schlangenbiß größer als in Deutschland (MARAIS, FREDET, zit. bei FRANCKE[9]). Trotzdem ist auch in Deutschland, wie der von FOCK[10] beschriebene Fall zeigt, immer noch mit tödlichen Kreuzotterbissen zu rechnen. Der Kreuzotterbiß erfolgte hier am Bein, das Gift gelangte unmittelbar in die Blutbahn, örtliche Erscheinungen, die sonst sehr heftig zu sein pflegen, fehlten hier, ein Beweis für die schnelle und praktisch quantitative Resorption des Giftes infolge des Bisses in eine Vene. Weitere neuere Beiträge über Kreuzotterbisse mit ernsteren Folgen stammen von LÄWEN[11] und FREY[12].

Resorption, Verteilung und Ausscheidung der Schlangengifte. Die *Resorption der Schlangengifte* ist bei den verschiedenen Gifttypen verschieden. Subcutan, also auch nach dem Biß, werden die Gifte der Colubriden, soweit sie dem Prototyp der *Kobra* (*Naja naja*) entsprechen, sehr schnell resorbiert, während die örtlich reizenden Schlangengifte, insbesondere die Viperidengifte, langsamer resorbiert werden, aber leider bei Zufuhr ausreichender Mengen immer noch so schnell, daß Maßnahmen zur Verhinderung der Resorption (Abbinden, Excision, Ausbrennen) häufig zu spät kommen. Dies ist natürlich auch dann der Fall, wenn an sich örtlich reizende Schlangengifte beim Biß unmittelbar in eine Vene gelangen.

---

[1] CHOPRA, R. N., u. V. ISWARIAH: Indian J. med. Res. **18**, 1113 (1931).
[2] KOPSTEIN: Zit. S. 3.
[3] HUTCHISON, R.: Bull. Antivenin Inst. Amer. Glenolden **4**, 40 (1930).
[4] KRAUS, R.: Wien. med. Wschr. **1924**, 24.
[5] KRAUS, R.: Med. Klin. **1924**, 771.
[6] YAMAGUTI: Zit. S. 3.
[7] FAIRLEY, N.: Med. J. Austral. **1929 I**, 296.
[8] ROST, E., in STARKENSTEIN, ROST, POHL: Toxikologie. 1929.
[9] FRANCKE, E.: Slg v. Vergiftungsfällen **8**, C 36, S. 1 (1937).
[10] FOCK, K.: Slg v. Vergiftungsfällen **3**, A 246, S. 167 (1932).
[11] LÄWEN, A.: Dtsch. med. Wschr. **1933**, 33 (Ver. wiss. Hlkd., Königsberg 31. X. 1932).
[12] FREY, S.: Dtsch. med. Wschr. **1934**, 240.

Stomachal führen die Schlangengifte bekanntlich nicht zur resorptiven Vergiftung, von der Schleimhaut des Dickdarmes aus soll Resorption des *Kobragiftes* stattfinden (FLURY[1], KRAUS und WERNER[2]), was von CHOPRA und ISWARIAH[3] bestritten wird.

VELLARD[4] stellte bei Meerschweinchen resorptive Giftwirkung nach Aufbringen von Schlangengift auf die *Nasenschleimhaut* fest, und zwar genügten vom Gift des *Crotalus terrificus* 2—5 mg, um den Tod des Tieres innerhalb 24 Stunden herbeizuführen, während das Gift von *Lachesis jararaca*, wohl infolge der starken örtlichen Reizwirkung (Niesen, Nasenbluten, hämorrhagisches Ödem) erst in der Menge von 30 mg tödlich war.

Die Resorption von auf *Hauterosionen* aufgetragenem Schlangengift wird ebenso wie die Aufnahme anderer Pharmaka (z. B. Strychnin, Tetanustoxin) durch Adrenalin gehemmt (DOUGLAS[5], BINET[6]).

FAIRLEY[7] hat eingehend an verschiedenen Tierarten mit und ohne *Abschnürung* der die Injektionsstelle tragenden Extremität die „*Absorptionszeiten*" für verschiedene Schlangengifte untersucht und danach z. B. die Absorptionszeit für die tödliche Dosis des thrombasehaltigen Giftes von *Notechis scutatus* auf höchstens 2 Minuten geschätzt. Durch die Abschnürung wurde die tödliche Wirkung nicht aufgehoben, sondern nur der Eintritt des Todes herausgeschoben. Lebensrettend erwies sich dagegen die Ligatur bei solchen Colubridengiften, bei denen der Index D. l. m. subcutan : D. l. m. intravenös ungefähr 10—30 beträgt. Bei erheblich geringerem Index (s.c./i.v. etwa 0,7—2,5) war die Abschnürung stets erfolglos, bei Viperidengiften kann sie trotz hohem Index s.c./i.v. wegen des hohen Gehaltes an Hämorrhagin unwirksam bleiben. Diese Befunde können natürlich nicht ohne weiteres auf den Menschen übertragen werden. Für die Therapie des Schlangenbisses ergibt sich daraus die Notwendigkeit, die Abschnürung der Bißstelle so schnell wie möglich, am besten unmittelbar nach dem Biß, vorzunehmen (s. a. S. 34).

Über die *Verteilung und Ausscheidung* der Schlangengifte ist sehr wenig bekannt, auch die praktisch sehr wichtige Frage der Ausscheidung der Schlangengifte in den Magendarmkanal scheint in neuerer Zeit nicht wieder untersucht worden zu sein, obwohl gerade hier eine Klärung sehr erwünscht wäre (s. S. 35).

EIGENBERGER[8] prüfte die Verteilung von Crotalusgift an der gegen Schlangengift sehr *giftfesten Schildkröte Chelydra serpentina* bei intrakardialer Einspritzung und fand die höchste Giftkonzentration in den Lungen und Nieren, während die gewaschenen Erythrocyten völlig frei sowie Leber und Milz fast frei von Schlangengift waren. Ein Teil des Giftes wurde im Harn wiedergefunden.

Örtliche Wirkung der Schlangengifte. Da die *örtliche Reizwirkung* der Schlangengifte von den *Proteasen* abhängt (HOUSSAY[9]), erzeugen proteasenreiche Schlangengifte besonders starke Schädigungen an und in der Umgebung der Biß- bzw. Injektionsstelle.

HOUSSAY[10] stellte die örtliche Wirkung der Schlangengifte experimentell mit intracutanen Einspritzungen an der Bauchhaut des Meerschweinchens fest (s. Tab. 3, S. 16).

---

[1] FLURY: Zit. S. 1.
[2] KRAUS u. WERNER: Zit. S. 2.
[3] CHOPRA u. ISWARIAH: Zit. S. 14.
[4] VELLARD, J.: C. r. Soc. Biol. Paris **102**, 418 (1929).
[5] DOUGLAS, B.: C. r. Soc. Biol. Paris **91**, 1223 (1924).
[6] BINET, L.: Presse méd. **1925**, 1394.
[7] FAIRLEY, N.: Med. J. Austral. **1929 I**, 377.
[8] EIGENBERGER, F.: Med. Klin. **1931 I**, 922.
[9] HOUSSAY: Zit. S. 13.
[10] HOUSSAY, B. A.: C. r. Soc. Biol. Paris **89**, 55 (1923).

Tabelle 3. Die örtliche Wirkung verschiedener Schlangengifte nach Houssay[1].

Art der örtlichen Wirkung	Schlangenarten	
1. *Starke* örtliche Reizwirkung	*Lachesis alternatus*	*Viperidae*
	Lachesis neuwiedii	„
	Ancistrodon blomhoffi	„
2. *Mäßige* örtliche Reizwirkung	*Lachesis ammodytoides*	*Viperidae*
	Lachesis flavoviridis	„
	Vipera aspis	„
	Echis carinatus	„
	Ancistrodon piscivorus	„
3. *Ohne* örtliche Reizwirkung	*Naja naja*	*Colubridae*
	Naja bungarus	„
	Bungarus fasciatus	„
	Vipera Russelii	*Viperidae*
	Pseudechis porphyriacus	„
	Lachesis jararacussu	„
	Crotalus terrificus	„

Eine Parallelität zwischen der örtlich reizenden Wirkung, der Förderung der Blutgerinnung und der hämolytischen Wirkung der geprüften Schlangengifte besteht nicht.

Die *histologischen* Veränderungen der Bißstelle untersuchte Berblinger[2] beim *Kreuzotterbiß* am Menschen. Primär erfolgt nach dem Eindringen des Kreuzottergiftes eine Gefäßwandschädigung, mit Blutung und Ödembildung (hämorrhagische Wirkung). Es kommt zur *Nekrose*, die sich auch auf das Bindegewebe erstreckt, und anschließend tritt eine reaktive Entzündung ein.

Über die örtlich stark reizende und gewebszerstörende Wirkung des weit fortgeschleuderten Giftsekretes der *Speischlangen* (besonders der *Naja nigricollis*) am Kaninchenauge berichteten Koch und Sachs[3] (s. S. 5).

Wirkung der Schlangengifte auf Pflanzen. *Kryptogamen*: *Kobragift* (*Naja naja*) hemmt (1:20000) die Zellatmung und die Glykolyse bei Saccharomyces cerevisiae. Cytolytische Wirkung fehlt (Taguet, Rousseau und Dumatras[4]).

Phanerogamen: Nach Macht[5] hemmen die Gifte von *Naja naja*, *Bothrops atrox*, *Ancistrodon piscivorus* und *Crotalus*-Arten das Wachstum *der Wurzeln keimender* Lupinen.

Wirkung der Schlangengifte auf niedere Tiere. *Protozoen*: Paramäcien und Amöben werden durch *Crotalusgift* schnell getötet (Essex[6]). *Kobragift* (*Naja naja*) wirkt auf Paramäcien bedeutend stärker als das Gift von *Vipera Russelii* (Chopra und Chowhan[7]). — Trypanosomen werden (im Blut infizierter Meerschweinchen) nach Castellani[8] durch das Gift der *Vipera aspis* getötet, die optimalen Konzentrationen liegen zwischen 1:200 und 1:700.

Arthropoden: Die gegen Bakterientoxine sehr giftfesten Raupen der Wachsmotte (Galleria mellonella) werden durch *Kobragift* (0,0125 mg) in 20—25 Minuten, durch Viperngift (0,125 mg) in 12—15 Stunden getötet (Mazza[9]).

Kobragift ist somit für bestimmte niedere Tiere wirksamer als *Viperngift*.

Wirkung der Schlangengifte auf Gewebszellen und auf Tiertumoren. Hemmung des Wachstums von Fibroblastengewebskulturen (aus dem Herzen von Hühnerembryonen) ver-

[1] Houssay, B. A.: Zit. S. 15, Fußnote 10.
[2] Berblinger, W.: Beitr. path. Anat. **80**, 595 (1928).
[3] Koch u. Sachs: Zit. S. 5.
[4] Taguet, C., E. Rousseau u. R. Dumatras: C. r. Soc. Biol. Paris **113**, 9 (1933).
[5] Macht, D.: Proc. Soc. exper. Biol. a. Med. **30**, 988 (1933).
[6] Essex, H.: Amer. J. Physiol. **92**, 342 (1930).
[7] Chopra, R. N., u. S. Chowhan: Indian J. med. Res. **18**, 1103 (1931); **20**, 107 (1932).
[8] Tarabini-Castellani, T.: Arch. ital. Sci. med. colon. **17**, 465 (1936).
[9] Mazza, S.: C. r. Soc. Biol. Paris **90**, 669 (1924).

ursachen nach MATSUMOTO[1] die Gifte von *Trimeresurus mucrosquamatus, Tr. gramineus, Ancistrodon acutus* und *Naja naja atra*, während das Gift von *Bungarus multicinctus* nur eine geringe Wirkung zeigte. KIMURA und ISHII[2] stellten bei Fibroblasten Gewöhnung an Schlangengift wie an Bakterientoxine fest. — CHOPRA, DAS und MUKHERJEE[3] beobachteten neuerdings in Gewebskulturen eine Aktivierung durch niedere, eine Hemmung des Wachstums durch höhere Konzentrationen von Kobragift.

Eine Wirkung von Schlangengift auf experimentelle Tiertumoren ist nach ESSEX und PRIESTLEY[4], JULIUS[5] und NEKULA[6] nicht nachweisbar, oder es wird nach den eingehenden Untersuchungen von LUSTIG und WERBER[7] erst durch sehr hohe, für die Mehrzahl der Tiere bereits tödliche Gaben von Schlangengift eine Verminderung des Tumorenwachstums erzielt, die aber auch nicht als spezifische Wirkung aufgefaßt wird.

CALMETTE, SAENZ und COSTIL[8] dagegen sahen beim *Adenocarcinom* der Mäuse (Impf- und Spontantumoren) nach mehrmaliger Einspritzung von je $^1/_{10}$ der D. l. m. von *Kobragift* in die 10—14 Tage alten Tumoren hinein unzweifelhafte Einschmelzung und Heilung (Entleerung nach außen oder völlige Resorption) innerhalb von 15—20 Tagen. Vorbehandlung mit *Kobragift* oder subcutane Einspritzung des Schlangengiftes nach Entwicklung der Tumoren war wirkungslos. — Ähnliche Erfolge mit intratumoraler Einspritzung von *Lachesisgift* (*Lachesis atrox*) erzielten VELLARD, PENNA und VIANNA[9].

Wirkung der Schlangengifte auf das Blut. Blutgerinnung. Als Wirkung der Schlangengifte kommt in Betracht sowohl *Förderung der Blutgerinnung* als auch *Hemmung* bzw. *Aufhebung der Gerinnung* des Plasmas.

Gefördert wird die Blutgerinnung vor allem durch zahlreiche Viperidengifte, aber auch bestimmte Colubridengifte (Australien) wirken koagulierend, während andere Colubridengifte, z. B. *Kobragift*, die Blutgerinnung aufheben.

Die Vorgänge bei den gerinnungfördernden (koagulierenden) und bei den gerinnunghemmenden (antikoagulierenden) Wirkungen der Schlangengifte sind außerordentlich verwickelt. So kann die koagulierende Wirkung durch die *proteolytische* Wirkung desselben Schlangengiftes verdeckt werden (z. B. bei *Crotalus*- und *Lachesisgiften*). Bei Anwendung höherer Giftkonzentrationen kann die *Proteolyse* völlig im Vordergrund stehen und so auch durch ein an sich gerinnungförderndes Gift eine Hemmung der Blutgerinnung zustande kommen. Es können auch beide Wirkungen nacheinander vorkommen: „*positive*" und „*negative*" *Phase*. — Häufig läßt sich die thermolabile proteolytische Wirkung durch Erhitzen auf 60—70° leicht von der hitzebeständigeren koagulierenden Wirkungskomponente abtrennen, so bei südamerikanischen Viperidengiften. Viele Viperidengifte wirken in großen Dosen in vitro *und* in vivo koagulierend, das Gift von *Crotalus adamanteus* wirkt aber nur in vivo fördernd auf die Blutgerinnung, in vitro hemmt es die Blutgerinnung durch Proteolyse des Fibrinogens. (Nach MATHEWS[10] soll dieses Gift aber in vitro *und* in vivo antikoagulierend wirken.)

Umgekehrt wirken die Gifte von *Elaps lemniscatus* und *Elaps frontalis* (BRAZIL und BRAZIL[11]).

Verschieden ist auch die Wirkung auf die Blutgerinnung an verschiedenen Plasmaarten, ferner verschieden nach der Zugehörigkeit der Versuchstiere zu verschiedenen Tierklassen.

---

1 MATSUMOTO, K.: J. med. Assoc. Formosa **34**, 364 (1935).
2 KIMURA, R., u. T. ISHII: Z. Immun.forsch. **67**, 111 (1930).
3 CHOPRA, R. N., N. N. DAS u. S. N. MUKHERJEE: Indian J. med. Res. **24**, 267 (1936).
4 ESSEX, H. E., u. J. T. PRIESTLEY: Proc. Soc. exper. Biol. a. Med. **28**, 550 (1931).
5 JULIUS, H. W.: Acta brevia neerl. Physiol., Pharmacol., Microbiol. **5**, 49 (1935).
6 NEKULA, J.: Zbl. Gyn. **1936 I**, 328.
7 LUSTIG, B., u. E. WERBER: Z. Krebsforsch. **43**, 359 (1936).
8 CALMETTE, A., A. SAENZ u. L. COSTIL: C. r. Acad. Sci. Paris **197**, 205 (1933).
9 VELLARD, J., O. PENNA u. M. VIANNA: C. r. Acad. Sci. Paris **198**, 502 (1934).
10 MATHEWS, A.: Arch. di Sci. biol. **12**, 145 (1928).
11 BRAZIL, V., u. V. BRAZIL FILHO: Bol. Inst. Vital Brazil **1933**, Nr 15, 3.

Die Abschwächung der koagulierenden Wirkung durch Erhitzen der Giftlösungen erfolgt bei den einzelnen Schlangengiften bei verschiedenen Temperaturen.

Es besteht auch kein Parallelismus zwischen der Abschwächung der gerinnungfördernden Wirkung und der allgemeinen Giftigkeit der Schlangengifte (BRAZIL und VELLARD[1, 2], VELLARD und VIANNA[3]).

Die *stärkste koagulierende* Wirkung *in vivo* verursachen die Gifte von *Echis carinatus*, *Crotalus terrificus*, von *Bothrops*-Arten, sowie von folgenden australischen Colubriden: *Pseudechis*- und *Notechis*-Arten (KELLAWAY[4—6]). Ganz im Vordergrund der Vergiftung steht auch die blutgerinnungfördernde Wirkung der Gifte von *Vipera Russelii*, *Vipera aspis*, *Cerastes cornutus* (CÉSARI und BOQUET[7]).

Intravasale Blutgerinnung als Todesursache wird für die Wirkung der Gifte von *Vipera Russelii* (ARTHUS[8], LAIGNEL-LAVASTINE, HUËT und KORESSIOS[9]) erneut bestätigt und kommt ferner bei der Wirkung der Gifte von *Echis carinatus*, *Lachesis ammodytoides*, *Bothrops*-Arten und von (allerdings nur beim Biß in die Blutbahn) *Notechis scutatus* und von *Denisonia*-Arten (KELLAWAY[6]), ferner von *Oxyuranus maclennani* (KELLAWAY und WILLIAMS[10]) vor.

In kleinen Mengen oder auch größeren Gaben, dann aber nur bei sehr langsamer Einspritzung, erzeugen bestimmte dieser sonst gerinnungfördernden Gifte eine Ungerinnbarkeit des Blutes dadurch, daß alles Fibrinogen in Fibrin verwandelt, aber in so feiner Verteilung an den Erythrocyten und am Endothel abgelagert wird, daß keine sichtbare intravasale Blutgerinnung entstehen kann. Die Gifte anderer australischer Schlangen (*Denisonia superba* und *Acanthophis antarcticus*) üben auf das Blut von Vögeln und Säugetieren in vivo keine, in vitro nur eine geringe gerinnungfördernde Wirkung aus (KELLAWAY[11—13]).

Die *gerinnungfördernde* Wirkung des Giftes von *Bothrops jararaca* fand v. KLOBUSITZKY[14] abhängig von der Konzentration und der Zeit, z. B. bewirkte dieses Gift noch in der Konzentration 1:50 Milliarden Blutgerinnung.

Eingehend untersuchte LINK[15] die Einwirkung von Schlangengiften auf die Blutgerinnung und fand, daß die *blutgerinnungfördernden* Gifte teils *proteolytische* Wirkungen haben (*Vipera berus*, *V. lebetina*, *V. ammodytes*, *V. ursinii*), teils frei von proteolytischer Wirkung sind (*Notechis scutatus*, *Crotalus adamanteus*).

Die Förderung der Blutgerinnung durch bestimmte Schlangengifte beruht nach HANUT[16] auf echter Thrombinwirkung (*Bothropsgift* 1:20 mal 10^6 noch wirksam!). GANGULY[17] sieht die Ursache in der *cytolytischen* Wirkung auf die

---

[1] BRAZIL, V., u. J. VELLARD: Ann. Inst. Pasteur **42**, 403 (1928).
[2] BRAZIL, V., u. J. VELLARD: Ann. Inst. Pasteur **42**, 907 (1928).
[3] VELLARD, J., u. M. VIANNA: Ann. Inst. Pasteur **49**, 445 (1932).
[4] KELLAWAY, C. H.: Med. J. Austral. **1929 I**, 348.
[5] KELLAWAY, C. H.: Med. J. Austral. **1929 I**, 372.
[6] KELLAWAY, C. H.: Zit. S. 2, Fußnote 8 unter a).
[7] CÉSARI, E., u. P. BOQUET: Ann. Inst. Pasteur **56**, 171 (1936).
[8] ARTHUS, M.: J. Physiol. et Path. gén. **29**, 256 (1931).
[9] LAIGNEL-LAVASTINE, P.-C. HUËT u. N.-T. KORESSIOS: Bull. Soc. méd. Hôp. Paris s. III, **51**, 1529 (1935).
[10] KELLAWAY, C. H., u. F. E. WILLIAMS: Austral. J. exper. Biol. a. med. Sci. **6**, 155 (1929).
[11] KELLAWAY, C. H.: Med. J. Austral. **1929 I**, 358.
[12] KELLAWAY, C. H.: Med. J. Austral. **1929 II**, 764.
[13] KELLAWAY, C. H.: Med. J. Austral. **1929 II**, 772.
[14] v. KLOBUSITZKY, D., u. P. KÖNIG: Naunyn-Schmiedebergs Arch. **182**, 577 (1936).
[15] LINK, TH.: Z. Immun.forsch. **85**, 504 (1935).
[16] HANUT, CH.: C. r. Soc. Biol. Paris **122**, 796 (1936).
[17] GANGULY, S. N.: Indian J. med. Res. **24**, 525 (1936).

Blutplättchen und der dadurch bereitgestellten erheblichen Menge von *Thrombokinase*.

Als Ursache der *Hemmung der Blutgerinnung* durch das Gift von *Crotalus adamanteus* nimmt MATHEWS[1] Zerstörung nicht allein des Lecithins, sondern auch des Blutfibrinogens an, während die Thrombokinase nicht angegriffen werden soll. Auch BILLING[2] nimmt Zerstörung des Blutfibrinogens an und sieht die Ursache hierfür in einer nur auf das Fibrinogen spezifisch wirkenden *Protease*.

Der *gerinnunghemmenden* Wirkung der Gifte von *Naja naja*, *N. flava*, *Sepedon haemachates* liegt nach LINK[3] umgekehrt eine Zerstörung der Thrombokinase zugrunde, das Fibrinogen blieb unbeeinflußt. VELLARD und VIANNA[4] nehmen dagegen an, daß das *Kobragift* (*Naja naja*) die Phosphatide verändert und dadurch die Bildung von Thrombin verhindert.

Im übrigen ist auf die große Bedeutung bestimmter *Fermente* der Schlangengifte für die Wirkung auf die Blutgerinnung schon auf S. 12 hingewiesen worden.

Über die Ausnutzung der blutgerinnungfördernden Wirkung von Schlangengiften zu therapeutischen Zwecken s. S. 36—37.

Hämolyse. Viele Schlangengifte wirken in vitro *und* in vivo *hämolytisch*, doch bestehen erhebliche qualitative Unterschiede. Es gibt Schlangengifte, die auch *gewaschene* Blutkörperchen hämolysieren (Typ: *Naja naja*), und solche, die ohne *Aktivator* nicht zur Hämolyse führen (Typ: *Crotalus*-Arten).

Der Hämolyse durch Schlangengifte (*Crotalin*) geht eine *Volumenzunahme der Erythrocyten* voraus, die ebenso wie die Hämolyse ausbleibt, wenn die Blutkörperchen vorher sorgfältig gewaschen waren und damit der Aktivator entfernt wird (ESSEX und MARKOWITZ[5]).

Die Bedeutung der *Lecithinase* für die Aktivierung der hämolytischen Wirkung wurde schon auf S. 12 betont und ist von KELLAWAY und WILLIAMS[6] für australische Colubridengifte nachgewiesen worden. Bei australischen Schlangengiften (*Denisonia superba*) wirken nach HOLDEN[7] auch *Lipoide* und *Lecithin* aktivierend.

Der Grad der hämolytischen Wirkung und die allgemeine Giftigkeit brauchen nicht parallel zu gehen. So fanden KELLAWAY und WILLIAMS[8] sowie HOLDEN[9] die Gifte von *Denisonia superba* und *Pseudechis porphyriacus* am stärksten hämolytisch wirksam, und zwar auch bei gewaschenen Erythrocyten ohne Zusatz von Aktivator. Dagegen haben die Gifte von *Acanthophis antarcticus* (KELLAWAY[10]) und *Notechis scutatus* (KELLAWAY[11]) bei hoher Toxizität des Gesamtgiftes nur eine geringe hämolytische Wirkung auf gewaschene Erythrocyten. Das Gift von *Demansia textilis* wirkt nicht hämolytisch.

Die *stärkste hämolytische* Wirkung nach Injektion bei Tieren hat nach VELLARD und VIANNA[12] das *Kobragift* (*Naja naja*), sehr stark hämolytisch wirken auch die Gifte von *Lachesis*- und *Crotalus*-Arten, und zwar erstreckt sich die lytische Wirkung auch auf die *Leukocyten*.

---

1 MATHEWS: Zit. S. 17.
2 BILLING, W.: J. of Pharmacol. **38**, 173 (1930). 3 LINK: Zit. S. 18.
4 VELLARD, J., u. M. VIANNA: C. r. Soc. Biol. Paris **114**, 143 (1933).
5 ESSEX, H. E., u. J. MARKOWITZ: Amer. J. Physiol. **92**, 335 (1930).
6 KELLAWAY, C. H., u. F. E. WILLIAMS: Austral. J. exper. Biol. a. med. Sci. **11**, 81 (1933).
7 HOLDEN, H. F.: Austral. J. exper. Biol. a. med. Sci. **13**, 103 (1935).
8 KELLAWAY, C. H., u. F. E. WILLIAMS: Austral. J. exper. Biol. a. med. Sci. **11**, 75 (1933).
9 HOLDEN, H. F.: Austral. J. exper. Biol. a. med. Sci. **12**, 55 (1934).
10 KELLAWAY, C. H.: Zit. S. 18, Fußnote 12 und 13.
11 KELLAWAY, C. H.: Zit. S. 18, Fußnote 4.
12 VELLARD, J., u. M. VIANNA: C. r. Soc. Biol. Paris **118**, 19 (1935).

Gering ist dagegen die hämolytische Wirkung des *Daboiagiftes* (*Vipera Russelii*) auf Menschen- und Hundeblut (ISWARIAH[1]).

Die hämolytische Wirkung der Schlangengifte kann durch Tannin gehemmt (*Kobragift*, KLOPSTOCK und NETER[2]), durch Calciumsalze in geeigneter Konzentration gefördert werden (*Trimeresurus mucrosquamatus*, KANISAWA[3]; *Denisonia superba*, HOLDEN[4]); höhere Konzentrationen von Calciumsalzen hemmen dagegen nach KANISAWA[3] die Hämolyse. Hemmend wirken nach HOLDEN[4] auch Rinderserumalbumin, Casein und Hühnerei-Albumin.

HOLDEN[5] schließt aus Spektraluntersuchungen an nativem und an durch Hitze bzw. Formalin seiner hämolytischen Wirkung beraubtem Schlangengift auf das Vorhandensein *zweier Arten von Hämolysinen*, von denen das eine an den Zellen selbst angreift, das andere mit *Lecithin* verwandt sein soll. Für die Anwesenheit zweier hämolytischer Prinzipien könnten auch die Adsorptionsversuche von KYES und BAILEY[6] sprechen, in denen sich zeigte, daß nach Behandlung mit Tierkohle die hämolytische Wirkung nur zur Hälfte verlorenging und daß die Restwirkung nunmehr unmittelbar an den Blutzellen angriff, also unabhängig von einer extracellulären Aktivierung geworden war (Kobragift).

ESSEX und MARKOWITZ[7] halten die hämolytische Wirkung des *Crotalusgiftes* für eine *saponinartige* Wirkung, nach KELLAWAY und WILLIAMS[8] ist die hämolytische Wirkung der australischen Schlangengifte wie die des *Kobragiftes* von der *Lecithinase* dieser Gifte abhängig.

Komplementwirkung: Die Aktivierung der Serumkomplemente durch Schlangengift beruht nach SACHS[9] auf einer Veränderung der labilen Serumglobuline durch das Schlangengift. Das hierbei wirksame Prinzip des Schlangengiftes ist von dem durch Lecithin aktivierten Anteil trennbar.

Komplementwirkung scheint bei der Hämolyse durch Schlangengifte eine nur unbedeutende Rolle zu spielen, jedenfalls gilt das nach KELLAWAY und WILLIAMS[8] für die hämolytische Wirkung der australischen Schlangengifte.

Die *Inaktivierung* von Komplement durch *Kobragift* ist nach PROVERA[10] ebenfalls (s. oben) auf eine Beeinflussung der Serumglobuline zurückzuführen. Nach BIER[11] finden sich gewisse Besonderheiten im Mechanismus der Komplement-Inaktivierung durch *Bothropsgifte* (*B. jararaca* und *B. atrox*). *Antikomplementär* wirken auch die Gifte von *Lachesis*- und *Trimeresurus*-Arten, *Kobragift* ist viel weniger wirksam, die Gifte von *Crotalus terrificus* und *Vipera aspis* erweisen sich in dieser Hinsicht als unwirksam. Es wird angenommen, daß diese — durch Erhitzen auf 60° aufgehobene — antikomplementäre Wirkung an die *Proteasen* gebunden ist; jedenfalls fehlt sie den nicht proteolytisch wirkenden Giften (VELLARD und VIANNA[12]).

Nach SCHÜTZ[13] besteht ein Parallelismus zwischen der antikomplementären Wirkung und der die Komplementhämolyse vermittelnden Wirkung der Schlangengifte, so daß angenommen werden kann (s. auch SACHS[9]), daß bei den Vorgängen der gleiche alterierende Einfluß auf die Serumglobuline zugrunde liegt.

Blutbild. Nach HOUSSAY, MARENZI und MAZZOCCO[14] bewirken *Lachesisgifte* (*L. alternatus*, *L. neuwiedii*) und *Kobragift* (*Naja naja*) *Verminderung* der Erythrocytenzahl. ROYER[15] fand nach Einspritzung von *Kobragift* an Hunden außer der

[1] ISWARIAH, V., u. J. CH. DAVID: Indian J. med. Res. **19**, 1035 (1932).
[2] KLOPSTOCK, A., u. E. NETER: Biochem. Z. **261**, 207 (1933).
[3] KANISAWA, S.: Acta dermat. (Kioto) **9**, 479 (1927).
[4] HOLDEN, H.: Zit. S. 19, Fußnote 9.
[5] HOLDEN, H.: Austral. J. exper. Biol. a. med. Sci. **14**, 121 (1936).
[6] KYES, P., u. J. BAILEY: J. of Immun. **14**, 117 (1926).
[7] ESSEX, H., u. E. MARKOWITZ: Zit. S. 19.
[8] KELLAWAY, C. H., u. F. E. WILLIAMS: Zit. S. 19, Fußnote 6.
[9] SACHS, in KOLLE-KRAUS-UHLENHUTH: Handb. d. path. Mikr., 3. Aufl., S. 67—105.
[10] PROVERA, P.: Boll. Ist. sieroter. Milan **8**, 693 (1929).
[11] BIER, O.: Z. Immun.forsch. **77**, 187 (1932).
[12] VELLARD, J., u. M. VIANNA: C. r. Soc. Biol. Paris **107**, 177 (1931).
[13] SCHÜTZ, F.: Z. Immun.forsch. **44**, 105 (1925).
[14] HOUSSAY, B. A., A.-D. MARENZI u. P. MAZZOCCO: C. r. Soc. Biol. Paris **95**, 1510 (1926).
[15] ROYER, M.: C. r. Soc. Biol. Paris **95**, 1375 (1926).

Verminderung der Erythrocyten erhöhten Färbeindex (Aufnahme des aus den hämolysierten Blutkörperchen frei gewordenen Hämoglobins?) und das Auftreten von kernhaltigen Erythrocyten. Die Leukocyten, insbesondere die acidophilen und die neutrophilen, nahmen in den ersten Tagen bzw. Wochen an Zahl zu. VELLARD und VIANNA[1, 2] sahen bei Ratten und Hunden (Gifte von *Naja naja*, *Crotalus terrificus*, *Lachesis atrox*) zunächst Zunahme der roten und weißen Blutkörperchen, wobei die Leukocytose durch Vermehrung der neutrophilen Polynucleären bedingt war, später Verminderung der Zahl der Blutzellen. — In therapeutischen Dosen am Menschen verändert das Gift von *Ancistrodon piscivorus* das Blutbild nicht (PECK und ROSENTHAL[3]).

Oberflächenspannung und Viscosität. ROSSIGNOLI[4] sah nach intravenöser Zufuhr von *Lachesisgift* und *Kobragift* an Hunden *Herabsetzung der Oberflächenspannung*, aber *Zunahme der Viscosität* des Blutes eintreten. Bei Pferdeserum trat auch Herabsetzung der Oberflächenspannung ein, aber *Lachesisgift* verminderte hier die Viscosität. Erhöhung der Viscosität des Blutes durch Schlangengift fanden auch BALDES, ESSEX und MARKOWITZ[5], die diese Wirkung auf Volumzunahme der Erythrocyten zurückführen (s. a. ESSEX und MARKOWITZ[6]).

Tödliche Dosen der Schlangengifte für Wirbeltiere. In der Literatur finden sich zahlreiche neue Angaben über die tödlichen Dosen (*Dos. let. min.*) der verschiedenen Schlangengifte. Es ist aber nicht nur mit Rücksicht auf die große Zahl dieser Angaben sehr schwierig, die Befunde tabellarisch zusammenzustellen, sondern eine übersichtliche Darstellung dieser Daten auch deshalb schwer durchführbar, weil zur Ermittlung der Dos. let. min. viele verschiedene Tierarten benutzt worden sind, weil ferner teils mit Frischgift, teils mit Trockengift gearbeitet wurde, und weil das Gewicht der Tiere nicht immer angegeben ist. Nicht selten ist im übrigen die D. l. m. nur annähernd oder die „sicher tödliche" Dosis festgestellt worden. KELLAWAY[7] gibt auch die geschätzte sicher tödliche Dosis einiger australischer Schlangengifte für den Menschen an.

Die folgende *Zusammenstellung* soll das Auffinden einer Anzahl der neueren Arbeiten erleichtern, die Angaben über die tödlichen Dosen der Schlangengifte enthalten:

Amerika. 22 *Crotalus*-Arten, 4 *Ancistrodon*-Arten (GITHENS[8]), *Bothrops jararaca*, *B. atrox*, *B. jararacussu* (DO AMARAL[9]), *Elaps frontalis*, *E. lemniscatus* (BRAZIL und BRAZIL[10]), *Bothrops Schlegelii*, *B. nigroviridis*, *B. nasuta*, *B. lansbergi*, *B. godmanni* (PICADO[11]).

Afrika. *Naja haie*, *N. flava*, *N. nigricollis*, *Sepedon haemachates*, *Dendraspis angusticeps*, *Bitis arietans*, *B. gabonica*, *B. atropos*, *B. caudatus*, *Causus rhombeatus* (GRASSET, ZOUTENDYK und SCHAAFSMA[12]), *Naja flava* (EPSTEIN[13]).

---

[1] VELLARD, J., u. M. VIANNA: Zit. S. 19, Fußnote 12.
[2] VELLARD, J., u. M. VIANNA: Ann. Inst. Pasteur **55**, 46, 148 (1935).
[3] PECK, S., u. N. ROSENTHAL: J. amer. med. Assoc. **104**, 1066 (1935).
[4] ROSSIGNOLI, J.: C. r. Soc. Biol. Paris **97**, 414 (1927).
[5] BALDES, E., H. E. ESSEX u. J. MARKOWITZ: Amer. J. Physiol. **97**, 26 (1931).
[6] ESSEX, E., u. J. MARKOWITZ: Zit. S. 19.
[7] KELLAWAY, C. H.: Zit. S. 2, Fußnote 8 unter a).
[8] GITHENS, TH.: J. of Immun. **29**, 165 (1935).
[9] DO AMARAL, A.: Zit. S. 3, Fußnote 15.
[10] BRAZIL, V., u. V. BRAZIL: Zit. S. 17.
[11] PICADO: Zit. S. 3, Fußnote 4 unter a) bis c).
[12] GRASSET, E., A. ZOUTENDYK u. A. SCHAAFSMA: Trans. roy. Soc. trop. Med. Lond. **28**, 601 (1935).
[13] EPSTEIN, D.: Quart. J. exper. Physiol. **20**, 7 (1930).

Asien. *Naja naja atra* (IWASE[1]), *Ancistrodon blomhoffi* (ROPPONGI[2]), *Ancistrodon acutus, Trimeresurus mucrosquamatus, Tr. gramineus* (KYU[3]), *Trimeresurus sumatranus, Tr. Wagleri, Laticauda colubrina* (SMITH und HINDLE[4]).

Australien. KELLAWAY (und Mitarbeiter): *Acanthophis antarcticus*[5], *Denisonia superba*[6], *Denisonia maculata*[7], *Pseudechis porphyriacus*[8], *Pseudechis australis*[9], *Pseudechis scutellatus*[10], *Notechis scutatus*[11], *Oxyuranus maclennani*[10].

Europa. *Vipera aspis* (CARTOLANI[12]), *Vipera ursinii* (SCHÖTTLER[13]), *Vipera berus* (OTTO[14]).

Weitere Angaben siehe bei MAASS[15].

Wirkung der Schlangengifte auf das Nervensystem, auf die Atmung und auf den Kreislauf. Allgemeines. Soweit nicht intravasale Blutgerinnung oder die Schädigung parenchymatöser Organe mitwirkt, führen die Schlangengifte akut entweder *vorwiegend durch Atemlähmung* (*Colubriden*, Typen: *Naja naja, Anhydrina schistosa, Acanthophis antarcticus*) oder *vorwiegend durch Kreislaufschädigung* (*Viperiden*, Typen: *Bothrops*- und *Crotalus*-Arten außer *Crotalus terrificus*, dessen Gift rein neurotoxisch wirkt) zum Tode.

Atmung. Die *Atemlähmung durch Colubridengifte* ist in erster Linie eine periphere Atemlähmung durch *curareartige* Wirkung (s. S. 26) und die *Kreislaufschädigung durch Viperidengifte* beruht in erster Linie auf *peripheren Gefäßschädigungen.* Wieweit bei beiden Vorgängen zentrale Wirkungen der betreffenden Schlangengifte in Frage kommen, ist noch nicht klargestellt.

PACELLA[16] suchte diese Frage durch Einbringung von Schlangengiften in den Hinterhauptsteil des Wirbelkanals von chloralisierten Hunden zu entscheiden. *Kobragift*, verschiedene *Lachesisgifte* und *Daboiagift* (*Vipera Russelii*) erzeugten dabei eine schnelle und dauernde *Steigerung*, in sehr hohen Dosen eine *Senkung des Blutdruckes*. Die *Atmung* wird gewöhnlich erst nach einiger Zeit beeinflußt, vor dem Atemstillstand kann CHEYNE-STOKESscher Atemtypus auftreten. Bei subcutaner und intravenöser Einspritzung kommen nach PACELLA die zentralen Wirkungen auf die Medulla oblongata *nicht* zustande, weil in diesen Fällen der Tod durch periphere (*curareartige*) Lähmung oder durch periphere Kreislaufschädigung eintritt. Dies beweist aber — besonders auch unter Berücksichtigung der von PACELLA angewandten großen Schlangengiftmengen — deutlich, daß die zentralen Wirkungen auf Atmung und Vasomotorenzentrum nur gering sein können, wenn sie nicht überhaupt allein durch unspezifische Reizwirkung der Schlangengifte vorgetäuscht sein sollten. Die Versuche von MARTINO[17], die zentrale Wirkung der Schlangengifte durch Applikation unmittelbar am bloßgelegten Gehirn und Rückenmark von Kalt- und Warmblütern nachweisen zu wollen, müssen als unphysiologisch angesehen werden.

Anders ist das Vorgehen von HOUSSAY und HUG[18] zu bewerten, die dem nur noch durch die Nervi vagi mit dem Rumpf in Verbindung stehenden und von einem Spendehund künstlich durchbluteten *isolierten Hundekopf* 1—5 mg *Crotalusgift* zuführten und danach *Zunahme der Atembewegung* sahen. Aber gerade

[1] IWASE, Y.: J. med. Assoc. Formosa **32**, Nr 5, 57 (1933).
[2] ROPPONGI: Tuhuko-Ikwadaigatu-Zasshi **21**, 109 (1928).
[3] KYU, K.: J. med. Assoc. Formosa **32**, Nr 6, 79 u. 84; Nr 11 u. 12, 148 (1933).
[4] SMITH, M., u. E. HINDLE: Trans. roy. Soc. trop. Med. Lond. **25**, 115 (1931).
[5] KELLAWAY, C. H.: Zit. S. 18, Fußnote 12.
[6] KELLAWAY, C. H.: Zit. S. 18, Fußnote 11.
[7] KELLAWAY, C. H.: Austral. J. exper. Biol. a. med. Sci. **12**, 47 (1934).
[8] KELLAWAY, C. H.: Med. J. Austral. **1930 I**, 3.
[9] KELLAWAY, C. H., u. D. F. THOMSEN: Zit. S. 7.
[10] KELLAWAY, C. H., u. F. E. WILLIAMS: Zit. S. 18.
[11] KELLAWAY: Zit. S. 18, Fußnote 4.
[12] CARTOLANI, C.: Arch. ital. Sci. med. colon. **17**, 455 (1936).
[13] SCHOTTLER, W.: Bull. Antivenin Inst. Amer. Glenolden **5**, 80 (1932).
[14] OTTO, R.: Siehe S. 35, Fußnote 5 und 7.
[15] MAASS, TH. A.: Tab. biol., IX, 146 (1934).
[16] PACELLA, G.: C. r. Soc. Biol. Paris **88**, 366 (1923).
[17] MARTINO, G.: Arch. di Fisiol. **34**, 133 (1934).
[18] HOUSSAY, B. A., u. E. HUG: C. r. Soc. Biol. Paris **99**, 1509 (1928).

dieser Befund spricht angesichts der verhältnismäßig sehr hohen Dosis von Crotalusgift nicht gerade *für* eine Lähmung des Atemzentrums durch das benutzte Schlangengift.

Anregung der Atmung sahen auch GAUTRELET, HALPERN und CORTEGGIANI[1] nach geringen Mengen von *Kobragift*, während höhere Dosen durch periphere curareartige Lähmung zum Atemstillstand führten.

Nach KELLAWAY, CHERRY und WILLIAMS[2], die am halb isolierten Kopfpräparat der Katze arbeiteten, steht es fest, daß fast alle australischen Schlangengifte[3], die ja sämtlich Colubridengifte sind, ebenso wie die gefährlichsten der indischen Colubridengifte (von *Naja naja*, *Naja hannah*, *Enhydrina schistosa*, *Bungarus coeruleus*) den Tod in der Regel durch *periphere* (*curareartige*) *Lähmung* herbeiführen, und daß eine zentrale Atemlähmung höchstens dann einmal zustande kommen kann, wenn vor Ausbildung der peripheren Atemlähmung das Atemzentrum durch Anoxämie so sehr geschädigt ist, daß ein weiterer schädigender Einfluß durch das Schlangengift auch am Atemzentrum eintreten kann.

Die entgegenstehenden mit *Kobragift* erhobenen Befunde von CHOPRA und ISWARIAH[4] sind schon mit Rücksicht auf die gewählte Methode (Registrierung der Bewegungen der Rippen und eines unter Erhaltung der Phrenicusinnervation isolierten Zwerchfellstückes bei künstlicher Atmung) wenig beweisend.

Man wird daher nicht fehlgehen, wenn man für alle curareartig wirkenden Schlangengifte periphere Atemlähmung als bewiesen und als Hauptwirkung ansieht.

Anders dürfte es bei *Viperidengiften* sein, die keine oder nur eine so geringe curareartige Wirkung besitzen, daß eine periphere Atemlähmung nicht in Frage kommt.

So geben ROPPONGI[5] und NAGAMITU[6] für das *Ancistrodongift* (*A. blomhoffi*) Tod durch *zentrale Atemlähmung* an, curareartige Wirkung fehlt. Nach ROPPONGI ist aber die Atemlähmung *sekundär* (Anoxämie?) durch *Kreislaufschädigung* (Zirkulationsstörungen in den inneren Organen, Drucksteigerung im kleinen Kreislauf und Herzschädigung) bedingt.

Ob die *Senkung der Körpertemperatur* durch Schlangengifte eine primär zentrale Wirkung auf die Wärmeregulation darstellt oder sekundär durch andere Schädigungen ausgelöst wird, ist noch nicht entschieden, die Versuche von GAUTRELET, HALPERN und CORTEGGIANI[7] sprechen, da schon nichttödliche Dosen von *Vipergift* (*V. aspis*) am Meerschweinchen Senkung der Körpertemperatur um 2—3° bewirken, für eine primär zentrale Wirkung.

Kreislauf. *Kreislaufschädigung* ist die häufigste Todesursache nach Bissen der *Viperiden*, aber auch nach parenteraler Zufuhr dieser Gifte. Kreislaufschädigung spielt aber auch in den späteren Stadien der Vergiftung durch australische Schlangengifte, die an sich dem Curaretyp angehören, in der Herbeiführung des tödlichen Ausganges eine erhebliche Rolle, wenn es nicht vorher schon zur Lähmung gekommen ist (KELLAWAY[8]).

Bei den vielfältigen Ursachen, die zu einer Kreislauflähmung führen können, und angesichts der sehr stark variierenden Symptomatologie der Kreislaufwirkung der verschiedenen Schlangengifte ist es außerordentlich schwierig, hier ein nur annähernd klares Bild zu zeichnen, zumal unsere Kenntnisse von den Vorgängen bei der Kreislaufschädigung durch Schlangengifte noch sehr mangelhaft sind.

---

[1] GAUTRELET, J., N. HALPERN u. E. CORTEGGIANI: Arch. internat. Physiol. **38**, 293 (1934).

[2] KELLAWAY, C. H., R. O. CHERRY u. F. E. WILLIAMS: Austral. J. exper. Biol. a. med. Sci. **10**, 181 (1932).

[3] Keine curareartige Lähmung bewirkt das Gift von *Pseudechis australis*.

[4] CHOPRA u. ISWARIAH: Zit. S. 14.

[5] ROPPONGI: Zit. S. 22.

[6] NAGAMITU, G.: Okkayama Igakkai-Zasshi **48**, 1650 (1936).

[7] GAUTRELET, J., N. HALPERN u. E. CORTEGGIANI: C. r. Soc. Biol. Paris **121**, 319 (1936) — Arch. internat. Pharmacodynamie **53**, 297 (1936).

[8] KELLAWAY: Zit. S. 2, Fußnote 8 unter b).

Denkbar und möglich sind folgende Kreislaufwirkungen der Schlangengifte: Beeinflussung des Vasomotorenzentrums, primär und sekundär (durch periphere Wirkung, durch Anoxämie), Schädigung des Herzens primär oder sekundär durch periphere Gefäßlähmung, durch Sperrung im kleinen Kreislauf, Sperre der Lebergefäße, durch Schädigung der Gefäßwände (hämorrhagische Wirkung), durch intravasale Blutgerinnung und möglicherweise noch durch andere, bisher nicht erkannte Veränderungen.

Dabei ist auch zu berücksichtigen, daß nicht nur die Schlangengifte selbst, sondern auch Stoffe, die unter der Schlangengiftwirkung *im Körper frei werden*, sehr wesentlich an der Kreislaufwirkung beteiligt sein können; dies gilt mit Sicherheit für das durch Schlangengift im Organismus frei gemachte *Histamin* (s. unten S. 24—25) als Ursache der Schockwirkung von Schlangengiften, insbesondere bei der intravenösen Injektion größerer Dosen (Kellaway)[1].

Wie auf S. 22 schon erwähnt, sah Pacella[2] eine Blutdrucksteigerung nach Einspritzung verschiedener Schlangengifte in den Hinterhauptsteil des Wirbelkanals und führte sie auf Beeinflussung des *Vasomotorenzentrums* zurück. Bei subcutaner und intravenöser Einspritzung des Schlangengiftes bleibt diese Blutdrucksteigerung aus.

Blutdrucksteigerung durch das Gift von *Naja naja atra* (nach intravenöser Einspritzung) sah Kanisawa[3] an Kaninchen auftreten, hier ging aber der Drucksteigerung eine initiale Senkung voraus und es folgte dem Druckanstieg ein irreversibler Druckfall.

Blutdrucksenkung ist ein *regelmäßiger Befund* bei der Prüfung der Schlangengifte am Warmblüter und kann nach Vernes und Koressios[4] therapeutisch am Menschen bei Hypertonie ausgenutzt werden (s. S. 37). Die Blutdrucksenkung tritt nach Injektion von 0,01 mg *Kobragift*, allerdings nur vorübergehend, auch an gesunden Menschen auf und ist von einer Pulsverlangsamung begleitet.

Die im Tierversuche durch Schlangengifte bewirkte *Blutdrucksenkung* wird von den meisten Untersuchern auf eine *periphere Gefäßlähmung* zurückgeführt, so für das *Kobragift* von Gautrelet und Halpern[5], für das Gift von *Vipera aspis* von Gautrelet, Halpern und Corteggiani[6,7], für das Gift von *Lachesis ammodytoides* von Houssay und Negrete[8] und für *Crotalusgift* (*Crotalin*) von Baldes, Essex und Markowitz[9].

Eine besondere Besprechung erfordert die nach *intravenöser* Zufuhr von Schlangengift auftretende akute, *starke und mit Schocksymptomen einhergehende Blutdrucksenkung*. Diese besonders schwere Kreislaufschädigung war schon früher beschrieben worden und hat nach den Untersuchungen von Essex und Markowitz[10] sowie Essex[11] *so große Ähnlichkeit* (Lungengefäßsperre, Bronchospasmus, später Lungenödem, starke Erweiterung der Extremitätengefäße, keine Erweiterung der Splanchnicusgefäße, charakteristische Beeinflussung der Hautcapillaren, keine unmittelbare Herzschädigung, s. a. Essex[12]) *mit der Histaminwirkung* bzw. mit der Kreislaufschädigung im *anaphylaktischen Shock*, daß sich diese Forscher veranlaßt sahen, im Schlangengift — allerdings erfolglos — nach *Histamin* zu fahnden.

---

[1] Kellaway, C. H.: Zit. S. 2, Fußnote 8 unter b). [2] Pacella: Zit. S. 22.
[3] Kanisawa, S.: Acta dermatol. (Kioto) **11**, 157 (1928).
[4] Vernes, A., u. N. Koressios: Arch. Inst. prophyl. a) **6**, 20; b) **6**, 199 (1934).
[5] Gautrelet, J., u. N. Halpern: C. r. Soc. Biol. Paris **115**, 942 (1934).
[6] Gautrelet, J., N. Halpern u. E. Corteggiani: C. r. Soc. Biol. Paris **116**, 867 (1934).
[7] Gautrelet, J., N. Halpern u. E. Corteggiani: Zit. S. 23, Fußnote 7.
[8] Houssay, B. A., u. J. Negrete: C. r. Soc. biol. Paris **89**, 751 (1923).
[9] Baldes, E., H. E. Essex u. J. T. Markowitz: Zit. S. 21.
[10] Essex, H. E., u. J. T. Markowitz: Amer. J. Physiol. **92**, 317 (1930).
[11] Essex, H. E.: Amer. J. Physiol. **92**, 705 (1930).
[12] Essex, H. E.: Amer. J. Physiol. **92**, 329 (1930).

KELLAWAY und LE MESSURIER[1] sahen nach *intravenöser* Zufuhr des Giftes von *Denisonia superba* die gleiche *histaminartige Wirkung*. Eine unmittelbare Herzwirkung ließ sich nach Versuchen am Herzlungenpräparat ausschließen. KELLAWAY[2] hatte schon vorher mit australischen Schlangengiften am isolierten *Meerschweinchenuterus* (s. a. S. 27) eine *typisch histaminähnliche* Wirkung gesehen und war — da *Histamin* im Schlangengift nicht vorkommt — schon 1929[1] zu der Annahme gekommen, daß durch Schlangengift im Organismus *Histamin in Freiheit gesetzt wird*. Diese Annahme konnte dann von KELLAWAY und FELDBERG[3] in sehr eingehenden Untersuchungen klar bewiesen werden, so daß es keinem Zweifel mehr unterliegen kann, daß die *Freisetzung von Histamin* durch Schlangengift bei der Kreislaufwirkung der Schlangengifte eine erhebliche Rolle spielt.

Die Freisetzung von Histamin ist nur *eine* der Äußerungen der durch Schlangengifte hervorgerufenen *cytolytischen* Wirkungen, die an dem komplizierten Bild der Vergiftung mit Schlangengift wesentlich beteiligt sind (KELLAWAY[4]).

Eine andere sehr wichtige Folge der *Cytolyse* sind die nicht nur für allgemeine *Organschädigungen*, in erster Linie für die Kreislaufwirkung, sehr bedeutsamen *hämorrhagischen Wirkungen* der Schlangengifte.

Die *hämorrhagische*, besonders stark den *Viperidengiften* zukommende, nach HOUSSAY[5] von den *Proteasen* der Schlangengifte abhängige Wirkung läßt sich schon am Embryo 3 Tage lang bebrüteter Hühnereier nachweisen, und zwar erzeugt *Ancistrodongift* (1%) nach wenigen Minuten punktförmige *Hämorrhagien*, während das Gift von *Bothrops atrox* unwirksam bleibt (WITEBSKY, PECK und NETER[6]).

Die *hämorrhagische* Wirkung der Schlangengifte findet sich *nicht nur örtlich* an der Biß- oder Injektionsstelle und in ihrer näheren und weiteren Umgebung, sondern *auch resorptiv* an serösen Häuten, in den Lungen (KELLAWAY[7], Gift von *Denisonia superba* und *D. maculata*), in den Nieren (MILLES, MÜLLER und PETERSEN[8], *Crotalusgift*).

Besonders *starke hämorrhagische Veränderungen* erzeugen die Gifte von *Vipera Russelii*, *Echis carinatus*, *Crotalus adamanteus* und *Ancistrodon piscivorus* (CHOPRA und CHOWHAN[9], TAYLOR und MALLICK[10]), ferner von *Pseudechis porphyriacus* (KELLAWAY[11]).

Zusammenfassung zur Kreislaufwirkung der Schlangengifte. Nach allen bisher vorliegenden Untersuchungen muß man annehmen, daß zwar eine Beeinflussung, und zwar erst Erregung, dann Lähmung des Vasomotorenzentrums, durch Schlangengifte stattfinden *kann*, daß aber wahrscheinlich nur die beobachtete initiale Blutdrucksteigerung eine primäre zentrale Wirkung darstellt, während die *Blutdrucksenkung* vorwiegend, wenn nicht ausschließlich, auf *periphere Wirkungen*, insbesondere auf *periphere Gefäßlähmung* zurückzuführen sein und höchstens sekundär am Vasomotorenzentrum ihren Angriffspunkt haben dürfte.

[1] KELLAWAY, C. H., u. D. H. LE MESSURIER: Austral. J. exper. Biol. a. med. Sci. **14**, 57 (1936).
[2] KELLAWAY, C. H.: Brit. J. exper. Path. **10**, 281 (1929).
[3] KELLAWAY, C. H., u. W. FELDBERG, unveröffentl., zit. bei KELLAWAY: Bull. Hopkins Hosp. **60**, 18 (1937).
[4] KELLAWAY: Zit. S. 2, Fußnote 8 unter b).
[5] HOUSSAY: Zit. S. 13.
[6] WITEBSKY, E., S. PECK u. E. NETER: Proc. Soc. exper. Biol. a. Med. **32**, 722 (1935).
[7] KELLAWAY: Zit. S. 18, Fußnote 11, und S. 22, Fußnote 7.
[8] MILLES, G., E. F. MÜLLER u. W. F. PETERSEN: Proc. Soc. exper. Biol. a. Med. **28**, 561 (1931).
[9] CHOPRA R. N., u. J. S. CHOWHAN: Indian J. med. Res. **21**, 493 (1934).
[10] TAYLOR J., u. S. M. K. MALLICK: Indian J. med. Res. **24**, 273 (1936).
[11] KELLAWAY, C. H.: Zit. S. 2, Fußnote 8 unter a).

An der *Schädigung des Kreislaufes* ist das durch Schlangengift im Organismus frei gemachte *Histamin* und, besonders bei *hämorrhaginreichen* Schlangengiften, vor allem die *hämorrhagische* Wirkung der Schlangengifte ausschlaggebend beteiligt. Eine unmittelbare Herzschädigung ist nicht nachweisbar und unwahrscheinlich, die im Verlauf der Vergiftung auftretende Herzschädigung ist sekundärer Natur.

Wirkung der Schlangengifte auf die motorischen Nervenendigungen („Curarewirkung“). Fast alle Schlangengifte besitzen *curareartige* Wirkungen, allerdings in sehr verschiedenem Ausmaß.

Die *stärkste curareartige* Wirkung haben die *Colubridengifte*, unter diesen sind die wirksamsten Gifte die der Gattung *Naja, Bungarus, Enhydrina* und die Gifte der meisten *australischen Giftschlangen* (Kellaway und Holden[1], Kellaway, Cherry und Williams[2], Kellaway[3]).

Tabelle 4. Lähmende Schwellenkonzentration verschiedener Schlangengifte am Nervus ischiadicus des Frosches nach Kellaway u. Holden[1].

Gift von	Ordnung	Lähmende Schwellenkonzentration
Naja naja	*Colubridae*	1:200000
Bungarus fasciatus	„	1: 10000
Denisonia superba	„	
Pseudechis porphyriacus	„	
Acanthophis antarcticus	„	1: 5000
Notechis scutatus	„	1: 4000
Crotalus adamanteus	*Viperidae*	1: 2000

Die *curareartige* Wirkung ist, geprüft am Nervmuskelpräparat des Frosches nach Claude-Bernard, am stärksten beim *Kobragift*, am schwächsten bei *Viperidengiften*.

Im übrigen ist nach Kellaway und Holden die curareartige Wirkung am ganzen Tier (Frosch) viel deutlicher ausgeprägt und auch an den Änderungen der direkten und indirekten *Chronaxie* zu verfolgen. Gautrelet und Halpern[4] sahen 3—4 Stunden nach Einspritzung (Rückenlymphsack) von 1—1,5 mg *Kobragift* am Frosch Aufhebung der indirekten Erregbarkeit bei Erhaltensein der direkten Muskelerregbarkeit, während am isolierten Nervmuskelpräparat 1:100000 innerhalb 2 Stunden wirkungslos blieb und 1:10000 nach 30—50 Minuten den Ischiadicus lähmte.

Die curareartige Wirkung der Schlangengifte stimmt *nicht völlig* mit der echten Curarewirkung überein. Sie ist, einmal voll ausgebildet, im Gegensatz zur Wirkung des Curarins *nicht reversibel*, nur Antitoxin kann das Zustandekommen der Wirkung verhindern (Kellaway[5]). Ferner hat Nechkovitch[6] gezeigt, daß die Wirkung des *Kobragiftes* am Kaninchen durch Insulin in hyperglykämischen Dosen nicht beeinflußt wird, während eine sonst tödliche Curaremenge unter diesen Bedingungen nur geringe Vergiftungserscheinungen hervorruft. In diesem Zusammenhang sei nochmals daran erinnert, daß nach Cushny und Yagi[7] der Physostigminantagonismus bei der curareartigen Schlangengiftwirkung fehlt. Der Wirkungsmechanismus der „Curare“-Wirkung der Schlangengifte ist demnach noch nicht als vollkommen aufgeklärt anzusehen.

Wirkung der Schlangengifte auf die sensiblen Nervenendigungen. Nach Kellaway[8] lähmen die Gifte von *Naja naja, Pseudechis porphyriacus, Denisonia*

[1] Kellaway, C. H., u. H. F. Holden: Austral. J. exper. Biol. a. med. Sci. **10**, 167 (1932).
[2] Kellaway, C. H., R. O. Cherry u. F. E. Williams: Zit. S. 23.
[3] Kellaway, C. H.: Zit. S. 2, Fußnote 8 unter b).
[4] Gautrelet, J., u. N. Halpern: C. r. Soc. Biol. Paris **113**, 1486 (1933).
[5] Kellaway, C. H.: Austral. J. exper. Biol. a. med. Sci. **10**, 195 (1932).
[6] Nechkovitch, M.: C. r. Soc. Biol. Paris **97**, 1304 (1927).
[7] Cushny u. Yagi (1918), zit. bei Kellaway: Zit. S. 2, Fußnote 8 unter b).
[8] Kellaway, C. H.: Austral. J. exper. Biol. a. med. Sci. **12**, 177 (1934).

superba, Acanthophis antarcticus, Notechis scutatus, Notechis scutatus var. niger (die Reihenfolge entspricht der Wirksamkeit, die beim *Kobragift* wie die curareartige Wirkung am stärksten[1] ist) in vitro die *sensiblen* Nervenendigungen, aber nicht die sensiblen Nervenfasern. Diese Wirkung ist schwächer als die curareartige Wirkung, aber der Abstand zwischen beiden Wirkungsqualitäten ist nicht so groß wie bei Curare, das bekanntlich erst in hohen Konzentrationen auch die sensiblen Nervenendigungen in vitro lähmt. Die Befunde von KELLAWAY stellen eine experimentelle Bestätigung für die lokalanästhetische Wirkung dar, die nach dem Biß der Kobra und wirkungsverwandter *Colubriden* an der Bißstelle und ihrer Umgebung auftritt.

Wirkung der Schlangengifte auf die quergestreiften Muskeln. *Muskelwirkung* und *hämolytische* Wirkung kommen nach HOUSSAY, NEGRETE und MAZZOCCO[2] beide durch den *gleichen* Vorgang (Veränderung der Permeabilität, Quellung, beim Muskel dann Unerregbarkeit) durch Einfluß der *Lecithinase* zustande. Nach KELLAWAY und HOLDEN[3] trifft dieser Parallelismus auch für zahlreiche indische und australische Schlangengifte zu, aber es gibt auch Schlangengifte (z. B. das Gift von *Notechis scutatus*), die sehr stark muskellähmend wirken, ohne daß eine Quellung des Muskels vorausgeht und ohne daß eine nennenswerte hämolytische Wirkung vorhanden ist.

HOUSSAY und MAZZOCCO[4] fanden Unterschiede in der Muskelwirkung von *Lachesisgift* und *Kobragift* bezüglich der Beeinflussung durch andere Pharmaca; ferner stellten sie Zunahme des freien Phosphats, des Lactacidogens und der Milchsäure und eine Permeabilitätssteigerung der Muskeln fest.

FULCHIGNONI[5] fand an in vivo mit Schlangengift vergifteten Froschmuskeln (Gastrocnemius) außer *fibrillären Zuckungen* eine sehr schnelle Ermüdbarkeit des Muskels.

Die *Kontrakturwirkung* der Schlangengifte am Skeletmuskel dürfte mit der am *isolierten Herzen* durch Schlangengifte erzeugten irreversiblen Kontraktur wesensgleich sein.

Im übrigen ist die *Muskelwirkung* der Schlangengifte im Vergleich zu den anderen stärkeren Wirkungsqualitäten so *gering*, daß sie für das allgemeine Vergiftungsbild belanglos erscheinen muß.

Wirkung der Schlangengifte auf die glatte Muskulatur (isolierte glattmuskelige Organe). *Isolierte glattmuskelige* Organe, *Darm, Uterus, Eileiter* vom Huhn werden durch geeignete Konzentrationen von Schlangengift erregt bzw. in *Kontraktur* versetzt.

KELLAWAY[6] untersuchte diese Wirkung eingehend am isolierten virginellen Meerschweinchenuterus, ferner am Kaninchen- und Rattenuterus, und fand, daß die australischen Schlangengifte (von *Acanthophis antarcticus, Notechis scutatus, Denisonia superba, Pseudechis porphyriacus* und *guttatus, Oxyuranus maclennani, Demansia textilis*) sämtlich den *Uterus*, und zwar bedeutend stärker als *Kobragift, erregen*. Die Wirkung wird durch Antitoxin aufgehoben und ist wahrscheinlich, wie die neurotoxische Wirkung, an die *Proteasenfraktion* geknüpft. Im übrigen ist diese Wirkung der *Histaminwirkung* sehr ähnlich, vor allem auch darin, daß nach der ersten Einwirkung der Uterus gegen die folgende Einwirkung desselben oder eines anderen Giftes dieser Reihe unempfindlich ist, daß somit eine Tachy-

---

[1] Kobragift 1 : 100000 noch wirksam.
[2] HOUSSAY, B.-A., J. NEGRETE u. P. MAZZOCCO: C. r. Soc. Biol. Paris **87**, 823 (1922).
[3] KELLAWAY, C. H., u. H. F. HOLDEN: Zit. S. 26, Fußnote 1.
[4] HOUSSAY, B.-A., u. P. MAZZOCCO: C. r. Soc. Biol. Paris **93**, 1120 (1925).
[5] FULCHIGNONI, E.: Arch. di Fisiol. **35**, 377 (1936).
[6] KELLAWAY, C. H.: Brit. J. exper. Path. **10**, 281 (1929).

phylaxie vorliegt. Man könnte daher annehmen, daß die Schlangengiftwirkung am Uterus auf einer Freisetzung und Wirkung von Histamin beruht, dagegen spricht aber erstens die Tatsache, daß die Schlangengifte auch den Rattenuterus, der durch Histamin erschlafft wird, erregen, und zweitens der Befund von Essex und Markowitz[1], daß der gegen Schlangengift unempfindlich gewordene Uterus des virginellen Meerschweinchens noch auf Histamin anspricht.

Tetsch und Wolff[2] sahen nach *Kobra-* und *Crotalusgift* am *Meerschweinchendarm* dieselbe, eben für die Uteruswirkung geschilderte typische Wirkung mit Unempfindlichwerden gegen die zweite und weitere Schlangengiftgaben. Diese *tachyphylaktische Wirkung* auf den Darm glich der Wirkung des — histaminhaltigen — Bienengiftes so sehr, daß diese Forscher auch aus dieser biologischen Übereinstimmung auf eine nahe Verwandtschaft beider Giftarten schlossen (s. a. S. 13).

Der *Darm* wird durch kleine Dosen *erregt*, durch höhere Konzentrationen unter Tonussenkung *gelähmt* (*Crotalusgift*: Essex[3]; *Kobragift*: Gautrelet, Halpern und Corteggiani[4]).

Wirkung der Schlangengifte auf das Auge. Das Gift von *Notechis scutatus* führt bei Tieren in nichtletalen Dosen zur *Erblindung* (Kellaway[5]).

Vernes und Koressios[6] sahen nach therapeutischen Dosen von *Kobragift* (0,005 bis 0,1 mg) eine etwa $^1/_2$ Stunde anhaltende *Mydriasis*, während Giannantoni[7] nach Einträufeln oder subconjunctivaler Einspritzung von *Kobragift* am Affenauge *Miosis* und *Herabsetzung des intraokularen Druckes fand*, eine Wirkung, die er zu therapeutischen Zwecken am Menschen ($^1/_{50}$ mg Kobragift pro dosi) auszunutzen empfiehlt.

Peratoner[8] sah als Folgen eines *Vipernbisses* am Menschen *träge Pupillenreaktion* und beiderseitige stärkste *Ptosis*, Erscheinungen, die durch die Serumbehandlung völlig aufgehoben wurden.

Nach Koressios[9] bewirkt *Kobragift* in therapeutischen Dosen am Menschen eine Erhöhung des Druckes in den Retinaarterien.

Wirkung der Schlangengifte auf den Stoffwechsel. Auf diesem Gebiete scheint wenig gearbeitet worden zu sein, obwohl zu vermuten ist, daß die Schlangengifte auf Grund ihrer vielfältigen Wirkungsqualitäten den Stoffwechsel mannigfach zu beeinflussen vermögen.

Gautrelet, Halpern und Corteggiani[10] sahen nach der Injektion von 0,5 mg *Viperngift* (*V. aspis*) eine *Abnahme* des O_2-Verbrauches auf 35% und ein *Sinken* der CO_2-Ausscheidung auf 65% der Norm.

Nach Macht und Bryan[11] *hemmt Kobragift* wie Morphin die *autoxydativen Prozesse* von Gehirnsubstanz; während aber die Morphinwirkung schnell einsetzt und nicht lange anhält, tritt die Kobragiftwirkung erst nach langem Kontakt mit der Hirnsubstanz ein, bleibt dafür aber bedeutend länger bestehen. Macht und Bryan sehen hierin eine Analogie zu der Verschiedenheit der schmerzstillenden Wirkung von Morphin und Schlangengift.

Auf den *Kohlehydratstoffwechsel* wirkt nach Chin[12] das Gift von *Trimeresurus mucrosquamatus* in dem Sinne ein, daß der *Blutzucker* nach Injektion von 10 mg/kg um 200% *steigt*. Nach beiderseitiger Durchschneidung der Nn. splanchnici und beiderseitiger totaler Nebennierenexstirpation beträgt die Blutzuckersteigerung immer noch 100%. Bei wiederholten Einspritzungen des Giftes nimmt die hyperglykämisierende Wirkung immer mehr ab, um schließlich ganz zu verschwinden.

Die Befunde von Chin stimmen mit den Ergebnissen früherer Untersuchungen von Houssay und Molinelli[13] überein, wonach die Adrenalinausschüttung durch direkte Einwirkung von Schlangengift auf die Nebennieren nur gering ist.

---

[1] Essex, H. E., u. J. T. Markowitz: Amer. J. Physiol. **92**, 705 (1930).
[2] Tetsch u. Wolff: Zit. S. 11. [3] Essex: Zit. S. 24, Fußnote 12.
[4] Gautrelet, Halpern u. Corteggiani: Zit. S. 23, Fußnote 1.
[5] Kellaway: Zit. S. 18, Fußnote 4.
[6] Vernes u. Koressios: Zit. S. 24, Fußnote 4 unter a).
[7] Giannantoni, C.: Lett. oftalm. **12**, 235 (1935).
[8] Peratoner, U.: Boll. Accad. lancis Roma **5**, 217 (1933).
[9] Koressios, P.: 2. internat. Neurol.-Kongr. London 1935, ref. Dtsch. med. Wschr. **1935**, 1502.
[10] Gautrelet, Halpern u. Corteggiani: Zit. S. 23, Fußnote 7.
[11] Macht, D., u. H. F. Bryan: C. r. Soc. Biol. Paris **123**, 385 (1936).
[12] Chin, K.: J. med. Assoc. Formosa **34**, 1059 (1935).
[13] Houssay B.-A., u. E. A. Molinelli: Amer. J. Physiol. **77**, 184 (1926) — C. r. Soc. Biol. Paris **93**, 1133 (1925).

Organschädigungen durch Schlangengifte. Auf die *lokalen Gewebsschädigungen* durch Schlangengifte, insbesondere nach dem Biß solcher *Viperiden*, deren Gift örtlich stark reizend und gewebszerstörend wirkt, ist schon auf S. 15 hingewiesen worden.

Außer den *schweren Gefäßschädigungen*, die durch die *hämorrhagische* Wirkung vieler Schlangengifte, insbesondere der *Viperidengifte* (MORITSCH und BRUMLIK[1], REDDINGIUS[2], s. a. S. 25), hervorgerufen werden, sind in neuerer Zeit Schädigungen folgender Organe beschrieben worden: *fettige Degenerationen* und *Nekrosen der Leber*, *Nieren* und *Skeletmuskeln* von KELLAWAY[3], Schädigung der *Nebennieren* (SAVIOTTI[4], KELLAWAY[3]) und von *Nervengewebe* (WEIL[5], DE MENNATO[6]).

Immunität.

In diesem Abschnitt können aus dem großen Gesamtgebiet der *Immunität* nur die wichtigsten Ergebnisse der neueren Untersuchungen über die natürliche Immunität und über die künstliche Immunisierung gegen Schlangengifte behandelt werden.

Im übrigen wird auf FLURY[7], KRAUS[8], KRAUS und WERNER[9], SACHS[10] sowie auf die erst kürzlich erschienene zusammenfassende Darstellung über Immunität gegen Schlangengifte von KELLAWAY[11] verwiesen.

Natürliche Immunität gegen Schlangengifte. Die Immunität der Schlangen gegen Schlangengifte kann sehr gering sein. So tötet das Gift von *Elaps frontalis* und *E. lemniscatus*, ein Gift mit ausgesprochenem Curaretyp, bei parenteraler Einverleibung giftige und „ungiftige" Schlangen in nicht sehr viel höheren Dosen, als für Säugetiere tödlich sind: 12 mg *Elapsgift* tötet eine große *Lachesis jararacussu* innerhalb 10 Minuten (BRAZIL und BRAZIL[12]). Ferner sah GLOYD[13] eine große Klapperschlange (*Crotalus adamanteus*) nach dem Biß durch eine kleine Wassermokassinschlange (*Ancistrodon piscivorus*) eingehen, wobei nicht nur an der Bißstelle, sondern auch resorptiv starke Hämorrhagien auftraten. Dagegen blieben Bisse von Klapperschlangen an sich selbst und an Artgenossen wirkungslos.

Die *australischen* Giftschlangen besitzen nach KELLAWAY[14] eine *außerordentlich hohe Immunität* sowohl ihrem eigenen Gift gegenüber, als gegen das Gift nahe verwandter Arten. Das Gift der Tigerschlange (*Notechis scutatus*), das eins der wirksamsten Schlangengifte überhaupt ist und Warmblüter (subcutan) in Dosen von 0,005—0,4 mg/kg tötet, bleibt in der 3500fach höheren Dosis (1,4 g/kg) an der Tigerschlange selbst praktisch ohne Wirkung. Die tödliche Dosis der an sich etwas weniger wirksamen Gifte von *Denisonia superba* und *Acanthophis antarcticus* für die Tigerschlange beträgt 1 g/kg, dagegen wird eine Tigerschlange schon durch 30 mg vom Gift der nicht in Australien vorkommenden, aber ebenfalls zu den *Colubriden* gehörenden *Kobra* (*Naja naja*) getötet!

---

[1] MORITSCH, P., u. M. BRUMLIK: Mitt. Grenzgeb. Med. u. Chir. **40**, 399 (1927).
[2] REDDINGIUS, T.: Geneesk. Tijdschr. Nederl.-Indië **71**, 30 (1931).
[3] KELLAWAY: Zit. S. 2, Fußnote 8 unter a).
[4] SAVIOTTI, G.: Arch. Zool. ital. **19**, 499 (1933) — Rass. Ter. e Pat. clin. **6**, 7 (1934).
[5] WEIL, A.: Naunyn-Schmiedebergs Arch. **154**, 228 (1930).
[6] DE MENNATO, M.: Riv. Pat. sper. N. s. **4**, 415 (1935).
[7] FLURY: Zit. S. 1.
[8] KRAUS: In KOLLE, KRAUS u. UHLENHUTH: Handb. d. path. Mikroorg., Bd. III, 1, S. 1 (1930).
[9] KRAUS u. WERNER: Zit. S. 2. [10] SACHS: Zit. S. 20.
[11] KELLAWAY: Zit. S. 2, Fußnote 8 unter c).
[12] BRAZIL u. BRAZIL: Zit. S. 17. [13] GLOYD, H.: Science (N. Y.) **1933 II**, 13.
[14] KELLAWAY, C. H.: Med. J. Austral. **1931 II**, 15.

Bezieht man die tödlichen Dosen auf 1 kg Körpergewicht und vergleicht die Resistenz der Tigerschlange mit der Widerstandsfähigkeit des Meerschweinchens, so ergibt sich, daß die Tigerschlange gegen ihr eigenes Gift fast 180000mal, gegen das Gift von *Denisonia superba* 33000mal, gegen das Gift von *Acanthophis antarcticus* 13000mal, gegen das Gift von *Pseudechis porphyriacus* 12000mal, gegen das Gift der *Naja naja* aber nur 250mal widerstandsfähiger ist als das Meerschweinchen.

Antigenverwandtschaft dürfte — wie bei der aktiven Immunisierung — auch bei der natürlichen Immunität der Giftschlangen eine Rolle spielen. Trotzdem scheint das Wesen der natürlichen Immunität der Schlangen gegen Schlangengifte ganz anders zu sein wie die Natur der bei künstlich immunisierten Tieren aktiv erworbenen Immunität. Eingehende eigene Untersuchungen sowie die Ergebnisse von Grasset und Zoutendyk[1] zu dieser Frage führen Kellaway[2] zu dem Schluß, daß die Immunität der Schlangen gegen ihr eigenes Gift und gegen das Gift verwandter Arten in hohem Maße von der Gegenwart von *Fermenten* abhängt, die im Blut und in den Geweben der Giftschlangen vorhanden sind und die das zugeführte arteigene oder verwandte Schlangengift zerstören oder sonstwie verarbeiten können. Andererseits ist die Immunität der Schlangen auch durch das Vorhandensein *im Blute zirkulierender Antitoxine* bedingt. Das Plasma des Giftschlangenblutes enthält aber nicht regelmäßig, sondern nur nach Bissen durch sich selbst oder durch verwandte Arten das Gift der Giftdrüsen; umgekehrt hatte Totalexstirpation der Giftdrüsen keinen Einfluß auf die *Giftigkeit des Blutplasmas*. Das Gift der Giftdrüsen und das des Blutes sind also nicht identisch.

Auffallend hoch ist die Unempfindlichkeit der Schildkröte *Chelydra serpentina* (Eigenberger[3]) gegen Schlangengift (s. S. 15).

Essex[4] prüfte die Widerstandsfähigkeit des *Schweines* gegen *Crotalusgift* und fand, daß eine echte Giftfestigkeit des Schweines nicht vorhanden ist; 1,0 bis 1,5 mg *Crotalusgift* pro Kilogramm intravenös wirkten bereits tödlich. Die scheinbare Immunität des Schweines hängt daher wohl nur mit dem Schutz dieses Tieres durch die für Schlangenzähne schwer angreifbare und kaum zu durchdringende dicke Hautdecke zusammen.

Interessant ist der Befund von Suzuki, Matsumoto und Sugio[5], wonach die *Manguste* (*Herpestes mungo*) gegen das Gift von *Naja naja* 800mal, gegen das von *Bungarus multicinctus* rund 300mal, gegen die Gifte der *Viperiden Trimeresurus mucrosquamatus*, *Tr. gramineus* und *Ancistrodon acutus* aber nur rund 2—7mal widerstandsfähiger als Kaninchen und Meerschweinchen ist.

Künstliche Immunisierung gegen Schlangengifte. Schlangengifte sind nach Césari und Boquet[6] *mosaikartig* aus *vielen* verschiedenen *Partialantigenen* aufgebaut. Diese Anschauung wird der Tatsache gerecht, daß die Art der Antitoxine von der Antigennatur der zur Immunisierung benutzten Schlangengifte abhängig ist und ein wirksames antitoxisches Serum alle Wirkungsqualitäten der einzelnen verschiedenen Wirkstoffe des nativen Schlangengiftes aufzuheben vermag.

Die Schlangengifte haben mit den Bakteriengiften den Antigencharakter gemein, sie unterscheiden sich aber unter anderem sehr wesentlich von den Bakterientoxinen dadurch, daß bei den Schlangengiften *nicht* die *ausschließliche Spezifität* wie bei den Bakterientoxinen besteht, was wahrscheinlich auch mit

---

[1] Grasset, E., u. A. Zoutendyk: Publ. S. afric. Inst. med. Res. **4**, 377 (1931).
[2] Kellaway: Zit. S. 2, Fußnote 8 unter c). [3] Eigenberger: Zit. S. 15.
[4] Essex, H.: Amer. J. Physiol. **100**, 339 (1932).
[5] Suzuki, Ch., M. Matsumoto u. K. Sugio: J. med. Assoc. Formosa **33**, Nr 2, 24 (1934).
[6] Césari, E., u. P. Boquet: Ann. Inst. Pasteur **56**, 511 (1936).

dem oben gekennzeichneten Aufbau der Schlangengifte aus einer Reihe *verschiedener Partialantigene* zusammenhängen dürfte. Diese zuerst von KRAUS[1, 2] sowie von MORITSCH und PIRKER[3] festgestellte Tatsache ist für die Serumtherapie des Schlangenbisses von großer Bedeutung geworden, weil sich dadurch die Möglichkeit ergab, mit *homologen Antisera* Vergiftungen durch bestimmte *heterologe Schlangengifte* wirksam zu bekämpfen. Weiteres hierüber, insbesondere auch über den praktischen Ausbau der Befunde von KRAUS durch OTTO, MENK sowie SCHLOSSBERGER und MENK s. auf S. 35.

BÄCHER, KRAUS und LÖWENSTEIN[4] haben wohl den Anstoß zur Verbesserung der Antitoxingewinnung durch die unter Erhaltung der Antigeneigenschaften mögliche Entgiftung von Schlangengiften durch *Formalin* gegeben. Die Benutzung solcher *Toxoide* (= „*Anavenine*" nach ARTHUS[5]) und auch der durch Entgiftung von Schlangengiften mit *Chlorkalk* bzw. $Ca(OCl)_2$ von ARTHUS[6] gewonnenen, ebenfalls noch antigen wirksamen „*Paravenine*", ferner die Herstellung *polyvalenter Antisera* auch auf diesem Wege, hat zu einem weiteren erfolgreichen Ausbau der Serumtherapie geführt (ARTHUS[7], GRASSET und ZOUTENDYK[8—12], BRAZIL und BRAZIL[13], BELFANTI[14]).

Die *polyvalenten Antisera* sind gerade dort, wo Schlangenreichtum und Gefährlichkeit der Giftschlangen besonders groß sind, eine Notwendigkeit geworden.

Zur *Herstellung* wirksamer polyvalenter Sera haben sich bestimmte *Schlangengiftkombinationen als Antigene* besonders bewährt. Diese Erfahrungen beruhen auf sehr eingehenden Untersuchungen, insbesondere durch die oben genannten Forscher.

Wichtig ist für die Frage der *Spezifität der Antisera* noch die von VELLARD[15] festgestellte Tatsache, daß die von ihm gewonnenen „*Antibothrops*"- und „*Antijararaca*"-*Sera* gegen das Gift von *Crotalus terrificus* eine *höhere* Schutzwirkung ausübten als gegen die *Bothropsgifte*, die zur Herstellung dieser Sera gedient hatten, ein Befund, für den bisher eine befriedigende Erklärung nicht gegeben werden konnte, der aber praktisch sehr bedeutsam ist.

Hierher gehören auch die Untersuchungen von v. KLOBUSITZKY und KÖNIG[16] über die *Bindung* des *Bothropotoxins* (s. a. S. 10) durch Schlangengift-Antisera. Danach hebt *Antibothropsserum* die Wirkung des *Bothropotoxins* in vitro und in vivo auf (0,6 ccm Antiserum — 0,06 mg *Bothropotoxin*). *Anti-Crotalus-Serum* vermag das *Bothropotoxin* aber nur in vivo zu entgiften, Anti-Lachesis-Serum steht in seiner Wirksamkeit zwischen diesen beiden Antiseren.

Die *Spezifität der aktiven Immunität* gegen Schlangengifte hängt nach KELLAWAY[17] ebenso wie die passive Immunität von 2 Faktoren ab, nämlich erstens von

---

1 KRAUS, R.: Seuchenbekämpfg **3**, 233 (1926).
2 KRAUS, R.: Wien. klin. Wschr. **1926**, 744; **1929**, 263.
3 MORITSCH, P., u. H. PIRKER: Wien. klin. Wschr. **1926**, 1514; **1928**, 1255.
4 BÄCHER, KRAUS u. LÖWENSTEIN: Zit. S. 8.
5 ARTHUS, M.: Zit. S. 9, Fußnote 1 und 2.
6 ARTHUS, M.: Zit. S. 9, Fußnote 5 und 6.
7 ARTHUS, M.: J. Physiol. et Path. gén. **30**, 880 (1932).
8 GRASSET, E., u. A. ZOUTENDYK: Zit. S. 9, Fußnote 3.
9 GRASSET, E., u. A. ZOUTENDYK: Zit. S. 9, Fußnote 4.
10 GRASSET, E.: Trans. roy. Soc. trop. Med. Lond. **26**, 267 (1932).
11 GRASSET, E., u. A. ZOUTENDYK: C. r. Soc. Biol. Paris **113**, 1455 (1933).
12 GRASSET, E., u. A. ZOUTENDYK: Trans. roy. Soc. trop. Med. Lond. **28**, 391 (1935).
13 BRAZIL u. BRAZIL: Zit. S. 17.
14 BELFANTI, S.: Atti 3 Conv. Sci. Fis., Mat. e Nat. **1934**, 279.
15 VELLARD, J.: Ann. Inst. Pasteur **44**, 148 (1930).
16 v. KLOBUSITZKY, D., u. P. KÖNIG: Z. Immun.forsch. a) **87**, 202; b) **87**, 330 (1936).
17 KELLAWAY, C. H.: J. of Path. **33**, 157 (1930).

der *Verwandtschaft* der die Gifte bildenden Schlangen, und zweitens von der *Natur* (von der „*toxischen Konstitution*“) der betreffenden Schlangengifte selbst. Enge Verwandtschaft zwischen der das Gift zur Immunisierung liefernden Schlange und der Schlange, deren Gift als Test verwendet wird, scheint zur Erzielung des nicht spezifischen Schutzes wichtiger zu sein als große Ähnlichkeit der beiden Gifte in ihren toxischen Qualitäten.

Auf die von Kraus[1, 2] bei seinen Untersuchungen über die *Aufhebung der Skorpiongiftwirkung durch Schlangengiftantiserum*, und umgekehrt, betonte Bedeutung der *Avidität* der Antitoxine kann hier nur kurz hingewiesen werden. Nur durch direkte Prüfung der Avidität im Organismus kann man die „*kurativen*“ Eigenschaften der Antitoxine feststellen. Kraus nimmt an, daß neben Antitoxinen mit kurativen Eigenschaften noch andere vorhanden sind, die nur *giftneutralisierende* „*Vitroeigenschaften*“ haben.

Auch Césari und Boquet[3, 4] weisen ausdrücklich darauf hin, daß nur der „In-vivo-Versuch“ als einwandfreier Test zur Auswertung der Wirksamkeit der Antisera geeignet ist.

Sordelli und Pacella[5] haben außerdem gezeigt, daß die *antitoxische Wirksamkeit* eines spezifischen Antiserums (gegen *Lachesis alternatus*) bei verschiedenen Individuen der gleichen Art ganz *ungleich* ist, so daß bei *Wertbestimmungen* von Antisera nicht ohne weiteres ein bestimmtes Einzelgift oder Einzelkontrollserum zugrunde gelegt werden darf.

Césari und Boquet[6] stellten mit den Giften von *Sepedon haemachates* (*Colubridae*) und *Bitis arietans* (*Viperinae der Viperidae*) ein *bivalentes* Schlangenantiserum dar, das gegen Colubriden- und Viperinengifte gut, aber gegen Crotalinengifte schlecht oder gar nicht wirksam ist. Hieraus ergibt sich einmal die biologische Sonderstellung der Crotalinen innerhalb der Viperiden, und weiter, daß das gesteckte Ziel, *multivalente Antisera* gegen die Gifte aller in einem bestimmten Lande vorkommenden Giftschlangen zu gewinnen, noch nicht erreicht ist.

Die von Kraus[1, 2] (s. S. 68) ermittelte Wirksamkeit von Schlangengiftantiserum gegen Skorpiongift sowie die von Phisalix[7] gezeigte *wechselseitige* Immunisierung mit *Bienen-* und *Schlangengift* spricht auch für die schon aus anderen Gründen (s. S. 13) angenommene Verwandtschaft von Schlangengiften mit bestimmten Arthropodengiften.

Eigenschaften der Antisera (Haltbarkeit). Mallick und Maitra[8] stellten bei Versuchen, welche die praktisch wichtige *Konzentrierung* und *Reinigung* der gebräuchlichen Schlangengift-Antisera zum Ziel hatten, fest, daß die Albumin- und Globulinfraktion *frei* von Antitoxin ist und daß die *Pseudoglobulinfraktion* die *Antitoxine quantitativ* unverändert *enthält*. Es ist von Wert, darauf hinzuweisen, daß von mehreren Forschern das wirksame Prinzip der Schlangengifte nicht in der Albumin- und Globulinfraktion, sondern in der *Proteosenfraktion* gefunden wurde.

Antisera verlieren nach Anderson und Caius[9] innerhalb der ersten 6 bis 9 Monate etwas an Wirksamkeit, nach 12—14 Monaten ist aber der Titer wieder bis zum Anfangswert oder mitunter auch darüber hinaus angestiegen. Direktes *Sonnenlicht* (Tropensonne) zerstört die Wirksamkeit der Antisera. — Nach

---

[1] Kraus, R.: Münch. med. Wschr. **1924**, 329.
[2] Kraus, R.: Münch. med. Wschr. **1924**, 362.
[3] Césari u. Boquet: Zit. S. 18. [4] Césari u. Boquet: Zit. S. 30.
[5] Sordelli, A., u. G. Pacella: C. r. Soc. Biol. Paris **97**, 1246 (1927).
[6] Césari, E., u. P. Boquet: Ann. Inst. Pasteur **58**, 6 (1937).
[7] Phisalix, M.: C. r. Acad. Sci. Paris **194**, 2086 (1932).
[8] Mallick, S. M. K., u. G. C. Maitra: Indian J. med. Res. **19**, 951 (1932).
[9] Anderson, L. A. P., u. J. F. Caius: Indian J. med. Res. **13**, 113 (1925).

LAL[1] behält im Vakuum über Schwefelsäure *eingetrocknetes Antiserum* seine volle Wirksamkeit für lange Zeit.

Eingehend haben DO AMARAL, J. B. ARANTES und DA FONSECA[2] die Dauer der Wirksamkeit der Antisera geprüft. Danach verlieren Schlangengift-Antisera auch bei jahrelangem *Lagern*, ohne Rücksicht auf Bildung von Pseudoglobulinniederschlägen und unabhängig von p_H-Verschiebung, kaum an Wirksamkeit, vor allem bei kühler Aufbewahrung.

Das p_H der Antisera ist verschieden, beim *Anti-Crotalus-Serum* wurde in dem bei der Herstellung nicht konzentrierten Serum ein p_H von 7,28—8,08, im Konzentrat 5,15—5,77 festgestellt. Der Titerverlust betrug hierbei 25—60%; da der Anfangstiter meist höher als garantiert ist, können auch sehr alte Sera noch Verwendung finden.

Durch *elektrische Kurzwellen* (20 m) wurden Schlangengiftantisera sehr *schnell*, jedenfalls schneller als durch sichtbare Lichtstrahlen, infrarote und ultraviolette Strahlen, *verändert*. Zunächst werden, wie bei den Schlangengiften, die *Antigene zerstört*, so daß die aktiv immunisierende Wirkung verschwindet, dann gehen auch die Antitoxine verloren (PHISALIX und PASTEUR[3]).

Über die Gifte „ungiftiger" Schlangen (Aglypha).

In Fortsetzung der Untersuchungen von KRAUS[4] fanden BRAZIL und VELLARD[5] bei südamerikanischen aglyphen Colubriden das *Sekret* der sehr gut ausgebildeten, den *Giftdrüsen* der eigentlichen Giftschlangen entsprechenden *Supralabialdrüsen stark wirksam*, während das entsprechende Sekret aglypher Boiden kaum wirksam oder unwirksam war. Das Gift von *Drymobius bifossatus* besitzt keine örtliche Reizwirkung, es erzeugt *Lähmung*. Ähnlich, aber schwächer, wirkt das Gift von *Herpetodryas carinatus*. Das Gift von *Dipsas bucephala* hat *starke örtliche Reizwirkung* und bedingt Nekrosen, aber die neurotoxische Wirkung dieses Giftes ist recht gering und wird im übrigen durch das arteigene Blutserum aufgehoben.

MORITSCH und BRUMLIK[6] stellten die tödliche Wirkung von Oberlippendrüsen- (= Gift-) Sekret und Blutserum (0,3 ccm) der *Vipernatter* (*Tropidonotus viperinus*[7]) bei Meerschweinchen fest. Bei der Sektion fanden sich an der Injektionsstelle starke örtliche Reizwirkung mit *Nekrosen*, ferner als resorptive Wirkungen *Hyperämie* in allen Organen sowie *Blutungen* in den Lungen. Durch aktive Immunisierung ließ sich ein *spezifisches Antiserum* gewinnen.

GESSNER[8] untersuchte die pharmakologischen Wirkungen von Blut (Plasma, Serum) und Oberlippendrüsensekret der Ringelnatter (*Tropidonotus natrix*). Am isolierten Kaltblüterherzen bewirkt das Ringelnatterblut *Stillstand* und maximale *Kontraktur*, diese Wirkung ist sicher *nicht digitalisartig*, weil das Krötenherz qualitativ *und* quantitativ ebenso wie das Froschherz beeinflußt wird. Vielmehr zeigt die Herzwirkung des Ringelnatterblutes große *Ähnlichkeit mit der Saponinwirkung*. Die Wirkung des Ringelnatterblutes läßt sich durch Erhitzen auf 56° (Serum), durch Vermischen mit Rinderserum, durch Behandeln mit Cholesterin und durch Bestrahlen mit UV-Licht aufheben. Der herzwirksame, hämolysierende und örtlich stark reizende und nach parenteraler Zufuhr tödlich wirkende Anteil des Ringelnatterblutes *dialysiert nicht*, ist in Äther, Chloroform und konzentriertem Alkohol unlöslich, in verdünntem Alkohol schlechter löslich als in Wasser. Das *Sekret* der *Supralabialdrüsen* erzeugt am Froschherzen *keine Kontraktur*.

Behandlung des Schlangenbisses.

Für die erfolgreiche Behandlung des Schlangenbisses kommen in Frage:

1. Die *örtliche Behandlung*, soweit sie zum Ziel hat, das Gift am Bißort festzuhalten oder unwirksam zu machen.

[1] LAL, N.: Indian J. med. Res. **17**, 867 (1930).
[2] DO AMARAL, A., J. B. ARANTES u. F. DA FONSECA: Mem. Inst. Butantan **7**, 321 (1934).
[3] PHISALIX, M., u. F. PASTEUR: Bull. Soc. zool. France **60**, 368 (1935).
[4] KRAUS, R.: Münch. med. Wschr. **1922**, 1277; s. dies. Handb. Bd. II, 2, 1757.
[5] BRAZIL, V., u. J. VELLARD: Brazil Med. **1925** — Mem. Inst. Butantan **3**, 301 (1926).
[6] MORITSCH, B., u. M. BRUMLIK: Mitt. Grenzgeb. Med. u. Chir. **40**, 406 (1927).
[7] Gehört zu den aglyphen Colubriden.
[8] GESSNER, O.: Naunyn-Schmiedebergs Arch. **130**, 374 (1928); **151**, 22 (1930); **153**, 347 (1930).

2. Die *Serumtherapie.*

1. und 2. zusammen stellen die *ätiotrope Therapie* des Schlangenbisses dar. 1., die örtliche Behandlung, ist aber für sich unsicher und im übrigen nur dann erfolgversprechend, wenn diese örtliche Behandlung möglichst unmittelbar nach dem Biß erfolgt und richtig durchgeführt wird.

2., die Serumbehandlung, ist die wichtigste Therapie und die einzige, die auch in sonst tödlich verlaufenden Vergiftungen sicher lebensrettend wirken kann und deswegen, wenn möglich, unter jeder Bedingung durchgeführt werden sollte.

Die *symptomatische Behandlung* tritt gegenüber 1. und besonders gegenüber 2. in den Hintergrund und ist oft völlig wertlos, unter Umständen sogar schädlich, immer aber durchaus unsicher.

1. Örtliche Behandlung. Methode der Wahl (praktisch nur an den Extremitäten durchführbar): *Abbinden* des gebissenen Gliedes, Absperrung von der Zirkulation. Über den *Wert der Ligatur* sind wir durch eingehende tierexperimentelle Untersuchungen von Fairley[1] unterrichtet. Weiter kommen in Frage: *Eröffnen und Aussaugen* der Bißstelle, *Ausschneiden,* Kauterisieren der Bißstelle evtl. sogar *Amputation, Venenschnitt* (Kellaway[2]), Einspritzung bestimmter Pharmaca in die Bißstelle hinein, oder besser Einbringen der Mittel in die durch Schnitt eröffnete Bißgegend. Nach Fairley[3] sind die am besten geeigneten örtlich wirkenden Gegengifte: *Goldchlorid* (1%), *Kaliumpermanganat* (1%)[4] und *Calciumhypochlorit.*

Der *Zeitpunkt des Beginns der örtlichen Behandlung* kann *nicht früh genug* gewählt werden, da wir wissen, daß die Resorption der Schlangengifte sehr schnell erfolgen kann. Das Gift von *Notechis scutatus* wird z. B. in 2 Minuten in tödlicher Menge resorbiert (Fairley[3]).

Ferner soll, wenn die Serumanwendung sofort nach dem Biß, wie es das Ideal der Behandlung ist, angewendet werden kann, etwas *Serum* (2—3 ccm) in die *Umgebung der Bißstelle eingespritzt* werden, um das Gewebe vor der örtlichen Reizwirkung, insbesondere vor der durch bestimmte Viperidengifte drohenden Nekrose, zu bewahren (Do Amaral[5]).

2. Serumtherapie. Die Serumtherapie ist die wirksamste Art der Behandlung von Schlangenbissen bzw. anderweitigen Vergiftungen mit Schlangengiften; ihr Erfolg ist um so größer, *je spezifischer und hochwertiger* das verabreichte Antiserum an sich ist, und je früher die Anwendung erfolgen kann (s. a. Belfanti[6]).

Man soll das Antiserum nicht nur möglichst frühzeitig intramuskulär, sondern in bedrohlichen Fällen auch *intravenös* und natürlich stets in ausreichender Menge zuführen. Nach dem Biß nordamerikanischer Schlangen kann die Serumtherapie selbst nach 12—24 Stunden noch aussichtsvoll sein (Do Amaral[5]). Die *Menge* des einzuspritzenden Serums muß umgekehrt proportional der Größe (dem Gewicht) der Gebissenen gewählt werden, manchmal müssen 10 ccm Antiserum mehrmals wiederholt werden. Immer ist der Vergiftete wenigstens 3—5 Stunden zu beobachten und stets noch Antiserum bereitzuhalten.

Am wirksamsten sind natürlich *monovalente Antisera,* aber gerade dort, wo die vielen verschiedenen und gefährlichen Schlangen vorkommen, also vor allem in den wärmeren Zonen, muß oft auf die spezifischen Sera verzichtet und mit

---

[1] Fairley, N.: Zit. S. 15.
[2] Kellaway, C. H.: Med. J. Austral. 26. 4. 1930 u. 13. 9. 1930.
[3] Fairley, N.: Proc. roy. Soc. Med. **27**, 1083 (1934).
[4] Nach A. M. Reese [Science (N. Y.) **1932 II**, 234] ist 1% $KMnO_4$ praktisch harmlos.
[5] Do Amaral, A.: Bull. Antivenin Inst. Amer. Glenolden **1**, 61 (1927).
[6] Belfanti, S.: Scritti med. in onore Jemma **1**, 105 (1934).

polyvalenten Antisera gearbeitet werden. Notfalls müssen auch *heterologe Antisera* versucht werden (TAYLOR und MALLICK[1]).

Für die Serumtherapie ist nämlich die Feststellung sehr wichtig geworden, daß bei den verschiedenen Schlangengiften keine solch strenge Spezifität im Antigencharakter besteht wie bei den Bakterientoxinen (KRAUS[2, 3]). MORITSCH und PIRKER[4] wiesen nach, daß *Antibothropsserum* (gewonnen mit dem Gift von *Bothrops jararaca*) nicht nur gegen die Gifte anderer *Bothropsarten* (*B. jararacussu, B. atrox, B. neuwiedii, B. alternatus*) und in schwächerem Ausmaß gegen die Gifte südamerikanischer *Crotalinen* wirksam ist, sondern auch gegen das Gift *europäischer Vipern* zu schützen vermag. Die Befunde konnten dann von OTTO[5] sowie von LAZAREVIĆ und BANIC[6] bestätigt werden, die besonders die Verhältnisse bei den europäischen Vipern und die Schlußfolgerungen für die Serumtherapie der Vipernbisse berücksichtigen. — Hierbei wurde auch der Wert des *Serum ER* (Inst. Pasteur Paris) für die Behandlung der Bisse durch europäische Vipern einschließlich der Kreuzotter festgelegt (OTTO[7]).

Speziell für die *Serumtherapie des Kreuzotterbisses* sind außerdem die Untersuchungen von MENK[8], REUSS[9], sowie von SCHLOSSBERGER und MENK[10] von Bedeutung; die Behandlung erfolgt in Deutschland am besten mit dem überall greifbaren *polyvalenten „Schlangenserum" der Behringwerke, Marburg,* das in 10-ccm-Ampullen und in 10-ccm-Serülen abgegeben wird[11].

Im übrigen wird bezüglich Behandlung des Kreuzotterbisses noch auf das *„Kreuzotter-Merkblatt"* des Reichsgesundheitsamtes[12] sowie auf die schon zitierten Arbeiten von FRANCKE[13], FOCK[14], LÄWEN[15] und FREY[16] verwiesen (s. S. 14).

3. Symptomatische Behandlung. Was die *symptomatische Behandlung* des Schlangenbisses angeht, so wird besonders empfohlen: absolute *Ruhe*, *Wärme*zufuhr, bei Kollapssymptomen parenterale Zufuhr von *Analeptica*. In schweren Fällen soll eine Bluttransfusion sehr günstig wirken können[17].

Zu *vermeiden* sind auf jeden Fall die früher empfohlenen Pharmaca: *Strychnin und Morphin*, worauf neuerdings von FAIRLEY[18] wieder hingewiesen worden ist.

Abzulehnen ist auch der *Alkohol* (ROST[19], DO AMARAL[20], LESCHKE[21], FOCK[14], FREY[16]), der immer noch (nicht nur in den Ländern mit Prohibition) eine erhebliche Rolle in der Behandlung des Schlangenbisses, besonders in Laienkreisen spielt, aber auch sozusagen noch „amtlich", und zwar „bis zur Berauschung"[22] empfohlen wird.

Große Dosen Alkohol sind *unter allen Umständen schädlich*, können durchaus lebensgefährlich werden und eine an sich nicht tödliche Schlangenbißverletzung letal enden lassen, der *Nutzen kleinerer Gaben ist nicht erwiesen*, insbesondere konnte die behauptete Vermehrung der Ausscheidung von Schlangengift in den Magendarmkanal bei peroraler Alkoholzufuhr bisher nicht experimentell bestätigt werden. GESSNER und KRUG[23] konnten in Ver-

---

[1] TAYLOR, J., u. S. M. K. MALLICK: Indian J. med. Res. **26**, 141 (1935).
[2] KRAUS, R.: Seuchenbekämpfg **3**, 233 (1926).
[3] KRAUS, R.: Wien. klin. Wschr. **1926**, 744; **1929**, 263.
[4] MORITSCH u. PIRKER: Wien. klin. Wschr. **1926**, 1514; **1928**, 1255.
[5] OTTO, R.: Z. Hyg. **109**, 272 (1928); **110**, 82 (1929); **110**, 513 (1929); **111**, 503 (1930); **114**, 531 (1932).
[6] LAZAREVIĆ, M., u. M. BANIC: Z. Hyg. **117**, 298 (1935).
[7] OTTO, R.: Klin. Wschr. **1927**, 1948 — Med. Klin. **1928**, 1668 — Arch. Hyg. u. Bakt. **103**, 165 (1930).
[8] MENK, W.: Münch. med. Wschr. **1930**, 307 u. 846.
[9] REUSS, T.: Münch. med. Wschr. **1930**, 845.
[10] SCHLOSSBERGER, M., u. W. MENK: Festschr. Bürgi **1932**, 296.
[11] Behringwerke-Merkblätter, Nr 5 (1937): Europäische und mediterrane Schlangen, ihre Toxine und ihre Serumtherapie.
[12] Berlin 1930. [13] FRANCKE: Zit. S. 14. [14] FOCK: Zit. S. 14.
[15] LÄWEN: Zit. S. 14. [16] FREY: Zit. S. 14.
[17] Schwed. Ärzteztg, ref. Münch. med. Wschr. **1927**, 1481. [18] FAIRLEY: Zit. S. 14.
[19] ROST, E.: Lehrb. d. Toxikol. (STARKENSTEIN-ROST-POHL). 1929.
[20] DO AMARAL: Zit. S. 34.
[21] LESCHKE, F.: Münch. med. Wschr. **1932**, 1993.
[22] Pharmacop. helvetica ed. V, 1934. Anlage: 1. Hilfe bei Vergiftungen.
[23] GESSNER u. KRUG: Unveröffentlichte Versuche, siehe W. KRUG: Inaug.-Diss. Marburg 1935.

suchen an Mäusen jedenfalls keine günstige Wirkung des Alkohols feststellen, vielmehr sahen sie selbst nach Zufuhr untertödlicher Dosen von *Kreuzottergift* (*Vipera berus*) keine günstige Wirkung auf den Verlauf der Vergiftung und auf die Erholung. Auch konnte am isolierten überlebenden Meerschweinchenmagen das Übertreten von Schlangengift in das Mageninnere unter Einfluß von Alkohol nicht nachgewiesen werden. Die einzige günstige Wirkung war die offenbar schmerzlindernde Wirkung — dann allerdings größerer Alkoholmengen. Da diese *Schmerzlinderung*, die besonders bei den schmerzhaften Vipernbissen sehr erwünscht sein muß, durch andere Mittel erreicht werden kann, besteht auch aus diesem Grunde kein Anlaß, den Alkohol zu empfehlen.

Außerdem *hebt Alkohol* nach FOCK[1] die *Serumwirkung auf*, ist also bei der Serumbehandlung des Schlangenbisses schon aus diesem Grunde zu vermeiden.

Anwendung der Schlangengifte als Heilmittel.

So unsicher, ja unwahrscheinlich die Wirkung von Schlangengiften gegen maligne Tumoren selbst ist (s. S. 16), so sicher ist die *klinisch erprobte schmerzstillende Wirkung* von Schlangengift, insbesondere von *Kobragift* bei *Krebsschmerzen, neuritischen und tabischen Schmerzen.*

MACHT[2] konnte am Meerschweinchen *und* am Menschen experimentell die *schmerzstillende* Wirkung des Kobragiftes zeigen. Schon 2—4 Mäuseeinheiten *Kobragift* (1 ME. = D. l. m. für Maus von 20—22 g, Tod in 20 Stunden) erzeugen beim Menschen für mehrere Stunden eine Herabsetzung der Schmerzempfindung, eine Wirkung, die von MACHT als *morphinähnliche zentrale* Wirkung angesehen wird. Als therapeutische, mehrfach zu wiederholende Dosis wird die Injektion von 5 ME. *Kobragift* empfohlen.

KORESSIOS[3] sowie LAIGNEL-LAVASTINE und KORESSIOS[4] berichten über günstige Erfahrungen bei 10000 mit *Kobragift* behandelten Krebskranken. Ähnliche, gute Erfolge sahen bei der Behandlung von Schlangengift gegen Krebsschmerzen, aber auch gegen andere Schmerzzustände, RAVINNA[5], CHOPRA und CHOWHAN[6], NEKULA[7], KIRSCHEN[8], gegen tabische und neuritische Schmerzen SEGRE[9], ROTTMANN[10], gegen Schmerzen bei Erkrankungen des Bewegungsapparates BURKARDT[11].

Bestimmte Schlangengifte, vor allem *blutgerinnungfördernde Schlangengifte*, werden zur *Behandlung hämorrhagischer Zustände* empfohlen. Nach PECK[12] vermag das Gift von *Ancistrodon piscivorus* langdauerndes Nasenbluten, Uterusblutungen, multiple Teleangiektasien, allergisch oder endokrin bedingte Purpura sehr günstig zu beeinflussen, ist aber nicht wirksam bei Purpura haemorrhagica und bei Hämophilie (s. a. BARNETT und MCFARLANE[13]). CHOPRA und CHOWHAN[6] fanden gegen Blutungen die Gifte von *Vipera Russelii* und *Ancistrodon piscivorus* besonders wirksam. Über die Wirksamkeit des *Daboiagiftes* (*Vipera Russelii*)

---

[1] FOCK: Zit. S. 14.
[2] MACHT, D.: C. r. Soc. Biol. Paris **120**, 286 (1935) — Proc. nat. Acad. Sci. U.S.A. **22**, 61 (1936).
[3] KORESSIOS: 2. Internat. Neurol.-Kongr. London 1935; ref. in Dtsch. med. Wschr. **1935**, 1502.
[4] LAIGNEL-LAVASTINE u. KORESSIOS: Bull. Soc. méd. Hop. Paris **49**, 274 (1933) — Rev. Méd. franc. **16**, 511 (1935).
[5] RAVINNA, A.: Presse méd. **1934**, Nr 1, 4.
[6] CHOPRA, R., u. J. CHOWHAN: Indian med. Gaz. **1935**, 445.
[7] NEKULA: Zit. S. 17.
[8] KIRSCHEN, M.: Wien. klin. Wschr. **1936**, 648.
[9] SEGRE, G.: Boll. Soc. piemont. Chir. **5**, 69 (1935).
[10] ROTTMANN, A.: Klin. Wschr. **1937**, 1051.
[11] BURKARDT: Dtsch. med. Wschr. **1935**, 1159.
[12] PECK, S.: Proc. Soc. exper. Biol. a. Med. **29**, 579 (1932).
[13] BARNETT u. MACFARLANE: Proc. zool. Soc. part. **4** (1934). — BARNETT: Proc. roy. Soc. Med. **28**, 1469 (1935).

berichten ferner LAIGNEL-LAVASTINE, HUËT und KORESSIOS[1] und TAYLOR, MALLICK und GANGULY[2]. Zur *örtlichen Blutstillung* verwendeten ROSENFELD und LENKE[3] bei sonst unstillbaren parenchymatösen Blutungen erfolgreich das stark blutgerinnungfördernde Gift von *Notechis scutatus* in Konzentrationen von 1:5000 in Kompressen.

Nach VERNES und KORESSIOS[4] bewirkt *Kobragift* (Injektionen von 0,005 bis 0,1 mg in Abständen von 7—21 Stunden) *am Menschen bei Hypertonie* verschiedener Ätiologie eine wochenlang anhaltende *Blutdrucksenkung* (s. a. S. 24).

Auf die angeblich günstige Wirkung von Schlangengift bei Epilepsie und Asthma (LAVEDAN[5], SPANGLER[6]) sowie bei Chorea minor kann hier nur kurz hingewiesen werden. Die geschilderte günstige Wirkung der Schlangengifte auf Schmerzen stellt eine weitere Parallele zum Bienengift dar.

2. Sauria, Echsen.

Heloderma suspectum COPE, „*Gila-Monster*", *Heloderma horridum* WIEGMANN, „*Escorpion*".

Neuerdings hat STORER[7] einen allerdings nicht ganz klaren Fall von einem in 50 Minuten tödlich verlaufenen Helodermabiß beim Menschen beschrieben. Den Grund für die im allgemeinen geringe Gefährlichkeit des Helodermabisses für den Menschen sieht STORER darin, daß infolge des lockeren Sitzes oder des völligen Fehlens der im Unterkiefer sitzenden Giftzähne und infolge der freien Ausmündung der Giftdrüsen am Grunde der Zähne das Gift nicht so leicht und in solcher Menge einverleibt werden kann, wie dies mit dem viel vollkommeneren Giftapparat der Schlangen geschieht.

Daß aber das Helodermagift selbst sehr wirksam ist, geht auch daraus hervor, daß der Helodermabiß Klapperschlangen (ARRINGTON[8]) und Vipern (PHISALIX[9]) in sehr kurzer Zeit tötet.

Das *wirksame Prinzip* des Giftes ist bisher *nicht bekannt.*

Amphibia, Lurche.

Die Chemie und die Pharmakologie der Amphibiengifte ist in den letzten 15 Jahren erheblich gefördert worden. Die erzielten Fortschritte betreffen in erster Linie die Gifte der echten Kröten (Bufoniden) und der Erdsalamander (Salamandra-Arten). Dies erklärt sich durch die Tatsache, daß die Gifte der Kröten und Salamander chemisch verhältnismäßig leicht isolierbare und gut charakterisierbare sowie pharmakologisch typisch wirkende Substanzen enthalten. Bei den Giften der übrigen Anuren und Urodelen sind zwar in pharmakologischer Hinsicht wichtige neue Ergebnisse gewonnen worden, die Isolierung der wirksamen Substanzen ist aber bisher nicht gelungen. Dies dürfte nicht nur darauf beruhen, daß diese Amphibien im Gegensatz zu den Kröten und Salamandern bedeutend geringere Giftmengen produzieren, sondern vor allem darauf zurückzuführen sein, daß die Giftstoffe der Raniden, Discoglossiden, Pelobatiden, Cystignathiden, Hyliden und der Molge-Arten labile, chemisch schwer zu fassende

---

[1] LAIGNEL-LAVASTINE, HUËT u. KORESSIOS: Zit. S. 18.
[2] TAYLOR, J., S. M. K. MALLICK u. S. GANGULY: Indian J. med. Res. **24**, 521 (1936).
[3] ROSENFELD, S., u. S. LENKE: Amer. J. med. Sci. **190**, 779 (1935).
[4] VERNES u. KORESSIOS: Zit. S. 24.
[5] LAVEDAN: Paris méd. **1**, 221 (1935).
[6] SPANGLER: J. Labor. a. clin. Med. **13**, 41 (1927).
[7] STORER, J. T.: Bull. Antivenin Inst. Amer. Glenolden **5**, 12 (1931).
[8] ARRINGTON, O. N.: Bull. Antivenin Inst. Amer. Glenolden **4**, 29 (1930).
[9] PHISALIX, M.: J. Physiol. et Path. gén. **17**, 15 (1917).

Substanzen darstellen. Eine Reihe der Giftstoffe dieser letztgenannten Amphibien müssen auf Grund der pharmakologischen Wirkung in die Gruppe der „tierischen Sapotoxine“ (FAUST) eingereiht werden.

1. Anura, Froschlurche.

a) Bufonidae, echte Kröten.

Einschließlich der bei FAUST bereits aufgeführten Bufo-Arten[1] sind inzwischen die folgenden Bufoniden, und zwar meist pharmakologisch *und* chemisch, untersucht worden:

Europäische Kröten.

1. **Bufo bufo bufo L.** = Bufo vulgaris L, gemeine Erdkröte: O. GESSNER[2–5], H. WIELAND und Mitarbeiter[6–11], H. JENSEN, K. K. CHEN und A. L. CHEN[12], H. JENSEN und K. K. CHEN[13], K. K. CHEN und A. L. CHEN[14], LISON[15], VIALLI[16–18], ZIMMET und DUBOIS-FERRIÈRE[19].

2. **Bufo vulgaris L., var. gallica,** südfranzösische Erdkröte: O. GESSNER[5].

3. **Bufo calamita L.,** Kreuzkröte: O. GESSNER[2–5].

4. **Bufo viridis viridis** LAUR, Bufo viridis L., grüne oder Wechselkröte: O. GESSNER[5], K. K. CHEN und A. L. CHEN[14, 20], K. K. CHEN, H. JENSEN und A. L. CHEN[21].

Asiatische Kröten.

5. **Bufo gargarizans** CANTOR = Bufo asiaticus, gemeine chinesische Kröte, bzw. das aus ihrem Giftsekret hergestellte *Ch'an Su* bzw. *Senso*[22]: KODAMA[23], H. JENSEN und K. K. CHEN[24–29], K. K. CHEN und H. JENSEN[30–32], K. K. CHEN, H. JENSEN

[1] FAUST, E. ST.: Dies. Handb. Bd. II, 2, 1815—1832 (1924). Bufo bufo bufo (= Bufo vulgaris), eine nicht näher bezeichnete, das „Senso“ liefernde chinesische Kröte und Bufo marinus (L), SCHNEID.
[2] GESSNER, O.: Naunyn-Schmiedebergs Arch. **113**, 343 (1926).
[3] GESSNER, O.: Naunyn-Schmiedebergs Arch. **114**, 218 (1926).
[4] GESSNER, O.: Naunyn-Schmiedebergs Arch. **118**, 326 (1926).
[5] GESSNER, O.: Habilit.-Schrift Marburg 1926. In: Ber. Ges. Beförd. ges. Naturwiss. Marburg **61**, 138—250 (1926).
[6] WIELAND, H., G. HESSE u. H. MEYER: Liebigs Ann. **493**, 272 (1932).
[7] WIELAND, H., G. HESSE u. H. MITTASCH: Ber. dtsch. chem. Ges. **64**, 2099 (1931).
[8] WIELAND, H., W. KONZ u. H. MITTASCH: Liebigs Ann. **513**, 1 (1934).
[9] WIELAND, H., u. G. HESSE: Liebigs Ann. **517**, 22 (1935).
[10] WIELAND, H., G. HESSE u. E. HÜTTEL: Liebigs Ann. **524**, 203 (1936).
[11] WIELAND, H., u. TH. WIELAND: Liebigs Ann. **528**, 234 (1937).
[12] CHEN, K. K., H. JENSEN u. A. L. CHEN: J. of Pharmacol. **47**, 307 (1933).
[13] JENSEN, H., u. K. K. CHEN: J. of biol. Chem. **116**, 87 (1936).
[14] CHEN, K. K., u. A. L. CHEN: J. of Pharmacol. **47**, 281 (1933).
[15] LISON, L.: C. r. Soc. Biol. Paris **111**, 657 (1932).
[16] VIALLI, M.: Boll. Soc. med.-chir. Pavia **14** (1936).
[17] VIALLI, M.: Boll. Soc. ital. Biol. sper. **11** (1936).
[18] VIALLI, M.: Arch. di Fisiol. **35**, 351 (1936).
[19] ZIMMET, D., u. H. DUBOIS-FERRIÈRE: C. r. Soc. Biol. Paris **123**, 654 (1936).
[20] CHEN, K. K., u. A. L. CHEN: J. of Pharmacol. **47**, 281 (1933).
[21] CHEN, K. K., H. JENSEN und A. L. CHEN: J. of Pharmacol. **49**, 14 (1933).
[22] Mit Ausnahme der Arbeiten von KOTAKE, die Bufo formosus betreffen, s. Fußnote 24—27 auf S. 39.
[23] KODAMA, K.: Acta Scholae med. Kioto **4**, 355 (1922).
[24] JENSEN, H., u. K. K. CHEN: J. of biol. Chem. **82**, 397 (1929).
[25] JENSEN, H., u. K. K. CHEN: Amer. J. Physiol. **90**, 401 (1929).
[26] JENSEN, H., u. K. K. CHEN: J. of biol. Chem. **87**, 31 (1930).
[27] JENSEN, H., u. K. K. CHEN: J. of biol. Chem. **87**, 741 (1930).
[28] JENSEN, H., u. K. K. CHEN: J. of biol. Chem. **97**, 110 (1932).
[29] JENSEN, H., u. K. K. CHEN: J. of biol. Chem. **116**, 87 (1936).
[30] CHEN, K. K., u. H. JENSEN: Amer. J. Physiol. **90**, 312 (1929).
[31] CHEN, K. K., u. H. JENSEN: J. amer. pharmaceut. Assoc. **18**, 244 (1929).
[32] CHEN, K. K., u. H. JENSEN: Proc. Soc. exper. Biol. a. Med. **26**, 378 (1929).

und A. L. CHEN[1, 2–5], H. JENSEN[6, 7], K. K. CHEN und A. L. CHEN[8, 9], JENSEN und EVANS[10], TSCHESCHE und OFFE[11, 12], H. WIELAND und TH. WIELAND[13], KONDO und IKAWA[14–15], IKAWA[16], KOBAYASHI[17–22], CROWFOOT[23].

6. Bufo formosus BOULINGER = Bufo bufo formosus KOTAKE = Bufo bufo japonicus, japanische Erdkröte: KOTAKE[24–27], H. WIELAND und VOCKE[28], H. WIELAND und TH. WIELAND[13], K. K. CHEN und A. L. CHEN[8], K. K. CHEN, H. JENSEN und A. L. CHEN[29], H. JENSEN und K. K. CHEN[30].

Amerikanische Kröten.

7. Bufo marinus (L.) SCHNEID. = *Bufo agua* SEBA, Mittelamerika, Antillen, nördliches Südamerika: O. GESSNER[31], H. JENSEN[32], K. K. CHEN, H. JENSEN und A. L. CHEN[33], H. JENSEN und K. K. CHEN[34], K. K. CHEN und A. L. CHEN[35, 36], H. JENSEN und EVANS[37], TSCHESCHE und OFFE[38], HOUSSAY[39], VELLARD und DE ASSIS[40–42], VELLARD und M. VIANNA[43, 44], BRAZIL und VELLARD[45], LUTZ[46], CAMPOS und SANTOS[47], G. M. CAMPOS und F. M. CAMPOS[48, 49].

---

1 CHEN, K. K., H. JENSEN u. A. L. CHEN: Zit. S. 38, Fußnote 12.
2 CHEN, K. K., H. JENSEN u. A. L. CHEN: Amer. J. Physiol. **97**, 512 (1931).
3 CHEN, K. K., H. JENSEN u. A. L. CHEN: Amer. J. Physiol. **97**, 512—513 (1931).
4 CHEN, K. K., H. JENSEN u. A. L. CHEN: J. of Pharmacol. **43**, 13 (1931).
5 CHEN, K. K., H. JENSEN u. A. L. CHEN: Proc. Soc. exper. Biol. a. Med. **29**, 908 (1932).
6 JENSEN, H.: Science (N. Y.) **1932**, 53.
7 JENSEN, H.: J. amer. chem. Soc. **57**, 2733 (1935).
8 CHEN, K. K., u. A. L. CHEN: Zit. S. 38, Fußnote 14.
9 CHEN, K. K., u. A. L. CHEN: J. of Pharmacol. **49**, 543 (1933).
10 JENSEN, H., u. EVANS: J. of biol. Chem. **104**, 307 (1934).
11 TSCHESCHE, R., u. H. A. OFFE: Ber. dtsch. chem. Ges. **68**, 1998 (1935).
12 TSCHESCHE, R., u. H. A. OFFE: Ber. dtsch. chem. Ges. **69**, 2361 (1936).
13 WIELAND, H., u. TH. WIELAND: Zit. S. 38.
14 KONDO, H., u. S. IKAWA: J. pharmaceut. Soc. Japan **53**, 2 (1933).
15 KONDO, H., u. S. IKAWA: J. pharmaceut. Soc. Japan **53**, 62 (1933).
16 IKAWA, S.: J. pharmaceut. Soc. Japan **55**, 144 (1935).
17 KOBAYASHI, I.: Jap. J. med. Sci., Trans. IV Pharmacol. **5**, 107 (1931).
18 KOBAYASHI, I.: Jap. J. med. Sci. Trans. IV Pharmacol. **8**, 147 (1934).
19 KOBAYASHI, I.: Proc. imp. Acad. Tokyo **9**, 552 (1933).
20 KOBAYASHI, I.: Proc. imp. Acad. Tokyo **10**, 129 (1934).
21 KOBAYASHI, I.: Proc. imp. Acad. Tokyo **11**, 247 (1935).
22 KOBAYASHI, I.: Proc. imp. Acad. Tokyo **11**, 298 (1935).
23 CROWFOOT, D.: J. Soc. chem. Ind. (Chem. a. Ind.) **54**, 568 (1935).
24 KOTAKE, M.: Liebigs Ann. **465**, 1 (1928).
25 KOTAKE, M.: Liebigs Ann. **465**, 11 (1928).
26 KOTAKE, M.: Sci. pap. Inst. physic. a. chem. Res. **9**, 233 (1928).
27 KOTAKE, M.: Sci. pap. Inst. physic. a. chem. Res. **24**, 39 (1934).
28 WIELAND, H., u. F. VOCKE: Liebigs Ann. **481**, 215 (1930).
29 CHEN, K. K., H. JENSEN u. A. L. CHEN: J. of Pharmacol. **49**, 26 (1933).
30 JENSEN, H., u. K. K. CHEN: Zit. S. 38, Fußn. 13. 31 GESSNER, O.: Zit. S. 38, Fußn. 5.
32 JENSEN, H., u. K. K. CHEN: J. of biol. Chem. **87**, 755 (1930).
33 CHEN, K. K., H. JENSEN und A. L. CHEN: Amer. J. Physiol. **97**, 511 (1931).
34 JENSEN, H., u. K. K. CHEN: Zit. S. 38, Fußnote 28.
35 CHEN, K. K., u. A. L. CHEN,: Zit. S. 38, Fußnote 14.
36 CHEN, K. K., u. A. L. CHEN: J. of Pharmacol. **49**, 514 (1933).
37 JENSEN, H., u. EVANS: Zit. S. 39, Fußn. 10. 38 TSCHESCHE u. OFFE: Zit. S. 39, Fußn. 12.
39 HOUSSAY: Rev. Soc. argent. Biol. **6**, 185 (1930).
40 VELLARD, I., u. A. DE ASSIS: Bol. Inst. Vital Brazil Nr **7**, 1 (1929).
41 VELLARD, J., u. A. DE ASSIS: Z. Immun.forsch. **63**, 116 (1929).
42 VELLARD, I., u. A. DE ASSIS: Ann. Inst. Pasteur **52**, 102 (1934).
43 VELLARD, I., u. M. VIANNA: Mem. Inst. Cruz **25**, 1 (1931).
44 VELLARD, I., u. M. VIANNA: C. r. Soc. Biol. Paris **106**, 368 (1931).
45 BRAZIL, V., u. I. VELLARD: Mem. Inst. Butantan **3**, H. 1, 7 (1926).
46 LUTZ, B.: Biol. Bull. **64**, 299 (1933).
47 CAMPOS, F. M., u. O. B. SANTOS: Ann. Fac. Med. São Paulo **3**, 27 (1929).
48 CAMPOS, C. M., u. F. M. CAMPOS: Amer. J. Physiol. **90**, 306 (1929).
49 CAMPOS, C. M., u. F. M. CAMPOS: Ann. Fac. Med. São Paulo **4**, 65 (1930).

8. **Bufo paracnemis** Lutz: Brazil und Vellard[1], Xavier, Vellard und M. Vianna[2,3].

9. **Bufo arenarum** Hensel, argentinische Kröte: Houssay[4], H. Jensen und K. K. Chen[5], H. Jensen[6–8], K. K. Chen, H. Jensen und A. L. Chen[9], K. K. Chen u. A. L. Chen[10], H. Jensen, K. K. Chen und A. L. Chen[11], H. Wieland, Konz und Mittasch[12], H. Wieland und Th. Wieland[13], Deulofeu[14].

10. **Bufo crucifer** Wied
11. **Bufo rufescens** Lutz
} Vellard u. De Assis[15], Brazil u. Vellard[16] (7—11 Südamerika)

12. **Bufo valliceps** Wiegmann
13. **Bufo fowleri** Garman
14. **Bufo quercicus** Holbrook
15. **Bufo americanus** Holbrook
16. **Bufo alvarius** Girard
} K. K. Chen und A. L. Chen[10,17–19], H. Jensen und K. K. Chen[20].

17. **Bufo boreas halophilus** Baird et Girard = Bufo halophilus, kalifornische Kröte: O. Gessner[21] (12—17 Nordamerika).

Afrikanische Kröten.

18. **Bufo mauretanicus L.** = Berberkröte, Nordafrika: O. Gessner[21].

19. **Bufo regularis** Reuss, südafrikanische Kröte: Epstein und Gunn[22], H. Jensen[23], K. K. Chen und A. L. Chen[10,24].

Chemie der Krötengiftstoffe.

Das Hautdrüsensekret, insbesondere das Sekret der allgemein als „Parotiden"[25] bezeichneten, in der Hinterohrgegend gelegenen Hautdrüsenanhäufungen enthält folgende Gruppen von Giftstoffen:

1. Stoffe mit typischer *Digitaliswirkung* und *nächster Verwandtschaft* zu den pflanzlichen Herzgiften der Digitalisreihe: Bufotoxine, Bufagine, Bufotaline.

2. *Basische* Stoffe (Alkaloide): a) Bufotenine, Bufotenidine, Bufothionine; b) Adrenalin.

3. *Cholesterin*, meist in Begleitung geringer Mengen von *Ergosterin* (dieses

---

[1] Brazil u. Vellard: Zit. S. 39, Fußnote 45.
[2] Xavier, A., I. Vellard u. M. Vianna: C. r. Soc. Biol. Paris **108**, 1082 (1931).
[3] Xavier, A., I. Vellard u. M. Vianna: C. r. Soc. Biol. Paris **108**, 1085 (1931).
[4] Houssay: Zit. S. 39.
[5] Jensen, H., u. K. K. Chen: Zit. S. 38, Fußnote 26.
[6] Jensen, H.: Quart. J. exper. Physiol. **20**, 1 (1930).
[7] Jensen, H.: J. of biol. Chem. **109**, 44 (1935).
[8] Jensen, H.: J. amer. chem. Soc. **57**, 1765 (1935).
[9] Chen, K. K., H. Jensen u. A. L. Chen: J. of Pharmacol. **49**, 1 (1933).
[10] Chen, K. K., u. A. L. Chen: Zit. S. 38, Fußnote 14.
[11] Jensen, H., K. K. Chen u. A. L. Chen: J. of biol. Chem. **100**, 57 (1933).
[12] Wieland, H., Konz u. Mittasch: Zit. S. 38.
[13] Wieland, H., u. Th. Wieland: Zit. S. 38.
[14] Deulofeu, V.: Hoppe-Seylers Z. **237**, 171 (1935).
[15] Vellard u. De Assis: Zit. S. 39, Fußnote 40 u. 41.
[16] Brazil u. Vellard: Zit. S. 39, Fußnote 45.
[17] Chen, K. K., u. A. L. Chen: J. of Pharmacol. **47**, 295 (1933).
[18] Chen, K. K., u. A. L. Chen: J. of Pharmacol. **49**, 526 (1933).
[19] Chen, K. K., u. A. L. Chen: Arch. internat. Pharmacodynamie **47**, 297 (1934).
[20] Jensen, H., u. K. K. Chen: Zit. S. 38, Fußnote 13.
[21] Gessner, O.: Zit. S. 38, Fußnote 5.
[22] Epstein, D., u. I. W. C. Gunn: J. of Pharmacol. **39**, 1 (1930).
[23] Jensen, H.: Zit. S. 40, Fußnote 6—8.
[24] Chen, K. K., u. A. L. Chen: J. of Pharmacol. **49**, 503 (1933).
[25] Nicht Parotis, also keine Speicheldrüse, wie teilweise angegeben (so z. B. Poulsson: Lehrb. d. Pharmakol. 1937, S. 157.

etwa zu 1—5⁰/₀₀): H. JENSEN und K. K. CHEN[1], K. K. CHEN und H. JENSEN[2], K. K. CHEN, H. JENSEN und A. L. CHEN[3—7], K. K. CHEN und A. L. CHEN[8—11].

4. *l-Ascorbinsäure* = Vitamin C, rund 0,03 g%, und

5. *Glutathion* (G-SH-Form), rund 0,3 g%: ZIMMET und DUBOIS-FERRIÈRE[12].

6. *Chemisch unbekannte Stoffe*, zum Teil mit charakteristischem Geruch[13], die für die örtlich reizende, die hämolytische bzw. die agglutinierende Wirkung bestimmter Amphibien-Hautdrüsensekrete verantwortlich sind (s. unter Pharmakologie der Krötenstoffe).

Die digitalisartig wirkenden Krötengiftstoffe.

(Bufotoxine, Bufagine, Bufotaline.)

Diesem Abschnitt ist außer den Ergebnissen der Einzelarbeiten, insbesondere der Untersuchungen von WIELAND und seinen Mitarbeitern, von K. K. CHEN, H. JENSEN und A. L. CHEN, TSCHESCHE und OFFE, KOTAKE, KONDO und IKAWA, vor allem die zusammenfassende Darstellung von R. TSCHESCHE [Erg. Physiol. **38**, 31—64 (1936)] zugrunde gelegt.

Digitalisartig wirkende Anteile sind bisher bei *allen* untersuchten *Bufoniden* gefunden worden und werden, das kann vorausgesagt werden, auch bei allen anderen noch nicht untersuchten echten Kröten vorhanden sein.

Die digitalisartig wirkenden Krötengiftstoffe (Bufotoxine, Bufagine = Bufogenine, Bufotaline) sind aufs engste verwandt mit den pflanzlichen Herzgiften der Digitalisreihe. Sie enthalten als Ringskelet, wie die Glykoside der Digitalisreihe, ein *Cyclopentenophenanthren* (s. Formel): *Methylcyclopentenophenanthren* wurde bei der Selen-Dehydrierung des Cinobufagins von TSCHESCHE und OFFE[14] und später von JENSEN[15] und von IKAWA[16] aus Ψ-Bufotalin erhalten. WIELAND und HESSE[17] dagegen kamen bei der Selendehydrierung des Bufotalins zum Chrysen, das nach RUZICKA[18] bei Steigerung der Dehydrierungstemperatur auch aus dem Cholesterin entsteht, so daß alle diese Befunde für das Vorliegen des Cholangerüstes in den digitalisartig wirkenden Krötengiftstoffen sprechen, die demnach zusammen mit Sterinen, Gallensäuren und Sexualhormonen zu den Naturstoffen der Cholangruppe zu zählen sind (WIELAND[17], TSCHESCHE[18], H. JENSEN[19]).

CH_3 H H_2 H_2

Methyl-cyclopentenophenanthren

Bisher ist zwar für keinen einzigen der digitalisartig wirkenden Krötengiftstoffe eine *völlig gesicherte Formel* anzugeben, aber die aufgestellten Formeln (s. S. 42 u. 43) werden wohl nur noch geringe Veränderungen erfahren, so daß auch das Problem der Konstitution der digitalisartig wirkenden Krötengiftstoffe bald gelöst sein wird.

---

[1] JENSEN, H., u. K. K. CHEN: Zit. S. 38, Fußnote 25 u. 26.
[2] CHEN, K. K., u. H. JENSEN: Zit. S. 38, Fußnote 32.
[3] CHEN, K. K., H. JENSEN u. A. L. CHEN: Zit. S. 38, Fußnote 12.
[4] CHEN, K. K., H. JENSEN u. A. L. CHEN: Zit. S. 38, Fußnote 21.
[5] CHEN, K. K., H. JENSEN u. A. L. CHEN: Zit. S. 39, Fußnote 29.
[6] CHEN, K. K., H. JENSEN u. A. L. CHEN: Zit. S. 40, Fußnote 9.
[7] CHEN, K. K., H. JENSEN u. A. L. CHEN: Amer. J. Physiol. **101**, 20 (1932).
[8] CHEN, K. K., u. A. L. CHEN: Zit. S. 39, Fußnote 9.
[9] CHEN, K. K., u. A. L. CHEN: Zit. S. 39, Fußnote 36.
[10] CHEN, K. K., u. A. L. CHEN: Zit. S. 40, Fußnote 18.
[11] CHEN, K. K., u. A. L. CHEN: Zit. S. 40, Fußnote 24.
[12] ZIMMET u. DUBOIS-FERRIÈRE: Zit. S. 38.
[13] Senfölartiger Geruch bei Bufo vulgaris var. gallica, blumenkohlartiger Geruch bei Bufo mauretanicus, opiumähnlicher Geruch bei Bufo viridis (GESSNER, Habil.-Schrift).
[14] TSCHESCHE u. OFFE: Zit. S. 39, Fußnote 11.
[15] JENSEN: Zit. S. 39, Fußnote 7.
[16] IKAWA: Zit. S. 39, Fußnote 16.
[17] WIELAND u. HESSE: Zit. S. 38, Fußnote 9.
[18] RUZICKA, zit. auf S. 61 der Monogr. von TSCHESCHE: Erg. Physiol. **38**, 31 (1936).
[19] JENSEN, H.: J. chem. Educat. **12**, 559 (1935).

Die **Bufotoxine** entsprechen den Glykosiden der pflanzlichen Herzgifte, sie sind esterartige Verbindungen, die aus einem *Bufagin*[1] = Bufogenin[2] und (an Stelle von Zucker) *Suberylarginin* bestehen und durch den letzten Anteil N-haltig sind. Suberylarginin ($C_{14}H_{26}O_5N_4$) hat die Formel

$$HOOC—(CH_2)_6—CO—NH—C(=NH)—NH—CH_2—CH_2—CH_2—CH—(NH_2)—COOH.$$

Die **Bufagine = Bufogenine** entsprechen den Aglykonen der pflanzlichen Herzgifte und sind wie diese N-frei. Sie sind stabil in neutraler Lösung, zersetzen sich dagegen beim Erhitzen in alkalischer oder saurer Lösung.

Es scheint so, als ob jede Krötenart ihr eigenes Bufagin produziert, doch sind jetzt schon einige Bufagine als identisch und mehrere als stereoisomer erkannt worden, weitere werden sich voraussichtlich bei näherer Untersuchung noch als übereinstimmend erweisen lassen.

Die meisten Bufagine haben im Molekül 24 C-Atome oder sind Acetylderivate von Geninen mit 24 C-Atomen. Bei den Bufaginen mit 23 C-Atomen bleibt abzuwarten, ob sich die Formel nicht noch ändert. So wurde das entacetylierte Cinobufagin früher mit C_{23} angegeben, konnte aber von TSCHESCHE und OFFE[3] später als C_{24}-Verbindung erkannt werden; außerdem hat es 3 Doppelbindungen und nicht nur 2, wie früher angegeben wurde.

Alle Bufagine sind, wie die pflanzlichen Genine, *Lactone*, und zwar 2—3fach *ungesättigte Lactone*, bei denen 2 der Doppelbindungen in der Lactonseitenkette enthalten sind.

Die *Lactonseitenkette* der Bufagine hat denselben Aufbau wie die des Scillarens; WIELAND konnte dies für Bufotalin, Gama- und Areno-Bufagin, TSCHESCHE und OFFE konnten dasselbe für Cino- und Marino-Bufagin zeigen.

Bufagin-Formel (vorläufige Formel von *Cino-Bufagin* nach TSCHESCHE und OFFE[3]).

CH_3
H_3C —C—CH=CH
HC—O—C=O] O—CO—CH_3
OH
HO—

Der *Lactonring* ist für die pharmakologische Wirkung der Bufagine von ebenso ausschlaggebender Bedeutung wie dies bei den pflanzlichen Herzgiften der Digitalisreihe der Fall ist (K. K. CHEN und A. L. CHEN[4, 5]). Hydrolyse des Lactonringes läßt *Bufaginsäuren* entstehen.

Die Bufagine enthalten *mehrere OH-Gruppen*, von denen eine mit *Essigsäure* bzw. *Ameisensäure* verestert ist. Die Oxydation der sekundären OH-Gruppe führt zu den betreffenden *Ketonen* = *Bufagonen*; Einwirkung von Chlor auf die tertiäre OH-Gruppe läßt ein *Bufaginchlorid* entstehen. — Beim Bufotalin (s. weiter unten) konnte die Stellung des einen tertiären Hydroxyls von WIELAND aufgeklärt werden.

Nach allem, auch auf Grund der pharmakologischen Wirkung stehen die Bufagine dem Scillaridin bedeutend näher als dem Digitoxin und dem Thevetin (CHEN und CHEN[5]).

[1] Der Name *Bufagin* stammt von ABEL und MACHT (zit. S. 47) und ist von den amerikanischen und japanischen Forschern übernommen worden.
[2] Die Bezeichnung *Bufogenin* wird von WIELAND und seiner Schule bevorzugt.
[3] TSCHESCHE u. OFFE: Zit. S. 39, Fußnote 12.
[4] CHEN, K. K., u. A. L. CHEN: J. of Pharmacol. **49**, 548 (1933).
[5] CHEN, K. K., u. A. L. CHEN, J. of Pharmacol. **49**, 561 (1933).

Aus den Bufaginen gehen unter Abspaltung von Essigsäure bzw. Ameisensäure die *gesättigten Bufagiene* (C_{23}..) hervor, Substanzen, denen die charakteristische Wirkung der Bufagine völlig fehlt.

Im Hautdrüsensekret (Rohgift) der Bufoniden kommen Bufotoxine und Bufagine = Bufogenine (je ein Paar) nebeneinander vor. Bisher ist es aber mit chemischen Mitteln nicht geglückt, die Bufagine aus den Bufotoxinen darzustellen, vielmehr entstehen bei solchen Versuchen aus den Bufotoxinen unter gleichzeitiger Abspaltung von Essigsäure bzw. Ameisensäure, sowie von Arginin und Korksäure als Anhydroderivate die oben schon erwähnten *Bufagiene*. TSCHESCHE nimmt an, daß bei den Kröten vielleicht Fermente vorhanden sind, die den Auf- und Abbau der Bufotoxine vom und zum Bufagin regeln.

Neben dem Hauptbufagin kommen wohl im Hautdrüsensekret aller Kröten noch Umwandlungs- und Abbauprodukte vor, die aber bisher noch nicht mit den Hauptbufaginen in übersichtlicher Weise verknüpft werden konnten.

Bufotaline. Bufotalin-WIELAND. Das zuerst, allerdings nicht in reiner Form von FAUST[1], dann rein und krystallisiert als $C_{26}H_{36}O_6$ von WIELAND und WEIL[2] bzw. WIELAND [und WEYLAND[3]] aus dem Hautdrüsensekret von Bufo vulgaris dargestellte Bufotalin ist jetzt durch die Untersuchungen von WIELAND und Mitarbeitern[4—7] als Monoacetylderivat eines 2fach ungesättigten Trioxylactons $C_{24}H_{34}O_5$ erkannt worden, das mit einer sekundären, einer tertiären und einer acetylierten OH-Gruppe besetzt ist. Eine der 2 Doppelbindungen befindet sich im Lactonring. Beim Abbau des Bufotalins erhielt WIELAND die *Isobufocholansäure* $C_{24}H_{40}O_2$, die aber mit keiner der bekannten gesättigten Gallensäuren, auch nicht mit der Bufodesoxycholsäure, identisch ist.

Bufotalin ist als Acetyltrioxycholatriensäure-enol-Lacton aufzufassen, das acetylfreie *Bufotalidin* $C_{24}H_{32}O_6$, das eine Doppelbindung, aber auch ein O-Atom (wahrscheinlich als OH) *mehr als Bufotalin* enthält, als Tetraoxycholatriensäure-enol-Lacton anzusehen.

Bufotalin-Formel (nach WIELAND, HESSE u. HÜTTEL[6]).

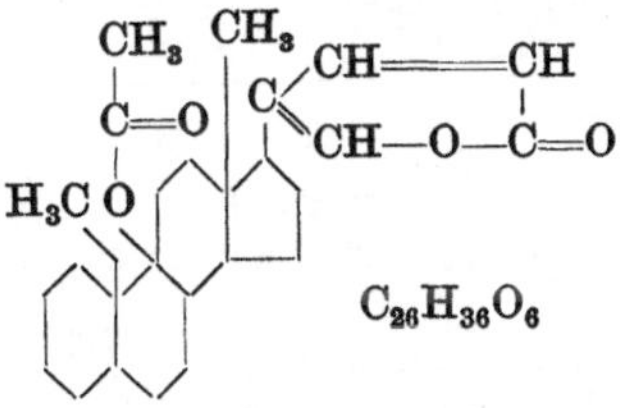

$C_{26}H_{36}O_6$

Bufotalin hat dasselbe Grundgerüst wie Scillaren-A. Die Absorptionskurven von Bufotalin und Scillaridin-A decken sich fast völlig.

Gama-Bufotalin-KOTAKE. Das aus den Häuten der japanischen Kröte Bufo formosus von KOTAKE[8] isolierte *Gama-Bufotalin*[9] ist identisch mit Bufotalin-WIELAND.

Ψ-Bufotalin-KONDO und IKAWA. *Ψ-Bufotalin* ($C_{26}H_{36}O_6$) wurde aus Senso (Ch'an Su) von KONDO und IKAWA[10] isoliert, zuerst für identisch mit Bufotalin-WIELAND gehalten, später aber von denselben Autoren[11] als besondere, von Bufotalin verschiedene Verbindung

[1] FAUST, E. ST.: Naunyn-Schmiedebergs Arch. **47**, 278 (1902).
[2] WIELAND, H., u. F. J. WEIL: Ber. dtsch. chem. Ges. **46**, 3315 (1913).
[3] WIELAND, H.: Sitzgsber. bayer. Akad. Wiss., Math.-physik. Kl. 5. 6. 1920.
[4] WIELAND, HESSE u. MITTASCH: Zit. S. 38.
[5] WIELAND u. HESSE: Zit. S. 38.
[6] WIELAND, HESSE u. HÜTTEL: Zit. S. 38.
[7] WIELAND u. VOCKE: Zit. S. 39.
[8] KOTAKE: Zit. S. 39, Fußnote 24—27.
[9] *Nicht Gamma*-Bufotalin [s. Ber. Physiol. **55**, 415 (1928)], da nicht von γ, sondern von gama, dem japanischen Wort für Kröte, abgeleitet.
[10] KONDO u. IKAWA: Zit. S. 39, Fußn. 14.
[11] KONDO u. IKAWA: Zit. S. 39, Fußn. 15 u. 16.

Tabelle 5. Zusammenstellung der bisher bekannten Bufotoxine, Bufagine und Bufotaline.

Nr.	Krötenart	*Bufotoxine* Namen	Formel	F. P.	Bufagine = *Bufogenine* Namen	Formel	F. P.	*Bufotaline* Namen	Formel	F. P.	Bemerkungen
1	*Bufo bufo bufo L.* = Bufo vulgaris L.	*Bufotoxin-* Wieland *Vulgaro-Bufotoxin*	$C_{39}H_{60}O_{11}N_4$ $C_{38}H_{60}O_{11}N_4$	204 202	*Vulgaro-Bufogenin* *Vulgaro-Bufagin*	Bisher nicht gefunden; nicht vorhanden? Siehe Chen u. Chen, Zit. S. 40, Fußnote 19		*Bufotalin* Wieland	$C_{26}H_{36}O_6$	148	Von Chen, Jensen und Chen (Zit. S. 38, Fußn. 12) konnte Bufotalin aus Häuten und Parotidensekret von Bufo vulg. *nicht* gewonnen werden. Nicht im nativen Gift?
4	*Bufo viridis viridis* Laur.	*Virido-Bufotoxin*	$C_{37}H_{60}O_{10}N_4$	198—199	*Virido-Bufagin*	$C_{23}H_{34}O_5$	255-255,5	—			—
5	*Bufo gargarizans* Cantor u. Ch'an Su (Senso)	*Cino-Bufotoxin*	$C_{43}H_{64}O_{12}N_4$ ($C_{39}H_{58}O_{11}N_4$)	200	*Cino-Bufagin* (nicht identisch mit Bufagin von Abel und Macht)	$C_{26}H_{34}O_6$	222—223	Ψ-Bufotalin Kondo u. Ikawa	$C_{26}H_{36}O_6$	146	Cino-Bufagin = Acetylderivat eines C_{23}-Genins.
6	*Bufo-formosus* Boulinger	*Gama-Bufotoxin* (Chen, Jensen u. Chen) *Gama-Bufotoxin* Wieland-Vocke (sehr nahe verwandt mit Bufotoxin-Wieland, dieses hat eine Acetylgruppe mehr)	$C_{41}H_{64}O_{11}N_4$ $C_{38}H_{60}O_{10}N_4$	146 210	*Gama-Bufagin* (Chen, Jensen u. Chen) *Gama-Bufogenin* Wieland (sehr nahe mit Bufotalin-Wieland verwandt)	$C_{27}H_{38}O_6$ $C_{24}H_{34}O_5$	253—254 254—255	Gama-Bufotalin (Kotake) (ident. mit Bufotalin-Wieland)	$C_{26}H_{36}O_6$	148	Gama-Bufotoxin-Wieland = 2 fach ungesätt. Trioxylactonverbindung mit 24 C-Atomen, dem Strophanthidin nahe verwandt.
7	*Bufo marinus* (L.) Schneid.	*Marino-Bufotoxin* „	$C_{38}H_{60}O_{10}N_4$ (Wieland) $C_{38}H_{58}O_{10}N_4$ (Chen, Jensen, Chen)	200	*Marino-Bufagin* (Jensen u. Chen) (= Bufagin von Abel u. Macht)	$C_{24}H_{32}O_5$	212—213	—			Lactonseitenkette wie bei Scillaren-A. 1 Formylgruppe, 1 tertiäres OH
9	*Bufo arenarum* Hensel	*Areno-Bufotoxin*	$C_{39}H_{60}O_{11}N_4$	194—195	*Areno-Bufagin* (Acetylderivat eines 2fach ungesättigten Trioxylactons $C_{23}H_{32}O_5$)	$C_{25}H_{34}O_6$	220	—			Areno-Bufotoxin und Areno-Bufagin sind Isomere der entsprechenden Regularis-Substanzen
12	*Bufo valliceps* Wiegmann	—			*Vallicepo-Bufagin*	$C_{26}H_{38}O_5$	212—213	—			—
13	*Bufo fowleri* Garman	—			*Fowlero-Bufagin*	$C_{23}H_{33}O_6$	—	—			—
18	*Bufo mauretanicus* L.	—			—			—			Eine kristallisierte Substanz mit typischer Digitaliswirkung isoliert, aber noch nicht analysiert. F. P. 114 (sicher noch verunreinigt) Gessner
19	*Bufo regularis* Reuss	*Regularo-Bufotoxin*	$C_{39}H_{60}O_{11}N_4$	...	*Regularo-Bufagin*	$C_{25}H_{34}O_6$	236	—			Enthält 1 Acetylgruppe, s. Bufo arenarum

angesehen. Die von diesen Forschern aufgestellte Konstitutionsformel für das Ψ-Bufotalin ist vor allem deswegen unwahrscheinlich, weil der Lactonring keine Doppelbindung, deren Vorhandensein für die typische Wirkung von ausschlaggebender Bedeutung ist, enthalten soll. Auf die Wiedergabe der Formel wird daher verzichtet.

Bufotalien ($C_{24}H_{30}O_3$) erhält man bei der Zerlegung des Bufotoxin-WIELAND (= Vulgaro-Bufotoxin) neben Essigsäure, Arginin und Korksäure, analog wie Bufagiene allgemein aus Bufotoxinen.

Basische Krötengiftstoffe.

(Alkaloide des Krötenhautsekretes.)

a) *Bufotenine, Bufotenidine, Bufothionine.*

Bufotenin, zuerst von PHISALIX und BERTRAND[1] beschrieben, dann von HANDOVSKY[2] isoliert und als Pyrrolderivat (Bruttoformel C_6H_9ON) angesehen, ist jetzt von WIELAND, KONZ und MITTASCH[3] als *Tryptaminderivat,* und zwar als *5-Oxy-indolyl-äthyl-dimethyl-amin* = $C_{12}H_{16}ON_2$ erkannt worden.

Inzwischen sind aus den Hautsekreten aller bisher darauf untersuchten Kröten weitere „Bufotenine", meist in Gestalt ihrer wasserunlöslichen *Flavianate* (bzw. Pikrate oder Hydrojodide) isoliert worden, die nach den einzelnen Krötenarten bezeichnet werden.

Bufotenin *Bufotenidin* (= Methylbetain des Bufotenins)
(WIELAND, KONZ und MITTASCH).

HO–[Indolring, NH]–CH_2–CH_2–$N(CH_3)_2$ $= C_{12}H_{16}ON_2$

CH_3O–[Indolring, NH]–CH_2–CH_2–$\overset{+}{N}(CH_3)_3$ $= C_{13}H_{18}ON_2$

Die bisher isolierten Bufotenine finden sich in Tabelle 6 zusammengestellt.

Bufotenidine wurden bisher aus den Hautdrüsensekreten von Bufo gargarizans (Ch'an Su), Bufo fowleri und Bufo formosus isoliert und stellen Betaine der Bufotenine dar (s. Formel).

Bufothionin, $C_{12}H_{14}O_4N_2S$, F.P. 250°, wurde zuerst von WIELAND und Mitarbeitern[4] aus dem Sekret von Bufo formosus, später von H. JENSEN und K. K. CHEN[5] auch aus den Giften von Bufo arenarum, Bufo marinus und aus Ch'an Su isoliert, aber nicht gefunden im Hautsekret von Bufo vulgaris. Bufothionin ist infolge des polaren Ausgleiches der beiden gleichstarken Ionen eine neutrale, in Säuren und Alkalien unlösliche, S-haltige, im übrigen mit den Bufoteninen sehr nahe verwandte Substanz, die beim Erwärmen mit verdünnten Säuren H_2SO_4 abspaltet und das Salz einer Base $C_{12}H_{14}ON_2$ (vom Bufotenin durch den höheren Wasserstoffgehalt unterschieden) bildet. *Bufothionin* ist als das *innere Salz einer Phenylschwefelsäure mit der stark basischen Dimethylaminogruppe* gemäß untenstehender Formel anzusehen:

Bufothionin-WIELAND.

O_3SO–[Indolring, NH]–CH=CH–$\overset{+}{N}H(CH_3)_2$ $= C_{12}H_{14}O_4N_2S$

---

[1] PHISALIX, C., u. BERTRAND: C. r. Acad. Sci. Paris **135**, 46 (1902).
[2] HANDOVSKY, H.: Naunyn-Schmiedebergs Arch. **86**, 138 (1920).
[3] WIELAND, KONZ u. MITTASCH: Zit. S. 38.
[4] WIELAND u. Mitarbeiter: Zit. S. 38, Fußnote 8 u. 11; S. 39, Fußnote 28.
[5] JENSEN, H., u. Mitarbeiter: Zit. S. 40, Fußnote 6, 9 u. 11.

Die Veresterung der Phenolgruppe findet ihr biologisches Vorbild in der Phenylschwefelsäure und im Indican des Harnes, die ungesättigte basische Seitenkette des Bufothionins liegt in der Grundform bereits im Neurin $H_2C{=}CH{-}N(CH)_3OH$ vor. Wieland nimmt an, daß sich durch Hydrierung des Bufothionins in der Zelle das Bufotenin bildet.

Aus Ch'an Su, sowie aus Hautdrüsensekret von Bufo marinus und Bufo arenarum konnte eine Base $C_{12}H_{14}ON_2$ isoliert werden, die mit der durch Hydrolyse von Bufothionin erhaltenen Verbindung identisch ist.

Tabelle 6. Zusammenstellung der bisher isolierten Bufotenine.

Nr.	Krötenart	Bufotenin		Schmelzpunkt des Flavianates	Autor	Bemerkungen
		Namen	Formel			
1	*Bufo bufo bufo L.* (Bufo vulgaris L.)	Bufotenin Wieland Vulgaro-Bufotenin	$C_{12}H_{16}ON_2$ $C_{12}H_{18}O_2N_2$	180—181	Wieland[1] Jensen u. Chen[2]	—
2	*Bufo viridis* Laur.	Virido-Bufotenin-A Virido-Bufotenin-B	$C_{12}H_{18}O_2N_2$ $C_{12}H_{20}O_3N_2$	170 130—131	Jensen u. Chen[2] „	B identisch mit Areno-Bufotenin-A
5	Bufo gargarizans Cantor bzw. Ch'an Su	Cino-Bufotenin Ch'an Su-Bufotenin	$C_{13}H_{20}O_2N_2$ $C_{13}H_{20}O_2N_2$	199 200,5	„ „	beide wohl identisch = Cino-Bufotenin
6	Bufo formosus Boulinger	Formoso-Bufotenin	$C_{12}H_{18}O_2N_2$	198—199	„	—
7	Bufo marinus (L.) Schneid.	Marino-Bufotenin	$C_{12}H_{14}O_2N_2$	271—272	„	—
9	Bufo arenarum Hensel	Areno-Bufotenin-A, Areno-Bufotenin-B	$C_{12}H_{20}O_3N_2$ $C_{14}H_{18}O_2N_2$	130—131	„	A identisch mit Virido-Bufotenin B
12	Bufo valliceps Wiegmann	Vallicepo-Bufotenin	$C_{11}H_{12}O_2N_2$	261—262	„	identisch mit Regularo-Bufotenin
13	Bufo fowleri Garman	Fowlero-Bufotenin	$C_{13}H_{20}O_2N_2$	198—199	„	identisch mit Cino-Bufotenin
14	Bufo quercicus Holbrook	Quercico-Bufotenin	$C_{12}H_{18}O_2N_2$	204	Chen u. Chen[3]	—
15	Bufo americanus Holbrook	Americano-Bufotenin	$C_{12}H_{18}O_2N_2$	197,5—198,5	„	—
16	Bufo alvarius Girard	Alvaro-Bufotenin	$C_{12}H_{18}O_2N_2$	224—225	Jensen u. Chen[2]	—
19	Bufo regularis Reuss	Regularo-Bufotenin	$C_{11}H_{12}O_2N_2$	261—262	—	identisch mit Vallicepo-Bufotenin

b) *Adrenalin.*

Einschließlich der schon bei Faust[4] als im Hautdrüsensekret *Adrenalin* bergenden Bufoniden aufgeführten Krötenarten Bufo agua (Abel und Macht) und Bufo marinus (L.) Schneider (Novaro) ist Adrenalin bisher im Haut-

[1] Wieland u. Mitarb.: Zit. S. 38, Fußnote 8.
[2] Jensen, H., u. K. K. Chen: Ber. Dtsch. Chem. Ges. **65**, 1310 (1932).
[3] Chen, K. K., u. A. L. Chen: Zit. S. 40, Fußnote 18. [4] Faust: Zit. S. 1.

drüsensekret der folgenden Krötenarten, und zwar *neben* den unter a) beschriebenen basischen Substanzen, gefunden worden:

1. **Bufo marinus (L.)** SCHNEID. = *Bufo agua*, von ABEL und MACHT[1], Gehalt des Rohgiftes bis zu 7% Adrenalin bzw. 5,3% (CHEN und CHEN[2]).

2. **Bufo arenarum** HENSEL, von NOVARO[3], der, wie HOUSSAY[4] festgestellt hat, damals nicht, wie bei FAUST[5] angegeben, Bufo marinus (L.) SCHNEID., sondern *Bufo arenarum* HENSEL untersucht hat. Gehalt des Rohgiftes 1,5—3,5% Adrenalin.

3. **Bufo mauretanicus L.**, von O. GESSNER[6], Gehalt des Rohgiftes bis rund 10% Adrenalin.

4. **Bufo gargarizans** CANTOR, bzw. Ch'an Su, von H. JENSEN und K. K. CHEN[7].

5. **Bufo formosus** BOULINGER, von K. K. CHEN, H. JENSEN und A. L. CHEN[8].

6. **Bufo regularis** REUSS, von JENSEN[9], Adrenalingehalt 2—5% des Rohgiftes.

In allen diesen Fällen wurde das Adrenalin (und zwar l-Adrenalin) chemisch isoliert und identifiziert.

Kein Adrenalin enthalten die Hautdrüsensekrete der europäischen Kröten *Bufo bufo bufo L.*, *Bufo vulgaris var. gallica*, *Bufo viridis viridis* LAUR, *Bufo calamita L.*, ferner *Bufo boreas halophilus* BAIRD u. GIRARD (GESSNER[10]).

Der histologische Nachweis von *Polyphenolen* im Hautsekret von europäischen Bufoniden von VIALLI[11] ist keinesfalls beweisend für die Anwesenheit von Adrenalin, zudem hat LISON[12] gerade histochemisch festgestellt, daß in den Giften der europäischen Bufo-Arten kein Adrenalin vorkommt. Chemisch ist dies übrigens für Bufo vulgaris später auch von WIELAND, KONZ und MITTASCH[13] festgestellt worden.

Bei Bufo marinus und bei Bufo regularis soll das Adrenalin nur in den Parotiden, nicht aber in den kleineren Hautdrüsen der Rückenhaut (CHEN und CHEN[2, 14]) vorkommen. Vielleicht liegen hier aber nur quantitative Unterschiede vor; bei Bufo mauretanicus konnte GESSNER[6] das Adrenalin jedenfalls auch im Sekret der Rückenhautdrüsen nachweisen.

Im Blut der Hautdrüsengefäße der Parotiden ist Adrenalin nicht nachweisbar, auch nicht nach elektrischer Reizung der Hautdrüsennerven, ferner ebenfalls nicht nach Entnervung und nach Injektion bestimmter auf das vegetative Nervensystem wirkender Pharmaca (CHEN und CHEN[15]).

GESSNER[6] fand parenteral zugeführtes Adrenalin im Harn der Kröten (Bufo vulgaris, Bufo mauretanicus) wieder, dagegen kommt im Harn von Bufo mauretanicus, der in seinem Hautdrüsensekret einen besonders hohen Adrenalingehalt aufweist, *normalerweise* kein Adrenalin vor.

Da Adrenalin als Bestandteil des Hautdrüsensekretes bisher nur in tropischen bzw. subtropischen Krötenarten gefunden worden ist, da ferner nach Beobachtungen von GESSNER[6] der Adrenalingehalt von in Gefangenschaft lebenden, nicht fressenden[16] Berberkröten sehr schnell und unverhältnismäßig viel stärker absinkt als die Menge des digitalisartig wirkenden Anteils, und da endlich Bufo mauretanicus und Bufo marinus gegen parenteral zugeführtes Adrenalin in keiner Weise resistent, sondern gegenüber Adrenalin ebenso empfindlich wie die kein

[1] ABEL, J., u. D. MACHT: J. of Pharmacol. 3, 319 (1911/12).
[2] CHEN, K. K., u. A. L. CHEN: Zit. S. 39, Fußnote 36.
[3] NOVARO: C. r. Soc. Biol. Paris 87, 824 (1922); 88, 371 (1923).
[4] HOUSSAY: Zit. S. 39. [5] FAUST: Zit. S. 1. [6] GESSNER, O.: Zit. S. 38, Fußnote 5.
[7] JENSEN, H., u. K. K. CHEN: Zit. S. 38, Fußnote 24 u. 27.
[8] CHEN, K. K., H. JENSEN u. A. L. CHEN: Zit. S. 39, Fußnote 29.
[9] JENSEN, H.: Zit. S. 40, Fußnote 6. [10] GESSNER, O.: Zit. S. 38, Fußnote 2—5.
[11] VIALLI: Zit. S. 38, Fußnote 16—18. [12] LISON: Zit. S. 38.
[13] WIELAND, KONZ u. MITTASCH: Zit. S. 38.
[14] CHEN, K. K., u. A. L. CHEN: Zit. S. 40, Fußnote 24.
[15] CHEN, K. K., u. A. L. CHEN: Zit. S. 40, Fußnote 19.
[16] Die Nahrung unserer einheimischen Kröten, wie Würmer und Schnecken, wird von Bufo mauretanicus bald verweigert bzw. bei künstlicher Fütterung herausgewürgt.

Adrenalin produzierenden Bufoarten und die Frösche (GESSNER[1]), nach neueren Untersuchungen sogar ebenso empfindlich wie Warmblüter (LUTZ[2]) sind, vermutet GESSNER, daß das Adrenalin der Hautdrüsen dieser tropischen und subtropischen Krötenarten nicht wie das Adrenalin des Nebennierenmarkes ein Inkret, sondern vielmehr ein reines *Exkret* darstellt, dessen Bildung vielleicht mit den besonderen Lebens- und Ernährungsbedingungen (Eiweißabbau?) dieser Tiere in Beziehung steht.

GESSNER[1] konnte übrigens *histologisch* in den *Körnerdrüsen* der Parotiden von *Bufo mauretanicus chromaffine Elemente nachweisen*, die in den Hautdrüsen von nicht Adrenalin produzierenden Kröten (z. B. Bufo vulgaris) völlig fehlen.

Pharmakologie der Krötengiftstoffe.

Allgemeines.

Soweit die pharmakologische Wirkung der nativen Giftsekrete der Kröten zu beurteilen ist, muß grundsätzlich zwischen den adrenalinfreien und den adrenalinhaltigen Krötenhautsekreten unterschieden werden.

Bei den *adrenalinfreien* Krötenhautsekreten kommt praktisch allein die Wirkung der *digitalisartig* wirkenden Krötengiftstoffe in Betracht, da die übrigen, an sich pharmakologisch wohl wirksamen Substanzen, insbesondere die Bufotenine[3], in solch geringer Menge im nativen Giftsekret vorkommen, daß eine Beeinflussung der Wirkung der Herzgiftsubstanzen praktisch nicht eintreten kann.

Bei den *adrenalinhaltigen* nativen Giftsekreten dagegen spielt die *Adrenalinwirkung* eine *ganz bedeutende Rolle*, sie kann sogar ganz im Vordergrund stehen und, besonders bei der von manchen Forschern (z. B. VELLARD und VIANNA[4], BRAZIL und VELLARD[5], XAVIER, VELLARD und VIANNA[6], EPSTEIN und GUNN[7], CAMPOS und SANTOS[8], CAMPOS und CAMPOS[9]) angewandten intravenösen Einspritzung des Parotidensekretes adrenalinliefernder Kröten, das Vergiftungsbild ganz beherrschen.

Bei der Prüfung des nativen Krötengiftsekretes ist auch die *Wirkung der chemisch noch nicht erfaßten Stoffe* zu berücksichtigen. Hierhin gehört die starke *örtliche Reizwirkung* vieler Krötenhautdrüsensekrete (z. B. Bufo mauretanicus, Bufo vulgaris var. gallica, Bufo marinus), ferner die *hämolytische Wirkung*, die nach GESSNER[1] dem Parotidensekret von Bufo viridis viridis zukommt, aber den Hautdrüsensekreten der anderen Kröten, mit Sicherheit bei Bufo bufo bufo, Bufo vulgaris var. gallica, Bufo calamita, Bufo mauretanicus, Bufo boreas halophilus (GESSNER[1]), Bufo marinus, Bufo crucifer, Bufo paracnemis (BRAZIL und VELLARD[5]), Bufo refescens (VELLARD und DE ASSIS[10]), völlig fehlt. Endlich muß hier noch die *agglutinierende* Wirkung des Hautdrüsensekretes von Bufo mauretanicus erwähnt werden (GESSNER[1]).

Resorption: Nach BRAZIL und VELLARD[5] wird das Krötengift (welche Anteile dies betrifft, ist anscheinend nicht untersucht worden) durch die — entzündlich veränderte — Haut und vor allem durch Schleimhäute resorbiert. Einträufeln einer Lösung von Parotidensekret der Agua-Kröte (Bufo marinus) in den Bindehautsack des Kaninchenauges kann nach VELLARD und VIANNA[4] zu tödlicher Vergiftung führen.

[1] GESSNER, O.: Zit. S. 38, Fußnote 5. [2] LUTZ: Zit. S. 39.

[3] Nach HANDOVSKY (zit. S. 45) liefert die Erdkröte an digitalisartigen Wirkstoffen etwa 1750 Froschdosen, aber nur $^1/_{60}$ Froschdosis Bufotenin.

[4] VELLARD u. VIANNA: Zit. S. 39, Fußnote 43 u. 44.

[5] BRAZIL u. VELLARD: Zit. S. 39. [6] XAVIER, VELLARD u. VIANNA: Zit. S. 40, Fußnote 2.

[7] EPSTEIN u. GUNN: Zit. S. 40. [8] CAMPOS u. SANTOS: Zit. S. 39.

[9] CAMPOS, C. M., u. F. M. CAMPOS: Zit. S. 39, Fußnote 48 u. 49.

[10] VELLARD u. DE ASSIS: Zit. S. 39, Fußnote 41.

Pharmakologie der digitalisartig wirkenden Krötengiftstoffe.

Bufotoxine, Bufagine und Bufotaline wirken *qualitativ* gleich, und zwar *typisch digitalisartig.*

Am deutlichsten kommt diese Wirkung am isolierten Froschherzen und an der HATCHER-Katze (letale Dosen s. Tabelle 7, S. 50) zum Ausdruck.

Die *Herzwirkung* der Hautdrüsensekrete einer ganzen Reihe von Krötenarten, insbesondere auch die Herzwirkung des Bufotalins, des Bufotoxin-WIELAND sowie des von GESSNER aus dem Hautdrüsensekret von Bufo mauretanicus krystallisiert erhaltenen „Digitaliskörpers" hat O. GESSNER[1] untersucht und ihre Übereinstimmung mit der Herzwirkung der pflanzlichen Herzgifte der Digitalisreihe in allen wesentlichen Punkten gezeigt. Hierbei wurde auch festgestellt, daß der Digitalisanteil des Krötengiftes im Krötenblut kreist und im Harn ausgeschieden wird, und daß dieser herzwirksame Anteil des Krötenblutes für die normale Tätigkeit des Krötenherzens von großer Bedeutung ist.

Qualitativ wirken nach GESSNER[2] am *Krötenherzen* die digitalisartig wirkenden Krötengiftstoffe, insbesondere *Bufotalin* und *Bufotoxin-W.*, sowie alle bisher darauf geprüften pflanzlichen Herzgifte der Digitalisreihe, entgegen der Annahme von HERM. WIELAND[3] und LOEWI[4], ebenso wie am Froschherzen; in quantitativer Hinsicht bewirken die digitalisartig wirkenden Krötengiftstoffe aller Bufoniden ebenso wie die pflanzlichen Herzgifte der Digitalisreihe, erst in 80—100fach höherer Konzentration am *Krötenherzen* dieselben Vergiftungserscheinungen wie am Froschherzen.

GESSNER konnte auch zeigen, daß der digitalisartig wirkende Krötengiftanteil, entgegen den früheren Befunden von FÜHNER[5], durch Behandlung mit Cholesterin *nicht* (wie bei den Saponinen) *aufgehoben* wird, und daß die Saponine am Krötenherzen qualitativ und *quantitativ* wie am Froschherzen wirken. Das Krötenherz ist nach GESSNER ein vorzüglicher Test zur Entscheidung der Frage, ob ein Pharmakon Digitalis- oder Saponinnatur hat.

Bufotoxine, Bufagine und Bufotaline haben nicht nur grundsätzlich die gleiche Herzwirkung wie die pflanzlichen Herzgifte der Digitalisreihe, sondern bewirken auch, wie diese, *Nausea, Erbrechen, Krämpfe, Blutdrucksteigerung* sowie *Erregung isolierter glattmuskeliger Organe*, wie Darm und Uterus.

Die *Toxizität* einer Reihe verschiedener *Bufotoxine* und *Bufagine* und des *Ψ-Bufotalins*, gemessen an der D. l. m. nach HATCHER an der Katze bei intravenöser Zufuhr und an der kleinsten an der Katze Erbrechen hervorrufenden Gabe (Dos. emet. min.), ist aus der Tabelle 7 (S. 50) zu ersehen.

Während Bufotoxine und Bufagine in ihren digitalisartigen Wirkungen nur quantitativ verschieden wirken, zeigt sich ein qualitativer Wirkungsunterschied darin, daß *nur* den *Bufaginen* eine *lokalanästhetische Wirkung* zukommt.

Die *Haftfestigkeit* und die *Eliminierung* der Bufotoxine und Bufagine ist verschieden, im ganzen ist aber die Haftfestigkeit der Krötengiftstoffe bei einer Toxizität, die derjenigen der stärksten pflanzlichen Herzgifte der Digitalisreihe durchaus gleichkommt, bedeutend geringer und die Eliminierung erheblich schneller als bei den herzwirksamen Glykosiden, was von TSCHESCHE[6] mit dem besonderen Aufbau der herzwirksamen Krötengiftstoffe in Zusammenhang gebracht wird.

---

[1] GESSNER, O.: Zit. S. 38, Fußnote 2—5.
[2] GESSNER, O.: Zit. S. 38, Fußnote 4.
[3] WIELAND, HERM.: Biochem. Z. **127**, 94 (1922).
[4] LOEWI, O.: Pflügers Arch. **198**, 359 (1923).
[5] FÜHNER, H.: Naunyn-Schmiedebergs Arch. **63**, 374 (1910).
[6] TSCHESCHE: Zit. S. 41.

Tabelle 7. Toxizität verschiedener Bufotoxine und Bufagine (nach Chen, Jensen und Chen[1, 2]).

Bufotoxin (= Bt.)	D. l. m. Katze i. v. mg/kg	D. emet. m. Katze i. v. mg/kg	Bufagin (=Bg.)	D. l. m. Katze i. v. mg/kg	D. emet. m. Katze i. v. mg/kg
Vulgaro-Bt. . .	0,30	0,125	Areno-Bg. . .	0,09	0,06
Virido-Bt. . .	0,27	0,150	Quercico-Bg. .	0,10	0,10
Cino-Bt. . . .	0,36	0,125	Gama-Bg. . .	0,10	0,07
Gama-Bt. . . .	0,38	0,175	Virido-Bg. . .	0,11	0,06
Areno-Bt. . . .	0,41	0,150	Regularo-Bg. .	0,15	0,09
Marino-Bt. . .	0,43	0,125	Vallicepo-Bg. .	0,21	0,08
Regularo-Bt. .	0,48	0,275	Cino-Bg. . . .	0,23	0,125
Alvaro-Bt. . .	0,77	0,400	Fowlero-Bg. .	0,22	0,25
—	—	—	Marino-Bg. . .	0,57	0,30
			Zum Vergleich: Ψ-Bufotalin .	0,25[3]	—

Es bestehen somit trotz der grundsätzlichen Gleichartigkeit der Wirkung der herzwirksamen Krötengiftstoffe und der Glykoside der Digitalisreihe immerhin Unterschiede, im ganzen aber kann man die Bufagine auch pharmakologisch zum Scillaren-A stellen, mit dem sie chemisch besonders nahe verwandt sind.

Die *Immunität* der Kröte und ihrer Larven (Gessner[4]) gegenüber ihrem eigenen Gift beruht allein auf der hohen, in ihren Ursachen noch nicht restlos aufgeklärten Widerstandsfähigkeit des *Krötenherzens* gegen die digitalisartig wirkenden Krötengiftstoffe *und* gegen alle bisher in dieser Richtung geprüften pflanzlichen Herzgifte der Digitalisreihe (Gessner[5]).

Da die Kröten auf andere Pharmaca (z. B. Saponine, Adrenalin) ebenso empfindlich ansprechen wie Frösche, ist es klar, daß die sicher vorhandene Immunität der Kröten mit adrenalinhaltigem Hautdrüsensekret gegenüber dem digitalisartig wirkenden Anteil ihres eigenen Giftsekretes bei Injektion des adrenalinhaltigen Parotidensekretes nicht ermittelt werden kann (Brazil und Vellard[6], Vellard und Vianna[7]), sondern nur dann festgestellt werden kann, wenn das Adrenalin zuvor aus dem Hautdrüsensekret entfernt worden ist. Dies konnte Gessner[4] für Bufo marinus (= Bufo agua) und Bufo mauretanicus zeigen.

Die *Immunität* der Kröten, auch ihrer Larven, gegen die digitalisartig wirkenden Krötengiftstoffe ist *nicht artspezifisch*, sondern *wechselseitig* für *andere* Bufoniden und ihre Larven und bezieht sich, wie schon gesagt, auch auf alle bisher daraufhin geprüften pflanzlichen Herzgifte der Digitalisreihe.

Pharmakologische Wirkung der Bufotenine.

Viele Bufotenine *steigern* den *Blutdruck* und fast alle wirken *erregend* auf den *isolierten Uterus*.

Bezüglich der Blutdruckwirkung bestehen quantitativ erhebliche Unterschiede zwischen den einzelnen Bufoteninen.

Die Bufotenine der *1. Gruppe* sind offenbar identisch (von Bufo gargarizans [bzw. Ch'an Su], Bufo fowleri), sie wirken *stark blutdrucksteigernd*. Die Bufotenine der *2. Gruppe* (von Bufo formosus, Bufo bufo bufo, Bufo viridis viridis), die um eine CH_3-Gruppe reicher sind als die Bufotenine der 1. Gruppe, wirken bedeutend *weniger blutdrucksteigernd*; die Bufotenine der *letzten Gruppe* (von Bufo valliceps, Bufo alvarius, Bufo quercicus, Bufo americanus, Bufo arenarum) haben *keine Blutdruckwirkung*.

[1] Chen, K. K., H. Jensen u. A. L. Chen: Proc. Soc. exper. Biol. a. Med. **29**, 905 (1932).
[2] Chen, K. K., H. Jensen u. A. L. Chen: Proc. Soc. exper. Biol. a. Med. **29**, 907 (1932).
[3] Nach Kobayashi: Zit. S. 39, Fußnote 19.
[4] Gessner, O.: Zit. S. 38, Fußnote 2—5.
[5] Gessner, O.: Zit. S. 38, Fußnote 4.
[6] Brazil u. Vellard: Zit. S. 39. [7] Vellard u. Vianna: Zit. S. 39, Fußnote 44.

Über die Wirkung der Bufotenidine und des Bufothionins scheinen Untersuchungen bisher nicht vorzuliegen, die Bufotenidine dürften aber als Betaine, wenn überhaupt, nur sehr wenig wirksam sein.

b) Discoglossidae, Scheibenzüngler und Pelobatidae, Krötenfrösche.

Die hierhin gehörenden Anuren *Bombinator pachypus* Bp = Gelbbauchunke, *Bombinator igneus* Laur. = Rotbauchunke, *Alytes obstetricans* Laur. = Geburtshelferkröte und *Pelobates fuscus* Laur. = Knoblauchskröte sind in neuerer Zeit von Gessner[1] untersucht worden und sind in pharmakologischer Hinsicht *scharf von den echten Kröten (Bufoniden) zu trennen*, da in ihrem Hautdrüsensekret[2] *keine digitalisartig* wirkenden Substanzen, sondern *chemisch unerforschte Stoffe*, darunter solche mit charakteristischem Geruch (knoblauchähnlich bei Alytes obstetricans und Pelobates fuscus, opiumähnlich bei den Bombinatorarten), mit ausgesprochen saponinartiger Wirkung vorhanden sind. Im Vordergrund steht die *außerordentlich starke Reizwirkung*, die auch den flüchtigen Anteilen zukommt, die *hämolytische Wirkung* und die *Kontrakturwirkung* am isolierten Kaltblüterherzen (mit Sicherheit *keine* Digitaliswirkung!), am isolierten Skeletmuskel und an isolierten glattmuskeligen Organen. Alle Wirkungen werden, wie bei den Saponinen, durch Behandlung mit *Cholesterin* (Fühner[3]) *aufgehoben*; ferner wird durch Erhitzen, Eindampfen oder Aufkochen der Giftlösungen eine mehr oder weniger schnelle und vollkommene Aufhebung oder Abschwächung der Wirkung herbeigeführt.

Das Hautdrüsensekret von *Bombinator pachypus* ruft nach Gessner[4] ebenso wie das vorher von Flury[5] untersuchte Gift von *Bombinator igneus* erst *Agglutination* und anschließend *Hämolyse* hervor. Beide Wirkungen werden durch Erhitzen der Giftlösung auf 56° völlig aufgehoben.

Nach Weber[6] hat das Hautdrüsensekret von *Bombinator igneus* auch *cytolytische* Wirkung.

Gózony und Hoffenreich[7] haben versucht, das von ihnen, wohl in Anlehnung an Pröscher[8], *Phrynolysin* genannte wirksame Prinzip zu isolieren, doch scheiterten ihre Versuche an der großen *Labilität* des Unkengiftes.

Bombinator, Alytes und Pelobates besitzen *keine* Resistenz gegen das Gift der eigenen oder verwandten Art; dasselbe gilt für die Wirkung des Giftes auf die Larven der gleichen Art. Ferner sind diese Anuren gegen Krötengift und pflanzliche Herzgifte der Digitalisreihe ebenso empfindlich wie Frösche. Echte Kröten (Bufoniden) und ihre Larven besitzen keinerlei Resistenz gegenüber den Hautdrüsensekreten von Bombinator, Alytes und Pelobates (Gessner[1]).

c) Aglossa, Zungenlose Froschlurche.

Xenopus laevis Daud., der afrikanische Spornfrosch, den Fröschen (Raniden) nahestehend, enthält nach Gunn[9] im Hautdrüsensekret eine am Warmblüterherzen *sympathicotrop* erregend wirkende Substanz (aber auch einen parasympathicotrop erregenden Anteil). Der Blutdruck wird gesteigert, das Darmvolumen nimmt ab. Nach Vorbehandlung mit Ergotamin tritt Blutdrucksenkung ein. Darm und Uterus (Meerschweinchen) werden gehemmt, die Melanophoren des

[1] Gessner, O.: Zit. S. 38, Fußnote 2 u. 5.
[2] Größere Hautdrüsenansammlungen, insbesondere „Parotiden" fehlen völlig.
[3] Fühner: Zit. S. 49. [4] Gessner, O.: Zit. S. 38, Fußnote 2.
[5] Flury, F.: Naunyn-Schmiedebergs Arch. **81**, 319 (1917).
[6] Weber, A.: C. r. Soc. Biol. Paris **89**, 133 (1923).
[7] Gózony, L., u. F. Hoffenreich: Zbl. Bakt. **115**, 377 (1930).
[8] Pröscher: Hofmeisters Beitr. **1**, 575 (1901).
[9] Gunn, J. W. C.: Quart. J. exper. Physiol. **20**, 1 (1930).

Chamäleons werden wie durch Adrenalin kontrahiert. Identifizierung dieses adrenalinartig wirkenden Giftanteils als Adrenalin bisher nicht erfolgt.

Dagegen hat Jensen[1] aus dem Hautdrüsensekret von Xenopus laevis als Flavianat eine Base, die identisch ist mit *Bufotenidin* (s. S. 45), und Cholesterin isoliert, aber keine bufaginähnliche Substanz gefunden.

d) Hylidae, Laubfrösche.

Hyla arborea L., der einheimische *Laubfrosch*, schließt sich nach der Wirkung seines Hautdrüsensekretes eng an die unter b) genannten Anuren, insbesondere an die Unken, an (Flury[2]).

Auch beim Laubfroschhautsekret geht der *hämolytischen* Wirkung (allerdings nur bei höheren Konzentrationen) eine *agglutinierende* Wirkung voraus. Beide Wirkungen werden wie beim Unkengift durch halbstündiges Erhitzen auf 56° aufgehoben (Gessner[3]).

Der Laubfrosch besitzt eine mäßige Resistenz gegenüber seinem eigenen Gift, er wird durch die 4—8fache Froschdosis getötet (Gessner[3]).

Vellard sowie Vellard und De Assis[4—6] untersuchten das Hautdrüsensekret folgender südamerikanischer Laubfroscharten:

1. *Hyla faber* Wied., = Kolbenfuß, „Schmied"; 2. *Hyla crospedopsila* Lutz; 3. *Hyla albimarginata* Spix; 4. *Trachycephalus* (*Hyla*) *nigromaculatus* Tschudi; 5. *Phyllomedusa burmeisteri* Blgr.

Das Hautsekret der genannten Hyliden wurde durch Auspressen der Hautdrüsen oder durch Reizung der Tiere gewonnen und gab mit Wasser schleimige, opaleszierende, eiweißhaltige Lösungen, in denen (nicht bei dem Sekret von Nr. 5) durch Hitze, konz. Alkohol und starke Säuren Ausfällung eintrat.

Die Hautsekrete von *Hyla faber* (1) und *Hyla crospedopsila* (2) sind wirkungslos. Das Sekret von *Hyla albimarginata* (3) erzeugt bei intravenöser Injektion an Tauben allgemeine *Krämpfe mit Opisthotonus*, ist aber im ganzen bedeutend weniger wirksam als die Gifte von Nr. 4 und 5.

Trachycephalus nigromaculatus (4) liefert zwar ein *unbeständiges* (mehrtägiges Stehenlassen der Giftlösung an der Luft bzw. Erwärmen der Giftlösung auf 45° hebt die Wirkung bereits auf), in frischem Zustand *aber sehr wirksames* Gift. Es erzeugt peroral wie parenteral an Kalt- und Warmblütern bulbäre *Lähmung* sowie Aufhebung der Sensibilität und der Reflexe, außerdem *Atem- und Herzstillstand*. Bei der Sektion finden sich *hämorrhagisch-ödematöse* Herde in Herz, Lunge, Leber und Milz. Die starke *hämolytische Wirkung* geht der *neurotoxischen* parallel. Das Gift hat keine Antigeneigenschaften.

Phyllomedusa burmeisteri (5) besitzt „Parotiden" und liefert ein durch unmittelbares Abstreichen zu gewinnendes Hautdrüsensekret, dessen wässerige Lösung durch Hitze, Alkohol oder starke Säuren *nicht* koaguliert wird. Dieses Gift wirkt *zentral* ähnlich wie das Trachycephalussekret, nur gehen bei ihm dem *Lähmungsstadium* allgemeine *Krämpfe mit Opisthotonus* voraus. Ferner treten *Spasmen* des Darmes und der Blase auf. Das Phyllomedusagift wirkt ebenfalls *stark hämolytisch* und erzeugt auch *Hämorrhagien* in den parenchymatösen Organen.

Hyla aurea Less., der australische Goldlaubfrosch, wurde von Osborne[7] untersucht. Das Hautdrüsensekret dieser Laubfroschart tötet bei der intra-

[1] Jensen, H.: Zit. S. 40, Fußnote 7 u. 8. [2] Flury, F.: Zit. S. 51.
[3] Gessner, O.: Zit. S. 38, Fußnote 5.
[4] Vellard u. de Assis: Zit. S. 39, Fußnote 40 u. 41.
[5] Vellard, J.: Bol. Inst. Vital Brazil Nr 8, 1 (1929) (portug.).
[6] Vellard, J.: C. r. Acad. Sci. Paris **188**, 1064 (1929).
[7] Osborne, W.: Austral. J. exper. Biol. a. med. Sci. **7**, 226 (1930).

venösen Injektion (Sekretmengen nicht angegeben) Hunde in wenigen Minuten unter Eintritt von *Atemstillstand*, dem eine noch nach dem Herzstillstand bestehenbleibende erhebliche Blutdrucksteigerung vorausgeht. Adrenalin war nicht nachweisbar. Die Wirkung wird durch Aufkochen der Giftlösung abgeschwächt.

e) Cystignathidae, Schiebbrustfrösche.

BRAZIL und VELLARD[1] konnten zeigen, daß die in Südamerika wegen ihrer schmerzhaften Bisse sehr gefürchtete „*Itanha*", *Ceratophrys dorsata* WIED., zwar starke Zähne besitzt, aber *kein Gift* produziert. Auch bei *Leptodactylus pentadactylus* LAUR. = „*Gia*" wurde *kein giftiges Hautdrüsensekret* gefunden.

f) Ranidae, echte Frösche.

Seit den grundlegenden Untersuchungen von FLURY[2] über das Hautsekret der Frösche scheint auf diesem Gebiet nur wenig gearbeitet worden zu sein.

SANTESSON[3] berichtet über das in einem südamerikanischen *Pfeilgift* enthaltene Hautdrüsensekret des Färberfrosches *Dendrobates tinctorius* SCHN., das *starke örtliche Reizwirkungen* hat und in der geringen Dosis von 0,12 mg/kg Kaninchen unter *Atemschädigung* innerhalb $^1/_4$ Stunde tötet.

Pyxicephalus cultripes RHET. et LTK. liefert nach BRAZIL und VELLARD[1] ein milchiges Hautdrüsensekret, das außer einer Albuminoidfraktion mit Antigeneigenschaften einen örtlichen, *stark reizenden*, durch Schleimhäute resorbierbaren Anteil mit geringer Krampfwirkung und anschließend lähmender Wirkung enthält.

2. Urodela, Schwanzlurche.

a) Salamandra-Arten, Salamander.

Salamandra maculosa LAUR., Feuersalamander. *Salamandra atra* LAUR., Alpensalamander.)

Chemie des Salamandergiftes.

FAUST[4] hatte aus dem Feuersalamander 2 Alkaloide: Samandarin$=C_{26}H_{40}ON_2$ und Samandaridin$=C_{20}H_{31}ON$ als krystallisierte Sulfate dargestellt.

Die Samandarinbase erhielt FAUST nur in Gestalt eines braungefärbten, nicht erstarrenden Öles.

O. GESSNER[5] schloß aus seinen mit dem Hautdrüsensekret des Feuersalamanders durchgeführten Versuchen, daß im Salamanderrohgift bedeutend mehr Samandarin enthalten sein mußte, als von FAUST gewonnen worden war. Die geringe Ausbeute von FAUST ist leicht durch die Art der Darstellung (Extraktion der in toto verarbeiteten Tiere, umständliche, eingreifende, zu hohem Alkaloidverlust führende Aufarbeitungsmethoden) zu erklären.

Mit einer vereinfachten Darstellungsweise gewannen GESSNER und CRAEMER[6] aus der von 954 Feuersalamandern durch Ausdrücken der Parotiden und der übrigen Hautdrüsen gesammelten Rohgiftmenge von 295 g etwa 12 g Samandarinrohbase und rund 5 g Alkaloidsalze, mithin eine bedeutend größere Ausbeute als FAUST. Diese Alkaloidmengen wurden Herrn Professor SCHÖPF, Darmstadt, überlassen und damit eine eingehende chemische Bearbeitung des Salamandergiftes veranlaßt.

SCHÖPF und BRAUN[7] konnten unter Verarbeitung dieser Alkaloidmengen und

[1] BRAZIL u. VELLARD: Zit. S. 39. [2] FLURY, F.: Zit. S. 51.
[3] SANTESSON, G. C.: Skand. Arch. Physiol. **74**, 86 (1936).
[4] FAUST, E. ST.: Naunyn-Schmiedebergs Arch. **41**, 229 (1898); **43**, 84 (1900).
[5] GESSNER, O.: Zit. S. 38, Fußnote 5.
[6] GESSNER, O., u. K. CRAEMER: Naunyn-Schmiedebergs Arch. **152**, 229 (1930).
[7] SCHÖPF, C., u. W. BRAUN: Liebigs Ann. **514**, 69 (1934).

einer von ihnen gewonnenen noch bedeutend größeren Rohgiftmenge die Chemie der Salamanderalkaloide bereits weitgehend aufklären.

Darstellung des Samandarins nach Schöpf und Braun: Aussaugen des rahmartigen weißen Giftsekretes aus den Hautdrüsen der mit CO_2 narkotisierten (völlig erschlafften) Feuersalamander, Aufschließung des an der Luft zäh und klumpig gewordenen Rohgiftes durch 10—14 Tage anhaltende Verdauung mit Pepsin-Salzsäure, Verdünnung des dadurch gewonnenen dünnen Breies, der hauptsächlich aus dem krystallisierten *Samandarin-Hydrochlorid* und Neutralkörpern besteht, Ausätherung der sauren Lösung, wobei ein *Alkohol der Steringruppe* (wahrscheinlich ein Homologes von Cholesterin) erhalten wird. Die erschöpfend ausgeätherte salzsaure Lösung wird dann ammoniakalisch gemacht und mehrmals mit viel Äther ausgeschüttelt, der zunächst die Hauptmenge der *krystallisierenden Samandarinbase*, später verhältnismäßig mehr amorphe *Nebenalkaloide* aufnimmt. Trennung der Basen mit wasserfreiem Äther und Umkrystallisieren des zurückbleibenden krystallisierten Samandarins aus Methylalkohol oder wässerigem Aceton.

Samandarin[1] ist das *Hauptalkaloid* im Gift des Feuersalamanders (Salamandra maculosa) *und*, wie Schöpf und Braun feststellten, auch des Alpensalamanders Salamandra atra, so daß das von Netolitzky[2] aus dem Alpensalamander isolierte Alkaloid *Samandatrin* dadurch hinfällig geworden ist. Dasselbe gilt vom *Samandaridin*-Faust; denn Schöpf und Braun konnten eine dem Samandaridin entsprechende Base nicht finden. Samandaridin ist demnach im natürlichen Hautsekret des Feuersalamanders *nicht* enthalten und dürfte ein bei den eingreifenden Darstellungsmethoden von Faust entstandenes Produkt sein.

Der *Samandaringehalt* des Salamanderhautdrüsensekretes ist verhältnismäßig hoch. Nach Schöpf und Braun liefert ein Feuersalamander (Gewicht 15—18 g) durchschnittlich rund 20 mg[3], ein Alpensalamander (Gewicht um 8 g) etwa 4—5 mg Samandarin.

Neben dem Hauptalkaloid Samandarin kommen, allerdings in erheblich geringerer Menge als Samandarin, im Salamandergiftsekret noch andere Basen vor. Eines dieser Nebenalkaloide ist inzwischen[4] als *Samandaron* (s. S. 55) erkannt worden; ein weiteres Nebenalkaloid scheint ein Dehydro-Samandarin zu sein.

Samandarin.

Physikalische und chemische Angaben, Ermittlung der Konstitution (nach Schöpf und Braun[5]).

Samandarin = $C_{19}H_{31}O_2N$, krystallisiert, F.P. 187—188°, ziemlich leicht löslich in den üblichen organischen Lösungsmitteln, ist eine *starke* Base, die mit Mineralsäuren neutral reagierende Salze liefert. Das *krystallisierte Chlorhydrat* hat einen hohen Schmelzpunkt (F.P. 325°) und ist in Wasser bis 1:500 verhältnismäßig gut löslich. Charakteristisch ist auch für das reine Samandarin die schon von Faust beschriebene *Blauviolettfärbung*, die beim Stehen einer Lösung von Samandarin in konz. Salzsäure unter dem Einfluß des Luftsauerstoffes eintritt und der Hammarsten-Reaktion ähnelt.

Samandarin ist eine *gesättigte* Verbindung. Das N-Atom ist *sekundärer* Natur und schließt einen Ring, über dessen Größe noch nichts Näheres ausgesagt werden kann. Das *eine* O-Atom gehört einer *sekundären alkoholischen* OH-Gruppe an, das *zweite* O-Atom ist ein *Äthersauerstoffatom*. Im Samandarin liegen 5 Ringsysteme vor: 2 heterocyclische (geschlossen durch das N-Atom bzw. durch das Äther-O-Atom) und 3 hydrierte carbocyclische Ringe.

---

[1] Der Name „Samandarin“ für das Hauptalkaloid des Feuersalamanders wurde von Schöpf und Braun übernommen, da in dem Samandarin von Zalesky (Med.-chem. Untersuchung von Hoppe-Seyler, 1. Heft, S. 85. Berlin 1866) zweifellos dieselbe Base, nur in unreinem Zustande, vorgelegen hat.

[2] Netolitzky, F.: Naunyn-Schmiedebergs Arch. **51**, 118 (1904).

[3] Tiere aus Belgien lieferten 16—17 mg, Tiere aus Spanien bis 24 mg Samandarin.

[4] Persönliche Mitteilung von Herrn Prof. Schöpf.

[5] Schöpf, C., u. Braun: Zit. S. 53.

Samandarin ist nach SCHÖPF und BRAUN das erste tierische Alkaloid, das keine Beziehungen zu Aminosäuren haben kann und das einer neuen Gruppe von Alkaloiden anzugehören scheint.

Samandarin läßt sich durch Oxydation mit Chromsäure in schwefelsaurer Lösung quantitativ in das zugehörige Keton *Samandaron* $C_{19}H_{29}O_2N$, F.P. 191—192°, überführen, das wie Samandarin ein *sekundäres Amin* ist und den größten Teil der natürlich vorkommenden Nebenalkaloide des Salamandergiftsekretes ausmacht.

Beim HOFMANNschen Abbau von Samandarin entstehen die in der folgenden Übersicht 1 zusammengestellten Substanzen:

Übersicht 1. Der HOFMANNsche Abbau des Samandarins und Samandarons (nach SCHÖPF u. BRAUN).

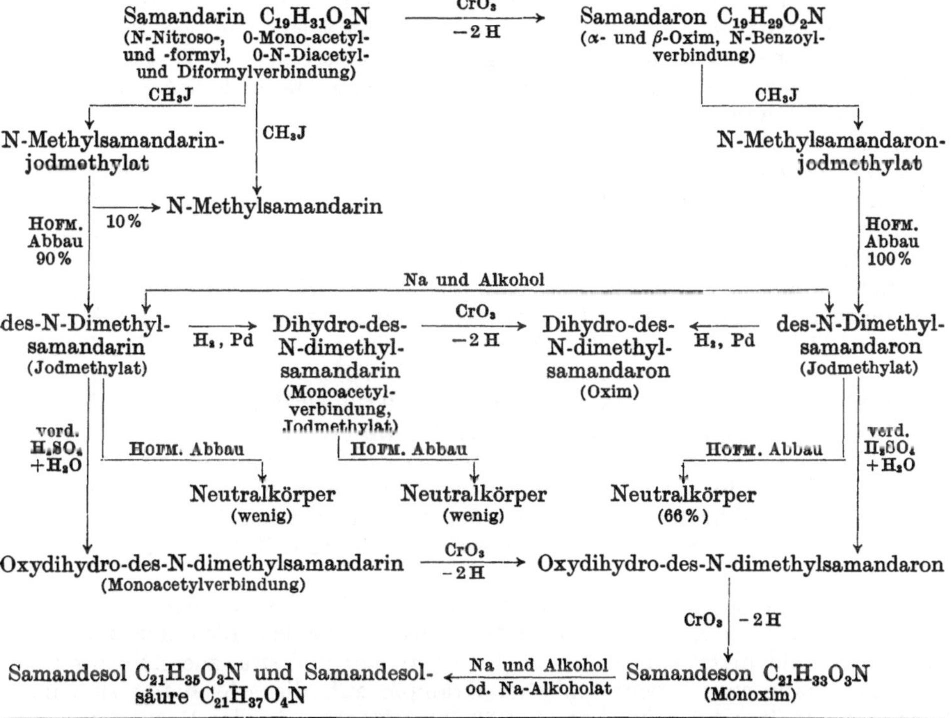

Die Umsetzung von Samandarin mit GRIGNARD-Verbindungen ergibt die in der folgenden Übersicht 2 aufgeführten Substanzen:

Übersicht 2. Die Umsetzung des Samandarins mit Grignardverbindungen (nach SCHÖPF u. BRAUN.)

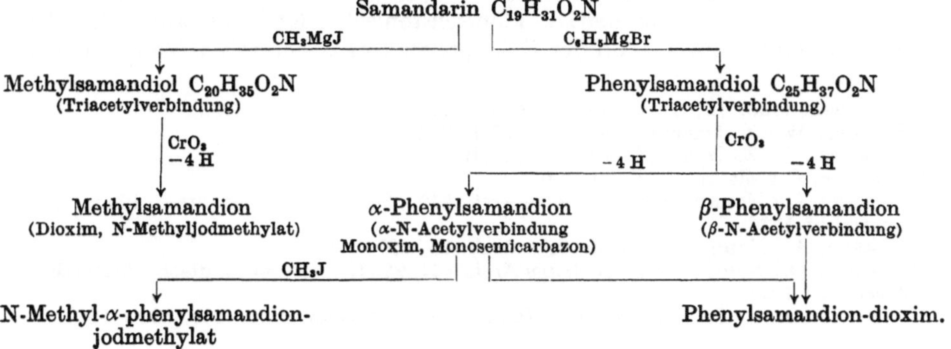

Außer den Alkaloiden und dem schon erwähnten cholesterinähnlichen Stoff kommen im Salamanderhautdrüsensekret noch *chemisch unerforschte Substanzen* vor, so im Gift des *Feuersalamanders* ein *flüchtiger, salolartig* riechender Anteil, ein *örtlich reizendes Prinzip, Agglutinin* und *Hämolysin*; im Gift des *Alpensalamanders* ein *flüchtiger, senfölähnlich* riechender Anteil.

Das auch von Schlossberger und Grillo[1] benutzte *Salamandrin* von Strimpl[2] ist kein reines Samandarin. Strimpl hat sein Salamandrin dem Samandarin gleichgesetzt und behauptet, daß Salamandrin weder in Substanz noch in Lösung haltbar sei, was für das Samandarin-Schöpf nach Untersuchungen von Gessner[3] keinesfalls zutrifft.

Pharmakologie des Salamandergiftes.

Bei der hohen Wirksamkeit der Salamanderalkaloide kommen auch bei Anwendung des nativen Giftsekretes praktisch nur die Wirkungen von Samandarin sowie von Samandaron und den übrigen Nebenalkaloiden in Frage.

An Wirkungen des Salamanderhautdrüsensekretes, die *nicht* den Salamanderalkaloiden zukommen, sollen hier genannt werden:

1. die *örtlich reizende* Wirkung,
2. die *agglutinierende*, erst durch Erhitzen der Giftlösung auf 100°, durch Eindampfen und durch Zusatz von HCl aufgehobene Wirkung, und
3. die *hämolytische* Wirkung, die bereits durch halbstündiges Erhitzen der Giftlösung auf 56° zerstört wird (Gessner[4]).

Samandarin ist ein *ausgesprochenes und sehr heftig wirkendes Krampfgift.* Die eingehende Analyse dieser Hauptwirkung des Samandarins am Frosch durch O. Gessner[4, 5] hat ergeben, daß das Samandarin ein *rein zentral wirkendes Krampfgift* ist. Der *Hauptangriffspunkt* liegt im *verlängerten Mark.* Dieser Teil der Wirkung ähnelt sehr der Pikrotoxinwirkung. Das Samandarin wirkt aber auch wie Strychnin als Reflexkrampfgift auf die *rezeptive Sphäre des Rückenmarkes* und führt darüber hinaus auch zu *unmittelbarer Erregung motorischer Elemente des Rückenmarkes.* Es besteht ein weitgehender potenzierender Synergismus zwischen Samandarin und Pikrotoxin sowie zwischen Samandarin und Strychnin. Dieser Synergismus ist im Sinne von Gürber[6] als funktioneller Synergismus aufzufassen.

Die *Krampfwirkung* des Samandarins tritt bei *Fröschen, Kröten* und *anderen Amphibien,* auch beim Feuersalamander selbst, sowie bei allen daraufhin geprüften Amphibienlarven in Gestalt *klonisch-tonischer,* und zwar zuerst vorwiegend klonischer, dann vorwiegend tonischer Krämpfe auf, die sehr heftig sind und lange Zeit anhalten können, ohne zum Tode zu führen. An das Krampfstadium schließt sich bei letalen Dosen unter Abnahme und endlich unter Aufhebung der Reflexerregbarkeit ein Zustand völliger *Lähmung* an, in dem der Tod erfolgt.

Auch bei Reptilien (Schlangen) und *Warmblütern* (Gessner[7], Gessner und Möllenhoff[8]) treten sehr heftige klonisch-tonische Krämpfe auf. Bei den Schlangen kommt es im Verlauf der Krämpfe zu korkzieherartigen Verdrehungen

---

[1] Schlossberger, H., u. J. Grillo: Z. Immun.forsch. **78**, 199 (1933).
[2] Strimpl, W.: Z. Immun.forsch. **78**, 197 (1933).
[3] Gessner, O.: Z. Immun.forsch. **82**, 95 (1934).
[4] Gessner, O.: Zit. S. 38, Fußnote 5.
[5] Gessner, O.: Naunyn-Schmiedebergs Arch. **119**, 53 (1927) — Verh. dtsch. Pharmakol. Ges. Düsseldorf **1926**.
[6] Gürber, A.: Naunyn-Schmiedebergs Arch. **95**, 192 (1922).
[7] Gessner, O.: Naunyn-Schmiedebergs Arch. **167**, 92 (1932) — Verh. dtsch. Pharmakol. Ges. Wiesbaden **1932**.
[8] Gessner, O., u. P. Möllenhoff: Naunyn-Schmiedebergs Arch. **167**, 638 (1932).

des Rumpfes und zu eigentümlichen Starrezuständen. An der weißen *Maus* erzeugt Samandarin zuerst Unruhe, Reflexerregbarkeitssteigerung, Speichelfluß, Beschleunigung der Atmung, dann mit Einsetzen der klonischen Krämpfe ein *charakteristisches Schwanzphänomen*[1]. Die zuerst klonischen, dann vorwiegend tonischen Krämpfe mit Opisthotonus sind sehr heftig. Der Tod tritt durch *primäre Atemlähmung* ein.

Am *Kaninchen* ist das Vergiftungsbild ähnlich, hier werden die allgemeinen *klonischen Krämpfe* durch klonische Zuckungen der Gesichtsmuskulatur und *Kaukrämpfe* eingeleitet. Es treten im übrigen eigentümliche Bewegungsformen auf. Der Tod erfolgt entweder im Streckkrampf oder im nachfolgenden Lähmungsstadium an *primärer Atemlähmung* (GESSNER und MÖLLENHOFF[2]).

Am *Pferd* sah JIŘINA[3] nach kleineren Dosen Unruhe, Aufregung, Nystagmus, Nickhautvorfall, nach größeren Gaben stürmische *Krämpfe* auftreten.

Die an sich sehr erhebliche *analeptische Wirkung* des Samandarins, bei der die starke Anregung der Atmung (Beschleunigung *und* Vertiefung) und die kräftige Weckwirkung an narkotisierten Tieren im Vordergrund steht, bei der aber auch eine zur *Blutdrucksteigerung* führende Erregung des Vasomotorenzentrums mitspielt, wird nach GESSNER und ESSER[4] in ihrem Wert durch die *geringe therapeutische Breite* des Samandarins sehr eingeschränkt.

Als zentrale Samandarinwirkung ist nach GESSNER und URBAN[5] auch die *Blutzuckersteigerung* anzusehen, die nach Verabreichung der Krampfgrenzdosis am Hungerkaninchen rund 100 mg% beträgt.

Die *Toxizität* des Samandarins ist aus der folgenden Tabelle zu entnehmen.

Tabelle 8. Dos. let. min. von Samandarin-HCl bei verschiedenen Tierarten.

Tierart	D. l. m. Samandarin g/kg		Autor
	s. c.	i. v.	
Frosch (Rana esculenta)	0,019	—	GESSNER u. MÖLLENHOFF[2]
Maus	0,0034	0,0019	„ „
Kaninchen	—	0,001	GESSNER[6]

Die D. l. m. von Samandarinsulfat-FAUST beträgt für den Frosch 0,026 g/kg, die geringere Wirksamkeit muß auf diesem Präparat noch anhaftende Verunreinigungen zurückgeführt werden.

Auffallend stark ist die *lokalanästhetische* Wirkung des Samandarins. Am Kaninchenauge erzeugt Samandarin, ohne örtliche Reizwirkung auszuüben, schon in der niedrigen Konzentration von 1:2500 eine sofort einsetzende, 5 Minuten lange, volle Anästhesie, 1:1000 bewirkt eine Anästhesiedauer von 35 Minuten (GESSNER und MÖLLENHOFF). Zur Infiltrationsanästhesie am Menschen ist Samandarin (abgesehen von seiner Krampfgiftnatur) nach GESSNER und URBAN[5], trotzdem es im Quaddelversuch schon in den niedrigen Konzentrationen 1:5000 bis 1:10000 Analgesie eintreten läßt, nicht geeignet, weil es unerwünschte *Nachwirkungen* (Hyperämie, Infiltrate) hinterläßt und *mit Adrenalin schlecht verträglich* ist.

Motorische Nerven scheinen durch Samandarin nicht beeinflußt zu werden; am isolierten Nervmuskelpräparat ist Samandarin 1:1000 wirkungslos. Entgegen

---

[1] Abbildungen s. bei GESSNER u. MÖLLENHOFF, S. 645.
[2] GESSNER, O., u. P. MÖLLENHOFF: Zit. S. 56.
[3] JIŘINA, K: Berl. tierärztl. Wschr. **1932**, 37.
[4] GESSNER, O., u. W. ESSER: Naunyn-Schmiedebergs Arch. **178**, 755 (1935).
[5] GESSNER, O., u. G. URBAN: Naunyn-Schmiedebergs Arch. **187**, 378 (1937).
[6] GESSNER, O.: Zit. S. 56, Fußnote 3.

der Annahme von Flury[1] ist daher periphere motorische Lähmung als Mitursache der Atemstörungen auszuschließen, die Atemlähmung durch Samandarin ist zentral bedingt.

Herz und Blutgefäße: Selbst tödliche Dosen schädigen das *Herz* nicht, vielmehr bleibt die Herztätigkeit lange erhalten, und zwar nicht nur bei Kaltblütern, sondern auch bei Warmblütern, bei der Maus z. B. noch bis zu 20 Minuten nach dem Atemstillstand. Am *isolierten Froschherzen* bewirkt Samandarin 1:100000 bis 1:50000 eine besonders am hypodynamen Herzen deutlich werdende Vergrößerung der Amplituden; höhere Konzentrationen (1:20000 bis 1:1000) führen zum reversiblen Stillstand in Diastole, der durch Atropin nicht aufgehoben wird (Gessner[2]). Von einer digitalisähnlichen Wirkung des Samandarins (s. Angaben bei Flury[1]) kann keine Rede sein.

An den isolierten *Froschblutgefäßen* bewirkt Samandarin 1:1000 und 1:2500 eine reversible Verengerung, an der isolierten *Kälber-Carotis* dagegen in denselben Konzentrationen eine Erweiterung und eine Beeinträchtigung der Adrenalingefäßwirkung (Gessner und Urban[3]).

Auf *glattmuskelige Organe* wirkt Samandarin verschieden. Am isolierten Kaninchendünndarm und am isolierten Meerschweinchenuterus führt Samandarin 1:500000 bzw. 1:100000 zu einer Abnahme der Pendelbewegungen, 1:25000 bis 1:10000 zur *reversiblen Lähmung*. Dagegen bewirkt Samandarin am isolierten Froschmagen, an der isolierten Froschkloake, am Rüssel des Meereswurmes Sipunculus nudus bis 1:1000 erregend und am Hühnerei-Amnion erst *erregend* (1:1000000 bis 1:100000), in höheren Konzentrationen (1:10000 bis 1:1000) *lähmend*. Der Angriffspunkt des Samandarins wird in allen Fällen als unmittelbar *muskulär* angesehen (Gessner[2, 4], Esser[5], Gessner und Urban[3]).

Samandaron, das durch Oxydation des sekundären OH als *Keton* aus dem Samandarin entsteht und nach neueren Untersuchungen von Schöpf[6] im Salamanderhautdrüsensekret als *Nebenalkaloid* vorkommt, wirkt *qualitativ* genau wie Samandarin, in *quantitativer* Beziehung finden sich teilweise geringe Unterschiede, indem Samandaron für Mäuse und Kaninchen, ferner in der Blutdruckwirkung, am isolierten Froschherzen und am isolierten Kaninchendünndarm nur rund halb so wirksam ist wie Samandarin (Gessner und Esser[7]).

Gessner und Esser[7] untersuchten auch eine Anzahl der beim Hofmannschen Abbau von Samandarin (s. Übersicht 1 S. 55) und bei der Umsetzung von Samandarin mit Grignard-Verbindungen (s. Übersicht 2 S. 55) von Schöpf und Braun gewonnenen Präparate:

Die sekundären Basen *Methyl-* und *Phenylsamandiol, Methyl-* und *α-Phenylsamandion* und die tertiäre Base *des-N-Dimethylsamandarin* haben *typische Krampfwirkungen*, die Wirksamkeit dieser Substanzen ist aber bedeutend (beim Methylsamandiol 25mal, beim des-N-Dimethylsamandarin sogar 80mal) geringer als die des Samandarins.

Die tertiären Basen *Oxydihydro-des-N-dimethylsamandaron* und *Samandeson* sowie das quartäre Ammoniumsalz *N-Methylsamandarinjodmethylat* haben *keine Krampfwirkung*, sondern erzeugen *Lähmung* und töten durch *primäre Atemlähmung*.

Die bisherigen Ergebnisse geben noch kein Bild von den Beziehungen zwischen der chemischen Konstitution und der pharmakologischen Wirkung der genannten Stoffe.

Immunität gegen Salamandergift: Der Feuersalamander hat eine nur sehr *mäßige* Widerstandsfähigkeit gegenüber seinem Gift (ebenso wie gegen pflanzliche Krampfgifte). Das 4fache der minimal tödlichen Samandarindosis für Frösche tötet auch den Feuersalamander unter

[1] Flury, F.: Handb. d. norm. u. path. Physiol. **13**, 102 (1929).
[2] Gessner, O.: Zit. S. 38, Fußnote 5.
[3] Gessner, O., u. G. Urban: Zit. S. 57.
[4] Gessner, O.: Naunyn-Schmiedebergs Arch. **167**, 244 (1932).
[5] Esser, W.: Inaug.-Dissert. Marburg 1935.
[6] Persönliche Mitteilung von Herrn Prof. Schöpf.
[7] Gessner, O., u. W. Esser: Naunyn-Schmiedebergs Arch. **179**, 639 (1935).

den gleichen Vergiftungserscheinungen wie am Frosch. Die Larven des Feuersalamanders sind gegen das Gift ihrer Eltern und gegen Pikrotoxin bzw. Strychnin genau so empfindlich wie die Larven des Frosches und der Kröte (GESSNER[1]). Die Krampfgrenzkonzentration von Samandarin beträgt etwa 1 : 100000 (GESSNER und MÖLLENHOFF[2]).

Das Samandarin hat, wie SCHLOSSBERGER und GRILLO[3] gezeigt haben, und wie es bei der Alkaloidnatur des Stoffes nicht anders zu erwarten war, keine Antigeneigenschaften.

b) Molge-Arten, Wassermolche.

Von den auch *Wassersalamander* genannten *Molge-Arten* (frühere Bezeichnung = *Triton*) sind in neuerer Zeit untersucht worden:

1. Molge vulgaris s. taeniata L. (Triton taeniatus) = Streifenmolch oder Teichmolch, von MAKI[4];

2. Molge cristata LAUR. (Triton cristatus) = Kammolch, von SCHÜBEL[5], GESSNER[1];

3. Molge marmorata LATR. = Marmormolch, von GESSNER[6].

MAKI und SCHÜBEL benutzten das durch elektrische Reizung der Tiere gewonnene, durch unkontrollierbare Beimengungen (Schleim, abgestoßene Gewebsteile, Urin und Kot) verunreinigte Hautsekret. GESSNER arbeitete nur anfangs (bei Molge cristata) mit dieser Methode, später gewann er durch vorsichtiges Ausdrücken („Melken") der Hautdrüsen das reine und in seiner Menge gewichtsmäßig leicht zu bestimmende Hautdrüsensekret von Molge marmorata, durchschnittlich (bei frischen Tieren) pro Molch 50—60 mg mit einem Trockengehalt von rund 33%.

Bei dem verschiedenen Vorgehen der genannten Autoren und wegen der Verschiedenheit des Gehaltes der Giftlösungen an wirksamer Substanz ist es schwierig, die Ergebnisse von MAKI, SCHÜBEL und GESSNER zu vergleichen. Immerhin läßt sich eine weitgehende Ähnlichkeit in der Wirkung der verschiedenen Molchgifte feststellen. Die Hautdrüsensekrete der drei genannten Molche wirken *stark örtlich reizend*[7] und *hämolytisch* (Taeniatagift nur schwach, Cristatagift ganz bedeutend stärker und *Marmoratagift ganz ungewöhnlich stark*, und zwar bis zu einer Frischgiftkonzentration von 1:500000000, nicht selten noch in der Konzentration 1:10 Milliarden). Die hämolytische und die von GESSNER gefundene *agglutinierende* Wirkung des Cristata- und Marmoratagiftes werden durch Erhitzen der Giftlösung auf 56° aufgehoben.

Das Marmorata- und Taeniatagift bewirken am isolierten *Froschherzen*, ebenso am isolierten Marmorataherzen, eine *irreversible Kontraktur*, die sicher nichts mit Digitaliswirkung zu tun hat. Irreversible Kontraktur tritt auch an der isolierten *quergestreiften* und *glatten Muskulatur* ein.

Bei der parenteralen Zufuhr an Kalt- und Warmblütern führt die außerordentlich *starke örtliche Reizwirkung* des Molchgiftes zu heftigen Schmerzäußerungen und anschließend zu schweren *hämorrhagisch-serösen Entzündungen* am Ort der Einspritzung und in der weiteren Umgebung der Injektionsstelle. Die resorptiven Vergiftungserscheinungen sind wenig charakteristisch: steife Haltung und Bewegung der Extremitäten (vielleicht infolge der starken Reizwirkung), bei der Maus *Lähmung* der hinteren Körperhälfte, fortschreitende Dyspnoe und Tod durch *primäre Atemlähmung*.

---

[1] GESSNER, O.: Zit. S. 38, Fußnote 5.
[2] GESSNER, O., u. P. MÖLLENHOFF: Zit. S. 56.
[3] SCHLOSSBERGER u. GRILLO: Zit. S. 56.
[4] MAKI, S.: Naunyn-Schmiedebergs Arch. **104**, 100 (1924).
[5] SCHÜBEL, K.: Würzburg. Abh. N. F. **2**, 217 (1925).
[6] GESSNER, O.: Naunyn-Schmiedebergs Arch. **165**, 350 (1932).
[7] Diese Wirkung kommt beim Marmoratagift wie beim Unkengift sowohl einem flüchtigen Anteil als auch dem Trockenrückstand zu.

Tabelle 9. Toxizität der Hautdrüsensekrete von *Molge vulgaris = taeniata, Molge cristata* und *Molge marmorata.*

Hautdrüsen-sekret (Trocken-substanz) von:	Tierart	Art der Zufuhr	D. l. m. g/kg *	Bemerkungen	Autor
1. *Molge vulgaris = taeniata*	Kaninchen	s. c.	0,0013	1 ccm Giftlösung	MAKI
	Maus.	s. c.	0,0067	= 0,0067 g	
	Rana escul.	Lymphsack	0,1	Trockensubstanz	
	Molge taeniata . .	s. c.	1,0—5,0		
2. *Molge cristata*	Katze	i. v.	0,0003	1 ccm Giftlösung	SCHÜBEL
	Meerschweinchen .	s. c.	0,008	= etwa 0,001 g	
	Maus	s. c.	0,02	Trockensubstanz	
3. *Molge marmorata*	Bufo viridis . . .	Lymphsack	0,0005	1 g natives Giftsekret	GESSNER
	Rana temp. . . .	Lymphsack	0,0009	= 0,33 g Trockensubstanz	
	Maus	s. c.	0,0018		
	Molge crist. . . .	s. c.	>0,033		
	„ alpest. . . .	s. c.	>0,033		
	„ marmor. . .	s. c.	>0,033		
	Tropidonotus natr.	s. c.	>0,57		

* Die bei den einzelnen Autoren angegebenen Werte für die D. l. m. wurden, soweit sie nicht in Trockensubstanz angegeben waren, auf Trockensubstanz umgerechnet.

Immunität: Wie aus der Tabelle 9 hervorgeht, besitzen die Molcharten eine erhebliche Resistenz gegen das Molchgift (derselben und der verwandten Art). Noch größer ist die Widerstandsfähigkeit der Schlangen. Die Molchlarven dagegen sind gegen das Gift ihrer Eltern ebenso empfindlich wie Frosch- und Krötenlarven. Die digitalisfeste Kröte besitzt nicht den geringsten Schutz gegen die Wirkungen des Molchgiftes, auch ihr Herz wird ebenso leicht in irreversible Kontraktur versetzt wie das Froschherz, eine Tatsache, die an sich schon eine etwaige Digitalisnatur des Molchgiftes ausschließt (GESSNER[1]).

Das *wirksame Prinzip* des Molchgiftes ist bisher *nicht* isoliert. Daß die von SCHÜBEL in sehr geringer Menge dargestellte alkohollösliche krystallisierende Substanz des Giftes von Molge cristata das wirksame Hauptprinzip darstellt, ist deswegen fraglich, weil das dem Kammolchgift pharmakologisch praktisch gleichstehende Marmoratagift in Alkohol und anderen organischen Lösungsmitteln unlöslich ist und mit hochprozentigem Alkohol sogar aus der wässerigen Lösung ausgefällt werden kann. Diese Tatsache, ferner andere physikalisch-chemische Eigenschaften, wie die vorhandene aber *schlechte Dialysierbarkeit*[2], die *Capillaraktivität*, das sehr starke *Schäumen* der wässerigen Lösung, vor allem aber die starke *örtliche Reizwirkung*, die hohe *hämolytische* Wirksamkeit, die *Kontrakturwirkung* am Herzen, an der quergestreiften und glatten Muskulatur und die Aufhebung dieser Wirkungsqualitäten durch Behandlung mit Cholesterin, sowie endlich die hohe Resistenz der Schlangen gegen das Molchgift, stellen das wirksame Prinzip des Marmoratagiftes und der anderen Molchgifte in die Gruppe der *tierischen Sapotoxine*, zwischen die Gifte bestimmter Anuren (*Alytes*, *Pelobates*, besonders *Bombinator*) und der Schlangen.

Triturus torosus RATHKE wurde von STUHR[3] untersucht. Sein Hautdrüsensekret bewirkt bei subcutaner Einspritzung an Fröschen, Meerschweinchen, Kaninchen, Katzen und Hunden Bewegungsstörungen und Tod an primärer Atemlähmung.

---

[1] GESSNER, O.: Zit. S. 59, Fußnote 6.

[2] Die Dialyse gestattet aber andererseits, die Abtrennung des Marmoratagiftes vom Eiweiß des Hautsekretes durchzuführen.

[3] STUHR, E.: J. amer. pharmaceut. Assoc. **25**, 117 (1936).

Pisces, Fische.

1. Giftfische (= aktiv giftige Fische).

Giftapparate: Abgesehen von den nicht zahlreichen Fischen, die ihr Gift beim Biß oder als Hautsekret übertragen, bilden die mit Giftstacheln bewaffneten Fische den Hauptanteil der „aktiv giftigen“ Fische, der eigentlichen Giftfische.

Die Lage und der Bau der aus *Giftdrüsen* und *Giftstacheln* bestehenden Giftapparate ist bei den einzelnen Giftfischen verschieden. Bei den *Siluriden* befindet sich der *Giftapparat* an den Brustflossen, beim Stechrochen *Trygon pastinaca* an der Schwanzflosse, beim Dornhai *Acanthias vulgaris* an der Rückenflosse, bei den *Scorpaeniden* ebenfalls an der Rückenflosse oder auf den Kiemendeckeln.

Soweit bei Faust nicht berücksichtigt, findet sich Näheres hierüber bei Evans[1], M. Phisalix[2], Pawlowsky[3] und Flury[4].

Gift: Die *chemische Natur* der Giftsekrete der aktiv giftigen Fische ist bisher *nicht ermittelt*. Nachgewiesen sind Schleim und eiweißartige Verbindungen. Flury[5] nimmt Beziehungen zu den Hautdrüsensekreten der Amphibien an und vermutet, daß es sich bei dem wirksamen Anteil um Stoffe handeln könne, die den Gallensäuren und anderen Abkömmlingen des Cholesterins nahe verwandt sind.

Synanceia horrida, einer der *Zauberfische*, der „stonefish“ der tropischen Gewässer, besitzt im oberen Drittel der bis zu 3 cm langen Rückenflossenstacheln etwa 1 cm lange sackförmige *Giftdrüsen*, deren Sekret von Duhig[6—8] untersucht wurde. Das *Gift* ist *wasserlöslich* und soll in der pharmakologischen Wirkung dem Kobragift nahestehen; es hat auch *curareartige Wirkung*; bereits 0,03 mg des Giftsekretes rufen nach subcutaner Einspritzung beim Meerschweinchen (300 g) Lähmung des Zwerchfells und der Extremitätenmuskulatur sowie Verschwinden des Cornealreflexes hervor. Außerdem wirkt das Gift *hämolysierend* auf Meerschweinchen-, Schaf- und Menschen-Erythrocyten. Das Sekret der Hauthöckerdrüsen wirkt nicht hämolysierend, aber *agglutinierend* auf Meerschweinchen-Erythrocyten.

Die Giftstacheln von Rochen (*Trygon*-Arten), die, wie Evans[9] für *Trygon pastinaca* nachgewiesen hat, einen *Stechapparat mit besonderer Giftdrüse* haben, werden in Südamerika als Giftpfeilspitzen verwendet (Santesson und Thorell[10], Thorell[11]). Als Giftpfeilspitze wird nach Vellard[12] auch der gifthaltige Schwanzsporn der im Rio Araguaya (Brasilien) vorkommenden Rochen *Taeniura dumerilii* („weißer Rochen“) und *T. Mülleri* („Feuerrochen“) benutzt. Die Giftdrüsen liegen in den seitlichen unteren Furchen der großen Dornen des Schwanzspornes. Das Gift hat lokal eine *stark reizende* und dann *nekrotisierende* Wirkung. Beim Hund führt das subcutan bzw. intramuskulär zugeführte Gift zu starken Schmerzäußerungen, zu Zittern, Erregung, Temperatursteigerung, dann zu schlaffer *Lähmung*, besonders der hinteren Körperhälfte, *Aufhebung der Reflexe* und der *Sensibilität* und schließlich zum tödlichen *Atemstillstand*. Das Gift wirkt im Gegensatz zum Synanceiagift *nicht hämolysierend*.

---

1 Evans, H. M.: Brit. med. J. Nr **3174**, 690 (1921).
2 Phisalix, M.: Animaux vénimeux. Paris 1922.
3 Pawlowsky, E. N.: Gifttiere und ihre Giftigkeit. Jena 1927.
4 Flury, F.: Handb. d. norm. u. path. Physiol. **13**, 146.
5 Flury, F.: Handb. d. norm. u. path. Physiol. **13**, 149.
6 Duhig, J. V., u. G. Jones: Mem. Queensland Mus. **9**, 2 (1928).
7 Duhig, J. V., u. G. Jones: Austral. J. exper. Biol. a. med. Sci. **5**, 173 (1928).
8 Duhig, J. V.: Z. Immun.forsch. **62**, 185 (1929); hier auch Abbildungen des Giftapparates.
9 Evans, H. M.: Proc. roy. Soc. Lond., Ser. B **96**, 491 (1924).
10 Santesson, G., u. G. Thorell: Med. germ.-hisp.-amer. **1**, Nr 11, 969 (1924).
11 Thorell, G., u. G. Santesson: Skand. Arch. Physiol. (Berl. u. Lpz.) **50**, 197 (1927).
12 Vellard, J.: C. r. Acad. Sci. Paris **192**, 1279 (1931).

2. Giftige Fische (= passiv giftige Fische).

Hierhin gehören alle Fische, die normalerweise — immer oder besonders zu bestimmten Zeiten (Laichzeit) — Giftstoffe im Blut oder in bestimmten Organen, vor allem in den weiblichen Geschlechtsorganen, enthalten.

Anguilla anguilla L., Aal. Buglia[1] hat seine früheren Untersuchungen fortgesetzt und festgestellt, daß auch junge, noch „durchscheinende" Aale das Aalgift enthalten. Die *hämolytische* Wirkung des *Aalblutes* kommt wahrscheinlich Seifen der Ölsäure und höheren Fettsäuren zu, während das eigentliche *Aalgift*, das „*Ichthyotoxin*" von Mosso[2], ein bisher *chemisch noch nicht erforschtes*, wasserlösliches, ätherunlösliches Prinzip ist, von dem Flury[3] glaubt, daß die darin enthaltenen Substanzen mit den Gallensäuren und anderen Abkömmlingen des Cholesterins verwandt sind.

Das Aalgift wird durch den sauren Magensaft und durch das Alkali des Darminhaltes so genügend entgiftet, daß *gewöhnlich* beim Genuß von Aalen eine Giftwirkung ausgeschlossen ist. Bei peroraler Zufuhr größerer Mengen Aalblut (Pennavaria[4]) reicht der Entgiftungsmechanismus anscheinend nicht aus, so daß Vergiftung eintritt.

Aalserum ist bei parenteraler Zufuhr für Warmblüter sehr giftig. Es führt zu *Erregung*, dann *Lähmung* des Zentralnervensystems, die Atmung wird besonders stark in Mitleidenschaft gezogen, erst beschleunigt und vertieft, dann verlangsamt und verflacht, der Tod erfolgt nach Erstickungskrämpfen durch *Atemstillstand*. Der *Blutdruck steigt* anfangs, fällt dann aber stark ab.

Die *tödlichen Dosen* (D. l. m.) von Aalserum betragen nach Mitomo[5] für Kaninchen intraperitoneal 0,02—0,08 ccm/kg, subcutan 0,1—0,2 ccm/kg; für Mäuse intraperitoneal 0,02 ccm/20 g (= 1 ccm/kg).

Ähnliche Werte fand Yamaoka[6] für Vögel bei intravenöser Zufuhr (Tauben 0,1 ccm/kg; Enten und Hühner 0,05 ccm/kg).

Die von Buglia behauptete Hitzebeständigkeit des Aalgiftes wird durch Yamaoka widerlegt; er fand Aufhebung der Giftwirkung schon nach 30 Minuten langem Erhitzen des Serums auf 60°.

Takasaka[7] sah durch Einwirken von Aalserum und -plasma (noch 1:20000!) Kontraktur an den isolierten überlebenden Warmblütergefäßen. Durch Inaktivierung des Serums verschwand diese Gefäßwirkung ebenso wie die hämolytische Wirkung. Die Wirksamkeit ist an die Albuminfraktion des Aalblutes gebunden. Antiserum von mit Aalblut aktiv immunisierten Kaninchen hob die Gefäßwirkung auf.

Immunisierung gegen Aalgift ist mit Erfolg durchgeführt worden (Yamaoka, Mitomo). Das Aalserum hat übrigens nach M. Phisalix[8] rabizide Wirkung.

Auch im Blut anderer Fische kommt ein „*Ichthyotoxin*" mit neurotoxischen Eigenschaften vor.

So tötet nach Remlinger[9] das Serum des Thunfisches *Thynnus thynnus* schon in der geringen Menge von 0,02 ccm (intrakardial) Meerschweinchen und Kaninchen.

---

[1] Buglia, G., alte Lit. bei Faust: Dies. Handb. Bd. II, 2. 1852; ferner: Arch. ital. de Biol. **70**, 62 (1920); **71**, 1 (1922); **72**, 81 (1923).

[2] Mosso: Naunyn-Schmiedebergs Arch. **25**, 111 (1889) — Rend. reale Acad. dei Lincei **5**, 804 (1889).

[3] Flury, F.: Handb. d. norm. u. path. Physiol. **13**, 149 (1929).

[4] Pennavaria, zit. bei Faust: Dies. Handb. Bd. II, 2, 1852.

[5] Mitomo, Y.: Tohoku J. exper. Med. **8**, 284, 312 (1927).

[6] Yamaoka, H.: Acta Scholae Med. Univ. Imp. Kioto **4**, 481 (1922).

[7] Takasaka: Z. Immun.forsch. **51**, 482 (1927).

[8] Phisalix, M.: C. r. Acad. Sci. Paris **182**, 182 (1926).

[9] Remlinger: C. r. Soc. Biol. Paris **105**, 516 (1930).

Der **Wels, Silurus glanis L.**, enthält in seinem *Blut* einen Giftstoff, der nach v. BEZNÁK und v. TÓTH[1] nicht dialysiert und der resorptiv die Atmung, den Kreislauf und die Wärmeregulation schädigt. Der Tod tritt im Lähmungszustand ein und wird auf *Lähmung der Vasomotoren* der durch die *cytolytische* Wirkung des Welsgiftes geschädigten Präcapillaren und Capillaren zurückgeführt. Die D. l. m. (Tod nach 1—2 Stunden) für Kaninchen beträgt intravenös etwa 1,2 ccm Serum pro Kilogramm. Die hämolytische Wirkung in vivo ist sehr stark.

Subcutan tritt (bei Mäusen) der Tod erst nach 8—10 Stunden ein (WUNDER und v. TÓTH[2]). Diese Latenz wird damit erklärt, daß das Welsgift durch die zellzerstörende Wirkung im Organismus der Versuchstiere u. a. Histamin und Acetylcholin freimacht, die beide an der Gesamtwirkung beteiligt sein sollen.

Tetrodon = Spheroides-Arten. Die bekannteste der nicht sämtlich giftigen Tetrodonarten ist der Igel- oder Kugelfisch, „*Fugu*" der Japaner. Beschreibung und Abbildung verschiedener Tetrodonarten siehe bei LEBER[3]. Das in den *Ovarien*, in bedeutend geringerer Menge auch in der Leber, Milz und im subcutanen Gewebe, nicht aber in der Muskulatur enthaltene *Gift*, das *Tetrodotoxin* = *Tetrodonsäure* ($C_{16}H_{31}NO_{16}$) ist neuerdings eingehend pharmakologisch untersucht worden.

ISHIWARA[4] benutzte ein Rohtetrodotoxin und die 5mal wirksamere Reinsubstanz (Schmelzpunkt 120°). *Tetrodotoxin* gibt *keine Eiweiß- und Alkaloidreaktionen, dialysiert leicht*, gibt die Zuckerreaktionen, bildet ein Osazon, ist optisch aktiv (rechtsdrehend) und wird als Glucoseester aufgefaßt.

Pharmakologische Wirkung: *Tetrodotoxin lähmt* nicht nur das *Zentralnervensystem* (vor allem das Vasomotorenzentrum: Blutdrucksenkung) und *curareartig* die motorischen Nervenendigungen (Schwellenkonzentration 0,00016%, nach KATAGI[5] 0,00005%), sondern *auch die sensiblen und die vegetativen Nerven*. Auch die *quergestreifte Muskulatur* (Froschgastrocnemius 0,0002%) wird *gelähmt*, der Herzmuskel und die glatte Muskulatur wird nicht beeinflußt. Am Herzen kommt es aber durch Schädigung der Reizleitung zu totalem Block und Flimmern.

Die Abhängigkeit der Tetrodotoxinwirkung von der Art der *Applikation* geht aus Tabelle 10 (Werte von ISHIWARA) hervor.

Tabelle 10. Fugu-Rohgift ($^1/_5$ der Wirksamkeit von Tetrodotoxin).

D. l. m. in ccm 1proz. Lösung für Kaninchen (1,3—2 kg).

Art der Applikation	ccm 1proz. Lösung	Bemerkung
Medulla oblongata	0,008	Tod sofort
Intrakranial . . .	0,05	—
Intralumbal . . .	0,16	—
Intravenös . . .	0,8	—
Intramuskulär . .	0,8	—
Subcutan	1,3	—
Magen	15,0	—
Darm	24,0	Führt nicht zum Tode

Die *Empfindlichkeit* gegen das Tetrodotoxin ist bei Fischen (z. B. Scholle) am größten, dann folgen Vögel und die übrigen Laboratoriumswarmblüter. Der Aal ist 160mal, die Kröte 400mal widerstandsfähiger als die Scholle, noch weniger empfindlich zeigt sich der Molch Diemictylus pyrrhogaster und der Tetrodonfisch selbst.

IWAKAWA und KIMURA[6] hatten schon vorher die oben beschriebenen Wir-

---

[1] v. BEZNÁK, A., u. L. v. TÓTH: Naunyn-Schmiedebergs Arch. **180**, 69 (1935) — Magyar Orv. Arch. **37**, 3 (ungar.) u. dtsch. Zusammenfassung 62 (1936).

[2] WUNDER u. v. TÓTH: Z. Fischerei u. Hilfswiss. **1934**, 382.

[3] LEBER: Abh. Auslandskunde, Univ. Hamburg, Festschr. NOCHT **1927**, 641—643.

[4] ISHIWARA, F.: Naunyn-Schmiedebergs Arch. **103**, 209 (1924).

[5] KATAGI, R.: Okayama Igakkai Zasshi **39**, Nr 11, 1869 u. deutsch. Zusammenfassung 1880 (1927).

[6] IWAKAWA, K., u. S. KIMURA: Naunyn-Schmiedebergs Arch. **93**, 305 (1922); Ergebnisse bei FAUST nur teilweise berücksichtigt.

kungen des Tetrodotoxins festgestellt und gefunden, daß die *Atemlähmung nicht nur zentral*, sondern auch *peripher durch Phrenicuslähmung* bedingt sein kann.

Zu den *zentralen* Wirkungen gehört auch die durch Tetrodongift bewirkte *Senkung der Körpertemperatur* (auch im Stichfieber), eine Wirkung, die auch von Aomura, Teh-Jun-Yen und Oikawa[1] beobachtet wurde. Diese Autoren fanden außerdem nach der Methode von Kodama eine *Steigerung der Adrenalinabgabe* aus den Nebennieren bis auf das 11fache des normalen Adrenalinspiegels im Nebennierenvenenblut.

Nach Naruke[2] wird Tetrodotoxin durch ätherlösliche Gewebsbestandteile, besonders des Herzens, ähnlich wie Alkaloide gebunden und entgiftet.

Leber[3] beschrieb eine schwere, aber nicht tödliche Vergiftung beim Menschen nach Tetrodongenuß mit sehr *auffälligen Hauterscheinungen* (anfänglich trockene Rötung, dann starke Schwellung und Durchtränkung der Cutis, sehr starkes Ödem an Penis und Scrotum, subcutane Blutungen und über den ganzen Körper verbreitete Petechien). Am 3. Tage Desquamation mit und ohne Blasenbildung, die zu großen Hautdefekten führte; Temperatur an den ersten beiden Tagen 39—40°, später unternormal; labiler Puls, Nierenschädigung, Blut im Stuhl.

Ruvettus pretiosus, „Ricinusölfisch", ein Tiefseefisch des Stillen Ozeans, enthält ein *fettes Öl*, das von den Südseeinsulanern als *Abführmittel* gebraucht wird und seine Wirkung, wie Versuche von Macht[4] an Mäusen gezeigt haben, einem im „Unverseifbaren" des Öles vorhandenen Anteil verdankt. Macht konnte *Cetylalkohol* und *Oleylalkohol* isolieren; die Essigsäureester dieser Alkohole hatten ebenfalls abführende Wirkung.

Herre[5] berichtet ausführlich über 60 Fischarten, die größtenteils in den Gewässern der Philippinen vorkommen. Von den *Plectognathi* sind die *Sklerodermi* und *Gymnodontes* sämtlich *giftig*, nur bei den *Ostracodermi* gibt es einige genießbare Arten. Die Fischer halten die *Gallenblase* für besonders giftig. Nach Entfernung der Eingeweide und der Haut soll das Fleisch, was mit den Untersuchungen an Tetrodon übereinstimmt, ohne Schaden eßbar sein, während zur Laichzeit angeblich auch das Fleisch giftig ist.

Auf die Vergiftung durch kranke oder tote, erst durch postmortale Veränderungen giftig gewordene Fische kann hier nicht eingegangen werden. Es wird unter anderem auf die Arbeiten bzw. zusammenfassenden Darstellungen von Hübener[6], Pawlowsky[7] und Gudger[8] verwiesen.

Mollusca, Weichtiere.

1. Cephalopoda, Tintenfische.

Octopus macropus enthält nach Botazzi[9] sowie Botazzi und Valentini[10] im Sekret der hinteren Speicheldrüsen als wirksames Prinzip ein Gemisch von *Tyramin* und *Histamin*[11].

Bemerkenswert ist auch das Vorkommen von Trimethylaminoxyd bei Cephalopoden (Flury)[12].

[1] Aomura, T., K. Teh-Jun-Yen u. K. Oikawa: Tohoku J. exper. Med. **15**, 36 (1930).
[2] Naruke, T.: Jap. J. med. Sci., Trans. IV Pharmacol. **8**, 135 (1934).
[3] Leber: Zit. S. 63.
[4] Macht, D., u. J. Barba-Gose: Proc. Soc. exper. Biol. a. Med. **28**, 772 (1931).
[5] Herre, A.: Philippine J. Sci. **25**, 415—511 (1924).
[6] Hübener: Fischvergiftungen, in Flury-Zangger: Toxikologie. S. 472 (1928).
[7] Pawlowsky, E. N.: Gifttiere und ihre Giftigkeit. Jena 1927.
[8] Gudger, E.: Amer. J. trop. Med. **10**, 43 (1930).
[9] Botazzi, F.: Arch. internat. Physiol. **18**, 313 (1921).
[10] Botazzi, F., u. V. Valentini: Arch. di Sci. biol. **6**, 153 (1924).
[11] Siehe auch Henze, bei Faust: Dies. Handb. Bd. II, 2, 1855 (1924).
[12] Flury, F.: Zit. S. 1.

2. Lamelliobranchiata, Muscheltiere.

Eine ganze Anzahl *Muscheln kann* Giftwirkung aufweisen und damit Ursache des *Mytilismus* werden. Vor allem kommen hier die in der Nähe der Küsten lebenden *Meeresmuscheln* in Betracht, wie die Miesmuschel *Mytilus edulis*, in Amerika die an der kalifornischen Küste lebenden Muscheln *Mytilus californianus*, ferner *Siliqua patula, Saxidonus nuttallii, Schizothaerus nuttallii* und *Paphia staminea*, während aus den im offenen Ozean lebenden Muschelarten keine Giftstoffe zu extrahieren waren (SOMMER[1]).

Die früher gemachte Annahme, daß die Muscheln zu bestimmten Zeiten (nur in den Monaten Mai bis Oktober kommt nach MEYER, SOMMER und SCHOENHOLZ[2] die paralytische Muschelvergiftung vor) anderweitig gebildetes Gift von außen aufnehmen, wird abgelehnt, trotzdem auch in anderen, gerade im Strandgebiet lebenden und sich wie die Muscheln von Plankton nährenden Seetieren, wie in der Sandkrabbe Eremita analoga, das „*Muschelgift*" vorkommt und von diesem Tier anscheinend besonders stark gespeichert wird, und obwohl das Gift auch aus dem Meeressand zu gewinnen war (MEYER[3]). Ob die Entstehung des Giftes mit der Geschlechtstätigkeit (Laichen) der Muscheln, ähnlich wie bei bestimmten giftigen Fischen (z. B. Tetrodon, s. S. 63) zusammenhängt, ist auch noch nicht einwandfrei entschieden, aber möglich. *Sicher* ist nur, daß auch die *giftigen Muscheln nicht immer giftig* sind, daß das Gift innerhalb weniger Tage in den vorher ungiftigen Muscheln auftreten kann, und daß das eigentliche Muschelgift kein Bakteriengift ist.

Natur des Muschelgiftes.

Das **Mytilotoxin $C_6H_{15}O_2N$** von BRIEGER[4] kann nicht mehr als Ursache des Mytilismus angesehen werden, vielmehr konnten MEYER, SOMMER und SCHOENHOLZ[2] eine größere Ähnlichkeit des von ihnen gefundenen Muschelgiftes mit dem von SALKOWSKI[5] 1885 isolierten Stoff feststellen. Bestätigt wurde die Löslichkeit in Wasser und Alkohol, die gute Haltbarkeit in saurer Lösung, die schnelle Zerstörung durch kurzes Kochen in alkalischer Lösung (PRINZMETAL, SOMMER und LEAKE[6]).

Aus einem in mehreren Jahren verarbeiteten Riesenmaterial von über 1500 kg kalifornischer Muscheln (*Mytilus californianus*) hat H. MÜLLER[7] die Eingeweide, insbesondere die „Lebern", mit angesäuertem Methylalkohol extrahiert und durch Aufnahme des Giftstoffes (nach Reinigung des alkoholischen Extraktes durch Kohle) in Permutite und weitere Reinigung, schließlich Fällung mit Rufiansäure und Reinicke-Säure eine noch 35% Asche enthaltende Substanz gewonnen, die eine *außerordentlich hohe* Wirksamkeit aufweist: Mit einer D. l. m. von 0,06 γ pro 1 g Maus bei intraperitonealer Einspritzung ist dieser Muschelgiftstoff bedeutend giftiger als Aconitin (D. l. m. = 0,5 γ pro 1 g Maus). Die Substanz ist *N-haltig, dialysierbar*, frei von Kohlehydraten und Proteinen, ist besonders gegen Hitze und Alkohol hochbeständig und wird als basische Verbindung angesprochen. Alkaloidreaktionen gibt die Substanz nicht. Nach der pharmakologischen Wirkung könnte eine quartäre Ammoniumbase vorliegen.

---

[1] SOMMER, H.: Science (N. Y.) **1932 II**, 574.
[2] MEYER, E., H. SOMMER u. B. SCHOENHOLZ: J. prevent. Med. **2**, 365 (1928).
[3] MEYER, K. F.: Z. Fleisch- u. Milchhyg. **39**, 210 (1929).
[4] BRIEGER, zit. bei FAUST: Dies. Handb. Bd. II, 2, 1859 (1924).
[5] SALKOWSKI, s. bei FAUST: Dies. Handb. Bd. II, 2, 1858 (1924).
[6] PRINZMETAL, M., H. SOMMER u. C. D. LEAKE: J. of Pharmacol. **46**, 63 (1932).
[7] MÜLLER, H.: J. of Pharmacol. **53**, 67 (1935).

Pharmakologie des Muschelgiftes.

Von der kalifornischen Muschel *Mytilus californianus* genügen nach PRINZMETAL, SOMMER und LEAKE[1] schon wenige Exemplare, um beim Menschen zum Tode zu führen. In San Francisco starben 1927 von 102 vergifteten Personen 6 innerhalb 3—10 Stunden bei bis zuletzt erhaltenem Bewußtsein. Im Tierversuch ist die Wirkung auf Atmung und Kreislauf sehr deutlich, aber nicht einheitlich, je nach Dosis und Tierart verschieden. Kleine Dosen bewirken beim Hund und beim Kaninchen eine lang anhaltende Schädigung der Atmung, aber auch der Herztätigkeit.

Nach KELLAWAY[2] greift das *Muschelgift* hauptsächlich *zentral* an, und zwar am *Vasomotorenzentrum* und am *Atemzentrum*. Die *periphere Wirkung* ist besonders an den *motorischen* und *sensiblen Nervenendigungen* ausgeprägt. Große Dosen können sofort zentralen Atemstillstand herbeiführen. Kleinere, noch tödliche Gaben führen zur Verlangsamung der Atmung und zur Senkung des Blutdrucks; besonders stark ist die Erweiterung der Splanchnicusgefäße. Die Wirkung auf die Atmung wird kompliziert durch die Blockierung der Reizleitung zu den motorischen Phrenicusenden. Die früher schon bekannte *curareartige* Wirkung ist generell vorhanden, größere Dosen lähmen aber auch die Nervenbahnen (die motorischen und die sensiblen) sowie die Muskulatur. Lähmung der sensiblen Nervenendigungen bewirkt das Muschelgift 1:2000000 innerhalb 60 Minuten, 1:1000000 innerhalb 12 Minuten.

Das Gift der japanischen Korbmuschel (*Corbicula nipponensis* PILSBRY) hat außer den übrigen Wirkungen am Kaninchen auch *choleretische* Wirkung, die durch Entfernung des Ganglion coeliacum gefördert, durch Vagusdurchtrennung dagegen gehemmt wird (KAYABA[3]).

3. Gastropoda, Schnecken.

Über die Giftstoffe der Schnecken scheinen neuere Untersuchungen kaum vorzuliegen. Aus den Kopfganglien von *Helix pomatia* (*Weinbergschnecke*) gewann KOSCHTOJANTZ[4] eine nur pharmakologisch am Froschherzen und an der Penistasche der Schnecke als *adrenalinähnlich* erkannte Substanz.

Erwähnenswert ist, daß bestimmte Gastropoden, insbesondere Aeolidier wie Glaucus, Aeolidia, Embletonia, Tergipes u. a. Nesselkapseln besitzen, die sie mit der Nahrung aufnehmen und nach Festsetzung an den Rückenpapillen der Schnecke als Waffen benutzen (FLURY[5]).

Arthropoda, Gliederfüßler.

1. Arachnoidea, Spinnentiere.

a) Arthrogastra, Scorpionina, Gliederspinnen, Skorpione.

Seit der Feststellung von FLURY[6], daß das *wirksame Prinzip* des *Skorpiongiftes* (*Buthus occitanus* und *Centrurus infamatus*) eine ziemlich hitzebeständige und *N-haltige*, aber *keine Eiweißsubstanz* ist, *keinen Lipoidcharakter* besitzt und auch *kein Ferment* darstellt, sind weitere Erkenntnisse über die *chemische Natur* des Skorpiongiftes *nicht* gewonnen worden.

---

[1] PRINZMETAL, SOMMER u. LEAKE: Zit. S. 65.
[2] KELLAWAY, C. H.: Austral. J. exper. Med. a. med. Sci. **13**, 79 (1935).
[3] KAYABA, J.: Tohoku J. exper. Med. **25**, 258 (1935).
[4] KOSCHTOJANTZ, CH. S.: Bull. Biol. et Med. exper. URSS. **2**, 37 (1936); nach einem Ref. aus Ber. ges. Physiol. u. exper. Pharmakol. **100**, 150 (1937).
[5] FLURY, F.: Zit. S. 1.
[6] FLURY, F.: Naunyn-Schmiedebergs Arch. **96**, XLI, (1923) = Verh. dtsch. pharmak. Ges. **1922** (Leipzig).

Das Gift der brasilianischen Skorpione *Tityus bahiensis*, *T. serrulatus*, *T. dorsomaculatus* und einer *Bothriurus*-Art untersuchte DE MAGALHAES[1]. Im ganzen wurden über 13000 Skorpione verarbeitet und das Gift an 97 verschiedenen Tieren und am Menschen geprüft. Die in einem *Giftbläschen enthaltene Giftmenge* beträgt bei Tityus bahiensis etwa 10 mg, die beim *Stich entleerte Giftmenge* etwa 0,04 mg. Die *Resorption* des Giftes findet nicht sofort statt, noch 2—5 Minuten nach der Injektion kann das Gift an Ort und Stelle unschädlich gemacht werden. Die Wirksamkeit ist abhängig von der *Applikation*, sie nimmt in folgender Reihe ab: intracerebral, intrakardial, intravenös, intraperitoneal, intramuskulär, subcutan; vom Magendarmkanal aus ist das Gift wie Schlangengift unwirksam.

Das *brasilianische Skorpiongift* ist ein ausgesprochenes *Nervengift* und daher bei Tieren ohne differenziertes Nervensystem unwirksam. Die Wirkung erstreckt sich auf das *animale* (allgemeine Krämpfe, Lähmungen) und auf das *vegetative* (Vagusreizung) Nervensystem. Bei ganz akuter Wirkung Tod durch primäre Atemlähmung.

Skorpiongift wirkt *hämolytisch*, die hämolytische Wirkung (Gift von *Heterometrus maurus*) wird wie beim Kobragift durch Eidotter (LEVY[2]) bzw. Lecithin (Lecithidbildung) aktiviert. Auf gewaschene Erythrocyten des Menschen (5proz. Suspension) wirkt das Gift von *Opisthophthalmus capensis* für sich allein 1:3000, mit Zusatz von 1% Lecithin 1:16000 hämolysierend. Die hämolytische Wirkung wird durch Erhitzen der Giftlösung auf 58° aufgehoben (EMDIN[3]).

Das Gift dieses *südafrikanischen Skorpions* ist für den Menschen nicht gefährlich, im Tierversuch aber sehr wirksam. Es erzeugt *zentrale Lähmung*, führt am *Froschherzen* in situ und am *Langendorff-Herzen* (Katze, Kaninchen) über Irregularität, Extrasystolien und Herzblock zum *Stillstand* in Systole. Die Coronargefäße werden, wie alle übrigen Gefäße, stets verengert (Blutdrucksteigerung). Krampfwirkung fehlt, ebenso eine Wirkung auf die motorischen Nervenendigungen und auf die quergestreifte Muskulatur. Glatte Muskulatur wird unmittelbar beeinflußt, und zwar nach kurzer Erregung gelähmt.

Das Gift von *Buthus occitanus*, *B. arenicola* und *Prionurus australis* ist, in den getrockneten Giftstacheln belassen und trocken aufbewahrt, jahrelang haltbar. Staub des gepulverten Giftes (besonders von Prionurus) reizt sehr heftig zum Niesen (SERGENT[4]).

Über das Gift des *javanischen Riesenskorpions Heterometrus cyaneus* berichtet KOPSTEIN[5].

Die Stiche der *asiatischen Skorpione Buthus cupeus* und *B. caucasicus* sind nach PIGULEWSKY[6] für den Menschen nicht gefährlich, aber sehr unangenehm; die Stichfolgen (außer den bekannten Symptomen auch Lymphangitis und -adenitis) halten 2—5 Tage an.

Skorpione sind gegen ihr Gift *weitgehend immun*. Ihr „Serum" schützt Mäuse gegen Skorpiongift (PIGULEWSKY[6]).

Hochwertiges *Skorpiongift-Antiserum* läßt sich durch langdauernde und intensive Immunisierung von Pferden herstellen. Dieses mit dem Gift von *Buthus quinquestriatus* gewonnene Serum wirkt auch gegen das Gift *verwandter Buthusarten*, schlecht oder nicht gegen die Gifte mexikanischer Skorpione, und ist *gänzlich unwirksam gegen Schlangengift* (BIELING und SHOUSHA BEY[7]).

---

[1] DE MAGALHAES, O.: C. r. Soc. Biol. Paris **93**, 2 und 35 (1925) — Mem. Inst. Cruz **21**, 5—153 (1928), Monogr. (portug.) frz. Zusammenfassg. mit Tabellen, Abbildungen und viel Lit.

[2] LEVY, R.: C. r. Acad. Sci. Paris **179**, 1093 (1924).

[3] EMDIN, W.: Arch. internat. Pharmacodynamie **45**, 241 (1933).

[4] SERGENT, E.: Arch. Inst. Pasteur Algérie **13**, 39 (1935).

[5] KOPSTEIN, F.: Meded. Dienst Volksgezdh. Nederl.-Indië **1927**, Nr 3, 504.

[6] PIGULEWSKY, S. W.: Arch. Schiffs- u. Tropenhyg. **38**, 350 (1934).

[7] BIELING, R., u. A. T. SHOUSHA BEY: Fol. Med. int. orient. **1**, 58 (1933).

Über die Serumtherapie der Skorpionstiche hat in neuerer Zeit Kraus[1] berichtet.

Als besonders gefährlich gelten noch: *Androctonus funestus* (Afrika), *Buthus afer* (Afrika und Indien), und *Centrurus gracilis* = Durangoskorpion (Mexiko) (Flury[2]).

b) Araneida, Spinnen.

Spinnengift bedeutet hier ausschließlich das *Gift* der mit den Cheliceren in Verbindung stehenden *Giftdrüsen* der Spinnen.

Die Giftigkeit anderer Teile des Spinnenorganismus, besonders des *Blutes* (*Hämolymphe*), der *Speichelsekrete*, der *Geschlechtsprodukte* (*Eier*) ist eine Sache für sich und soll hier nur nebenbei erwähnt werden, da über diese Giftstoffe (u. a. Hämolysine, proteolytische Fermente) noch sehr wenig bekannt ist.

Über Spinnengift ist in neuerer Zeit besonders eingehend von Flury[3] und Vellard[4] zusammenfassend berichtet worden.

Nach Vellard[4] hat das *native* Giftsekret *nicht* den von Faust[5] angeführten bitteren Geschmack und zeigt auch nicht durchweg saure Reaktion. Die *Reaktion* ist nicht abhängig von Art, Alter und Geschlecht der Spinnen, sondern von der Temperatur. Das Giftsekret der Spinnen der gemäßigten Zonen reagiert sauer, das der tropischen Zonen reagiert in den heißen Monaten alkalisch, in den kühleren Monaten neutral oder sauer. Der Temperatureinfluß ließ sich auch experimentell bestätigen (Vellard[6]).

Erwärmen des Giftes auf 65° schwächt ab, bei 100° tritt aber noch keine völlige Zerstörung ein.

Die *Menge des Giftes* ist ebenso wie die Größe der Giftdrüsen nach Art, Alter und jeweiligem Funktionszustand verschieden. Von Vellard[7] wurden pro Giftdrüse von 0,05 mg (*Actinopus crassipes*) bis 3 mg (*Acanthoscurria atrox*) Trockengiftmengen festgestellt. Giftmenge und Gefährlichkeit der Giftwirkung gehen aber keineswegs parallel. Spinnen mit großen Giftdrüsen können ein wenig wirksames Gift haben (z. B. *Filistates*- und *Scytodes*-Arten), dagegen besitzt die gefährliche Spinne *Latrodectes mactans*, deren Giftdrüseninhalt einen Menschen töten kann, nur kleine Giftdrüsen.

Über die *chemische Natur der Spinnengifte* besteht noch keine Klarheit.

Flury[2,3] stellte fest, daß das Spinnengift *nicht dialysiert*. Aus dem Rohgift isolierte Flury Substanzen, die *hämolytisch* und *örtlich stark reizend* wirken, charakteristische *Herzwirkung* (qualitativ wie Gallensäuren, quantitativ bedeutend stärker) besitzen und *schlecht resorbiert* werden. Aus allen wirksamen Fraktionen konnten *Lipoidgemische* (aus 1000 Kreuzspinnen nur wenige Milligramm) gewonnen werden, die als Träger der Giftwirkung angesehen werden. Die Eiweißstoffe und Phosphatide des nativen Giftes sind nach Flury nicht einfach Schutzkolloide, vielmehr sind die Gifte in mehr oder weniger stabilen Systemen enthalten. Mit der besonders günstigen Verteilungsmöglichkeit solcher wasserlöslicher „*larvierter*“ *Lipoide* kann wohl auch die besonders intensive Wirkung des nativen Giftsekretes erklärt werden.

---

[1] Kraus, R.: In Kolle, Kraus u. Uhlenhuth, Handb. d. path. Mikroorg., Bd. III, 1, S. 1 (1930).

[2] Flury, F.: Zit. S. 1.

[3] Flury, F.: a) Naunyn-Schmiedebergs Arch. **119**, Verhdlgn. Dtsch. Pharmakol. Ges., 6. Tag, Düsseldorf, 50 (1927) — b) Handb. d. norm. u. path. Physiol. **13**, 126—130 (1929).

[4] Vellard, J.: Le enin des Araignées. Monogr. de l'Inst. Pasteur, Paris 1936 (mit Tabellen, Abbildungen und viel Literatur).

[5] Faust, E. St.: Dies. Handb. Bd. II, 2, 1867 (1924).

[6] Vellard, J.: C. r. Acad. Sci. Paris **198**, 2123 (1934).

[7] Vellard, J.: Monogr., s. Fußnote 4 (Tabellen auf S. 49 u. 66).

Nach Brazil und Vellard[1] sowie Vellard[2], die besonders die Gifte südamerikanischer Spinnen erforscht haben, stellen die Spinnengifte eiweißhaltige, bedeutend komplexere Systeme dar als die Skorpiongifte und stehen den eiweißhaltigen Schlangengiften nahe. Im übrigen sind die Gifte der einzelnen Spinnenarten, was schon aus der Wirkung und Spezifität der Antisera hervorgeht, sehr verschieden.

Pharmakologische Wirkung der Spinnengifte. Vellard[2] teilt die Spinnengifte nach ihrer resorptiven Wirkung, die besonders das Nervensystem betrifft und im übrigen zu Hyperämie, Blutungen und Gewebsschädigungen der Leber und Nieren führen kann, folgendermaßen ein:

1. Gruppe = wenig wirksame Gifte: Vorwiegend *rein lähmende* Wirkung (z. B. *Acanthoscurria sternalis*).

2. Gruppe = stärker wirksame Gifte: *Krämpfe, Blutdrucksteigerung*, bei Meerschweinchen Bronchialspasmus, Verlangsamung der Atmung und der Herztätigkeit, später fortschreitende *Lähmung, Tod durch Erstickung* (z. B. *Latrodectes mactans, L. geometricus*).

3. Gruppe = am stärksten wirkende Gifte: Sie sind den stärksten Schlangengiften vergleichbar und erzeugen Unruhe, sehr starke Schmerzäußerungen (infolge der *außerordentlich starken Reizwirkung*) Hypersensibilität, Reflexerregbarkeitssteigerung, sehr heftige *tetanische Krämpfe* mit Opisthotonus und zunehmender Muskelstarre, Absinken der *Körpertemperatur*, Zunahme der Pulsfrequenz, Irregularität des Herzschlages, unter Umständen Arrhythmia perpetua, Spasmen an allen glattmuskeligen Organen, Sekretionssteigerung der Drüsen. Der *Tod* erfolgt (im Krampfanfall) an *Erstickung* (z. B. *Ctenus ferus* und *nigriventer, Trechona venosa*).

Die *örtlich reizende* und Gangrän erzeugende Wirkung der Spinnengifte ist nach Vellard an einen anderen Bestandteil gebunden als die „toxische" — neurotoxische Wirkung, und kann bedeutend leichter durch bestimmte Einflüsse (z. B. Hitze, Ultraviolettlichtbestrahlung) zerstört werden als die neurotoxische Wirkung des Giftes. *Lycosa raptoria*-Gift erzeugt nur örtliche Reizwirkung und örtliche Nekrosen (Hautgangrän).

Hämolytische Wirkung, ebenso proteolytische und gerinnungfördernde Wirkung, fehlt nach Vellard[2] bei den Giften der zahlreichen von ihm darauf geprüften Spinnen vollkommen. Die von den älteren Autoren gefundene hämolytische Wirkung dürfte daher nicht dem eigentlichen Giftdrüsensekret zukommen, sondern durch „*Hämolysine*" der übrigen Teile, und zwar nur des weiblichen Spinnenorganismus, insbesondere *der Hämolymphe* und *der Eier* bedingt sein. Das hämolytische Gift tritt im Abdomen der weiblichen Kreuzspinne erst im Hochsommer, gleichzeitig mit der Reife der auch hämolytisch wirkenden Eier auf (Lévy[3]).

Latrodectes mactans (L. formidabilis) ist außer von Vellard[2], von Bogen[4], Troise[5], Blair[6], Becker und d'Amour[7] untersucht worden.

Die letzten Autoren untersuchten auch das Gift der Eier und fanden in Immunisierungsversuchen, daß beide Gifte nicht identisch sein können.

---

[1] Brazil, V., u. J. Vellard: Mem. Inst. Butantan **2**, 5 (1925); **3**, 243, 273, 295 (1926) — Seuchenbekämpfg **7**, 12, 96, 158 (1930).

[2] Vellard, J.: Zit. S. 68, Fußnote 4.

[3] Lévy: Zit. bei Flury: Zit. S. 68, Fußnote 3b.

[4] Bogen, E.: Arch. int. Med. **38**, 623 (1926).

[5] Troise, E.: Rev. Soc. argent. Biol. **4**, 447, 467 (1928) — C. r. Soc. Biol. Paris **99**, 1431, 1433 (1928); **102**, 1097, 1098 (1929).

[6] Blair, A.: Arch. int. Med. **54**, 831 (1934).

[7] Becker, F., u. d'Amour: Proc. Soc. exper. Biol. a. Med. **32**, 166 (1934).

Troise[1] fand *Aufhebung der Gesamtwirkung* nach 10 Minuten langem Erhitzen der Giftlösung auf 70° und sah ebenso wie Vellard *keine hämolytische* Wirkung, und zwar auch nicht nach Zusatz von Lecithin. Troise betont die starke *diuretische* Wirkung.

Das Gift von **Latrodectes Hasseltii,** einer in Australien vorkommenden und dort, ebenso wie *L. mactans* in Amerika, gefürchteten Spinne, wirkt ähnlich wie das Gift von L. mactans (Kellaway[2]).

Grammostola acteon, eine Riesenspinne Brasiliens, hat ein Gift, das bei Warmblütern und beim Menschen unwirksam ist, während es Kaltblüter, vorzugsweise Schlangen, zu töten vermag (Vellard[3]).

Lasiodora curtior, eine andere Riesenspinne, besitzt ein hauptsächlich auf kleine Amphibien und auf Eidechsen wirkendes Gift, das am Warmblüter ebenfalls kaum wirksam ist (Vellard[3]).

Epeira diademata, unsere einheimische Kreuzspinne, ist zwar für den Menschen nicht gefährlich, verfügt aber über ein sehr wirksames Gift, das schon in kleinsten Mengen nach intravenöser Zufuhr an Katzen und Kaninchen in kürzester Zeit durch primäre Atemlähmung zum Tode führt. Dies bezieht sich aber nur auf Gesamtauszüge aus Kreuzspinnen. Das Gift des Kreuzspinnenblutes ist jedenfalls bedeutend wirksamer als das Gift der eigentlichen, in den Cheliceren gelegenen Giftdrüsen (Flury[4]).

Immunisierung gegen Spinnengifte ist mit bestem Erfolg erreicht worden (Brazil und Vellard[5], Vellard[3], Troise[6]). Das z. B. am Hammel gewonnene *Antiserum ist streng spezifisch,* prophylaktisch wie therapeutisch *gut wirksam.* Nach Troise schützt 0,01 ccm Anti-Latrodectes mactans-Serum gegen 1 mg des Giftes (= 3 Spinnenbisse) derselben Art. Über Serumtherapie der Spinnenbisse s. a. Kraus[7].

c) Acarina, Milben.

Über die *Natur des Milbengiftes* wissen wir auch heute noch so gut wie *nichts.* Die Milben und Zecken sind nicht nur als Überträger verschiedener Krankheiten gefährlich, sie besitzen auch Giftstoffe und können sie durch ihre Beißwerkzeuge auf Tiere und den Menschen übertragen und beim Menschen nicht nur schwere Hautschädigungen, sondern auch unangenehme Allgemeinerscheinungen, bei denen allergische Prozesse mitspielen, hervorrufen (Toldt[8]).

Pawlowsky und Stein[9, 10] untersuchten die Wirkung des Giftes von *Ixodes ricinus*[9] und *Ornithodorus papillipes*[10] auf die Menschenhaut. Wässerige Auszüge aus den isolierten Speicheldrüsen erzeugten bald nach der intracutanen Injektion *Entzündungserscheinungen* (papulöse Schwellungen, Jucken) an der Injektionsstelle, die bis zu 2 Wochen bestehen bleiben können. Giftwirkung weiblicher und männlicher Tiere war gleich groß, das Gift wurde durch Kochen der Lösung zerstört.

---

1 Troise, E.: C. r. Soc. Biol. Paris **99**, 1431 (1928).
2 Kellaway, C. H.: Med. J. Austral. **1930**, 41 (1932).
3 Vellard, J.: Zit. S. 68.
4 Flury, F.: Zit. S. 68.
5 Brazil, V., u. J. Vellard: Mem. Inst. Butantan **2**, 5 (1925).
6 Troise, E.: Rev. Soc. argent. Biol. **4**, 467 (1928); **5**, 605, 616 (1929) — C. r. Soc. Biol. Paris **99**, 1433 (1928); **102**, 1098 (1929).
7 Kraus, R.: Zit. S. 68.
8 Toldt, K. jun.: Veröffentl. Mus. Ferdinand, Innsbruck, 1923, Nr 3 — Wien. klin. Wschr. **1926**, 890.
9 Pawlowsky, E. N., u. A. Stein: Arch. Schiffs- u. Tropenhyg. **31**, 574 (1927).
10 Pawlowsky, E. N., u. A. Stein: Abh. Auslandskde Hamburg (Festschr. Nocht) **26**, Med. 2; **26**, 401 (1928).

2. Myriapoda, Tausendfüßler.

Beim Biß der *Tausendfüßler* (*Scolopendra cingulata, Scolopendra oraniensis*) ist am Menschen nach HASE[1] zwischen primären und sekundären Folgen zu unterscheiden. *Primär*: Sofort nach dem Biß auftretender heftiger brennender Schmerz, Juckgefühl, Blutaustritt aus den Bißkanälen, Bildung einer Quaddel und hämorrhagischer Flecken. Die Quaddelentwicklung beginnt 2—5 Minuten nach dem Biß und hat nach 30—40 Minuten ihren Höhepunkt erreicht. *Sekundär*: Auftreten eines roten Hofes und Entwicklung von Hämorrhagien in der Umgebung der Bißstelle, hierbei aber keine Schwellungen, Schmerzen oder Jucken. Diese Erscheinungen klingen ohne ernste Folgen ab. Ähnliche, aber entsprechend schwächere Reaktion zeigt sich nach dem Biß kleinerer Myriapoden.

Das Gift von *Scolopendra cingulata* und *Cryptops anomalans* wirkt schwach *hämolytisch*, die hämolytische Wirkung des Giftes wird (wie bei den hämolysierenden Schlangengiften) durch Zugabe von Hühnereidotter (Lecithin) verstärkt, das gebildete Hämolysin läßt sich auch hier isolieren. Das Gift von *Lithobius forficatus* tötet Krebse (Astacus fluviatilis) nach Injektion in die Extremitätengelenke. Bei Raupen (von Galleria mellonella) wird die D. l. m. mit $^1/_{000}$ der Giftmenge eines etwa 30 mm langen *Lithobius forficatus* angegeben. Das „Blut" von Lithobius hebt die Wirkung sowohl des Lithobiusgiftes als auch des Cryptopsgiftes auf (LÉVY[2]).

3. Hexapoda, Insekten.

a) Hymenoptera, Hautflügler.

Apis mellifica LIN, Honigbiene. Nach FLURY[3] *dialysiert das* **Bienengift** *nicht* und enthält als *wirksames Prinzip* eine *N-freie Substanz*, wahrscheinlich ein gesättigtes *cyclisches Säureanhydrid*, das nach seinen Wirkungen zwischen dem Cantharidin und den tierischen Sapotoxinen steht.

Neuerdings haben HAHN und OSTERMAYER[4] aus dem nativen Giftsekret der Biene, das sie als ameisensaure Lösung des Bienengiftes (Stachel und Giftblase liefern zusammen 0,4 bis 0,5 mg Rohgift) ansehen, durch Extraktion mit kalter verdünnter Ameisensäure, Behandlung mit Alkohol in verschiedenen, abfallenden Konzentrationen (in 60% Alkohol ist das wirksame Prinzip besonders gut löslich) in 40proz. Ausbeute ein *gut dialysierbares* gereinigtes Bienengift als fast farbloses Pulver dargestellt, das *basische* Eigenschaften hat, einige Eiweißreaktionen gibt und als eine den *Eiweißstoffen nahestehende* Substanz (Zerstörung durch proteolytische Fermente, Antigeneigenschaft) angesehen wird. Das gereinigte Gift ist hochwirksam und besitzt alle Wirkungsqualitäten des nativen Bienengiftes. Aus der Lösung des gereinigten Giftes läßt sich durch Ammoniak eine Base ausfällen, die mit dem von TETSCH und WOLFF[5] und von REINERT[6] aus rohem Bienengift isolierten und dort zu 1—1,5%, im gereinigten Gift nur noch zu 0,25% vorkommenden *Histamin* identisch sein dürfte. REINERT stellte aus Bienen-Rohgift durch Versetzen der wässerigen, zentrifugierten Lösung mit Alkohol bis zum Ende der Fällung in 90proz. Ausbeute ein stark bitter schmeckendes, beißendes, pulverförmiges „gereinigtes" Bienengift dar, eine *N-haltige Substanz* mit 2,4% Aschengehalt, die im Tierversuch eine hohe Wirksamkeit zeigt (D. l. m. intravenös 0,004 g/kg Maus). Die Substanz gibt mit Wasser eine klare, sehr stark schäumende Lösung. Nach Eigenschaften und Wirkungen, insbesondere auf Grund der *starken hämolytischen* (Grenzkonzentration 1 : 300000) und *cytolytischen* Wirkung[7] steht das *Bienengift den Sapo-*

[1] HASE, A.: Zbl. Bakter., Abt. I Orig. **99**, 325 (1926) — Z. wiss. Biol., Abt. F: Z. Parasitenkde **1**, 76 (1928); ausführlich mit Abbild. u. Lit. in Z. angew. Entomol. **12**, 243 (1927) — Münch. med. Wschr. **1929**, 107.

[2] LÉVY, R.: C. r. Acad. Sci. Paris **177**, 1326 (1923) — C. r. Soc. Biol. Paris **96**, 256, 258 (1927) — Bull. Soc. zool. France **56**, 454 (1932).

[3] FLURY, F.: Naunyn-Schmiedebergs Arch. **85**, 319 (1920) — Naturwiss. **1923**, 341 — Handb. d. norm. u. path. Physiol. **13**, 142—144 (1929).

[4] HAHN, G., u. H. OSTERMAYER: Ber. dtsch. chem. Ges. **69**, 2407 (1936).

[5] TETSCH, CHR., u. K. WOLFF: Biochem. Z. **288**, 126 (1936).

[6] REINERT, M.: Festschrift E. C. BARELL (Basel) 1936; ref. Chem. Zbl. **107 II**, 2929 (1936).

[7] LACAILLADE jr., C. WM.: [Amer. J. Physiol. **105**, 251 (1933)] sah bei Paramäcien vollständige Cytolyse durch Bienengift 1 : 24000 in 2—13 Minuten.

ninen nahe; *chemisch* ist der Saponincharakter bisher nicht erwiesen. Reinert sieht vielmehr das wirksame Prinzip des Bienengiftes als Proteose an. Tetsch und Wolff[1] weisen erneut auf die *Verwandtschaft zwischen Bienen- und Schlangengift*, insbesondere Crotalusgift, hin (s. auch Essex, Markowitz und Mann[2]). Einen Beleg für die *Saponinnatur* des Bienengiftes sehen Starkenstein und Weden[3] darin, daß Bienengift in derselben Weise wie Saponine im Tierversuch die Wirkung vieler Hypnotica zu steigern vermag.

Nach Flury[4] und nach Phisalix[5] wirkt Bienengift auf *niedere Tiere* ähnlich, aber mindestens 100mal schwächer als auf *Wirbeltiere*, von denen als besonders giftfest Molge cristata und Lacerta viridis befunden wurden. Die *Wirkung* ist in erster Linie auf das *Zentralnervensystem* gerichtet: Krämpfe, Lähmungen, Tod durch Atemstillstand.

Bei *Kaninchen* zeigt sich nach intravenöser Injektion von Bienengift, wobei zweifellos wie bei intravenöser Einspritzung von Schlangengift das Histamin des Bienengiftes in Betracht kommt, *schneller Blutdruckfall*, der am *Hund* nach Essex, Markowitz und Mann[2] *gleichfalls* eintritt, sowie Beschleunigung der Atmung, Anregung der Peristaltik des Darmes und Aufhebung der Gerinnbarkeit des Blutes.

Daß beim *Menschen* bereits *einzelne Bienenstiche* (außer durch Glottisödem bei Stichen im Mund oder Hals) besonders durch schnelles Eindringen des Giftes in die Blutbahn sehr *schwere Vergiftungen* bzw. schnell eintretenden *Tod* bewirken können, wird durch neuere Mitteilungen, z. B. von Karsai[6], Roch[7] und Wegelin[8] bestätigt. In dem von Karsai mitgeteilten, schon 5 Minuten nach dem Stich ärztlich beobachteten und erfolgreich behandelten Fall zeigte sich deutlich die *zentrale Wirkung*, insbesondere eine *schwere Atem- und Kreislaufschädigung*.

Immunität gegen Bienengift. Die *natürliche Immunität gegen Bienengift* ist nach M. Phisalix[9] beim *Igel* doppelt so groß wie die Giftfestigkeit gegen Viperngift; selbst 52 Bienenstiche (= etwa 15,6 mg reines Bienengift) rufen keine Vergiftungserscheinungen hervor.

Mäuse und *Meerschweinchen* lassen sich durch Bienengift gegen tödliche Mengen von *Aspisviperngift* wie umgekehrt durch Viperngift gegen tödliche Mengen von Bienengift immunisieren (M. Phisalix[10]). Ferner läßt sich bei Mäusen durch Bienenstiche bzw. subcutane Injektion von Bienengift eine „leichte" Immunität gegen die Wirkung des Skorpiongiftes (Buthus occitanus) erzielen (E. Sergent und A. Sergent[11]).

Beim *Menschen* gibt es nicht nur eine *natürliche* und eine *erworbene Immunität* gegen Bienengift, sondern auch (Perrin und Cuénot[12]) 1. eine *angeborene*, schon beim ersten Bienenstich auftretende, 2. eine durch sehr *große Giftmengen bedingte*, und 3. eine *erworbene* Überempfindlichkeit; die letzte wird, wie die Anaphylaxie, als proteotoxische Störung angesehen.

Therapeutische Anwendung von Bienengift. Auf die zahlreichen Arbeiten auf diesem Gebiete kann nicht eingegangen werden, es sei nur so viel gesagt, daß die Bienengiftwirkung

---

1 Tetsch u. Wolff: Zit. S. 71.
2 Essex, H. E., J. Markowitz u. F. C. Mann: Amer. J. Physiol. **94**, 209 (1930).
3 Starkenstein, E., u. H. Weden: Med. Klin. **1936 II**, 927.
4 Flury, F.: Naturwiss. **1923**, 341.
5 Phisalix, M.: Ann. Sci. natur. Zool. **18**, 67 (1935).
6 Karsai, D.: Therapia **3**, 2 (1924); ref. Ber. Physiol. **29**, 816 (1925).
7 Roch, M.: Rev. méd. Suisse rom. **48**, 913 (1928).
8 Wegelin, C.: Schweiz. med. Wschr. **1933**, 786 — Slg. von Vergiftungsfällen **5**, A 399 (S. 11) (1934).
9 Phisalix, M.: C. r. Acad. Sci. Paris **199**, 809 (1934).
10 Phisalix, M.: C. r. Acad. Sci. Paris **194**, 2086 (1932).
11 Sergent, E., u. A. Sergent: Arch. Inst. Pasteur Algérie **11**, 588 (1933).
12 Perrin, M., u. A. Cuénot: Presse méd. **1932 I**, 1014.

in der Therapie meist als *unspezifische Reizkörpertherapie* aufgefaßt wird. WEICHARDT[1] zeigte neuerdings durch experimentelle Untersuchungen, daß Bienengift selbst keine direkte Aktivierung auf ermüdete Organe (Herz) ausübt und nimmt auch hier die Wirkung sekundär im Körper entstehender Spaltprodukte des Bienengiftes als Ursache der günstigen therapeutischen Wirkung an. Von neueren klinischen Berichten seien die Arbeiten von SCHWAB[2], DIRR und GRAEBER[3], KELLER[4] und FOERSTER[5] genannt.

Schlupfwespen haben einen Stechapparat und Giftdrüsen. HASE[6] untersuchte die Schlupfwespen *Habobracon juglandis* ASCHMED und *Lariophagus distinguendus* FOERST. Der unter dem Mikroskop als klare helle Flüssigkeit erkennbar aus dem Giftstachel hervortretende *Gifttropfen* entspricht einer Menge von 0,0003 ccm[7], der *Gesamtgiftvorrat* einer Schlupfwespe beträgt etwa 0,01 mg (= dem 109. Teil des Körpergewichts). Bereits 0,00068 mg Gift *lähmt* (curareartig?) die angestochenen Beutetiere (Raupen), der *Kreislauf kann* bei den völlig gelähmten Tieren bis zu 52 Tagen, bei 4—5° C sogar *bis zu* $5^1/_2$ *Monaten intakt bleiben.* Ganz ähnlich versetzt das Gift des Weibchens von *Pompilus* die angestochenen Spinnen in einen monatelangen *Lähmungszustand* (FLURY[8]).

b) Lepidoptera, Schmetterlinge.

Behaarte *Raupen von Schmetterlingen* haben am Grunde der Haare Drüsen, deren *Sekret* sich in den hohlen Haaren ansammelt. Die mit dem Gift der Tiere behafteten Haare können, mit dem Wind verweht, bei Tieren und beim Menschen Vergiftungserscheinungen hervorrufen. Hierbei steht die *örtliche Reizwirkung,* insbesondere auf die Schleimhäute des Auges und der oberen Luftwege, im Vordergrund.

Für das *Raupengift* ist *Cantharidinähnlichkeit* zwar behauptet, aber nicht bewiesen worden. Vielmehr ist die chemische Natur des Giftes noch ungeklärt, nicht einmal die Extraktion der Gifte ist bisher gelungen (FLURY[8]).

Außer den schon bekannten Giftraupen sind inzwischen noch als giftig befunden worden: *Euproctis chrysorrhoea* = Goldafterraupe (PAWLOWSKY und STEIN[9]), *Euproctis flava* (SAITO[10]), *Hemerocampa leucostigma* = Büschelmotte (GILMER[11]) und *Dendrolimus spectabilis* (WADA[12]). Übereinstimmend werden die Wasserlöslichkeit des wirksamen Prinzips und die bereits bekannten Vergiftungserscheinungen angegeben. WADA hat 98000 Raupen verarbeitet, das Gift aus der wässerigen Lösung mit absolutem Alkohol gefällt. Ameisensäure, Cantharidin, hämolytische Wirksamkeit waren nicht vorhanden.

c) Coleoptera, Käfer.

Lytta vesicatoria L., *Spanische „Fliege“*, Pflasterkäfer. Sein im *Blut,* in den *Drüsen der männlichen Geschlechtsorgane* und in den *Eiern* enthaltenes Gift, das *Cantharidin,* ist chemisch als einziges Käfergift und pharmakologisch am besten von allen Käfergiften erforscht. *Chemie*: Das *Cantharidin* ist von GADAMER[13] in

[1] WEICHARDT, W.: Dtsch. med. Wschr. **1937**, 1405.
[2] SCHWAB, R.: Ärztl. Korresp. **1935**, H. 11 — Münch. med. Wschr. **1934**, 793.
[3] DIRR, K., u. H. GRAEBER: Klin. Wschr. **1936**, 1483.
[4] KELLER, W.: Praxis, schwz. Rundschau f. Med., Bern **1936**, Nr 50.
[5] FOERSTER, A.: The Internat. Bulletin f. Econom. a. publ. Hyg. **1937**, A 36 S. 132.
[6] HASE, A.: Biol. Zbl. **44** Nr 5 (1924).
[7] Verhältnis zum Bienengifttropfen (0,0125 ccm) wie 1 : 40.
[8] FLURY, F.: Handb. d. norm. u. path. Physiol. **13**, 102 (1929).
[9] PAWLOWSKY, E. N., u. A. STEIN: Z. Morph. u. Ökol. Tiere **9**, 41 (1927).
[10] SAITO, J.: Jap. J. Dermat. **30**, 230 (1930); ref. Ber. Physiol. **56**, 207 (1930).
[11] GILMER, P. M.: J. of Parasitol. **10**, 80 (1923).
[12] WADA, H.: Jap. J. Dermat. **25**, 646 (1925); **26**, 230 (1926); beide ref. Ber. Physiol. **37**, 240, 911 (1926).
[13] GADAMER, J.: Arch. Pharmaz. **255**, 277 (1917); **258**, 171 (1920); **260**, 199 (1922) — Lehrb. d. chem. Toxikol., S. 412. Göttingen 1924.

seiner Konstitution aufgeklärt und die von GADAMER aufgestellte *Strukturformel* durch v. BRUCHHAUSEN[1] bestätigt worden. *Cantharidin* $C_{10}H_{12}O_4$ (F.P. 218°) ist ein *Säureanhydrid*, ein *Derivat einer Cyclohexandicarbonsäure*. Durch Alkalien wird es in die wasserlöslichen Salze der *Cantharidinsäure* verwandelt. *Cantharidin* selbst ist schwer löslich in Äther, Benzol, Chloroform, wenig löslich in Alkohol, fast unlöslich in Wasser, dagegen leicht löslich in Aceton, konz. Ameisensäure und Schwefelsäure.

```
    CH  CH₃
      /
H₂C/|\C—C=O
   |O|   >O
H₂C\|/C—C=O
    CH  \
        CH₃
```

Cantharidin kommt außer in den bei FAUST bereits aufgezählten Käferarten noch vor: in *Horia Debyi* FAIRM (besonders in den Eiern) und in *Cissites maxillosa* nach VAN ZYP[2]. FLURY[3] nennt noch Mylabris-, Meloe-, Pseudomeloe- und Pyrota-Arten.

Bestimmte Käfer und ihre Larven, aber auch andere Insekten, vermögen (zur Verteidigung) reflektorisch Blut auszuspritzen, das Cantharidin oder cantharidinartig wirkende Reizstoffe enthält (PAWLOWSKY[4]).

Pharmakologie und Toxikologie des Cantharidins. An neuen Ergebnissen ist hier zunächst nachzutragen, daß das *Cantharidin* nach MACHT[5] schon in der Konzentration 1:50000 das Wachstum von Lupinenkeimlingen (Lupinus albus) völlig hemmt.

Nach HEUBNER[6] ist *Cantharidin kein Capillargift*, sondern ein *reines Zellgift*; das zeigt sich auch an der Hauptwirkung des Cantharidins, der *nierenschädigenden* Wirkung. Cantharidin führt zu völligem *Untergang des Kanälchensystems mit Fetteinlagerung*, mithin zu *degenerativen* Vorgängen, die stärker als die nach $HgCl_2$-Vergiftungen sind (BORNSTEIN und KERB[7]). Für die zellzerstörende Wirkung des Cantharidins spricht ferner der erhöhte Reststickstoffgehalt der Gewebe (ISHIYAMA[8]), der von WICHERT, JAKOWLEWA und POSPELOW[9] auf den gesteigerten Eiweißzerfall durch das Cantharidin zurückgeführt wird. Bei der *Cantharidinnephritis* des Kaninchens ist nach HARA[10] der Ammoniakgehalt des Harns bedeutend vermehrt.

Vergiftungen mit Cantharidin können *auch* durch Resorption *von der Haut aus* zustande kommen, wie in dem von WYSOCKI[11] beschriebenen Fall, wo aus Versehen Ungt. canthar. pro usu veterinario bei einer Krätzekur zur Anwendung gekommen war und eine schwere, aber nicht tödliche Vergiftung hervorrief. Weitere nicht tödliche Vergiftungen durch Cantharidin mit typischen Symptomen sind neuerdings von CZERWONKA[12] und von STARY[13] mitgeteilt worden.

Paederus fuscipes CURT., ein im Wolgagebiet vorkommender Käfer, enthält nach PAWLOWSKY und STEIN[14] im *Blut* und in den *Geschlechtsorganen*[15] einen Giftstoff, der beim Menschen durch Eindringen in die verletzte Haut (sonst unwirksam) oder nach intracutaner Zufuhr *langanhaltende bläschenförmige Dermatitis*

---

[1] v. BRUCHHAUSEN, F., u. H. BERSCH: Arch. Pharmaz. **266**, 697 (1928).
[2] VAN ZYP, Z.: Pharmaz. Weekbl. **1922**, 285.
[3] FLURY, F.: Zit. S. 1. [4] PAWLOWSKY, E. N.: Zit. S. 1.
[5] MACHT, D.: Proc. Soc. exper. Biol. a. Med. **25**, 592 (1928).
[6] HEUBNER, W.: Naunyn-Schmiedebergs Arch. **107**, 129 (1925).
[7] BORNSTEIN, A., u. J. KERB: Biochem. Z. **126**, 120 (1921).
[8] ISHIYAMA, N.: Z. exper. Med. **63**, 707 (1928).
[9] WICHERT, M., A. JAKOWLEWA u. S. POSPELOW: Z. klin. Med. **101**, 173 (1925).
[10] HARA, M.: Mitt. med. Fak. Tokyo **30**, 463, 517 (1923).
[11] WYSOCKI, K.: Wien. klin. Wschr. **1932**, 964 — Slg. von Vergiftungsfällen **4** (A. 371), 207 (1933).
[12] CZERWONKA, H.: Slg. von Vergiftungsfällen **3** (A. 244), 163 (1932).
[13] STARY, Z.: Slg. von Vergiftungsfällen **7** (A. 614), 117 (1936).
[14] PAWLOWSKY, E. N., u. A. STEIN: Rev. russ. d'Entomol. **20**, 155 (1926) — Arch. Schiffs- u. Tropenhyg. **31**, 271 (1927) — Z. Parasitenkde **1**, 476 (1928).
[15] In den Geschlechtsorganen der weiblichen Tiere ist mehr Gift enthalten als in denen der Männchen.

erzeugt. Da der Giftstoff nicht nur in Alkohol, sondern auch in Chloroform sehr gut löslich ist, kann es sich *nicht* um *Cantharidin* handeln; gegen Cantharidin spricht auch die Art der Hautschädigung, die in erster Linie die Cutis und nicht die Epidermis betrifft.

Paederus idae SCHARP erzeugt mit seinem *cantharidinähnlich wirkenden Gift* (die gute Löslichkeit in Äther und Chloroform *spricht gegen Cantharidin*) eine *typische Dermatitis linearis*. Das Gift befindet sich auch hier vornehmlich im *Blut*, im Juli sind die Käfer am giftigsten, der Giftgehalt der Weibchen ist größer als bei den Männchen. Außerdem fand sich noch ein wasserlöslicher eiweißartiger Stoff mit *Hämolysewirkung* (ITO[1]). Bei *Paederus idae* LEWIS (Formosa) fand MIYAMOTO[2] ein ganz ähnlich wirkendes, gut alkohollösliches Gift.

d) Orthoptera, Geradflügler.

Blatta orientalis L. (= Periplaneta orientalis BURM). Die *chemische Natur* der wirksamen Substanz der *Küchenschaben* ist *nicht bekannt*, die behauptete Ähnlichkeit oder gar Identität mit Cantharidin ist unbewiesen und unwahrscheinlich. Die früher therapeutisch ausgenützte *diuretische* Wirkung ist neuerdings von VARTIAINEN, TOLVI und VIRTANEN[3] in Versuchen an Kaninchen zwar bestätigt worden, aber *verhältnismäßig schwach*, auch nach parenteraler Zufuhr.

PAWLOWSKY[4] fand, daß ein Speicheldrüsenextrakt von *Blatta orientalis*, in die zuvor geritzte Haut des Menschen gebracht, entzündungserregende Wirkung hat. Die unverletzte Haut wird nicht beeinflußt.

e) Diptera, Zweiflügler.

In diese mehr als 40000 Arten umfassende Ordnung der Insekten gehören die vielen *stechenden Insekten*, wie *Mücken*, *Bremsen*, *Kriebelmücken*, welche mit ihren *Stechwerkzeugen* die menschliche Haut an- oder durchbohren, um Blut zu saugen, und zwar stechen fast durchweg nur die Weibchen. Hierbei dringen die Giftstoffe des Speichels und anderer Sekrete in die gesetzte Wunde und verursachen die mehr oder weniger starken Folgen der „*Insektenstiche*“[5].

Von HECHT[6] werden die Hautreaktionen auf Insektenstiche beim Menschen als *allergische* Erscheinungen aufgefaßt. Das *Gift* befindet sich im *Speichel*, über die *Natur* des Giftes ist noch *wenig bekannt*.

Bei *Anopheles*-, *Culex*- und *Aëdes*-Arten läßt sich mit dem Inhalt der Speicheldrüsen, aber auch der Oesophagusdivertikel, eine *örtliche Reizwirkung* nachweisen, der Giftstoff wird durch Eintrocknen nicht abgeschwächt (MANALANG[7]). Ähnlich liegen die Verhältnisse bei *Culex* (PAWLOWSKY[8]).

Das Gift der Speicheldrüsen von *Aëdes Aegypti* ist nach MCKINLEY und DOUGLASS[9] *hitzebeständig*, monatelang wirksam, hat keine Antigeneigenschaften, wirkt *nicht hämolytisch* und hemmt nicht die Blutgerinnung.

---

[1] ITO, J.: Fukuoka-Ikwadaigaku-Zasshi **26**, Nr 2, 20, Nr 7, 72 (1933); **27**, Nr 5, 59, 60 (1934); ref. Ber. Physiol. **73**, 384; **75**, 384; **83**, 686, 687.

[2] MIYAMOTO, S.: J. med. Assoc. Formosa **33**, 901 (1934); ref. Ber. Physiol. **83**, 480.

[3] VARTIAINEN, A., A. TOLVI u. S. VIRTANEN: Acta Soc. Med. fenn. Duodecim A **16**, H. 1, Nr 7, 1 (1933).

[4] PAWLOWSKY, E. N., u. A. STEIN: Arch. f. Dermat. **162**, 611 (1931).

[5] Stechende Insekten gibt es auch in anderen Ordnungen der Insekten, wie die Wanzen unter den Rhynchota, die Flöhe unter den Aphaniptera usw. Hier soll nur das Allgemeine zu den Folgen des Insektenstiches gesagt werden.

[6] HECHT, O.: Dermat. Wschr. **1929 I**, 793, 839 — Zool. Anz. **87**, 94, 145, 231 (1930).

[7] MANALANG, C.: Philippine J. Sci. **46**, 39 (1931).

[8] PAWLOWSKY, E. N., u. A. STEIN: Z. Parasitenkde **1**, 484 (1928).

[9] MCKINLEY u. DOUGLASS: Proc. Soc. exper. Biol. a. Med. **26**, 806 (1929); **27**, 845 (1930).

Das Gift der *Simuliiden* = *Kriebelmücken* untersuchten noch FLURY, STEIDLE und MOSCHEL[1]. Das in den Speicheldrüsen vorkommende Gift von *Boophthera sericata*, *Odagma ornata*, *Simulium argyriatum* und *Wilhelmia equina* ist wasserlöslich, in organischen Lösungsmitteln unlöslich, kochbeständig und wirkt *örtlich stark reizend* sowie resorptiv in erster Linie *lähmend* auf das *Atemzentrum*, *schädigt* aber auch die *Kreislauforgane*. Am Froschherzen wirken die Gifte ähnlich wie Digitalis und Gallensäuren. Beim *Kaninchen* treten nach der intravenösen Einspritzung erst *Krämpfe*, dann Lähmungserscheinungen auf.

Die Stiche der Simuliiden sind zunächst schmerzlos, erst nach mehreren Stunden bilden sich die örtlichen Reizerscheinungen aus (FLURY[2]).

Die im Oesophagus des mongolischen Rindes lebenden *Hypoderma-Larven* enthalten nach TERADO und ONO[3] sowie ONO[4] ein wasserlösliches, durch Alkohol und Äther fällbares, in getrocknetem Zustande haltbares, in Lösung durch Kochen zerstörbares Gift. Dieses „*Hypodermatoxin*" soll den Globulinen nahe stehen und wirkt *proteolytisch*, ein Anteil des Giftes verhindert die Fibrinogengerinnung, ein anderer aktiviert das Serozym. Bei parenteraler Zufuhr am Kaninchen kommt es zu starker Gewebseinschmelzung in der Umgebung der Injektionsstelle. Intravenös eingespritzt führt das Gift beim Kaninchen unter *anaphylaktischen* Erscheinungen zum Tode.

Vermes, Würmer.

Bei den Würmern finden sich *Giftdrüsen*, die mit den *Mundwerkzeugen* (an besonderen Einrichtungen sind Saugnäpfe, Haken und Rüssel zu nennen) in Verbindung stehen; ferner *Speichel-*, *Oesophagus- und Hautdrüsen mit giftigem Sekret*. Bei einzelnen Wurmarten (unter den Turbellarien, Nemertinen und marinen Polychaeten) kommen *Nesselvorrichtungen* und dolchartige Giftapparate vor.

Die parasitisch lebenden Würmer, insbesondere die *Eingeweidewürmer*[5], liefern in den Produkten ihres *anoxybiotischen Stoffwechsels* sowie beim Zerfall ihrer Leibessubstanz *sehr wirksame Giftstoffe*.

1. Plathelminthes, Plattwürmer.

a) Trematodes, Saugwürmer.

Die Giftstoffe von **Distomum hepaticum L.** = *Fasciola hepatica*, Leberegel, und *Distomum lanceolatum*, Lanzettegel, wurden eingehend von FLURY und LEEB[6] untersucht. Die Ausscheidungen dieser Würmer (es wurden mehr als 5000 Tiere verarbeitet) enthalten Gase, z. B. viel CO_2, Spuren von H_2S und, nur während der Verdauungszeit, reichlich NH_3, weiter *niedere Fettsäuren*, insbesondere *Buttersäure*, ferner in den ersten Stunden Hämoglobin, Oxyhämoglobin, Methämoglobin, Gallenfarbstoffe, koaguliertes Eiweiß, Albumosen und Peptone.

Die *toxische Wirkung* der aus den getrockneten Exkreten hungernder Leberegel bereiteten Auszüge zeigte sich nach subcutaner Einspritzung in *starken örtlichen Reizerscheinungen* (Schmerzen, Schwellungen, Ödembildung), während intravenöse Injektion am Hund allgemeine Mattigkeit, Nahrungsverweigerung

---

1 FLURY, F., H. STEIDLE u. H. MOSCHEL: Zit. bei STEIDLE, Naunyn-Schmiedebergs Arch. **119**, 52 (1927) — Verh. dtsch. pharmak. Ges. Düsseldorf 1926.

2 FLURY, F.: Zit. S. 1.

3 TERADA, B., u. S. ONO: Contrib. Mukden Inst. inf. Dis. Animals **2**, 191 (1932); ref. Ber. Physiol. **72**, 765 (1933).

4 ONO, S.: Contrib. Mukden Inst. inf. Dis. Animals **2**, 199, 217 (1932); ref. Ber. Physiol. **72**, 765—766 (1933).

5 Siehe auch L. SZIDAT u. R. WIGAND: Leitfaden der einheimischen Wurmkrankheiten des Menschen. Leipzig 1934.

6 FLURY, F., u. F. LEEB: Klin. Wschr. **1926**, 2054.

und nicht selten Temperaturanstieg um mehrere Grade hervorrief. Bei Kaninchen treten diese Störungen nicht auf, hier stellt sich nach kurzer Zeit *Anämie* (Abnahme der Erythrocytenzahl *und* des Hämoglobins), *Leukocytose* und, allerdings nicht regelmäßig, *Eosinophilie* ein. Die Ausscheidungen haben nur schwache *hämolytische* Wirkung, während die Auszüge aus der Leibessubstanz, die im übrigen am Kaninchen örtliche Reizwirkung, Rötung und Lidschwellung erzeugen, nicht hämolysierend wirken. Die *Leberschädigung* durch Distomumarten beruht entgegen der bisher in der Literatur vertretenen Anschauung nur zu einem kleinen Teil auf mechanischen Störungen (Verstopfung der Gallengänge usw.), sondern ist *in erster Linie toxisch* bedingt.

Die Befunde von FLURY und LEEB zeigen, daß bei *Distomum* bezüglich der toxischen Wirkung ganz ähnliche Verhältnisse bestehen wie bei den schon früher daraufhin untersuchten darmschmarotzenden Würmern (s. FAUST, dies. Handb. II_2, S. 1912—1917). Die Distomumarten enthalten somit *keineswegs nur einen einzigen spezifischen Giftstoff*, sie vergiften den Wirtskörper vielmehr mit einer *ganzen Reihe verschiedenartiger, toxisch wirkender Substanzen*, die zum Teil aus zerfallenem Gewebe stammen, zum Teil von den Würmern selbst gebildet werden.

b) Cestodes, Bandwürmer.

Dibothriocephalus latus L., der breite Bandwurm oder Hechtbandwurm des Menschen, ist nach neueren helminthologischen Untersuchungen von VOGEL[1] in den ostpreußischen Fischerdörfern der Haffgegenden außerordentlich verbreitet: 36% aller Kinder, fast 100% aller Erwachsenen sind Bothriocephalusträger. VOGEL hat aber in den befallenen Gegenden *nie eine echte Bothriocephalusanämie* gesehen. Es wird vermutet, daß der dauernde Genuß roher Fischleber (Quappe), wodurch der Wurm auf den Menschen übertragen wird, mit ihrem antianämischen Wirkstoff das Zustandekommen der Bothriocephalus-Anämie verhindert oder wenigstens antagonistisch beeinflußt. Hierzu stimmt der Befund von SEYDERHELM[2], daß bei Bothriocephalus-Anämie die Lebertherapie, allerdings nur symptomatisch, sehr wirksam ist.

Das *Bothriocephalin* von SEYDERHELM[3] kann *nicht mehr* als der anämisierende Faktor des Bandwurms angesehen werden. NYFELDT[4] konnte jedenfalls mit genau nach der Vorschrift von SEYDERHELM dargestelltem Bothriocephalin eine experimentelle *Anämie nicht* erzeugen, wohl aber mit 2 verschiedenen Fraktionen eines wässerigen Extraktes aus Bothriocephalus (der *eine* Anteil war die *Alkoholfällung* des Extraktes, der *andere* stammte aus der *alkohollöslichen* Fraktion). Allerdings war tägliche intravenöse Injektion in steigenden Dosen notwendig, um eine Anämie zu erzeugen, die nach dem Blutbild und wegen der Unwirksamkeit der Lebertherapie bei dieser Anämie keineswegs einer Perniciosa vergleichbar ist (KINGISEPP[5]). Nach KINGISEPP handelt es sich um eine *regenerative Anämie*, die in gleicher Weise mit analog aus Kalbsleber hergestellten Extrakten zu erzeugen war und von KINGISEPP als *proteotoxische* bzw. bakteriotoxische Anämie angesehen wird, zumal in Bothriocephalusextrakten von BECKER, HELANDER und SIMOLA[6] Colitoxine nachgewiesen sind.

Es ist meines Erachtens überhaupt zweifelhaft, ob das bisher benutzte Vorgehen, Auszüge aus der gesamten Leibessubstanz parenteral und dazu noch

---

[1] VOGEL, H.: Dtsch. med. Wschr. **1929**, 1631.
[2] SEYDERHELM, R.: Verh. dtsch. Ges. inn. Med. München **1928**, 315.
[3] SEYDERHELM, R.: Dtsch. Arch. klin. Med. **126**, 95 (1918).
[4] NYFELDT, A.: Fol. haemat. (Lpz.) **42**, 129 (1930); **44**, 184 (1931).
[5] KINGISEPP, G.: Naunyn-Schmiedebergs Arch. **170**, 733 (1933).
[6] BECKER, G., E. HELANDER u. P. SIMOLA: Z. exper. Med. **48**, 204 (1926).

intravenös zu verabreichen, zur Entscheidung der Anämiefrage führen kann, da ja in Wirklichkeit bei der Resorption des fraglichen Anämiegiftes aus dem Darm ganz andere Verhältnisse vorliegen.

Ob nur kranke oder abgestorbene Würmer das Anämiegift enthalten und an den Wirtskörper abgeben, ob die lebenden Würmer, was durchaus verständlich wäre, einen sehr wechselnden Giftgehalt haben und ob, wie es scheint, eine besondere Empfänglichkeit des wurmtragenden Menschen für das Zustandekommen der Anämie unerläßlich ist, sind Fragen, die sämtlich noch nicht einwandfrei geklärt sind. Mit der Präcipitinreaktion ist zwar festgestellt worden, daß bei an Bothriocephalus-Anämie erkrankten Menschen das Blut Stoffe des Wurmes enthält; über die Natur dieser Substanzen wissen wir bisher nichts (Strasburger[1]).

Durch **Taenia solium,** den bewaffneten Bandwurm des Menschen (Schweinebandwurm), verursachte *perniciosaartige Anämien* sind von Reckzeh und Naegeli[2] mitgeteilt worden.

Taenia Echinococcus. Das parenteral Urticaria hervorrufende Gift der Hydatidenflüssigkeit *dialysiert* nach Lemaire und Derrien[3] *nicht*, kann also nicht an den Albuminen hängen. Das Gift wird durch Alkohol gefällt, durch Wasser wieder gelöst, ist *hitzebeständig* und wird zur Gruppe der *Polypeptide* gerechnet.

Nach Giusti und Hug[4] bewirkt die *Hydatidenflüssigkeit* (auch Extrakte der Membranen) bei subcutaner Einspritzung an Kaninchen, Meerschweinchen und Hunden einen schweren Shock mit sehr schnell einsetzender und brüsker Blutdrucksenkung. Histamin ist nicht vorhanden.

c) Nemertini, Schnurwürmer.

Vorwiegend *Meereswürmer* von sehr verschiedener Größe. Einige Gattungen (Amphiporus, Tetrastemma, Nemertes) haben an der Spitze des vorstreckbaren Rüssels ein *Stilett*, das zum Anstechen der mit dem Rüssel ergriffenen Beute dient. Das Sekret des drüsigen Rüsselteiles soll giftig sein. Bacq[5] isolierte aus den Geweben von *Amphiporus-* und *Trepanophorus-*Arten ein Alkaloid „*Amphiporin*", das chemisch und pharmakologisch der *Nicotin*gruppe anzugehören scheint.

Amphiporin dialysiert, ist löslich in Äther, leicht löslich in Alkohol und Chloroform, unlöslich in Aceton; es ist kochbeständig sowie stabil in saurer, neutraler und alkalischer Lösung; durch Cholinesterase wird es nicht beeinflußt.

Andere Nemertinen, wie die Gattung *Lineus*, enthalten ein anderes, aber ebenfalls *nicotinartig* wirkendes Gift.

d) Turbellaria, Strudelwürmer.

Über das in den *Pharynxdrüsen* und im *Hautsekret* vorkommende *Gift* verschiedener Tricladen: *Dendrocoelum lacteum, Polycelis nigra, P. cornuta, Planaria gonocephala, P. lugubris* und *Bdellocephala punctata* (Pallas) sind wir durch Arndt[6] sowie Arndt und Manteufel[7] unterrichtet.

Auszüge der zerriebenen Strudelwürmer, besonders von *Planaria gonocephala*, wirken *hämolysierend* auf Hammel- und Meerschweinchen-Erythrocyten. Am isolierten *Froschherzen* tritt nach Bradykardie *Stillstand in Systole* ein.

---

[1] Strasburger, J.: Handb. d. inn. Med. (Mohr-Staehelin) **3**, 2. Teil, 1106 (1918).
[2] Reckzeh u. Naegeli, zit. bei Morawitz u. Denecke: Handb. d. inn. Med. (Mohr-Staehelin) **4**, 115 (1926).
[3] Lemaire, Thiodet u. Derrien: C. r. Soc. Biol. Paris **95**, 1485 (1926).
[4] Giusti, L., u. Hug: C. r. Soc. Biol. Paris **88**, 344 (1923).
[5] Bacq, Z. M.: Bull. Acad. roy. Belge, Cl. Sci. **5**, s. 22, 1072 (1936).
[6] Arndt, W.: Zool. Anz., Suppl. **1**, 135 (1925).
[7] Arndt, W., u. P. Manteufel: Z. Morph. u. Ökol. Tiere **3**, 344 (1925).

MATTES[1] fand, daß *Planariengift* Wurmlarven, z. B. Miracidien des Leberegels, die sich auf der Suche nach einem Wirt auch bei Planarien einzubohren versuchen, nach einer vorausgehenden „Streckung" des Larvenkörpers *lähmt* und in kurzer Zeit tötet. Auch für kleine Krebsarten und verschiedene Insektenlarven ist das Planarienhautsekret giftig. Auszüge aus zerriebenen Planarien üben auf die Miracidien keine Giftwirkung aus. MATTES nimmt Aufhebung der Wirkung durch einen anderen Stoff an. Andererseits ist die Tatsache, daß der Giftstoff im Auszug der zerriebenen Würmer nicht mehr vorhanden oder mindestens nicht mehr wirksam war, außerordentlich wichtig für die Erforschung der Wurmgifte überhaupt und unterstreicht das auf S. 77 über die Taenienextrakte Gesagte sehr.

2. Nemathelminthes, Rundwürmer.

Nematodes, Fadenwürmer.

Ascaris lumbricoides, Spulwurm. Neuere Arbeiten zur Physiologie der Ascariden haben vor allem weitere Aufklärungen über den — *vorwiegend* — *anoxybiotischen Stoffwechsel der Würmer* gebracht (TORYU[2], SMIRNOW[3], KRÜGER[4]).

Chemie des Ascaridengiftes: SHIMAMURA[5] isolierte aus dem mit konzentriertem Alkohol gefällten, vom Glykogen befreiten wässerigen Ascaridenextrakt durch weitere Fällung mit Phosphorwolframsäure eine gut acetonlösliche, durch absoluten Alkohol ausfällbare Substanz „*Ascaron*", die Meerschweinchen bei intravenöser Injektion *wie Histamin* nach anaphylaktischen Erscheinungen tötet (D. l. m. 0,01 mg). Von YOSHIMURA und URASHIMO[6] wurde ebenfalls durch Fällung mit Phosphorwolframsäure eine Substanz gewonnen, die intravenös beim Kaninchen *Erythrocyten- und Hämoglobinsturz*, starke Leukocytose, insbesondere *Eosinophilie* hervorruft. BORCHARDT[7] führt die Eosinophilie durch Ascariden (u. a. Würmer) auf die Wirkung von *aliphatischen Aldehyden* zurück (s. a. SMIRNOW und GLASUNOW[8]).

Histamin ist nach EMERY und HERRICK[9] ein wesentlicher Anteil des wirksamen Prinzips von Ascaris.

EMERY und HERRICK sahen nach parenteraler Zufuhr wässeriger Ascaridenextrakte an narkotisierten Hunden und Katzen eine starke, auch von KOROPOFF[10] beobachtete *Blutdrucksenkung*, Abnahme des Milz-, Leber- und Darmvolums bei Zunahme des Extremitätenvolums. Die *Darmtätigkeit* in situ wurde ebenso *erregt* wie der isolierte Darm und Uterus.

Bei der recht verbreiteten Überempfindlichkeit der Haut gegen Ascaridensubstanzen (Extrakte) hat man nach SCHOENFELD[11] zwischen einer *Sofortreaktion* und einer *Spätreaktion* (z. B. in Form des Erythema migrans) zu unterscheiden. Sensibilisierung der vorher unempfindlichen Haut durch wiederholte intracutane Injektion ist möglich, kann aber anaphylaktische Erscheinungen (Shock, Asthmaanfälle, Urticaria) hervorrufen.

---

[1] MATTES, O.: Z. Morph. u. Ökol. Tiere **24**, 743 (1932).
[2] TORYU, Y.: Sci. Rep. Tohoku Univ. (4) **10**, 361 (1935); **11**, 1 (1936).
[3] SMIRNOW, G.: Zbl. Bakter., Abt. I., Orig. **105**, 426 (1928).
[4] KRÜGER, F.: Zool. Jb. Abt. allg. Zool. u. Physiol. **57**, 1 (1936).
[5] SHIMAMURA, T.: Transact. 6. Congr. of the Far Eastern Assoc. of trop. Med. Tokyo 1925 **1**, 337 (1926).
[6] YOSHIMURA, S., u. S. URASHIMO: Nagasaki Igakkai Zasshi **8**, 111 (1930).
[7] BORCHARDT, W.: Klin. Wschr. **1929**, Nr 13, 591.
[8] SMIRNOW, G., u. GLASUNOW: Z. Parasitenkde **1**, 174 (1928).
[9] EMERY, F., u. A. HERRICK: Amer. J. Physiol. **85**, 366 (1928); **91**, 143 (1929) — J. of Pharmacol. **35**, 129 (1929).
[10] KOROPOFF, W.: Med. Parasitol. (russisch) **4**, 281 (1935); ref. Ber. Physiol. **91**, 223 (1935).
[11] SCHOENFELD, W.: Arch. f. Dermat. **175**, 54 (1937).

Trichina spiralis. Neuere Untersuchungen über die Natur der Trichinengifte [s. FAUST, dies. Handb. II, 2, S. 1913 (1924)] scheinen nicht vorzuliegen.

FLEISCHMANN[1] berichtet über Frühsymptome, die als Lidödem und brennendes Schmerzgefühl an der Zunge und am Gaumen schon 14 Stunden nach Genuß trichinösen Fleisches auftreten können.

Die selten sporadisch auftretende *Trichinose* des Menschen ist ohne Feststellung des Blutbildes schwer zu diagnostizieren. Die hohe Eosinophilie ist ausschlaggebend. Die Hautreaktion von FÜLLEBORN ist ebenfalls gut zu verwerten (ADAMY[2]).

Ankylostoma duodenale, Hakenwurm. Eine neuere zusammenfassende Darstellung über die Ankylostomiasis (Uncinariasis) stammt von DERLING und SMILLIE[3].

In den Tropen zwischen 30 und 35° nördlich und südlich des Äquators sind immer noch 60—80% aller Menschen von *Ankylostoma duodenale* bzw. *Necator americanus* befallen, insgesamt errechnet BRUNS[4] 500000000 Erkrankte und jährlich noch Hunderttausende von Todesfällen. — Durch zweckmäßige Prophylaxe ist der Befall der Bergarbeiter und ihrer Familien im rheinisch-westfälischen Industriegebiet von 9% auf 0,07% zurückgegangen. In Lissabon sind nach REBELLO, DA COSTA und RICO[5] 50% der Straßenhunde von Ankylostoma brasiliensis, *A. duodenale* und *A. caninum* befallen.

Die durch *Ankylostoma* erzeugten *schweren, hypochromen Anämien* (SCHÜFFNER[6]) sind vorwiegend durch die starke chronische *Verblutung* infolge der durch den Wurm gesetzten Verletzungen hervorgerufen. Über die *Natur der Giftstoffe* des Ankylostoma scheinen *neuere Erkenntnisse nicht gewonnen* worden zu sein.

Der mit Ankylostoma verwandte, im Schafdarm schmarotzende Wurm *Bunostomum Trigonocephalum* produziert nach HOEPPLI und FENG[7] in seinen Oesophagusdrüsen (nicht in den Kopfdrüsen) eine die Blutgerinnung hemmende Substanz.

Oxyuris vermicularis, Madenwurm. Die Würmer enthalten *örtlich reizende* Stoffe. Wie die Ascariden scheiden sie *flüchtige Fettsäuren*, wie Buttersäure, Ameisensäure, ferner *Aldehyde*, aus.

Wie weit resorptive Vergiftungen in Betracht kommen, ist noch nicht sicher ermittelt, NONEY[8] will Gifte der Oxyuren für die Entstehung von Neuritis optica verantwortlich machen, da bei einem solchen Fall nach Abtreibung der Würmer die Neuritis optica ausheilte. Andererseits können bei einer großen Zahl von Würmern im Darm durch die Abtötung der Tiere besonders viele Giftstoffe *auf einmal* frei werden.

Anguillula anguillula, Essigaal, scheint nach neueren Berichten nicht harmlos zu sein, wie bisher angenommen wurde. HEMSEN[9] teilt zwei durch Anguillula bedingte Fälle von *perniziöser Anämie* mit.

Nach TEITGE[10] kommt es bei *Anguillulosis*, die im Ruhrgebiet stark im Zunehmen begriffen ist, zu *hochgradiger Eosinophilie* (40—50—80%!) und zu starker *Abnahme des Hämoglobins* bis auf 50, ja selbst 30% herunter. Die *Giftstoffe sind unbekannt.*

---

[1] FLEISCHMANN, P.: Dtsch. med. Wschr. **1930**, 648.

[2] ADAMY, G.: Münch. med. Wschr. **1928**, 1591.

[3] DERLING u. SMILLIE: Bibliogr. of Hookworm-Disease **1927**, Nr 14 Monogr. Rockefeller Foundation, New York.

[4] BRUNS, H.: Dtsch. med. Wschr. **1937**, 1455.

[5] REBELLO, S., G. DA COSTA u. T. RICO: C. r. Soc. Biol. Paris **98**, 475, 993 (1928).

[6] SCHÜFFNER: Vortr. 8. Tagg. Ges. f. Verdauungs- u. Stoffwechselkrankh. Amsterdam 12.—14. 9. 1928 (s. Münch. med. Wschr. **1928**, 1821).

[7] HOEPPLI, R., u. L. C. FENG: Arch. Schiffs- u. Tropenhyg. **37**, 176 (1933).

[8] NONEY, T.: Klin. Mbl. Augenheilk. **80**, 674 (1928).

[9] HEMSEN, zit. bei MORAWITZ u. DENECKE: Handb. d. inn. Med. (MOHR-STÄHELIN) **4**, 115 (1926).

[10] TEITGE, H.: Klin. Wschr. **1928**, 1687.

Echinodermata, Stachelhäuter.

Untersuchungen über die Giftstoffe der *Seeigel* und *Seesterne* sowie der *Holothurien* (*Seewalzen*) scheinen in neuerer Zeit kaum durchgeführt worden zu sein. Im übrigen wird auf FLURY[1] verwiesen.

HOLTZ, KUTSCHER und THIELMANN[2] haben in einem Seeigel das als Pflanzenbase schon längst bekannte *Trigonellin* (= Betain der Nicotinsäure) nachgewiesen.

Spongiae, Schwämme, und Cnidaria, Nesseltiere.

1. Spongiae, Schwämme.

Während die bekannte Gewerbekrankheit der Schwammfischer nicht durch Schwämme, sondern durch Nesseltiere, insbesondere durch Actinien, bewirkt wird, ist es fraglich, ob an den lokalen Reizwirkungen und Hautschädigungen, die durch Berühren besonders der in tropischen Meeren lebenden *Kieselschwämme* zustande kommen, lediglich die mechanische Wirkung der Schwammskeletspitzen Schuld trägt, oder ob daran nicht noch Giftstoffe der Schwämme beteiligt sind.

Nach älteren, bei FAUST[3] nicht berücksichtigten Untersuchungen von RICHET[4] enthält der *Meereskieselschwamm Suberites domuncula* eine aus dem Preßsaft der Tiere mit Alkohol ausfällbare Substanz „*Suberitin*“, die nach intravenöser Zufuhr an Hunden Erbrechen sowie an Hunden und Kaninchen Durchfälle, Dyspnoe und Senkung der Körpertemperatur bewirkt.

Aus mehreren *Süßwasserschwämmen*: *Spongilla lacustris L.*, *Spongilla fragilis* LEIDY, *Ephydatia fluviatilis* L. und *Ephydatia mülleri* LIEBERKÜHN gewann ARNDT[5] ein hitzebeständiges, *hämolytisch* wirkendes, das isolierte *Froschherz lähmendes* Gift, das bei Mäusen und Meerschweinchen nach intraperitonealer Zufuhr Durchfälle, *Atemnot und allgemeine Lähmung* erzeugt. Die Giftstoffe werden als Stoffwechselprodukte der Schwämme angesehen.

HOLTZ[6] sowie ACKERMANN, HOLTZ und REINWEIN[7] isolierten aus dem *Riesenkieselschwamm Geodia gigas* die Stoffe *Agmatin*, *Guanidin*, *Methyladenin*, *Dimethylhistamin*, *Betain* und *Eledonin*.

2. Cnidaria, Nesseltiere.

(*Coelenterata, Hohltiere, Pflanzentiere.*)

Die neueren Untersuchungen über Nesselgifte betreffen vor allem **Adamsia palliata, Actinia equina** und **Anemonia sulcata.**

Adamsia palliata lebt in Symbiose mit dem bekannten Einsiedlerkrebs *Eupagurus prideauxii*. Dieser Krebs ist — vermutlich durch aktive Immunisierung — *praktisch giftfest* gegen das Adamsiagift, sein Serum hebt die Nesselgiftwirkung auf und wirkt auch prophylaktisch. Der nahe verwandte Krebs *Eupagurus bernardus* und die Strandkrabbe *Carcinus maenas* sind, wie alle übrigen Dekapodenkrebse, *hochgradig empfindlich* gegen das *Adamsiagift* (CANTACUZÈNE[8],

1 FLURY, F.: Handb. d. norm. u. path. Physiol. **13**, 117 (1929).
2 HOLTZ, KUTSCHER u. THIELMANN: Z. Biol. **81**, 57 (1924).
3 FAUST, E. ST.: Dies. Handb. Bd. II, 2, 1925—1928 (1924).
4 RICHET, CH.: C. r. Soc. Biol. Paris **61**, 598, 686 (1906).
5 ARNDT, W.: Zool. Jb., Abt. allg. Zool. u. Physiol. **45**, 343 (1928).
6 HOLTZ, F.: Z. Biol. **81**, 65 (1924).
7 ACKERMANN, D., F. HOLTZ u. H. REINWEIN: Z. Biol. **82**, 278 (1925).
8 CANTACUZÈNE, J.: C. r. Soc. Biol. Paris **92**, 1131, 1133 (1925).

Cantacuzène und Cosmovici[1]). Schon 0,03 ccm von 5 ccm eines von 1 Tentakelkranz von Adamsia durch Zerreiben mit Seesand in Meerwasser gewonnenen Auszuges ist für Carcinus maenas tödlich. Sofort nach der Einspritzung des Giftes tritt Muskelzittern und anschließend starke Speichelsekretion auf, die Bewegungen werden unkoordiniert, dann kommt es zu allgemeinen, sehr heftigen *tetanischen Krämpfen* (Cosmovici[2]). Meist tritt eine ganze Reihe von Krampfanfällen auf, wobei die Beugemuskeln besonders lange kontrahiert bleiben. Schließlich stellt sich *vollständige Lähmung* ein.

Die Wirkung auf die Muskeln (Cosmovici[3]) hat ihren Angriffspunkt an der contractilen Substanz, sie ähnelt der Coffeinwirkung. Bei lokaler Applikation tritt die Muskelwirkung auch an abgestoßenen Gliedern der Krebse auf, im übrigen vermag das Adamsiagift, allerdings nur nach intramuskulärer Einspritzung, das spontane Abstoßen von Gliedmaßen (*Autotomie*) hervorzurufen (Cosmovici[4]). Auf das bloßgelegte Herz von Carcinus maenas getropft, erzeugt das Adamsiatentakelextrakt Bradykardie, Abnahme der Amplituden, nach größeren Dosen Herzflimmern und unter Abnahme der Kontraktionen völlige Lähmung (Cosmovici[5]).

Auf andere Wirbellose (Coelenteraten, Echinodermen, Mollusken, Würmer) wirkt *Adamsiagift* nach Cantacuzène und Cosmovici[6] bedeutend schwächer, *Actinien* und *Cephalopoden* sind anscheinend *völlig immun*; bei dem Meereswurm *Sipunculus nudus* tritt nach mehreren Injektionen keine Wirkung mehr ein.

Adamsiagift wird durch Kochen des wässerigen Tentakelextraktes nicht zerstört, es wird an Muskel- und Nervengewebe von Krebsen adsorbiert, aber nicht durch Lipoide gebunden (Cosmovici[7]).

Auch nach Enteiweißung des wässerigen Tentakelextraktes von Adamsia durch Trichloressigsäure fanden Cantacuzène und Dambroviceanu[8] die volle Wirksamkeit. *Isoliert* ist das *wirksame Prinzip bisher nicht.*

Actinia equina erzeugt selbst nach mehr als einjährigem Aufenthalt im Aquarium sehr wirksames *Nesselgift*, das an der Haut des Menschen akut Ödem, Gefäßerweiterung und Infiltratbildung erzeugt (Pawlowsky und Stein[9]).

Anemonia sulcata liefert nach Sonderhoff[10] bei Aufarbeiten eines alkoholischen Auszuges aus den Gesamttieren eine N- und S-haltige *histonartige*, mit Quecksilberacetat quantitativ fällbare Substanz mit einem durch Dialyseversuche auf etwa 2000 geschätzten Mol.-Gew. In schwach saurer Lösung (mit Toluolzusatz) ist die Substanz praktisch unbegrenzt haltbar, dagegen hebt einstündiges Erhitzen in mineralsaurer, noch schneller in alkalischer Lösung die Giftwirkung völlig auf. Schon $^1/_2$—1 γ erzeugt bei Rana temporaria (25 g) Krämpfe. Die Substanz reizt zum Niesen und ruft bei intracutaner Einspritzung am Menschen *Brennen, Quaddelbildung und Rötung* der umgebenden *Haut* hervor, Wirkungen, die rasch vorübergehen.

Über das in seiner Natur und in seiner pharmakologischen Wirkung sich eng an das Actiniengift anschließende Gift der *Quallen* hat in neuester Zeit Thiel[11]

---

[1] Cantacuzène, J., u. N. Cosmovici: C. r. Soc. Biol. Paris **92**, 1464 (1925).
[2] Cosmovici, N.: C. r. Soc. Biol. Paris **92**, 1466 (1925).
[3] Cosmovici, N.: C. r. Soc. Biol. Paris **92**, 1230 (1925).
[4] Cosmovici, N.: C. r. Soc. Biol. Paris **92**, 1469 (1925).
[5] Cosmovici, N.: C. r. Soc. Biol. Paris **92**, 1300 (1925).
[6] Cantacuzène, J., u. N. Cosmovici: C. r. Soc. Biol. Paris **92**, 1464 (1925).
[7] Cosmovici, N.: C. r. Soc. Biol. Paris **92**, 1373 (1925).
[8] Cantacuzène, J., u. A. Damboviceanu: C. r. Soc. Biol. Paris **117**, 136, 138 (1934).
[9] Pawlowsky, E. N., u. A. Stein: Arch. f. Dermat. **157**, 647 (1929).
[10] Sonderhoff, R.: Liebigs Ann. **525**, 138 (1936).
[11] Thiel, M. E.: Erg. Zool. **8**, 1 (1935).

berichtet. Danach sind *Aurelia aurita* L. (die bekannte Nesselqualle der Nord- und Ostsee), ferner *Cyanea capillata* L., *Rhizostoma pulmo* AG., *Dactylometra quinquecirra* L. AG., *Chiropsalmus quadrigatus* HAECK., *Olindioides formosa* GOTO und *Physalia physalis* L. durch ihre starke Nesselwirkung auch für den Menschen gefährlich. Die Vergiftungserscheinungen, die nach dem „Stich" dieser Quallen auftreten, sind nicht nur die bekannten örtlichen Reizerscheinungen, wie sehr starke, brennende und mit heftigstem Juckreiz einhergehende Schmerzen und Auftreten von großen Blasen, die an Brandblasen erinnern, sondern auch resorptive, etwa 10—15 Minuten nach dem „Stich" einsetzende Symptome: Mattigkeit, „Krampf" der Muskulatur, insbesondere auch der Atemmuskeln, große Atemnot, begleitet von Angst und allgemeiner Unruhe, Schädigung der Herztätigkeit, Kopfschmerzen, Appetitlosigkeit, Erbrechen, Durchfälle, Reizung der Schleimhäute der gesamten oberen Luftwege und der Augen (Husten, Niesen, Tränen). In schweren Fällen wird der Puls frequent und schwach, es kommt dann zum Kollaps. Die Erscheinungen gehen meist nach 3—4 Stunden vorüber, einzelne Symptome, wie Stimmbandentzündung und Schwellung der Beine können länger andauern. Die beobachteten Todesfälle sind unklar und beweisen noch nicht das Quallengift als Todesursache.

Protozoa, Einzeller.

Über die *Giftstoffe der Protozoen* sind wir noch außerordentlich *schlecht* unterrichtet.

Was bis heute bekannt ist, findet sich größtenteils zusammengestellt bei FLURY[1], SCHLOSSBERGER und ISHIMORI[2] sowie bei KUDICKE[3]. Hier sollen nur einige kurze Angaben folgen.

Daß Protozoen über Giftstoffe verfügen, sehen wir nicht nur an bestimmten Wirkungen im Verlauf der durch pathogene Protozoen erzeugten Krankheiten (z. B. Malariaplasmodien, Ruhramöben, Trypanosomen und Spirochäten), sondern auch an der Tatsache, daß bestimmte Einzeller mit Giften ihre aus anderen Protozoen bestehende Beute abtöten können.

Differenzierte Giftorgane sind naturgemäß bei Protozoen nicht vorhanden, aber es finden sich bereits *gifthaltige Pseudopodien, Tentakel* und als Nesselorgane funktionierende *Trichocysten*.

Das Heliozoon *Actinophrys sol* scheidet z. B. ein *Gift* ab, das *Flagellaten tötet* (HARTMANN[4]). *Andere Protozoengifte* wirken *hämolytisch, agglutinierend* oder schädigend auf das *Nervensystem* und den *Kreislauf*.

Über die Giftwirkung der beim Menschen als Schmarotzer auftretenden *Lamblia intestinalis* und des *Balantidium coli* wissen wir so gut wie nichts. ROSENOW[5] hat auf mögliche Beziehungen zwischen Balantidiosis und der perniziösen Anämie hingewiesen.

Neuerdings berichtet BAYER[6] über Protozoengifte, insbesondere über das Vorkommen von Acetylcholin, Histamin und einer adrenalinähnlichen Substanz bei Paramaecien und nimmt eine zweckbestimmte Bildung dieser vegetativen Reizstoffe an.

---

[1] FLURY, F., in OPPENHEIMER: Handb. d. Biochem. **5**, 690 (1925) — Handb. d. norm. u. path. Physiol. **13**, 110.

[2] SCHLOSSBERGER, H., u. K. ISHIMORI: Zit. in OPPENHEIMER: Handb. d. Biochem. **1**, 312 (1924).

[3] KUDICKE, R., in MENSE: Handb. Tropenkrankh. **4**, 1, 301 (1916); 3. Aufl. **5** (1926).

[4] HARTMANN: Praktikum der Protozoologie. Jena 1921.

[5] ROSENOW: Dtsch. med. Wschr. **1928**, Nr 25, 1066.

[6] BAYER, G.: Vortrag Biol. Ges. Wien 26. IV. 1937, ref. Klin. Wschr. **1937**, Nr 32, S. 1136.

The Alkaloids of Ergot.

By

G. BARGER - Glasgow.

With 54 figures.

Introduction. The article on ergot in this Handbook (vol. II, 2, pp. 1297-1354) was written by ARTHUR CUSHNY in 1914 but not published until 1924, without further revision. Thus a gap of more than two decades has now to be filled. In this interval the number of known ergot alkaloids has increased from two to eleven or twelve, all crystalline, and a considerable insight has been gained into their chemical constitution, which can now be correlated with their pharmacological action. The discovery and commercial production of ergotamine greatly stimulated pharmacological research, not only on the properties of this alkaloid, but also on the very similar effects of ergotoxine, already dealt with by CUSHNY.

During the last few years two further alkaloids of the same type, sensibamine and ergoclavine, have been discovered, and also the water-soluble ergometrine, which differs in important respects, both chemical and pharmacological, from the other alkaloids and appears to be the substance to which the traditional obstetrical use of ergot is primarily due. At the request of the editors, an account of ergotism, more detailed than that given by CUSHNY, is now included; it is largely taken from the author's monograph on Ergot and Ergotism, London, 1931. The non-specific active constituents of ergot, such as the amines, which were dealt with in CUSHNY's article, have been omitted here.

I. Chemistry.

Constitution of the Ergot Alkaloids. The pharmacological properties of ergot are wholly (or almost wholly) due to a series of complicated alkaloids. Much light has been thrown on their chemistry during the last few years and since their chemical constitution is closely related to their pharmacological action, the former will be dealt with in some detail. When the first crystalline ergot alkaloid was obtained by the French pharmacist TANRET[1], the name ergotine was already in use for crude galenical preparations, such as that of BONJEAN, and hence TANRET named his new alkaloid ergotinine. He considered it to be the therapeutically active principle; such was indeed contained in the mother liquors of the crystalline alkaloid and was regarded by TANRET merely as amorphous ergotinine, which failed to crystallise. We now know that amorphous ergotinine was largely a separate alkaloid, isomeric with ergotinine, very much more active pharmacologically, and much more soluble in alcohol. TANRET's work was not supported by sound pharmacological experiments; since moreover ergotinine is slowly transformed into its potent isomeride ergotoxine, in acid solution at room temperature, a belief in the activity of the former alkaloid persisted for a long

[1] TANRET, CH.: C. r. Acad. Sci. Paris **81**, 896 (1875).

time, and the substance was admitted to the French Codex. Ergotinine was later encountered by DRAGENDORFF and PODWYSSOTZKI[1] and by JACOBJ[2], who respectively named it picrosclerotine and secaline; they and other pharmacologists found it to be inert, but for the recognition of the potent alkaloid their chemical technique was inadequate. We now know that the pharmacologically active alkaloids of ergot are distinguished from their inert isomerides by a high residual affinity; thus amorphous ergotoxine retains tenaciously a molecule of water and when crystallised it retains benzene or carbon bisulphide of crystallisation; the alkaloid has a high molecular weight, weak acidic as well as weak basic properties, and its salts are precipitated from aqueous solution by electrolytes. This brings about that ergotoxine salts cling firmly to amorphous acidic substances which were at one time described as active principles (sphacelinic acid of KOBERT, chrysotoxin of JACOBJ). DALE'S[3] fundamental experiments were indeed first carried out with chrysotoxin which, from its pharmacological activity, must have contained something like 2% of ergotoxine. Ergotoxine was first recognised by BARGER and CARR[4] who crystallised its phosphate, and independently by KRAFT[5], who named it hydroergotinine, because he found that a second alkaloid, with a much less soluble amorphous sulphate, could be obtained from crystalline ergotinine, and could be reconverted into it. Long regarded as the hydrate of ergotinine, ergotoxine is in reality isomeric with it (STOLL[6]).

Another potent alkaloid, ergotamine, was isolated by STOLL[7]; it should be emphasised that this alkaloid, which differs from ergotoxine only in having two methyl groups less, and resembles it very closely in pharmacological action, has not been encountered by other observers in commercial Spanish or Russian ergot, but only in ergot of rye of Hungarian origin, and ergot from a New Zeeland grass. Ergotamine can be converted into an inert isomeride ergotaminine, and this pair of alkaloids thus resembles the first pair. A fifth alkaloid was named pseudo ergotinine by SMITH and TIMMIS[8]; it is isomeric with ergotinine and ergotoxine and convertible into them; thus the first pair became a triplet.

Sensibamine was the name given to another alkaloid, the subject of a Hungarian patent, but it has been shown by STOLL[9] that this is merely an equimolecular compound of ergotamine and ergotaminine; on solution in alcohol the latter alkaloid crystallises out. Next ergoclavine was isolated, by KÜSSNER[10], from all samples of Spanish and Russian ergot examined. It is a well crystallised substance distinct from ergotamine and ergotoxine, but having a similar pharmacological action. Like sensibamine it is a molecular compound consisting however of two new isomerides, constituting a third pair of alkaloids. The inert member of this pair was isolated by SMITH and TIMMIS[11] and named ergosinine; they could convert it into the potent isomeride ergosine, and showed that when the two were crystallised together from ethyl acetate, a molecular compound results, having the properties of ergoclavine. KÜSSNER[12] also found that ergoclavine consists of two alkaloids.

[1] DRAGENDORFF, G., und V. PODWYSSOTZKI: Arch. f. exper. Path. **6**, 153 (1877).
[2] JACOBJ, C.: Arch. f. exper. Path. **39**, 85 (1897).
[3] DALE, H. H.: J. of Physiol. **34**, 163 (1906).
[4] BARGER, G., and F. H. CARR: Chem. News. **94**, 89 (1906) — J. chem. Soc. (Lond.) **91**, 337 (1907).
[5] KRAFT, F.: Arch. Pharmaz. **244**, 336 (1906).
[6] STOLL, A.: Schweiz. med. Wschr. **65**, 1077 (1935).
[7] STOLL, A.: Verh. Schweiz. Naturf. Ges. **1920**, 190.
[8] SMITH, S., and G. M. TIMMIS: J. chem. Soc. (Lond.) **1930**, 1390.
[9] STOLL, A.: Wien. klin. Wschr. **49**, 1513, 1552 (1936).
[10] KÜSSNER, W.: Mercks Jahresber. f. 1933, **47**, 5 (1934).
[11] SMITH, S., and G. M. TIMMIS: Nature **137**, 1075 (1936) — J. chem. Soc. (Lond.) **1937**, 396.
[12] KÜSSNER, W.: Z. angew. Chem. **50**, 34 (1937).

A fourth pair of isomerides has a much smaller molecular weight. Its active member was discovered almost simultaneously in four laboratories, after MOIR[1] had shown by registration of the contractions of the human puerperal uterus, that liquid extracts of ergot contain a substance differing from the alkaloids so far mentioned by the rapidity of its action after oral administration, and by its solubility in water. It was isolated and named ergometrine by DUDLEY and MOIR[2]; it does not paralyse sympathetic nerve endings, as do ergotoxine, ergotamine and ergoclavine; it was converted into its inert isomeride ergometrinine by SMITH and TIMMIS[3]. For other names applied to ergometrine and the question of nomenclature see p. 179. Quite recently a fifth pair has been described by STOLL and BURCKHARDT[4], ergocristine and ergocristinine, very similar to ergotoxine and ergotinine respectively, and isomeric with them. A molecular compound of ergocristine with ergosinine was discovered in the mother liquors from the crystallisation of ergotoxine, and this compound can be recrystallised unchanged from chloroform, benzene, ethyl alcohol or ethyl acetate; it has $[\alpha]_D^{20} + 105°$, m.p. 172—175°. On dissolving in methyl alcohol it however breaks up into its components, which may also be separated by acidifying the solution of the ergosinine-ergocristine complex in ethyl acetate with alcoholic hydrogen chloride, when ergocristine hydrochloride crystallises out. Ergocristine dissolves in 100 parts of boiling acetone and then crystallises with this solvent, of which a molecule is retained very tenaciously. (Ergotoxine crystallises from acetone only with difficulty, from a 1:5 solution.) By boiling a methyl alcoholic solution of ergocristine, it is converted into ergocristinine, having a rotation and melting point almost identical with those of ergotinine. When ergocristinine is refluxed with alcoholic phosphoric acid, ergocristine phosphate crystallises rapidly in six sided plates, quite different from ergotoxine phosphate. The writer is convinced that he encountered this phosphate in 1910; at the time he was so impressed by the difference in crystalline form between it and ergotoxine phosphate, which difference extended to the corresponding hydrochlorides, that he published[5] figures of all four salts; that of the new hydrochloride also corresponds with STOLL and BURCKHARDT's recent description of ergocristine hydrochloride.

In 1910 it was suggested that the new crystals were salts of an ethyl ester of ergotoxine, which view was later[5] disproved. No explanation was forthcoming until 1937 when STOLL and BURCKHARDT recognised the new isomeride of ergotoxine. The "ergotinine" used by the writer in 1910 must have been ergocristinine, which so closely resembles ergotinine that STOLL and BURCKHARDT indeed at first believed the two alkaloids to be identical. The chemistry of the ergot alkaloids abounds in subtleties.

An alkaloid of quite different type, ergomonamine, $C_{19}H_{19}O_4N$, has been isolated from Spanish ergot by HOLDEN and DIVER[6]; unlike the others it is not an indole derivative; little is known about its chemistry and nothing about its pharmacology.

The five pairs of interconvertible isomerides each consist of a laevorotatory alkaloid having a powerful pharmacological action, and a strongly dextrorotatory one which is almost inert. The following table gives the formulae, dates of discovery and rotations.

---

[1] MOIR, J. CHASSAR: Brit. med. J. **1932 I**, 1119.
[2] DUDLEY, H. W., and J. CHASSAR MOIR: Brit. med. J. **1935 I**, 520.
[3] SMITH, S., and G. M. TIMMIS: J. chem. Soc. (Lond.) **1936**, 1166.
[4] STOLL, A., und E. BURCKHARDT: Hoppe-Seylers Z. **250**, 1 (1937); **251**, 287 (1938).
[5] BARGER, G., and A. J. EWINS: J. chem. Soc. (Lond.) **97**, 284 (1910); **113**, 235 (1918).
[6] HOLDEN, G. W., and G. R. DIVER: Quart. J. Pharmacy **9**, 230 (1936).

Potent	$[\alpha]_D$	$[\alpha]_{5461}$	Almost inert	$[\alpha]_D$	$[\alpha]_{5461}$	Formula
Ergotoxine (1906)	—197°	—226°	⇌ Ergotinine (1875)	+365°	+466°	
			⇅ ψ-Ergotinine (1931)		+513°	$C_{35}H_{39}O_5N_5$
Ergocristine (1937)	—186°		⇌ Ergocristinine (1937)	+366°	+460°	
Ergotamine (1920)	—155°	—181°	⇌ Ergotaminine (1920)	+385°	+450°	$C_{33}H_{35}O_5N_5$
Ergosine (1936)	—161°	—193°	⇌ Ergosinine (1936)	+420°	+522°	$C_{30}H_{37}O_5N_5$
Ergometrine (1935)	— 16°	— 44°	⇌ Ergometrinine (1936)	+414°	+596°	$C_{19}H_{23}O_2N_3$

The rotations after SMITH and TIMMIS, and STOLL and BURCKHARDT. Associated with the first pair is an additional alkaloid of high dextrorotation (SMITH and TIMMIS[1]) so that there is in reality a triplet; perhaps a third isomeride may ultimately be added to the other pairs also. All these alkaloids have been crystallised, and in spite of their great complexity, the molecular formulae have been established with certainty by analysis and in most cases by the identification of all the products of hydrolysis.

Of recent years certain other alkaloids have been described, which are molecular (apparently equimolecular) complexes of a member of the ergotoxine series with one of the ergotinine series. Such are sensibamine, consisting of ergotamine + ergotaminine, and ergoclavine, consisting of ergosine + ergosinine. According to A. and L. KOFLER[2] and to STOLL and BURCKHARDT, some samples of ergoclavine yield ergosine + ergotaminine; a molecular compound of ergocristine + ergosinine has been mentioned above. The rotation of these molecular compounds seems to be approximately the mean of that of the two components, but their crystalline form is distinct; the complexes can be recrystallised from some organic solvents, but are broken up by recrystallisation from other solvents, or by chromatographic adsorption. The ergocristine-ergosinine complex has a melting point intermediate between that of its components, which, in this case at least, do not belong to the same pair. In all the cases so far discovered one of the components belongs to the physiologically potent series (ergotoxine), the other to the inert (ergotinine) series. The (laevorotatory) alkaloids of the first series are apt to crystallise as molecular compounds with a variety of solvents (for details see the individual descriptions at the end of the chemical section). The solvent is sometimes held with great tenacity even in a high vacuum. It would seem that the residual affinity which holds the solvent, can also hold a molecule of an alkaloid of the inert series; pharmacologically the residual affinity corresponds to a haptophore group. It might at first sight be thought that molecular complexes like sensibamine should have a pharmacological activity represented by the average of those of its components, but such data as are available, particularly in regard to general toxicity (p. 173) imperfectly support this view. It may be that sensibamine, ergoclavine etc. are pharmacological entities, distinct from ergotamine or ergosine. The question is one of considerable theoretical interest and deserves the attention of crystallographers, chemists and pharmacologists (see further addendum p. 219).

[1] SMITH, S., and G. M. TIMMIS: J. chem. Soc. (Lond.) **1931**, 1888.
[2] KOFLER, A., u. L.: Z. angew. Chem. **50**, 620 (1937).

Our knowledge of the constitution of the ergot alkaloids is largely due to JACOBS and CRAIG[1] and to SMITH and TIMMIS[2]. As an example it may be mentioned that ergotinine yields with aqueous alkali one equivalent each of isobutyrylformic acid $(CH_3)_2CH\cdot CO\cdot COOH$, ammonia and lysergic acid $C_{16}H_{16}O_2N_2$; with alcoholic sodium hydroxide the last two fragments remain combined as the amide of lysergic acid or ergine, $C_{16}H_{17}ON_3$. Acid hydrolysis destroys lysergic acid (which is an indole derivative) and yields one equivalent of l-phenylalanine and of d-proline. From this the equation for the hydrolysis can be deduced:

$$C_{35}H_{39}O_5N_5 + 4\,H_2O = C_{16}H_{16}O_2N_2 + NH_3 + C_5H_8O_3 + C_9H_{11}O_2N + C_5H_9O_2N.$$

The exact arrangement of the fission products is not known. The lysergic acid is certainly joined to the ammonia (because of the formation of ergine); the isobutyryl formic acid is also joined by its carboxyl group to an amino group, for on destructive distillation of ergotinine (and ergotoxine) a sublimate of isobutyryl formamide is formed (BARGER and EWINS[3]). The nitrogen in the latter amide need not, however, be that giving rise to ammonia on hydrolysis, but may be the nitrogen atom of phenylalanine. The two amino acids are joined together, for on partial hydrolysis a dipeptide has been isolated. The following tentative formulae[4] for ergotinine illustrate the points; see addendum p. 219.

```
                              OH    CH3
C15H15N2·CO|NH|CO·C·CH<
                            ..|..     CH3
                        H2C HC
                                  N : CO
I.                     H2C  C            CH·CH2·C6H5
                              H   CO|NH

                         H2C——CH2
C15H15N2·CO|NH|CO·HC       CH2
                               N
                            ...|..
                             CO·CH·CH2·C6H5
II.                          |               CH3
                             NH|CO·CO·CH<
                                             CH3
```

The hydrolytic addition of four molecules of water is indicated by dotted lines. In the first formula there are five such, but the α-α-dihydroxybutyric acid represented as being formed, would again lose a molecule of water to form the keto acid.

The only difference between ergotoxine-ergotinine and ergotamine-ergotaminine is that the latter pair gives rise to pyruvic acid $CH_3\cdot CO\cdot COOH$ instead of isobutyryl formic (= dimethyl pyruvic) acid. Ergosine and ergosinine also yield pyruvic acid, but leucine instead of phenylalanine, and this larger modification of the molecule may lead to a greater difference between the actions of ergosine and ergotamine, than between those of ergotamine and ergotoxine. Ergometrine and ergometrinine are built on a much simpler plan, for they are

[1] JACOBS, W. A., and L. C. CRAIG: J. of biol. Chem. **97**, 739 (1932); **104**, 547; **106**, 393 (1934); **108**, 594; **110**, 521; **111**, 455 (1935); **113**, 767; **115**, 227 (1936) — Science (N. Y.) **82**, 16 (1935) — J. amer. chem. Soc. **57**, 960 (1935) — J. org. Chem. **1**, 245 (1936).

[2] SMITH, S., and G. M. TIMMIS: J. chem. Soc. (Lond.) **1932**, 763, 1543; **1934**, 674; **1936**, 1440 and the papers already quoted.

[3] BARGER, G., and A. J. EWINS: J. chem. Soc. (Lond.) **97**, 284 (1910).

[4] TURNER, E. E.: Ann. Rep. chem. Soc. **32**, 351 (1935).

hydrolysed by alkali to two products only, lysergic acid and a simple amine, d-α-hydroxy-β-aminopropane or d-alaninol .

$$C_{19}H_{23}O_2N_3 + KOH = C_{15}H_{15}N_2{\cdot}COOK + NH_2{\cdot}CH(CH_3){\cdot}CH_2OH.$$

A partial synthesis of ergometrinine from its fission products has been effected by STOLL[1]) and since this can be converted into ergometrine, the synthesis applies also to the latter. Its smaller molecule explains the solubility of ergometrine in water and the difference between its action and that of the other alkaloids; the paralysis of the sympathetic and the production of gangrene evidently depend on the more complicated peptide structure. The known fission products of various ergot alkaloids are recorded in the following table:

	Ergotoxine Ergotinine	Ergotamine Ergotaminine	Ergosine Ergosinine	Ergometrine Ergometrinine
Lysergic acid	+	+	+	+
Ammonia	+	+	+	—
Hydroxy-aminopropane	—	—	—	+
d-Proline	+	+	+	—
l-Phenylalanine	+	+	—	—
l-Leucine	—	—	+	—
Dimethylpyruvic acid	+	—	—	—
Pyruvic acid	—	+	+	—

Lysergic acid is the largest and most important product of hydrolysis, the only one common to all the alkaloids and the only one of which the constitution has not yet been completely established. It and its amide ergine have each been obtained in two forms corresponding to the two series of alkaloids, the potent and the inert. The values of $[\alpha]_{5461}$ in pyridine are given below, with those of the fourth pair for comparison (SMITH and TIMMIS) and of the dihydro-lysergic acids (JACOBS and CRAIG).

Ergometrine	— 16°	⇌	Ergometrinine	+596°
Iso-ergine	+ 25°	⇌	Ergine	+635°
Lysergic acid	+ 49°	⇌	Iso-lysergic acid	+365°
α-Dihydrolysergic acid	—106°		γ-Dihydrolysergic acid	+ 33°

The ergine first obtained by SMITH and TIMMIS happened to belong to the ergotinine-ergometrinine series; the first lysergic acid of JACOBS and CRAIG however corresponded to the other series, that of ergotoxine and ergometrine. Hence the very great difference in the potency of the two series of alkaloids depends entirely on a small modification in the lysergic acid residue. This modification is reversible, for the members of each pair of alkaloids, and the two forms of ergine and of lysergic acid, are interconvertible. The modification causes a stereo-isomerism, which becomes fixed when a double bond in the two forms of lysergic acid is reduced. This is the only double bond between two carbon atoms; when it is reduced in the potent alkaloids, the reduction product e.g. dihydro-ergotoxine, yields on hydrolysis α-dihydrolysergic acid, $[\alpha]_D$ —106°; on the other hand reduction products of the inert alkaloids, e.g. dihydro-ergotinine, yield γ-dihydrolysergic acid, $[\alpha]_D$ +33° (the β-acid is yet another isomeride, discovered previously). In contradistinction to the two lysergic acids themselves, the dihydro-acids are not interconvertible. The methyl esters of the two lysergic acids show mutarotation, those of the dihydro acids do not. This behaviour is reminiscent of the mutarotation of α- and β-glucose, abolished by conversion

[1] STOLL, A.: Bull. Sci. pharmacol. **43**, 485 (1936).

of these sugars into their respective glucosides, which deprives them of a mobile hydrogen atom. Similarly reduction of the ergot alkaloids fixes a mobile hydrogen atom in the lysergic acid residue, and the inter-conversion of the alkaloids must be due to the shift of a double bond. Hydrolysis of the ergot alkaloids with potassium hydroxide results in optically active lysergic acid, but when hydrazine hydrate was used instead, STOLL and HOFMANN[1] curiously enough obtained a racemic hydrazide, that of isolysergic acid; when it is hydrolysed by potassium hydroxide, isomerisation (shift of the double bond) occurs and racemic lysergic acid (of the ergotoxine series) in obtained. When rac. isolysergic azide reacts with optically active bases, such as l-norephedrine, a mixture of amides $C_{25}H_{27}O_2N_3$ results, which is readily separated into two constituents by crystallisation. The d-amide (which incidentally may be considered to be phenylergometrinine, or stereo-isomeric with it) is hydrolysed by potassium hydroxide to (d)-lysergic acid of JACOBS. This work indicates the possibilities of synthesis of "ergot" alkaloids not occurring in nature, and the existence of a whole series derived from l-lysergic acid, corresponding to the known potent alkaloids derived from the d-acid.

Although not fully established, the subjoined formula suggested by JACOBS and CRAIG is doubtless sufficiently near the truth to illustrate the main features of lysergic acid. Rings A and B with carbon atoms 4 and 5 and the nitrogen atom at 6 constitute a tryptamine residue (derived from tryptophane). In most alkaloids containing such a residue (physostigmine, strychnine, yohimbine) the 2-position of the indole ring is substituted; in lysergic acid this position is free and so determines characteristic colour reactions given by the ergot alkaloids. Thus they give HOPKINS' and COLE's reaction for tryptophane (with glyoxylic and concentrated sulphuric acid); this reaction is also given by the alkaloid calycanthine. The great intensity of the colour reaction with p-dimethylamino benzaldehyde, used for the estimation of the ergot alkaloids, is perhaps connected with a peculiar feature, the ring closure at C_{11}, not known to occur in the alkaloids of the higher plants. The evidence for this is that on potash fusion of dihydrolysergic acid, rings A and C, together with carbon atom 9 and the indole nitrogen form 1-methyl-5-amino-naphthalene. On distillation of lysergic acid with soda lime rings C and D similarly survive as quinoline. Oxidation yields a tribasic acid $C_{14}H_9O_8N$ in which C_2, C_{12} and C_{15} form carboxyl groups, and the original carboxyl attached to C_7 is combined with N_6 to form a quinoline betaine. Apart from this evidence obtained by degradation, JACOBS and GOULD[2] find that a synthetic compound containing the carbon skeleton above assigned to lysergic acid (but lacking the double bond, the N-methyl and the carboxyl groups) gives with p-dimethylaminobenzaldehyde the same characteristic colour reaction as lysergic acid.

```
          8      7
        H2C—CH·COOH
         /        \
   9 H2C    D     N·CH3 6
         \        /
      10  C══C  5
         /        \
   11 C     C     CH2 4
    //  \          /
 12 |  A  |  B  || 3
 13 |     |     || 2
    \\  /   \  /
     14  15 NH
```

The original carboxyl group of lysergic acid is present in the alkaloids as an amide grouping. The double bond is tentatively placed between C_5 and C_{10} in lysergic acid, and is considered to have shifted in its isomeride to 9—10 or 4—5. This double bond is the most important feature of the whole molecule and further knowledge concerning it would be of great theoretical interest. Its position

[1] STOLL, A., u. A. HOFMANN: Hoppe-Seylers Z. **250**, 7 (1937); **251**, 155 (1938).
[2] JACOBS, W. A., and R. G. GOULD jr.: J. of biol. Chem. **120**, 141 (1937).

determines the optical rotation, the residual affinity and the pharmacological action which latter is doubtless closely connected with the residual affinity. It is probably no mere accident that the potent alkaloids ergotoxine, ergotamine and ergometrine crystallise with a variety of solvents, which can only be removed with difficulty on heating in a high vacuum. Nor is it an accident that the first alkaloid to be isolated, ergotinine, was inert; the residual affinity of the potent isomers, which secures their fixation on the receptors of the cell, so that the more complex are only washed out with difficulty (e.g. ergotoxine from the isolated uterus), also secures their fixation on inert ergot constituents, so that ergotoxine was not isolated until long after the discovery of ergotinine. The lysergic acid residue contains a haptophore group absent in isolysergic acid. The other residues, the rest of the molecule, may be considered to constitute pharmacophore groups, determining the nature of the pharmacological action. They are identical in ergotoxine and ergotinine; they do not act in the latter alkaloid, merely because they do not become fixed. The close similarity between ergotoxine and ergotamine, in structure as well as in action, may lead to further speculation. The chief pharmacological difference is the greater activity of ergotoxine on the heat centre; it may be that the isopropyl group of ergotoxine, represented in ergotamine merely by a methyl group, confers greater lipoid solubility on the molecule, and that this solubility is of more account in the central than in the peripheral actions of the alkaloids. Ergosine, although having an action of the same type as that of ergotamine, may be expected to resemble this alkaloid less than does ergotoxine, for ergosine differs from ergotamine in having an isobutyl group (of leucine) instead of a benzyl group (of phenylalanine). On the rabbit's uterus (BROOM and CLARK test) ergosine has twice the activity of ergotoxine and two and a half times that of ergotamine. Hence in this respect ergotoxine and ergotamine are nearer to each other than they are to ergosine, which is also so chemically. A close comparison of ergotamine and ergosine, particularly as regards their actions on the central nervous system, would seem desirable. Unless potentiation should occur, the activity of ergoclavine (and of sensibamine, if it is an equimolecular mixture) should be half that of ergosine (and of ergotamine respectively). In ergometrine the pharmacophore group is very different and so is its action.

The structure of the ergot alkaloids presents points of considerable biochemical interest. Like other ergot constituents (such as amino acids, histamine and similar amines, ergothioneine, betaine) the units from which the ergot alkaloids are built up, are all readily derivable from protein. The more complex ones contain two amino acids apiece in peptide linking; it should be noted that whereas the l-phenylalanine of the first and second pairs, and the l-leucine of the third pair are optically identical with the fission products of protein, the d-proline which is common to all three pairs is the enantiomorph of the l-proline resulting from protein hydrolysis. Butyrylformic and pyruvic acids are further closely related to valine and alanine respectively. Lysergic acid consists of a methylated tryptophane residue and a chain of five carbon atoms with a carboxyl group, which may well represent yet another amino acid residue. The hydroxyisopropylamine of ergometrine may be regarded as a reduction product of the amino acid alanine.

Extraction, Separation and Chemical Assay. Petroleum ether extracts the fatty oil somewhat imperfectly, but no alkaloid. The total alkaloids can then be removed by ether, which also extracts some of the remaining oil. FORST[1] extracts

[1] FORST, A. W.: Arch. f. exper. Path. **181**, 180 (1936).

the ergot powder, not defatted, with 0.5% hydrochloric acid contuining 15% of ethyl urethane. For assay purposes the defatted ergot powder is usually mixed with magnesium oxide. The alkaloids should be extracted from the ethereal solution by shaking with an organic acid (tartaric, citric, lactic), not with a mineral acid, which may cause precipitation of alkaloidal salts. The separation of ergotinine, ergotoxine and ergoclavine is carried out according to KÜSSNER[1], as follows: the solution of the total alkaloid in dilute sodium hydroxide gives up only ergotinine on shaking with ether; the aqueous layer is then acidified with lactic acid, after which ether removes ergotoxine, which is crystallised as phosphate; finally on making the aqueous solution alkaline with sodium carbonate, it yields ergoclavine on shaking with trichloro-ethylene. SMITH and TIMMIS extracted the total water-insoluble alkaloid of ergot with boiling benzene and shook the benzene solution with 1% sodium hydroxide. The aqueous solution, acidified to Congo red with sulphuric acid, deposited sparingly soluble sulphates (ergotoxine?) and the filtrate from these on addition of sodium bicarbonate yielded crude ergosinine, which became crystalline on mixing with a little methyl alcohol. By boiling ergosinine with phosphoric acid in acetone-alcohol, ergosine was finally obtained.

These methods of separation are based in the first place on the acidic properties of ergotoxine and ergoclavine (or ergosinine); ergotinine is not acidic. This difference in acidic properties is at present insufficiently accounted for by what has been said above about the isomerism of the lysergic acids. Ergotoxine and ergoclavine are distinguished by the weaker basic properties of the former alkaloid, which permit of its extraction by ether from a dilute solution of lactic acid (buffered by sodium lactate), which retains the ergoclavine. SMITH and TIMMIS appear to utilise the fact that ergosinine sulphate is more soluble than that of ergotoxine. Ergoclavine (ergosine and ergosinine) may well be stronger bases than ergotoxine or ergotinine, because the latter contain a phenyl nucleus (as phenylalanine) which is absent from the former. It was only their more strongly basic nature which ultimately made possible the recognition of the third pair of alkaloids; its solubilities in organic solvents are so similar to those of the first pair, that the third pair long escaped notice. The second pair, ergotamine and ergotaminine, only occur in quite special ergots, where they do not appear to be accompanied by appreciable amounts of other alkaloids. Hence they do not complicate the separation of the alkaloids according to the methods of KÜSSNER and of SMITH and TIMMIS, outlined above, which refer to Spanish and Russian ergots. The commercial source of ergotamine and sensibamine seems to be a Hungarian ergot growing on rye. Precise information as to its botanical peculiarities would be welcome. It is interesting that SMITH and TIMMIS[2] obtained ergotamine and ergotaminine and these two only, in considerable yield from ergot growing in New Zealand on *Festuca elatior*. SMITH and TIMMIS readily isolated these alkaloids by the ordinary method of Kraft, by extraction with ether, and consider that the isolation of ergotamine and ergotaminine does not depend "on the special methods of extraction upon which STOLL lays so much stress but upon the nature of the ergot." They failed to obtain these alkaloids from a large number of commercial specimens from Spain, Portugal, Russia, Poland, Scandinavia, Hungary and Czecho-Slovakia, all of which gave ergotoxine and ergotinine. It would further seem that the commercial source of ergotamine does not contain ergometrine; at least STOLL and BURCKHARDT[3]

[1] KÜSSNER, W.: Cit. p. 85.
[2] SMITH, S., and G. M. TIMMIS: Cit. p. 85.
[3] STOLL, A., et E. BURCKHARDT: Bull. Sci. pharmacol. **42**, 257 (1935).

first encountered this alkaloid (which they named ergobasine) as a byproduct in the manufacture of ergotoxine, presumably not from the same ergot used in the manufacture of ergotamine.

On account of its aberrant properties ergometrine is prepared by a different method from that used for the other alkaloids. According to DUDLEY[1] defatted powdered ergot is extracted with industrial alcohol made alkaline by the addition of concentrated ammonia. The extract is concentrated in vacuo, made slightly acid, evaporated until free from alcohol, cooled and filtered from residual fat. The aqueous concentrate is then made slightly alkaline with sodium carbonate and repeatedly extracted with chloroform; on evaporation of the latter ergometrine separates; it may best be recrystallised from 400 parts of benzene or 10 parts of ethylmethyl ketone. The yield seems to be considerably less than that indicated by the assay (see below).

The assay of the total alkaloid of ergot may be done gravimetrically, or by titration, or spectrometrically, or (most conveniently) by a colorimetric method. In any event it is necessary to obtain first a solution of the total alkaloids in acid, which solution can be used directly in the last two methods and requires further treatment, if the first two are to be applied.

The *colorimetric method* utilises the deep blue coloration given by ergot alkaloids with p-dimethylaminobenzaldehyde, in the presence of sulphuric acid (VAN URK[2]). It is an indole reaction given by lysergic acid, and hence with equal intensity by equimolecular amounts of all the alkaloids. According to SMITH and STOHLMAN[3] the blue colour is only developed fully after exposure to light for some time, but ALLPORT and COCKING[4] have shown that a trace of ferric chloride at once causes maximum colour intensity. The reagent is prepared by dissolving 0.125 g. of p-dimethylaminobenzaldehyde in a cooled mixture of 65 c.c. concentrated sulphuric acid with 35 c.c. of water; to this 0.1 c.c. of a 5% solution of ferric chloride is added. The acid solution of the alkaloids may be obtained according to the British Pharmacopoeia (1932) as follows: Defat 12 g. finely powdered ergot by percolation with petroleum ether (b.p. 40—60°). Dry the defatted drug below 40°, and mix it in a stoppered flask with 120 c.c. of pure ether. After 10 minutes add 0.5 g. light magnesium oxide suspended in 20 c.c. of water and shake the mixture at intervals during half an hour; add 1.5 g. of powdered gum tragacanth, shake vigorously (to make the ergot cake together) and filter through cotton wool. Shake 100 c.c. of the ethereal filtrate in a separating funnel with four successive 10 c.c. portions of a 1% aqueous tartaric acid solution. Remove dissolved ether from the combined acid extracts by gentle warming in a current of air and make up again with water to 40 c.c. or other suitable volume. According to the British Pharmacopoeia the standard solution for comparison is a 0.012% solution of ergotoxine ethane sulphonate in 1% tartaric acid, equivalent to 0.01% anhydrous ergotoxine. An equivalent amount of any other pure ergot alkaloid e.g. ergotinine could be used. The colorimetric estimation is made by mixing a small volume (1 c.c.) of each of the two alkaloidal solutions with twice that volume (2 c.c.) of the p-dimethylaminobenzaldehyde reagent, and comparing the colour intensities after five minutes. If these differ by more than 20% they should be brought within this limit by dilution. The colorimetric method has been used especially

[1] DUDLEY, H. W.: Pharmaceut. J. **80**, 709 (1935).
[2] VAN URK, H. W.: Pharmaceut. Weekbl. **66**, 473 (1929).
[3] SMITH, M. I., and E. F. STOHLMAN: J. of Pharmacol. **40**, 77 (1930).
[4] ALLPORT, N. L., and T. T. COCKING: Quart. J. Pharmacy **5**, 341 (1932).

by American and English authors[1] since its introduction by M. I. Smith[2] in 1930. It is a convenient, rapid and moderately accurate method, and its results agree as closely with those obtained by the method of Broom and Clark[3] and with the cock's comb method, as can be expected from the fact that the inert alkaloids behave colorimetrically like the potent. Freudweiler[4] uses vanillin instead of p-dimethylaminobenzaldehyde, which gives a more intense, red colour. Austoni[5] uses a stable colour standard prepared by mixing equal volumes of 0.025% trypan blue and 0.08% soluble Prussian blue.

The *ultra-violet absorption spectrum* of all the ergot alkaloids is very similar and, like the colour reaction, due to lysergic acid; there is a maximum at 316 $\mu\mu$ and a minimum at 272 $\mu\mu$[6]. It has been employed for assay purposes by various authors[7] and has the advantage of delicacy (a 1:500,000 solution can be estimated). The alkaloids need only be moderately purified, e.g. by extraction with ether and then with tartaric acid, as indicated above.

The *gravimetric* is the oldest assay method, introduced by Keller[8], who shook the ethereal extract with hydrochloric acid instead of tartaric acid. It was later shown that with the former a precipitate of almost insoluble alkaloidal hydrochloride may be formed, which is apt to be lost by filtration. The main difficulty in the gravimetric method is in obtaining the alkaloids sufficiently pure. It was originally recommended that their solution in acid should be made alkaline with ammonia and extracted with ether. The dried ethereal residue is however apt to contain a yellow colouring matter, which makes the results too high. The German Pharmacopoeia prescribes precipitation by sodium carbonate and filtration; this gets rid of amines and doubtless of ergometrine also, as well as of the colouring matter, which is soluble in alkali. The precipitated alkaloids should however be weighed, not titrated, because adsorbed sodium carbonate may cause a serious error (it has an equivalent weight less than one tenth of that of ergotoxine). Accurate titration seems possible by means of the micro-Kjeldahl method, whereby all five nitrogen atoms become titratable as ammonia, instead of the single basic nitrogen atom of the alkaloids; moreover the (non-nitrogenous) colouring matter does not interfere.

The above chemical and physical methods have been compared among themselves by van Pinxteren[9] and especially by Schlemmer, Wirth and

[1] Smith, M. I., and E. F. Stohlman: Cit. p. 93. — Allport, N. L., and T. T. Cocking, Cit. p. 93. — Wokes, F., and H. Crocker: Cit. below. — Van Pinxteren, J. A. C.: Cit. below. — Hampshire, C. H., and G. R. Page: Cit. p. 95. — Schlemmer, F., P. H. A. Wirth u. H. Peters: Cit. p. 95. — Swanson, E. E., C. E. Powell, A. N. Stevens and C. H. Stuart: Cit. p. 132. — Swoap, D. F., G. F. Cartland and M. C. Hart: Cit. p. 132. — Lozinski, E., G. W. Holden and G. R. Diver: Cit. p. 132. — Smith, F. A. Upsher: J. amer. pharmaceut. Assoc. **23**, 25 (1934). — Sternon, F., et Rensonnet: C. r. XII[e] Congr. Intern. Pharmacol. **1935**, 237, from Quart. J. Pharmacy **9**, 307 (1936), for use with small quantities of ergot. For a comparison with the cock's comb method see Gerlough, T. D.: Amer. J. Pharmacy **103**, 644 (1931) and Stevens, A. N.: J. amer. Pharmaceut. Assoc. **22**, 940 (1933).

[2] Smith, M. I.: U. S. Publ. Health Rep. Washington **1930**, 1466.

[3] Broom, W. A., and A. J. Clark: J. of Pharmacol. **22**, 59 (1923).

[4] Freudweiler, R.: L'ergot de seigle, ses principes actives et leurs dosages. Diss.: Zürich 1932.

[5] Austoni, M.: Boll. Soc. ital. Biol. sper. **10**, 643 (1935).

[6] Brustier, V.: Bull. Soc. Chim. biol. Paris (IV) **39**, 1538 (1926).

[7] Harmsma, A.: Diss.: Leiden 1928 — Pharmaceut. Weekbl. **65**, 1114 (1928). — van Itallie, L.: Schweiz. Apoth. Ztg. **66**, 423 (1928). — Schlemmer, F., u. H. Schmitt: Arch. Pharmaz. **270**, 15, 29 (1931). — Schlemmer, F., P. H. A. Wirth u. H. Peters: Arch. Pharmaz. **274**, 16 (1936). — Wokes, F., and H. Crocker: Quart. J. Pharmacy **4**, 420 (1931). — Allport, N. L., and S. K. Crews: Quart. J. Pharmacy **8**, 447 (1935).

[8] Keller, C. C.: Schweiz. Wschr. f. Chem. u. Pharm. **32**, 121, 133 (1894).

[9] van Pinxteren, J. A. C.: Pharmaceut. Weekbl. **1931**, 1151; **1934**, 1230.

PETERS[1]. If the weighed or titrated alkaloid has been sufficiently purified, the results agree with those of the other methods; otherwise it may be much too high; methods of extraction have been compared by LEINZINGER and KELEMEN[2].

The methods so far mentioned may take ergometrine into account incompletely, but do not estimate it separately. Yet such estimation is desirable since there is no simple biological means of assaying this therapeutic principle. A chemical assay has been suggested by HAMPSHIRE and PAGE[3] which consists in the colorimetric estimation of total alkaloid (including ergometrine) and then of the total alkaloid insoluble in water; the ergometrine content is thus found by difference. Since some of this alkaloid might be lost in the relatively large volume of water used for suspending the magnesium oxide in the process of extraction, HAMPSHIRE and PAGE mix defatted ergot (from 10 g. of the drug) with enough ether to form a semi-liquid mass, then add 2 c.c. of concentrated ammonia solution and stir with a glass rod. They allow most of the ether to evaporate and exhaust the sample in an apparatus for continuous extraction with 100 c.c. of ether during 5 hours (the results are 20% higher than by mere shaking). After making up to 120 c.c. one half of the ethereal solution is shaken with tartaric acid and the total alkaloid estimated colorimetrically, as described above. The other half (60 c.c.) is shaken with successive quantities of 20 c.c. of water made faintly alkaline to litmus with ammonia, until 1 c.c. of the aqueous layer gives no blue colour, when mixed with 2 c.c. of the dimethylaminobenzaldehyde reagent. The ethereal solution, so washed free from ergometrine, is next shaken with tartaric acid, and the water-insoluble alkaloids are determined colorimetrically. The difference between the two solutions gives the weight of ergometrine expressed as ergotoxine. The absolute weight of ergometrine is found by multiplying by 0.538 (ratio of molecular weights). The method seems reliable; added ergometrine and ergotoxine were recovered. For five samples of Spanish ergot having a total alkaloidal content, as determined by this method, of 0.206—0.245%, the ergometrine was 16, 19, 20, 20 and 24% of the total; for two Russian samples with 0.060 and 0.063% of total alkaloid, the proportion of ergometrine was 13 and 21%. It is hardly to be expected that the proportion of ergometrine should be constant but it seems to be of the order of one fifth or one sixth. The amount which can be isolated is often not more than one seventh to one tenth of the total alkaloid. For the evaluation of an ergot sample the method of HAMPSHIRE and PAGE appears to have distinct possibilities. It is the only method which attempts to discriminate between individual alkaloids, short of their actual isolation, which is of course attended with considerable loss and requires much material. By isolation KÜSSNER[4] found that the total alkaloid was distributed as follows (in percentages):

	Ergotinine	Ergotoxine phosphate	Ergoclavine	Unaccounted for
Spanish . . .	37.6	11.5	19.3	31.6
„ . . .	31.2	15.5	18.5	34.8
„ . . .	29.0	18.7	15.8	36.5
Russian. . .	45.5	10.0	19.9	24.6

The proportion is by no means constant; it has even been asserted that ergotinine does not occur in ergot as such, and is only formed during the extraction of the alkaloids. A sample of alkaloids from Hungarian ergot contained 9% ergotinine, 11% ergotoxine phosphate, 6.2% ergoclavine, 7.2% of ergotaminine

[1] SCHLEMMER, F., P. H. A. WIRTH u. H. PETERS: Arch. Pharmaz. 274, 16 (1936).
[2] LEINZINGER, M. VON, u. J. VON KELEMEN: Arch. f. exper. Path. 128, 173 (1928).
[3] HAMPSHIRE, C. H., and G. R. PAGE: Quart. J. Pharmacy 9, 60 (1936).
[4] KÜSSNER, W.: Cit. p. 85.

and 18.5% of another phosphate (ergotamine?). These results were obtained by KÜSSNER before the discovery of ergometrine which would figure in part among the alkaloid unaccounted for.

It is quite evident from the above that no close agreement can be expected between the physical or chemical determination of total alkaloid and the pharmacological assay of the active alkaloid, for instance by the method of BROOM and CLARK[1]. Allowing for the proportion unaccounted for, and for the ergoclavine being an equimolecular compound of potent ergosine with inert ergosinine, we can deduce that only 30—40% of the alkaloid would be pharmacologically active as obtained by KÜSSNER. A much closer agreement was generally found by those who have compared the results of the chemical (colorimetric) with those of the biological assay and SMITH and STOHLMAN[2] already remarked that the two relatively inactive isomers (ergotinine and ergotaminine) either do not occur in ergot as such or occur only in such small amounts as not to affect appreciably the results. It seems indeed that a large part of the ergotinine isolated by KÜSSNER was not present as such in ergot.

It may be said that the chemical methods for the determination of total alkaloid give a rough indication of the therapeutic value of a particular ergot, and that if, in addition, the amount of water-insoluble alkaloid is determined colorimetrically, a better and more direct idea is obtained of the amount of ergometrine present.

Pharmacological assay methods are discussed in the relative sections of the pharmacological part, see pp. 106, 109, 114, 115, 126, 131, 134, 187 and 188.

Physical Properties of the Ergot Alkaloids and some of their Salts.

Ergotoxine when liberated from its salts by sodium bicarbonate or borax, can be crystallised from benzene in six-sided prisms, several millimetres in length, which after drying in the air contain 21% of benzene, given off in a vacuum at 90° after very long drying and corresponding to the formula $C_{35}H_{39}O_5N_5 \cdot 2\,C_6H_6$. It begins to soften at 180° and melts very indefinitely between 190° and 200°; $[\alpha]_{5790}^{19°}$ —156° with benzene of crystallisation, —197° free from benzene, in 1% solution in chloroform. The use of strong alkalies in liberating ergotoxine leads to contamination with ergotinine and other impurities which prevent crystallisation. It is sparingly soluble in carbon bisulphide from which it separates in stout prisms on spontaneous evaporation of the solvent; it can also be crystallised from concentrated solutions in acetone. It is insoluble in light petroleum, sparingly soluble in ether, very soluble in methyl and ethyl alcohol, chloroform, acetone and ethyl acetate. Unlike ergotamine it separates amorphous when its solution in acetone is diluted with water. Ergotoxine is readily soluble in 1—3% aqueous sodium hydroxide, but not in carbonate. The phosphate $C_{35}H_{39}O_5N_5 \cdot H_3PO_4 \cdot 2\,H_2O$ crystallises from 50 parts of boiling 90% alcohol in clusters of radiating needles, m.p. 186—187°. It dissolves in 313 parts of water at room temperature, and 14 parts of boiling 90% alcohol. On shaking with water a 1% colloidal solution can be obtained, from which it is precipitated by electrolytes. The ethanesulphonate $C_{35}H_{39}O_5N_5 \cdot C_2H_5SO_3H \cdot 2\,C_2H_5OH$ forms acicular crystals decomposing at about 200°, $[\alpha]_D$ +112-122° in a mixture of 2 volumes of acetone and 1 volume of water; it is sparingly soluble in water, more so in 90% alcohol, readily in methyl alcohol. This salt is official in the British Pharmacopoeia and contains approximately 83.6% of ergotoxine.

Ergotinine is best purified by crystallisation from hot alcohol containing 10—50% of water, and forms long, thin glistening prisms, free from solvent,

[1] BROOM, W. A., and A. J. CLARK: Cit. p. 94.
[2] SMITH, M. I., and E. F. STOHLMAN: Cit. p. 93.

m.p. up to 239° (corr.) after preliminary darkening. $[\alpha]_{5790}^{19°}$ +435°, in 1% solution in chloroform. Ergotinine is insoluble in light petroleum, and dissolves at 15° in about 400 parts of ethyl alcohol, 1000 of dry ether, 90 of ethyl acetate, 25 of acetone; further in 77 parts of boiling benzene, 52 of boiling ethyl and 56 of boiling methyl alcohol; it is very readily soluble in cold chloroform. Ergotinine is insoluble in alkaline hydroxides or carbonates and no crystalline salts are known.

Ergocristine dissolves in 100 parts of hot and in 200 parts of cold acetone, in 80 parts of boiling and in 400 parts of cold benzene. It crystallises with acetone of which 1 mol is retained at 58° in a high vacuum and only given off slowly at 100°; $[\alpha]_D^{20}$ —183°; m.p. 155—157°. The hydrochloride forms flat prisms with roof-shaped end, the phosphate six-sided plates.

Ergocristinine, m.p. 214°, $[\alpha]_D^{20}$ +366°, forms long, obliquely truncated prisms and no crystalline salts.

Ergotamine is separated from ergotaminine by dissolving it in a little methyl alcohol which leaves ergotaminine behind. It crystallises particularly well from aqueous acetone in stout prisms, m.p. fairly sharp at 213—214° (corr.) after preliminary darkening, $[\alpha]_{5790}^{20°}$ —159° in a 1% solution in chloroform; it crystallises with methyl alcohol of crystallisation in pyramids, with ethyl alcohol in felted needles, with benzene in long, thin prisms; for the crystallographic properties of numerous addition compounds see KOFLER[1]; as in the case of ergotoxine, the solvent is retained tenaciously on heating in a high vacuum. It is less soluble than ergotoxine in benzene, in chloroform and in ether; readily in nitrobenzene, pyridine and dilute sodium hydroxide, not in sodium carbonate solution. It forms a *tartrate.* $2\,C_{33}H_{35}O_5N_5 \cdot C_4H_6O_6 \cdot 2\,CH_3OH$ containing 84.5% of base, a *methanesulphonate*, and a *phosphate.* The latter crystallises in leaflets, quite distinct from ergotoxine phosphate.

Ergotaminine is fairly readily soluble in chloroform and in nitrobenzene, easily in pyridine, but little in other solvents from which it crystallises readily solvent-free. It requires for instance 6400 parts of ethyl alcohol for solution at room temperature and separates from hot alcohol in characteristic thin triangular plates or five sided plates (both approximating to an isosceles triangle with an angle of about 100°). m.p. up to 252° (corr.); $[\alpha]_{5790}^{18}$ +385° in 0.5% solution in chloroform. It is insoluble in dilute sodium hydroxide or carbonates.

Ergosine crystallises readily from ethyl acetate in prisms, m.p. 228°; $[\alpha]_D^{20°}$ —161° in chloroform, +16° in acetone (both 1% solution). It is readily soluble in chloroform, fairly readily in methyl alcohol, from which it crystallises solvent-free, sparingly in ethyl acetate and in benzene. It is a stronger base than ergotoxine. The *hydrochloride* $C_{30}H_{37}O_5N_5$, HCl, $CH_3 \cdot CO \cdot CH_3$ from acetone forms diamond shaped plates m.p. 235°. It is moderately easily soluble in water, and precipitated in the amorphous state by excess of hydrochloric acid. The *hydrobromide* m.p. 230° and the *nitrate* m.p. 215° crystallise in needles with one molecule of acetone and have properties similar to those of the hydrochloride.

Ergosinine crystallises very readily from 90% alcohol, aqueous acetone, benzene and ethyl acetate in solvent-free prisms m.p. 228°, from methyl alcohol in needles, $C_{30}H_{37}O_5N_5 \cdot \frac{1}{2}\,CH_3OH$, m.p. 220°. $[\alpha]_D^{20°}$ +420° in chloroform, +380° in acetone (both in 1% solution). It is very readily soluble in chloroform (more than ergosine), readily in acetone, less in ethyl acetate and benzene, very sparingly in methyl alcohol (much less than ergosine). The hydrochloride, sulphate and nitrate are all amorphous (like the salts of ergotinine).

---

[1] KOFLER, A.: Arch. Pharmaz. **274**, 398 (1936); **275**, 455 (1937); **276**, 40, 61 (1938).

Ergoclavine was isolated from ergot by KÜSSNER in the form of rectangular plates, m.p. 177—178°, $[\alpha]_D^{22°}$ +124° after drying in a high vacuum. An identical compound was prepared by SMITH and TIMMIS by crystallising a mixture of ergosine and ergosinine from ethyl acetate, or less well, from chloroform, in small needles, m.p. about 200°, $[\alpha]_D^{20°}$ +128° (on drying). The compound is less soluble in ethly acetate or chloroform than either alkaloid. The compound ergoclavine can be separated by methyl alcohol into its two constituents.

Ergometrine crystallises best from 400 parts of benzene in slender needles or from 10 parts of ethylmethyl ketone in stout prisms, $C_{19}H_{23}O_2N_3$, $\frac{1}{2}C_2H_5{\cdot}CO{\cdot}CH_3$, m.p. 162—163°. In either case the solvent of crystallisation is given off at 100° in a high vacuum. From ethyl acetate ergometrine is deposited at —4° without solvent in thin plates m.p. 160—1°, at a higher temperature in needles m.p. 130—132°, retaining $^1/_2$ mol $C_4H_8O_2$ at 100° in a high vacuum, and much less readily oxidised on exposure to air than the crystals containing benzene or ethylmethyl ketone. In the method of preparation described above (p. 93) it separates as a chloroform compound. Ergometrine is moderately soluble in water, forming a blue fluorescent solution, alkaline to litmus and becoming brown on exposure to air. The solution is dextro rotatory; $[\alpha]_D$ +76.1° in water; in methyl alcohol +40.2° (KLEIDERER[1] for ergotocine); in ethyl alcohol +40.25° (DUDLEY[2]); in water +90° (STOLL[3] for ergobasine). On the other hand ergometrine is laevo-rotatory in chloroform in which it is very little soluble at room temperature (DUDLEY). KLEIDERER (for ergotocine) found $[\alpha]_D$ —44.7° in chloroform at 50°, —61.0° in benzene at 75°; he observed a mutarotation in methyl alcohol from +40.2° to +61.8° in 96 hours with 10% loss of activity (partial conversion to ergometrinine). The *hydrochloride* can be prepared from ergometrine in acetone by the addition of aqueous hydrochloric acid; needles from ethyl alcohol; m.p. 245—6°, $[\alpha]_D^{25°}$ +63°; the *hydrobromide* m.p. 236—7° is rather less soluble in water, from which both salts crystallise readily. The *oxalate* $C_{19}H_{23}O_2N_3.C_2H_2O_4$ forms very fine needles from 96% alcohol, m.p. 193° $[\alpha]_D$ +55.4°. The ergometrine ion has $[\alpha]_D$ +70.1° to +70,7° calculated from the values of the hydrochloride and oxalate. The picrate exists in ruby-red anhydrous prisms m.p. 188—9° and in fine yellow hydrated needles, m.p. 148°. For the discovery of ergobasine, ergostetrine and ergotocine, and their identity with ergometrine, see the section on its pharmacological properties (p. 178). The solubility in water at first prevented the recognition of ergotocine as an alkaloid; solutions more dilute than 1:7500 do not give a precipitate with MAYER's reagent (compare ergotoxine 1:1,000,000).

Ergometrinine was separated by SMITH and TIMMIS[4] from the mother liquor of the preparation of ergometrine, by utilising the fact that the former is a stronger base, and is very little soluble in water, but much more soluble in chloroform than ergometrine. Short, stout prisms from acetone, m.p. 195—197°, $[\alpha]_D^{20°}$ +414° for a 0.45% solution in chloroform, $[\alpha]_{5461}^{20°}$ +520° for a 1% solution in chloroform (STOLL[5]). It crystallises solvent-free and is the only alkaloid of the inert series to form crystalline salts. *Hydrochloride*, small needles, $C_{19}H_{23}O_2N_3{\cdot}HCl{\cdot}H_2O$, m.p. 175—180°, very soluble in water; the *hydrobromide* has a similar composition, retaining 1 H_2O rather tenaciously. Other crystalline salts are the nitrate, hydrogen sulphate and perchlorate.

---

[1] KLEIDERER, E. C.: J. amer. chem. Soc. **57**, 2007 (1935).
[2] DUDLEY, H. W.: Proc. roy. Soc. Lond. B **118**, 478 (1935).
[3] STOLL, A.: Cit. p. 85, note 9.
[4] SMITH, S., and G. M. TIMMIS: Cit. p. 86.
[5] STOLL, A.: Cit. p. 89.

II. Pharmacology (Excluding Ergometrine).

General Considerations. DALE[1] concluded in 1906 that (apart from the stimulation of plain muscle) the main effect of certain alkaloidal ergot preparations was a paralytic effect on "the structures which adrenaline stimulates—the so-called myoneural junctions connected with the true sympathetic". Since the neurohumoral mechanism of the transmission of nervous impulses implies a direct action of adrenaline (or other chemical transmitter) on the effector cells of smooth muscle (or of glands) it follows that ergotoxine must no longer be regarded as paralysing myoneural junctions, but as acting directly on the effector cells. This has been pointed out for instance by BACQ[2]. It accords with the observation of NAVRATIL[3] that stimulation of the accelerator nerve of an ergotaminised heart still results in the production of an accelerating substance, as in the normal heart, and that ergotamine merely inhibits the action of this accelerating substance on the heart. NAVRATIL's observation has been confirmed in other ways; thus CANNON and BACQ[4] found that when the pilomotor nerves in the tail of a cat had been paralysed by ergotamine, so that the plain muscles moving the hairs were unaffected by electrical stimulation of these nerves, there was nevertheless a characteristic acceleration of the same cat's denervated heart, *in situ*, used as criterion for the production of the sympathetic transmitter. The formation of "sympathin" (? adrenaline) is therefore not inhibited but ergotoxine renders the cells of the pilomotor muscles unresponsive to adrenaline, though it does not similarly abolish the response of the heart muscle cells. That ergotamine inhibits the action on amniotic membranes of a goose's egg was shown by BAUR[5], and since this structure is not innervated at all, it follows that adrenaline and ergotamine, in this case anyhow, must act directly on smooth muscle.

The mechanism of the antagonism between adrenaline and the ergot alkaloids is not quite clear. Possibly ergotoxine occupies or saturates certain receptor groups, so that adrenaline can no longer be fixed by them, and can thus no longer exert its stimulating effect. It would appear that in many cases the effect of adrenaline on the plain muscle of a particular organ or system is the algebraic sum of opposed augmentor and inhibitor actions, of which the augmentor usually predominates, and that ergotoxine preferentially depresses the augmentor component, so that the inhibitor effect becomes the larger; normal augmentation is reversed and replaced by inhibition (compare STREULI[6] for an early discussion of this point). There are, however, examples of augmentor effects, such as that on the heart muscle, which are very resistant and are never completely suppressed, even by large doses of ergotoxine; on the other hand there are normal inhibitor effects of adrenaline, such as that on the intestine of some species, or the amnion of the goose, a pure smooth-muscle structure devoid of nerve supply, which ergotoxine or ergotamine in adequate doses will suppress. These alkaloids may be (distantly) analogous to "poisons" such as hydrogen sulphide, which paralyse the action of platinum sols on hydrogen peroxide, by occupying the active parts of the platinum. Thus ergotamine inhibits ("poisons") serum lipase (RONA and AMMON[7]) and choline esterase (MATTHES[8]) but physostigmine inhibits both enzymes to a much greater extent. BACQ has suggested that the ergot alkaloids

[1] DALE, H. H.: Cit. p. 85. [2] BACQ, L. M.: Ann. de Physiol. **10**, 487 (1934).
[3] NAVRATIL, E.: Pflügers Arch. **217**, 610 (1927).
[4] CANNON, W. B., and Z. M. BACQ: Amer. J. Physiol. **96**, 392 (1931).
[5] BAUR, M.: Arch. f. exper. Path. **134**, 49 (1928).
[6] STREULI, H.: Z. Biol. **60**, 167 (1915).
[7] RONA, P., u. R. AMMON: Biochem. Z. **181**, 74 (1927).
[8] MATTHES, K.: J. of Physiol. **70**, 345 (1930).

modify the physico-chemical properties of the cells in the same direction as adrenaline modifies them. This hypothesis is based on the fact that in many cases the primary effect of ergotamine is to stimulate the organs of vertebrates and invertebrates, as adrenaline stimulates them. He gives a table of isolated organs, and organs *in situ*, which almost all respond to ergot alkaloids and to adrenaline in the same way (the table is valuable for its references to the literature). Among several corollaries which Bacq deduces from his hypothesis, one has since become untenable, as the result of recent chemical work; Bacq considers that certain characteristic chemical groupings present in adrenaline should also be found in ergotamine. This is hardly the case. What we now know about the constitution of the ergot alkaloids, and particularly about the loss of activity resulting from a mere shift of a double bond in the lysergic acid group, is in no way reminiscent of adrenaline which owes its outstanding properties to a catechol group not found in the ergot alkaloids. The problem is more complicated than Bacq seems to imagine.

Instead of attempting to establish a relationship between adrenaline and ergotamine, a comparison between adrenaline and ergometrine might be more profitable; at present the data concerning the latter alkaloid are not numerous, but its sympathomimetic action is such, that it could be used, instead of adrenaline, in assaying ergotoxine, ergotamine etc. by the method of Broom and Clark (see p. 131). Perhaps some of the differences between the effects of adrenaline and ergotamine in Bacq's table would disappear, if ergometrine were substituted for ergotamine; in the latter the peptide portion of the molecule brings about an additional sympathicolytic action, not possessed by ergometrine. This sympathicolytic action is however also shown by a number of substances of very different constitution and can no more be attributed to a particular chemical grouping than can the primary stimulant action of the ergot alkaloids. For examples of sympatholytic amines see p. 143.

Whilst the effects of ergotamine and ergotoxine are most closely associated with the true sympathetic, so that they have often been used as a test for sympathetic activity, it has frequently been suggested that these alkaloids also stimulate the parasympathetic, i.e. that they are amphotropic. One of the first suggestions of this kind was made by Streuli[1], who, finding that ergotoxine not only inhibited the motor effect of adrenaline on the urinary bladder, but also the similar powerful action of pilocarpine wrote: "das Ergotoxin kann also nicht ausschließlich auf sympathische Endapparate wirken, wie Dale angibt". There is most evidence in the case of the vagotropic action of the ergot alkaloids on the heart. The amphotropic action of adrenaline on the frog's heart was examined by Amsler[2], after the sympathetic had been functionally excluded by ergotamine. According to Kolm and Pick[3], calcium ions are necessary for the maintenance of the reactivity of the sympathetic; in the absence of calcium Agnoli[4] thus found a marked depression of the frog's heart by ergotamine which he attributed to stimulation of the vagus endings. This vagotropic effect of low concentrations of ergotamine (10^{-6}) was observed by Viotti[5] in the isolated heart of the guinea-pig, by Russo[6] in that of the toad; the effect was prevented by atropine. Rothlin[7] found the heart of ergotaminised animals more sensitive

[1] Streuli, H.: Cit. p. 99. [2] Amsler, C.: Pflügers Arch. **185**, 86 (1920).
[3] Kolm, R., u. E. P. Pick: Pflügers Arch. **189**, 137 (1921).
[4] Agnoli, R.: Arch. f. exper. Path. **126**, 222 (1927).
[5] Viotti, C.: C. r. Soc. biol. Paris **91**, 1101 (1924).
[6] Russo, G.: Boll. Soc. ital. Biol. sper. **10**, 803 (1935).
[7] Rothlin, E.: Klin. Wschr. **4**, 1437 (1925).

to vagal stimuli than the control. De Visscher and Fabry[1] inferred a vagotropic effect of ergotamine from a study of the absolute refractory period in the frog's heart. The slowing of the pulse by ergotamine in human subjects is abolished by atropine, and this is one of the strongest arguments for parasympathetic stimulation (inferred by Youmans, Trimble and Frank[2] in normal subjects, by Adlersberg and Porges[3], by Pacifico[4] and by Wetterwald[5] in clinical cases). From experiments on unanaesthetised vagotomised and sympathectomised cats, Moore and Cannon[6] infer that ergotoxine and ergotamine slow the heart rate by stimulating cardio-inhibition centrally. An effect on parasympathetic centres is also deduced by Marinesco, Sager and Kreindler[7], who saw a fall of arterial pressure after injecting ergotamine into the third ventricle, in which region the parasympathetic predominates. Andrus and Martin[8] however found that ergotamine still slowed the rate of the sinus rhythm of the dog's heart after functional exclusion of the vagus.

The amphotropic action of ergot alkaloids has also been inferred from experiments on the stomach and the intestine, but conclusions are here more doubtful than in the case of the heart. Salant and Parkins[9] found that small intravenous doses of ergotamine (0.1 mg./kg. in cats, less in rabbits) stimulated movement of the intestine in situ and that this stimulation was abolished by atropine. It is agreed that ergotamine causes spasm of the pyloric sphincter and cessation of the movements of the stomach, but here the explanation is doubtful. Stahnke[10] considered that in dogs small subcutaneous doses of ergotamine paralyse the sympathetic and stimulate the vagus; Frommel[11] on the other hand could not abolish with atropine the pyloric spasm caused in rabbits by ergotamine and concluded that, either the sympathetic was not completely paralysed, or the ergotamine acted on the smooth muscle of the sphincter (compare also Kauffmann and Kalk[12]).

The miosis of the cat's eye, resulting from ergotoxine, was attributed by Dale to direct stimulation of the sphincter muscle, but after the discovery of ergotamine, Hess[13], also Zunz[14] and particularly Poos[15], invoked parasympathetic stimulation, since they were unable to show that constriction was caused by sympathetic paralysis. The views of Poos have been controverted by Rothlin[16]; Yonkman[17], from experiments on isolated strips of the sphincter iridis, concludes that increased muscular tone is a sufficient explanation of ergotoxine miosis, and Koppányi[18] who injected ergotamine into the anterior chamber of the eye, arrives at the same conclusion, in agreement with Dale's original view. Koppányi does not deny that in other organs (heart) ergotamine may have a para-

[1] De Visscher, M., et P. Fabry: C. r. Soc. Biol. Paris **120**, 1376 (1935).
[2] Youmans, J. B., W. H. Trimble and H. Frank: Arch. int. Med. **47**, 612 (1931).
[3] Adlersberg, D., u. O. Porges: Klin. Wschr. **4**, 1489 (1925).
[4] Pacifico, A.: Endocrinologia **7**, 121 (1932) from Rona's Berichte **70**, 605 (1933).
[5] Wetterwald, M.: Schweiz. med. Wschr. **57**, 292 (1927).
[6] Moore, R. M., and W. B. Cannon: Amer. J. Physiol. **94**, 201 (1930).
[7] Marinesco, G., O. Sager et A. Kreindler: C. r. Soc. Biol. Paris **107**, 191 (1931).
[8] Andrus, E. C., and L. E. Martin: J. exper. Med. **45**, 1017 (1927).
[9] Salant, W., and W. P. Parkins: J. of Pharmacol. **44**, 369 (1932); **45**, 315 (1932).
[10] Stahnke, E.: Arch. klin. Chir. **132**, 1 (1925).
[11] Frommel, E.: Arch. int. Pharmacod. **48**, 131 (1934).
[12] Kauffmann, F., u. H. Kalk: Z. exper. Med. **36**, 344 (1923).
[13] Hess, W. R.: Klin. Mbl. Augenheilk. **75**, 295 (1925).
[14] Zunz, E.: C. r. Soc. Biol. Paris **90**, 379; **91**, 392 (1924).
[15] Poos, Fr.: Klin. Mbl. Augenheilk. **79**, 577 (1927).
[16] Rothlin, E.: Klin. Mbl. Augenheilk. **80**, 42 (1928).
[17] Yonkman, F. F.: J. of Pharmacol. **43**, 251 (1931).
[18] Koppányi, Th.: J. of Pharmacol. **38**, 101 (1930).

sympathetic action, but points out that the difference between active stimulation and paralysis of the antagonist is not always appreciated, as in Stahnke's experiments on the stomach. The discussion is "rather abstract and literary", for the reactions of organs may vary from species to species; ergotamine paralyses the sympathetic of the iris of the cat but not in the guinea-pig or rabbit.

General Toxicity. This section deals with the effects of ergotoxine, ergotamine, sensibamine and ergoclavine, mainly in large doses, on intact animals. Some of these effects might have been dealt with elsewhere; thus the excitement, which occurs in some species, must depend on the central nervous system, but since nothing is known as to the mode of its origin, it is described here. For the sake of convenience the effects on body temperature have however been relegated to a separate section (p. 146). Now that the small chemical differences between the various potent ergot alkaloids are accurately known, a quantitative comparison of their pharmacological actions is of special interest in order to trace the effect of these differences in their structure. This effect is more evident in experiments on intact animals, than in those on isolated organs. Thus the first significant difference between ergotoxine and ergotamine, long thought to be "pharmacologically identical", was found in the more powerful effect of the former alkaloid in raising the body temperature of the rabbit. A further question of considerable theoretical interest is revealed by the (as yet rather scanty) quantitative experiments on the toxicity of sensibamine, compared with that of ergotamine. As has been pointed out in the chemical section, sensibamine is a molecular (probably equimolecular) compound of the potent ergotamine with its isomeride ergotaminine; by itself the latter is but slightly active, for instance in inhibiting the motor action of adrenaline on the isolated uterus of the rabbit. We might therefore expect that the loose compound sensibamine, which forms well-defined crystals from some solvents, but breaks up into its two components on mere recrystallisation from other solvents, should have the average toxicity of its constituents. Since one of these has very little activity, sensibamine might be expected to be little more than half as toxic as ergotamine. In reality, however, sensibamine is more active than ergotamine in raising the body temperature of the rabbit. The two alkaloids appear to be equally active in the cock but even this equality is contrary to expectation; sensibamine should be less toxic than ergotamine, if the latter were merely diluted by an equal weight of ergotamine. It seems as if the action of ergotamine is potentiated by its isomeride. In the case of ergoclavine (certainly an equimolecular mixture of ergosine and ergosinine) similar data are not available, for no quantitative comparison has yet been made. Further work of the kind above indicated is desirable, particularly a direct comparison between ergotamine, ergotaminine and mixed solutions of the two. The slight solubility of ergotaminine may render this difficult and perhaps ergosine and ergosinine will be more suitable for investigating the question under discussion. The problem is connected with the residual valency of the potent alkaloids, not possessed by the inert series (see chemical section).

Frogs. After a subcutaneous injection of 0.1—1.0 mg. ergotamine in a 30 g. frog, Rothlin[1] saw exophthalmos, but no miosis. The most characteristic symptom is the muscular fatigue, already described by Dale[2] for ergotoxine (a vague weakness, lethargy and stiffness of movement). The skin becomes pale (compare the section on chromatophores, p. 140) and the respiration is slowed. The lethal dose is 1 mg./30 g.; the heart stops in systole; occasionally small

[1] Rothlin, E.: Arch. int. Pharmacod. 27, 459 (1923).
[2] Barger, G., and H. H. Dale: Biochemic. J. 2, 254 (1907).

haemorrhagic patches were observed in the intestine. DALE found the lethal dose of ergotoxine much higher, >5 mg. per frog. Ergosine and ergosinine only produce lethargy in the frog, and no convulsions. (Dr. A. C. WHITE, private communication.) None of the above alkaloids produce the convulsions in the frog attributed by KOBERT to cornutine.

Mice. BROWN and DALE[1] found intravenous injections of 10—100 mg./kg. of ergotoxine ethane sulphonate to produce tremors, extreme excitability and a pronounced weakness of the hind limbs, with a tendency to backward running. Even 150 mg./kg. (calculated as base) produced no fatalities in their series, and all mice were apparently normal next day. KREITMAIR[2] attributes a much greater toxicity to ergotoxine: 5 mg./kg. intravenously and 53 mg./kg. subcutaneously caused paralysis, whilst 32 mg./kg. intravenously and 107 mg./kg. subcutaneously were the minimal lethal doses. For ergotamine the lethal dose is 50 mg./kg. (ROTHLIN[3]).

Results of quite a different order of accuracy have been recently obtained by Dr. A. C. WHITE (private communication). He used altogether 690 mice in a comparison of the toxicities of ergotoxine ethanesulphonate and ergotamine tartrate. Each dose was injected intravenously into a batch of 30 mice, and the proportion of the batch killed within 24 hours was plotted. A curve drawn through the scattered points enables the dose to be read off which may be expected to prove fatal to 50% of a batch. This dose, thus obtained statistically, was about 40 mg./kg. for ergotoxine ethanesulphonate, and 63 mg./kg. for ergotamine tartrate. Since both these salts happen to contain about 83% of free base, the corresponding amounts for the alkaloids are 33 mg./kg. and 52 mg./kg., in close agreement with the observations of KREITMAIR and of ROTHLIN, but not of BROWN and DALE. The toxicity of ergotamine on intravenous injection into mice is thus about 0.6 of that of ergotoxine (for the isolated rabbit uterus the ratio is 0.8, see p. 171). Dr. WHITE used a specimen of ergotamine tartrate which had been sealed up for at least 7 years, and also a specimen prepared recently; the agreement between the two was excellent, so that ergotamine tartrate can thus be kept for years without deterioration (see fig. 54).

With *sensibamine* RÖSSLER and UNNA[4] found tonic and clonic convulsions, sprawling of the hind limbs and a great slowing of respiration. These symptoms were pronounced after 20 mg./kg. intravenously, or 150 mg./kg. subcutaneously, but disappeared in a few days; 50—100 mg./kg. intravenously led to severe prolonged intoxication, yet some animals survived 150 mg./kg.; subcutaneous injections of 250 mg./kg. were fatal in 1—4 days, of 350 mg./kg. in 12 hours. According to KREITMAIR a larger subcutaneous dose of *ergoclavine* (99 mg./kg.) than of ergotoxine is required subcutaneously to produce paralysis, but 20 mg./kg. of ergoclavine intravenously is fatal, as compared with 32 mg./kg. of ergotoxine. The non-fatal range of intoxication is therefore larger in the case of ergotoxine, than of ergoclavine. According to WHITE the symptoms of ergosine poisoning in mice are very similar to those of ergotoxine: tremor, exophthalmos, erection of the hairs, gasping, paresis of the limbs. Ergosinine has a similar but slower action.

Rats. 25—100 mg./kg. ergotamine subcutaneously causes dyspnoea and after 15—20 minutes marked ataxy; after one hour violent scratching as the result of an itch; large doses produce isolated contractions of the extremities. In

[1] BROWN, G. L., and H. H. DALE: Proc. roy. Soc. Lond. B **118**, 446 (1935).
[2] KREITMAIR, H.: Arch. f. exper. Path. **176**, 171 (1934).
[3] ROTHLIN, E.: Rev. de Pharmacol. **2**, 1 (1930).
[4] RÖSSLER, R., u. K. UNNA: Arch. f. exper. Path. **179**, 115 (1935).

5—7 days after the injection gangrene of the tail developed, and the black distal portion was shed (Rothlin[1]). See also the section on ergotism, p. 197. With ergotoxine, and in much smaller doses (1 mg./kg. subcutaneously) Githens[2] noticed only a slight dullness, or stupidity, some ataxia and an average fall of body temperature of 2.9°.

Guinea-pigs. Subcutaneous injections of ergotamine have much the same effect as in the rat (Rothlin). Intravenous injection of 4—36 mg./kg. causes at once great excitement and a great temporary acceleration of the respiration. A characteristic feature is the appearance of convulsions, with small doses after 5—10 minutes, with large doses immediately. After 10—12 hours the animal seems normal and there are no after effects. Guinea-pigs are very resistant to ergotamine; the lethal dose is >36 mg./kg. Miosis, hyperthermia, salivation and mucous secretion in the nose, observed in other species, were not seen in the guinea-pig by Rothlin. White observed after intracardiac injection of 4.6 and 8.9 mg./kg. ergosine immediate dyspnoea, and then paresis of the hind limbs, followed by extensor spasm. Both animals recovered.

Rabbits. In experiments on the effect of ergotoxine on body temperature (p. 146) Githens noted the following symptoms, after intravenous injection of 2 mg./kg. into rabbits: dilatation of the pupil which came in one minute and was soon almost maximal; after about ten minutes extreme restlessness set in, lasting for about half an hour; about one hour after the injection the violent respiratory movements which characterise the restlessness, gave place to quieter but very rapid breathing; about this time, or sooner, the hair began to erect, the rabbit half stood, half lay with forelegs spread wide apart and hind legs not well drawn up under the body. The rapid rise of temperature was accompanied by anxiety and fear when the animal was approached or handled and there was marked hyperaesthesia; walking was difficult owing to ataxia, but there was no weakness. Two hours after the injection the nervous symptoms were less marked but the body temperature did not reach a maximum until after 3—4 hours, when the rapid respiration and dilated pupils were the only other abnormal symptoms. The above dose of ergotoxine phosphate (2 mg./kg.) is near the lethal, and indeed proved fatal in two out of ten rabbits used by Githens, as it did in one of Dale's[3] acute experiments; Rothlin[4] places the lethal dose for rabbits at 1.5 mg./kg. free base = 1.8 mg./kg. of the phosphate (see p. 149). According to Rothlin[1] ergotamine produces effects similar to those described for ergotoxine by Githens; Rothlin however saw no change in the pupil. He mentions general attacks of clonic and tonic convulsions and considers the lethal dose to be 3 mg./kg. or twice as high as that of ergotoxine. The most important difference between these two alkaloids is that ergotamine is only one half to one third as potent as ergotoxine in raising the body temperature. According to Rössler and Unna[5] sensibamine is about as potent as ergotoxine on rabbits in this respect and more active than ergotamine („in dieser Hinsicht zweifellos wirksamer") Rothlin similarly finds sensibamine to be about one and a half times as active as ergotamine (but less active than ergotoxine) in producing hyperthermia in rabbits. Rössler and Unna moreover place the minimal lethal intravenous dose of sensibamine for rabbits at 1.5 mg./kg., whilst 2 mg./kg. ergotamine never produced serious symptoms. Rothlin found only a very slight difference between these two alkaloids: 2.5—3 mg./kg. for sensibamine, 3 mg./kg.

[1] Rothlin, E.: Cit. p. 102. [2] Githens, T. S.: J. of Pharmacol. **10**, 327 (1917).
[3] Barger, G., and H. H. Dale: Biochemic. J. **2**, 254 (1907).
[4] Rothlin, E.: Arch. f. exper. Path. **181**, 154 (1936).
[5] Rössler, R., u. K. Unna: Cit. p. 103.

for ergotamine. In any case it seems clear that sensibamine is at least as toxic as ergotamine, if not more so, and certainly the more powerful in raising body temperature; this is contrary to the expectation indicated at the beginning of this section. DALE[1] had already shown that repeated administration of ergotoxine to rabbits induces tolerance, so that 5 mg./kg. are ultimately borne with only temporary symptoms, whereas an initial dose of 1.8—2 mg. ergotoxine phosphate may be fatal. This tolerance was also observed by ROTHLIN with ergotamine, and by RÖSSLER and UNNA with sensibamine; a week after an initial dose a second one did not produce hyperthermia. Accordingly the testing of various alkaloids on the same animal is rendered difficult, although this method is desirable on account of the great individual variations which rabbits show. WHITE found ergosine to act very much like ergotoxinc; ergosinine also produces rapid breathing, but has a much smaller effect on body temperature.

Cats. Ergotamine produces effects very similar to those of ergotoxine, but is distinctly less toxic. ROTHLIN records the survival of a cat after 15 mg./kg. ergotamine (ten times the dose of ergotoxine which proved fatal in one of DALE's experiments). For a recent description of the characteristic symptoms caused in cats by these alkaloids, and a comparison with those produced by ergometrine, by BROWN and DALE, see p. 180. The central effects (excitement, sham rage) in particular have also been studied by GILMAN[2], after the intracardiac injection of 1 mg./kg. ergotoxine ethane sulphonate. Sensibamine (1 mg./kg. intravenous) produces the same train of symptoms as ergotoxine; RÖSSLER and UNNA consider the second (lethargic) phase of the intoxication in cats reminiscent of bulbocapnine poisoning. According to WHITE ergosine, and also ergosinine, produce the same train of symptoms in the cat as does ergotoxine.

Dogs. Few experiments have been done with large doses. STAHNKE[3] injected dogs daily with ergotamine during five months, starting with 0.025 mg./kg. and gradually raising the dose to 0.4 mg./kg. Already after a week the animals were emaciated; they finally lost one third of their body weight. Dogs are apparently more sensitive to ergot alkaloids than are rabbits, but develop a similar tolerance. In dogs after quite small doses of ergotamine (0.25—0.5 mg. per animal) YOUMANS and TRIMBLE[4] observed mydriasis and often vomiting. FARRAR and DUFF[5] generally saw vomiting a few minutes after an intravenous injection of 0.13 to 0.4 mg./kg. ergotamine; there was profuse salivation, the pupil remained widely dilated for nearly 24 hours; there were tremors, extensor rigidity and an accelerated heart beat. According to ZUNZ and VESSELOVSKY[6], ergoclavine is slightly more powerful than ergotamine in producing vomiting. HATCHER and WEISS[7] produced with 2 mg./kg. ergotoxine intramuscularly rapid respiration and inco-ordination. The legs were spread apart, the animals walked with difficulty. One hour after the injection there was excitement and the hair on the spine was raised. In such a condition apomorphine failed to cause vomiting, although there was unmistakable nausea. STAHNKE's dogs at first vomited after every injection, but later not even after higher doses, nor after apomorphine. HATCHER and WEISS conclude that in the higher animals vomiting is practically always due to reflex action, and that ergotoxine paralyses not only efferent, but also afferent sympathetic

[1] BARGER, G., and H. H. DALE: Cit. p. 102.
[2] GILMAN, A.: Proc. Soc. exper. Biol. a. Med. **31**, 468 (1934).
[3] STAHNKE, E.: Klin. Wschr. **7**, 23 (1928) — Arch. f. exper. Path. **128**, 132 (1928).
[4] YOUMANS, J. B., and W. H. TRIMBLE: J. of Pharmacol. **38**, 121 (1930).
[5] FARRAR, G. E., and A. M. DUFF: J. of Pharmacol. **34**, 197 (1928).
[6] ZUNZ, E., et O. VESSELOVSKY: C. r. Soc. Biol. Paris **119**, 534 (1935).
[7] HATCHER, R. A., and S. WEISS: J. of Pharmacol. **22**, 172 (1923).

paths, thus blocking the passage of impulses from peripheral organs to the centre; in this way the emetic action of apomorphine is indirectly inhibited.

Cocks. The effects of ergotamine (Dale and Spiro[1], see addendum fig. 53[2]; Rothlin[3]) are very like those of ergotoxine observed by Dale, but the former alkaloid seems to be distinctly the more potent. Kreitmair[4] found the doses of ergotamine, ergoclavine and ergotoxine, necessary for the production of maximal cyanosis, to be per animal in the proportion of 5:6:7 respectively (approximately 0.2, 0.24 and 0.3 mg. per animal). Rothlin considers ergotamine to be also distinctly more potent than ergotoxine in producing gangrene of the comb, which regularly resulted after 2—3 mg./kg. whereas Dale killed a cock with injections of 10 mg./kg. of ergotoxine phosphate, without producing gangrene, but obtained it with 19 mg./kg., spread over five days; Brown and Dale[5] remark that three injections of ergotoxine on successive days, a total of 11 mg./kg., "already" produced gangrene. According to Rössler and Unna[6] the minimal lethal dose of both sensibamine and ergotamine for cocks is 2.4 mg./kg. intravenously. Doses of 1 mg. on six successive days produced the same degree of gangrene with either alkaloid; after a fortnight the necrotic part of the comb was marked off, and it was shed after four weeks. This weaker effect of ergotoxine, as compared with ergotamine, in producing gangrene, seems to be together with its greater effect on the body temperature of rabbits, the chief differential feature in the pharmacological properties of these alkaloids. The other symptoms mentioned by Rothlin for ergotamine and by Rössler and Unna for ergotamine and sensibamine, viz. accelerated respiration (to 200 and more per minute), ataxia, uncertain gait, salivation, defecation, drowsiness, an open beak, were already described by Dale for ergotoxine. Rothlin saw neither miosis nor hyperthermia. According to White, ergosine produces in the fowl the same symptoms (including gangrene and particularly drowsiness) as does ergotoxine; ergosinine is less toxic and slower in its action. In several respects the *canary* behaves like the fowl to both these alkaloids.

The production of cyanosis in the cock's comb has been much used for *assay* purposes. It was first employed qualitatively by the earlier European investigators and was adopted some forty years ago by American manufacturers for the routine testing of ergot in more quantitative fashion[7]. Its extensive use led to a detailed investigation by Edmunds and Hale[8] and to its inclusion in the American Pharmacopoeia, tenth revision, 1926. Cocks show considerable individual variation in their reaction, but nevertheless fairly accurate results are obtainable (Gittinger and Munch[9]). Pattee and Nelson[10] and Swanson[11] reported a good agreement with the method of Broom and Clark, Gerlough[12] a moderate one with the chemical colorimetric. Smith and Stohlman[13] as well as Swoap, Cartland and Hart[14] however found the cock's comb method

[1] Dale, H. H., u. K. Spiro: Arch. f. exper. Path. **95**, 337 (1922).
[2] Since vol. II of this Handbook contains no good illustration of the effect on the cock's comb, a relative example has now been included (see fig. 53, p. 220).
[3] Rothlin, E.: Cit. p. 102. [4] Kreitmair, H.: Cit. p. 103.
[5] Brown, G. L., and H. H. Dale: Cit. p. 103. [6] Rössler, R., u. K. Unna: Cit. p. 103.
[7] Houghton, E. M.: Ther. Gaz. **22**, 433 (1898); **27**, 450 (1903).
[8] Edmunds, C. W., and W. Hale: Hyg. Lab. Bull. No **76**, Washington (1911).
[9] Gittinger, G. S., and J. C. Munch: J. amer. pharmaceut. Assoc. **16**, 505 (1927).
[10] Pattee, G. L., and E. E. Nelson: J. of Pharmacol. **36**, 85 (1929).
[11] Swanson, E. E.: J. amer. pharmaceut. Assoc. **18**, 1127 (1929).
[12] Gerlough, T. D.: Amer. J. Pharmacy **103**, 644 (1931).
[13] Smith, M. I., and E. F. Stohlman: J. of Pharmacol. **40**, 77 (1930).
[14] Swoap, O. F., G. F. Cartland and M. C. Heart: J. amer. pharmaceut. Assoc. **22**, 8 (1933).

distinctly inferior to the colorimetric method and to that of BROOM and CLARK. Cyanosis is produced by all the potent alkaloids, including ergometrine (see p. 182), and what is more serious, also by histidine (CRAWFORD and CRAWFORD[1] and particularly THOMPSON[2]). When this amine has been removed the alkaloidal content of ergot extracts can be determined with an error of 20 percent. A suitable coloration is produced by about 0.5 mg. of ergotoxine.

Monkeys. See the section in ergotism, p. 194.

Man. The effects of "therapeutic" doses of ergotamine and ergotoxine (0.25—0.5 mg. intravenously) in human subjects consist in a slight giddiness, slight feeling of frontal pressure in the head, weariness and depression, lasting for several hours. Indeed, the lassitude and lack of energy may be enough to interfere with a normal subject's usual activities for two or three days (patients with thyrotoxicosis suffer less). In many cases there is cyanosis of the skin, especially of the hands and feet; according to KAUFFMANN and KALK[3] this is more marked with ergotoxine than with ergotamine (on the cock's comb ergotamine is the more active). Two hours after the injection soreness and pain in muscles sets in, particularly on walking. There may be pains in the joints, neck and gastric region. Not infrequently there is nausea and sometimes vomiting, 20—30 minutes after the injection. These symptoms have been encountered by various authors[4] who have investigated the effect of ergotamine on the blood pressure and pulse in normal men (see the section on the circulation) and by obstetricians. The more serious effects of larger doses are discussed under ergotism, pp. 195—203.

Muscle and Nerve. According to DOMINGUEZ and SOLOMJAN[5], adrenaline increases the amplitude of the contractions of fatigued striated muscle of *Leptodactylus ocellatus.* This "action défatiguante" is annulled by perfusing ergotoxine (1:1000).

Effects on the Circulatory System. Isolated Vessels. Arterial rings, other than pulmonary, are constricted by ergotoxine (COW[6]). There is complete antagonism to adrenaline: MACHT[7] found for instance that rings of the pig's carotid are constricted in LOCKE's solution by 10^{-4} ergotoxine phosphate and are then relaxed by adrenaline of the same concentration. According to ROTHLIN[8] ergotamine abolishes not only the constrictor effect of adrenaline on isolated strips of the mesenteric artery, but also its dilator effect on the coronary artery (of cattle); the latter was an early example of the abolition of the inhibitory action of adrenaline. Rings of the mesenteric vein of sheep are constricted by 2×10^{-5} ergotoxine phosphate and expand when subsequently exposed to the same concentration of adrenaline (FRANKLIN[9]; see fig. 1).

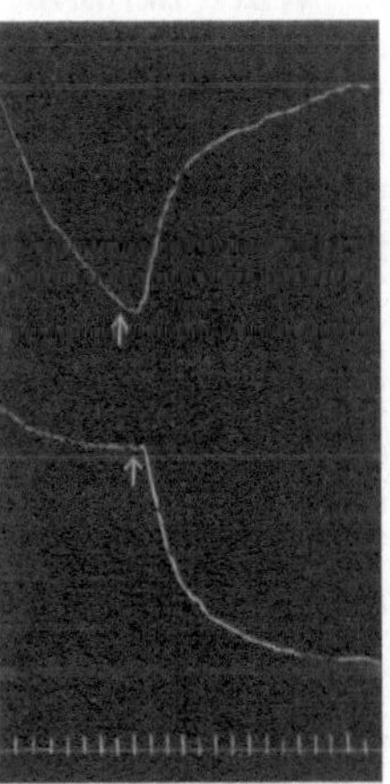

Fig. 1. Mesenteric Vein Rings (Sheep). Upper curve control. Adrenaline 1:100,000. Lower curve: Vein immersed for ten minutes in ergotoxine phosphate 1:50,000 one hour before experiment. At arrow adrenaline 1:50,000. Time tracing minutes. (From FRANKLIN[9].)

[1] CRAWFORD, A. C., and J. P. CRAWFORD: J. amer. med. Assoc. **61**, 19 (1913).
[2] THOMPSON, M. R.: J. amer. pharmaceut. Assoc. **18**, 1106 (1929); **19**, 11, 104, 221, 436 (1930).
[3] KAUFFMANN, F., u. H. KALK: Cit. p. 101.
[4] e.g. YOUMANS, J. B., W. H. TRIMBLE and H. FRANK: Cit. p. 101.
[5] DOMINGUEZ, E., et A. S. SOLOMJAN: C. r. Soc. Biol. Paris **95**, 1083 (1926).
[6] COW, D.: J. of Physiol. **42**, 125 (1911).
[7] MACHT, D. I.: J. of Pharmacol. **6**, 591 (1915). [8] ROTHLIN, E.: Cit. p. 100.
[9] FRANKLIN, E. J.: J. of Pharmacol. **26**, 215 (1925).

Perfused Vessels. The vaso-constriction observed by DALE after intravenous injection of ergotoxine (compare his plethysmograph tracing from a cat's leg, this Handbuch II, 2, p. 1305) can be demonstrated by the perfusion of isolated organs with RINGER's or TYRODE's solution. This was first done by PEARCE[1] in the frog's leg with ergotoxine in normal TYRODE solution: the moderate vasoconstriction was much increased when calcium-free saline was used. A moderate constriction was also observed in the same preparation with ergotoxine in RINGER's solution by MASUDA see p. 109 and fig. 2; also by MONONOBE[2] and with ergotamine by MEDICI[3] (10^{-7} and 10^{-8} ergotamine reduced the flow by 10—20%). ROTHLIN published a curve showing vasoconstriction as the primary effect of perfusing the rabbit's ear with ergotamine.

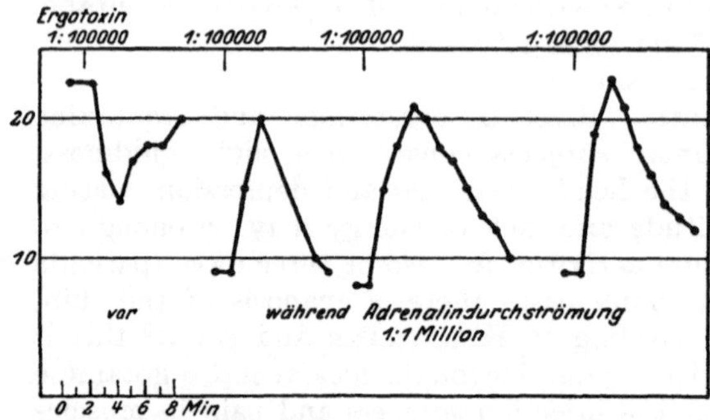

Fig. 2. Ergotoxine phosphate 1:100,000; 0.3 c.c. constricts the vessels of the frog's legs in their normal condition, but when these vessels are being perfused with 1:1 milion adrenaline, the same amount of ergotoxine, given repeatedly, each time causes dilatation. Abscissa time in minutes; ordinate number of drops per minute. (From MASUDA[4].)

When defibrinated blood is used instead of RINGER's solution, complications arise owing to the presence of "vasotonins" or "vasoconstrictins" (BATTELLI[5], O'CONNOR[6]). The action of these bodies, like that of adrenaline, is reversed by ergotamine, so that the alkaloid appears to cause vaso-dilatation. Thus BURN and DALE[7], on perfusing the cat's leg with ergotamine in defibrinated blood, found an effect, opposite to that observed in the same organ of an intact animal by means of the plethysmograph. Similarly HEYMANS and REGNIERS[8] saw a dilatation, considerable and immediate, when the vessels of the isolated head or hind leg of a rabbit, cat or dog were perfused with ergotamine. Thus 0.3—1.0 mg. added to the perfusion fluid, consisting of 150 c.c. of blood +150 c.c. of RINGER's solution, increased the flow by 23—48% in an experiment on the rabbit's head. The explanation of these aberrant results was supplied by HEYMANS, BOUCKAERT and MORAES[9], who, to begin with, confirmed DALE's plethysmograph experiments by the method of NOLF (with three manometers). They further showed that if a frog's leg or rabbit's ear is perfused with RINGER, the addition of defibrinated blood normally causes vasoconstriction, which may then be reversed by ergotamine. Ergotamine alone, added to RINGER, causes constriction (compare ROTHLIN above), but the same quantity added after the action of adrenaline, causes dilatation. The vasotonins are largely inactivated by keeping blood for 24 hours at +5° (BORNSTEIN[10]) and thus von EULER[11], on perfusing a dog's leg with de-

[1] PEARCE, R. G.: Z. Biol. **62**, 243 (1913).
[2] MONONOBE, K.: Arch. f. exper. Path. **128**, 208 (1928).
[3] MEDICI, G.: Biochem. Z. **151**, 144 (1924).
[4] MASUDA, T.: Biochem. Z. **163**, 27 (1925).
[5] BATTELLI, F.: J. Physiol. et Path. gén. **7**, 625, 651 (1905).
[6] O'CONNOR, J. M.: Arch. f. exper. Path. **67**, 195 (1912).
[7] BURN, J. H., and H. H. DALE: J. of Physiol. **61**, 196 (1926).
[8] HEYMANS, C., et P. REGNIERS: C. r. Soc. Biol. Paris **96**, 130 (1927) — Arch. int. Pharmacod. **33**, 236 (1927).
[9] HEYMANS, C., J. J. BOUCKAERT et A. MORAES: C. r. Soc. Biol. Paris **110**, 993 (1932).
[10] BORNSTEIN, A.: Arch. f. exper. Path. **115**, 367 (1926).
[11] EULER, U. S. VON: Arch. int. Pharmacod. **42**, 259 (1932).

fibrinated blood so inactivated, observed that ergotamine gave a powerful vaso-constriction, its primary effect, as explained above. The discrepancy, caused by the vasotonins, is therefore explained. Plasma merely rendered incoagulable by heparin contains no vasotonins and in it ergotamine acts as in RINGER's solution.

The reversal of the vaso-constrictor action of adrenaline during perfusion was first shown with ergotoxine by PEARCE[1] in the frog's leg, and with ergotamine by ROTHLIN[2] in the rabbit's ear, see fig. 3. In a LAEWEN-TRENDELENBURG preparation a rather high concentration of alkaloid seems necessary; MONONOBE[3] found 0.5% ergotoxine effective in stopping the constrictor action of 5×10^{-7} adrenaline (but not of β-tetrahydronaphthylamine which acts on the muscles of the vessels). The sensitivity to ergotoxine soon declines, see fig. 4 by MASUDA[4]. Hence a considerable reduction, but not the complete abolition of constrictor action in such preparations has been used as an assay method for ergot alkaloids by MASUDA[4], by MAHN and REINERT[5], and by FORST[6]; the method is not accurate.

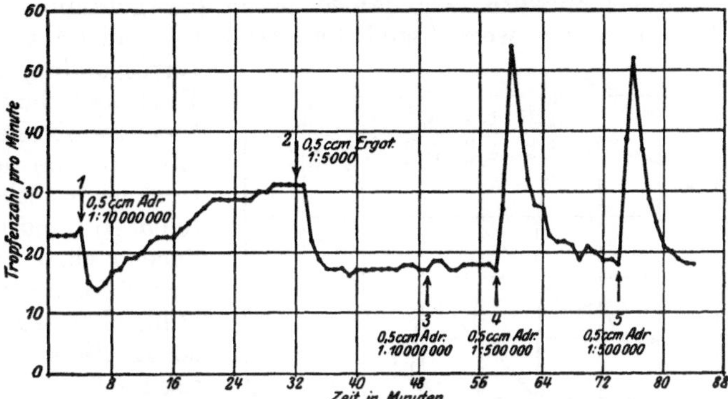

Fig. 3. Perfusion of rabbit's ear. Inhibition and reversal of the constrictor action of adrenaline by ergotamine. Abscissa time in minutes; ordinate number of drops per minute. (From ROTHLIN[2].)

The antagonism between ergotoxine and adrenaline was demonstrated in a rather different type of perfusion experiment by RAHMAN and ABHYANKAR[7]. They used the waves of rhythmic contraction and relaxation, which affect the tracing of the perfusion pressure of a frog's leg (McDOWALL[8]). These waves were obliterated and the perfusion pressure was raised by 10^{-5} to 10^{-7} adrenaline; 2×10^{-5} ergotoxine greatly increased the amplitude and frequency of the waves, but a subsequent addition of adrenaline lowered the perfusion pressure, instead of raising it sharply, as before ergotoxine. DALY and VON EULER[9] showed that in perfused isolated lungs of dogs ergotoxine reverses the rise in pulmonary arterial pressure caused by adrenaline. The antagonism between ergotoxine and adrenaline does not seem to extend to superficial veins, which are

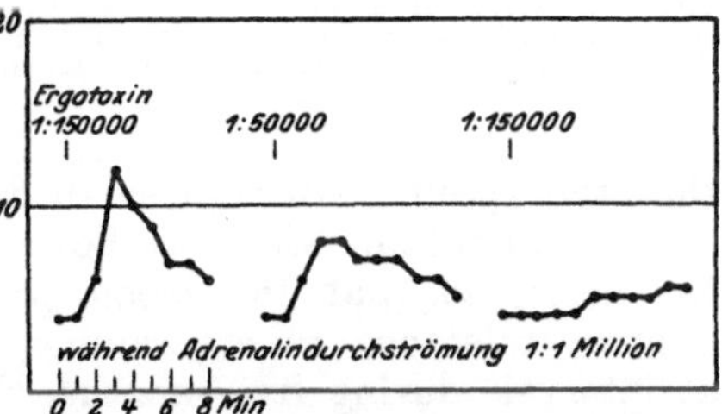

Fig. 4. The hind legs of a frog are being perfused with 1:1 million adrenaline which has reduced the flow from 41 to 4 drops per minute. Successive injections of 0.3 c.c. 1:150,000, 1:50,000 and 1:150,000 ergotoxine phosphate are then made. The sensitivity to ergotoxine declines rapidly. Abscissa time in minutes; ordinate number of drops per minute. (From MASUDA[4].)

[1] PEARCE, R. G.: Cit. p. 108. [2] ROTHLIN, E.: Cit. p. 100.
[3] MONONOBE, K.: Cit. p. 108. [4] MASUDA, T.: Cit. p. 108.
[5] MAHN, J., u. M. REINERT: Biochem. Z. **163**, 56 (1925).
[6] FORST, A. W.: Arch. f. exper. Path. **117**, 232 (1926).
[7] RAHMAN, S. A., and R. N. ABHYANKAR: Indian J. med. Res. **22**, 687 (1935).
[8] McDOWALL, R. J. S.: J. of Physiol. **55**, i (1921) (Proc. Physiol. Soc.).
[9] DALY, I. DE BURGH, and U. S. VON EULER: Proc. roy. Soc. Lond. B **110**, 92 (1932).

indeed constricted by local application of ergotoxine, but are then not relaxed by adrenaline, nor by nervous stimulation (Donegan[1]).

Ergosine reverses the action of adrenaline in the perfused hind limb of the cat, and in the decerebrate animal greatly reduces the pressor effect of adrenaline. Ergosinine has a much smaller action on the perfused limb, but seems all the same to differ less from ergosine than ergotinine does from ergotoxine. (Private communication from Dr. A. C. White.)

Blood Pressure. The pressor action of ergotamine in the cat and its reversal by adrenaline were found by Dale and Spiro[2] to be very similar to the corresponding behaviour of ergotoxine. Rothlin[3] showed that ergotamine further resembles ergotoxine in having little effect on the rabbit's blood pressure, in contrast to that of the cat and dog (0.05—0.1 mg./kg. of ergotamine produces a slight rise of pressure in rabbits, larger doses cause a fall). That the rise of blood pressure is accompanied by vasoconstriction was shown in unanaesthetised dogs by Herrick[4]; he measured the blood flow in one femoral artery by means of Rein's Electro-stromuhr and the blood pressure in the other artery; the flow was reduced by 25% and the pressure raised by 10—46 mm. Hg after an intravenous injection of 0.5—1 mg. ergotamine. Entire dogs and cats were also studied by Ganter[5], using an indirect method involving the use of von Frey's pressure recorder; he concluded that the specific effect of small doses of ergotamine (0.5—1.0 mg. per animal) is vaso-dilatation which is however outweighed by an increased output of the heart, so that the blood pressure rises. In dogs which had developed a great tolerance to ergotamine, as the result of daily injections increased at intervals during five months, Stahnke[6] found that even the largest doses caused no appreciable rise of blood pressure and only a slight diminution in the pressor effect of adrenaline; in these dogs the cardiac effect was however retained for they responded to each increase of dosage by a slowing of the pulse, which then gradually became more rapid as long as the daily dose was kept constant, without quite regaining the rate induced by the preceding dosage (see fig. 5).

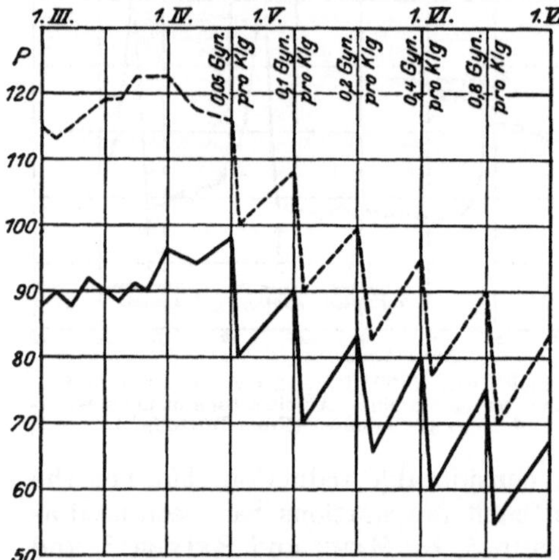

Fig. 5. Pulse rate, from March 1st to July 1st, of two dogs receiving daily injections of ergotamine. (From Stahnke; 1 c.c. gynergen = 0.5 mg. ergotamine.)

The introduction of ergotamine into therapeutics led to numerous observations in human subjects. Kauffmann and Kalk[7] regularly obtained a rise of systolic and diastolic pressure of 20—60 mm. with 0.25—0.50 mg. ergotamine, given intravenously; in some cases the effect began to decline in the first hour, in others it lasted for several hours; see fig. 6. Youmans, Trimble and Frank[8]

[1] Donegan, J. F.: J. of Physiol. **55**, 239 (1921).
[2] Dale, H. H., u. K. Spiro: Cit. p. 106. [3] Rothlin, E.: Cit. p. 100 and p. 102.
[4] Herrick, J. F.: Proc. Soc. exper. Biol. a. Med. **30**, 871 (1933).
[5] Ganter, G.: Arch. f. exper. Path. **113**, 129 (1926).
[6] Stahnke, E.: Cit. p. 105. [7] Kauffmann, F., u. H. Kalk: Cit. p. 101.
[8] Youmans, J. B., W. H. Trimble and H. Frank: Cit. p. 101.

injected 0.5 mg. subcutaneously into 9 normal subjects and observed an average systolic rise of 7 mm. (maximum 16 mm.) and in diastolic pressure an average rise of 16 mm. (maximum 34 mm.). They consider that the lowering of blood pressure observed by some authors in man was due to a failure to secure basal readings at the start of the experiment. After intramuscular injection of 0.5 mg. BAGNARESI[1] obtained rather inconstant results in 20 normal subjects, in so far as concerns the systolic pressure, but nearly always a rise of diastolic pressure (5—15 mm.) and always a very distinct rise of venous pressure (20—70 mm.). FREEMAN and CARMICHAEL[2] gave intravenous injections of 0.375 mg. ergotamine to 24 young healthy males and obtained in something like 80% of the cases an average rise in the systolic pressure of 13 mm., in the diastolic of 16 mm.; the pressure was highest from $7^1/_2$ to 12 minutes after the injection. Similarly POOL, VON STORCH and LENNOX[3] found a rise of systolic and diastolic blood pressure in migraine patients and in normal controls.

There is thus substantial agreement that ergotamine raises the blood pressure in the normal subject, and that the diastolic is raised rather more than the systolic. YOUMANS, TRIMBLE and FRANK emphasise the fact that the permissible dose and therefore the effect, is small in man compared with animals. In thyreotoxicosis the blood pressure may be lowered (RÜTZ[4]; compare YOUMANS, TRIMBLE and FRANK). According to IMMERWAHR[5] and to BARÁTH[6] the effect of ergotamine depends on the initial level; MEAKINS and SCRIVER[7] obtained in cases of hypertension a fall of blood pressure by 20—40 mm. after 0.5—1.0 mg. ergotamine intramuscularly. BRUCKER[9] reports a lowering of blood pressure in two normal subjects, already within 5—10 minutes after the ingestion of 3 mg. of ergotamine. This observation scarcely agrees with that of CRONYN and HENDERSON[10] who found 2 mg. of ergotoxine by the mouth to be without effect in man, and of ROTHLIN, who found the same for 2 mg./kg. of ergotamine in rabbits.

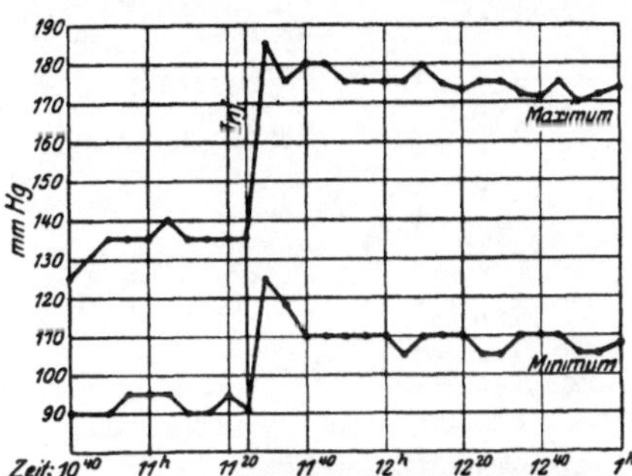

Fig. 6. Increase of systolic and diastolic blood pressure after intravenous injection of 0.5 mg. ergotamine in human subjects. (From KAUFFMANN and KALK[8].)

The Vasomotor Reversal. Effect on the Vessels in Various Organs. As already indicated (p. 99) the vasomotor reversal is an example of the preferential depression by ergotoxine and related alkaloids of the augmentor, in comparison with the inhibitor effects on the same plain muscle. With incomplete production of this reversal, adrenaline may have a pressor effect at low blood pressures and a depressor effect at high ones. That the fall in blood pressure due to adrenaline does not simply occur because the blood pressure has been previously raised to a high level by ergotoxine, was shown most conclusively by DALE[11]; after a dose of

[1] BAGNARESI, G.: Rass. Ter. e Pat. Clin. **3**, 426 (1931).
[2] FREEMAN, H., and H. T. CARMICHAEL: J. of Pharmacol. **58**, 409 (1936).
[3] POOL, J. L., T. J. C. VON STORCH and W. G. LENNOX: Arch. int. Med. **57**, 32 (1936).
[4] RÜTZ, A.: Med. Klin. **22**, 736 (1926).
[5] IMMERWAHR, P.: Med. Klin. **23**, 1693 (1927).
[6] BARÁTH, E.: Z. klin. Med. **104**, 713 (1926).
[7] MEAKINS, J., and W. DE M. SCRIVER: Canad. med. Assoc. J. **25**, 285 (1931).
[8] KAUFFMANN, F., u. H. KALK: Cit. p. 101.
[9] BRUCKER, R.: Z. exper. Med. **67**, 100 (1929).
[10] CRONYN, W. H., and V. E. HENDERSON: J. of Pharmacol. **1**, 203 (1909).
[11] DALE, H. H.: J. of Physiol. **46**, 291 (1913).

ergotoxine sufficient to complete the paralysis of vaso-constrictors, the depressor effect of adrenaline occurs even at a pressure, lower than one at which adrenaline normally exerts a pressor effect. In a spinal cat 0.025 mg. adrenaline raised a pressure of 130 mm. (by 105 mm.); after 10 mg. ergotoxine 0.1 mg. adrenaline then lowered a pressure of 110 mm. (by 30 mm.; see fig. 7). The existence of sympathetic vasodilators, at first questioned by some, has been fully recognised (compare e.g. CANNON and ROSENBLUETH[1]). The vasomotor reversal involves the algebraic sum of the effects on the heart and the blood vessels. According to RAYMOND-HAMET[2] the first injection of adrenaline into a strongly ergotaminised dog often produces a fairly large rise of blood pressure due to cardiac stimulation temporarily obscuring the effects of vaso-dilatation (see also BURN, below, and the section on the heart). That vaso-dilatation however exists from the outset can be shown according to RAYMOND-HAMET, by rendering the blood in coagulable and observing that the flow from a branch of the femoral artery is increased by adrenaline; before the administration of ergotamine, adrenaline greatly diminishes the flow. The vessels in the various parts of the body are not equally sensitive to adrenaline, nor are they to the ergot alkaloids. RAYMOND-HAMET[3] has shown by simultaneous records of the volumes of the kidney and leg, fig. 8, or of the rate of flow from the renal and femoral veins, that as the result of an injection of 0.5—0.6 mg./kg. of ergotamine methanesulphonate, the renal vessels may be constricted, while the vessels of the leg are dilated. Similarly the vasomotor effect in various organs is paralysed or reversed by very different doses. RAYMOND-HAMET[5] had observed earlier that in the kidney of the dog the vasoconstrictor effect of adrenaline is paralysed with particular ease by 0.017 to 0.033 mg./kg. of ergotamine, a small fraction of the amount required for the abolition of the pressor action of adrenaline on the whole animal. ROTHLIN[6] found the splanchnic vessels to be easily paralysed and WOODS, NELSON and NELSON[7] consider that these vessels are even more sensitive to ergotamine than are the renal. A comparison of the abdominal viscera and skeletal muscle was made in experiments by ROSENBLUETH and B. CANNON[8] who after a dose of 3 mg./kg. of ergotoxine to a spinal animal, found that 5 γ of adrenaline caused

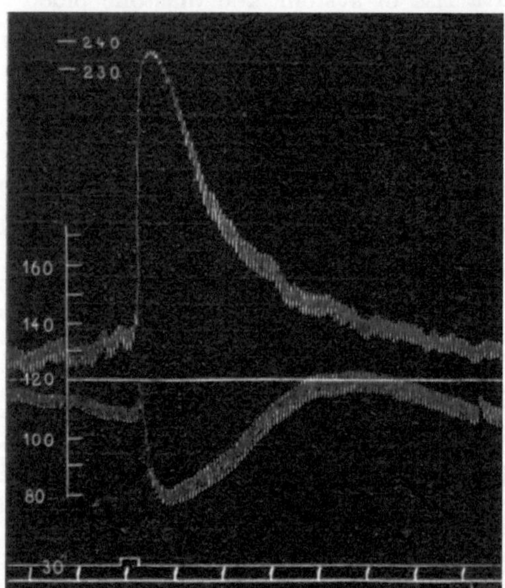

Fig. 7. Pithed cat; carotid blood-pressure. Upper curve shows effect of 0.025 mg. of adrenaline before, lower curve that of 0.1 mg. of adrenaline after 10 mg. ergotoxine; time in half minutes. (From DALE[4].)

[1] CANNON, W. B., and A. ROSENBLUETH: Amer. J. Physiol. **104**, 569 (1933).
[2] RAYMOND-HAMET: C. r. Soc. Biol. Paris **113**, 1472 (1933).
[3] RAYMOND-HAMET: C. r. Soc. Biol. Paris **122**, 918 (1936).
[4] DALE, H. H.: Cit. p. 111.
[5] RAYMOND-HAMET: C. r. Acad. Sci. Paris **182**, 1046 (1926).
[6] ROTHLIN, E.: Arch. f. exper. Path. **138**, 115 (1928).
[7] WOODS, G. G., V. E. NELSON and E. E. NELSON: J. of Pharmacol. **45**, 403 (1932).
[8] ROSENBLUETH, A., and B. CANNON: Amer. J. Physiol. **105**, 373 (1933).

a rise of blood pressure, but if the aorta was clamped at the diaphragm, a fall resulted from the same dose of adrenaline. On releasing the clamp the blood pressure fell sharply and then adrenaline produced a rise of blood pressure. The depressor action of adrenaline is not due to the higher blood pressure caused by clamping, but to the exclusion of the abdominal viscera from the circulation. ROSENBLUETH and CANNON conclude that the pressor effect obtained from adrenaline after a moderate dose of ergotoxine is primarily localized in the splanchnic area, while in the rest of the organism the depressor response is dominant. The splanchnics are considered to have primarily vasoconstrictor action and sympathetic vasodilators to distribute mainly to skeletal muscle. WOODS, NELSON and NELSON consider that the vessels of the spleen and of the liver are not much less sensitive to ergotamine than are the splanchnic and renal (DALE[1] had already shown the reversal in the case of the spleen, and NEUBAUER[2] the antagonistic effect of ergotoxine on the hyperaemic action of adrenaline in the liver). On the other hand VAN DYKE[3] had observed, by stimulation of the relative nerves, that the vessels of the nasal mucosa are much more resistant than the splanchnic vessels to paralysis by ergotamine, and this WOODS, NELSON and NELSON confirmed by means of adrenaline injections. The vessels of the skin are also resistant. Those of voluntary muscle are dilated by small doses of adrenaline and possess sympathetic vaso-dilators (compare ROSENBLUETH and CANNON, above). In the experiments of WOODS, NELSON and NELSON the dilatation by adrenaline was in most cases decreased after the administration of ergotamine; the vaso-dilators of skeletal muscle seem thus to be paralysed by ergotamine, but not readily. The accelerator and augmentor effect of ergotamine on the heart is also not antagonised by doses adequate to abolish the vasoconstrictor effect of adrenaline in the splanchnic region.

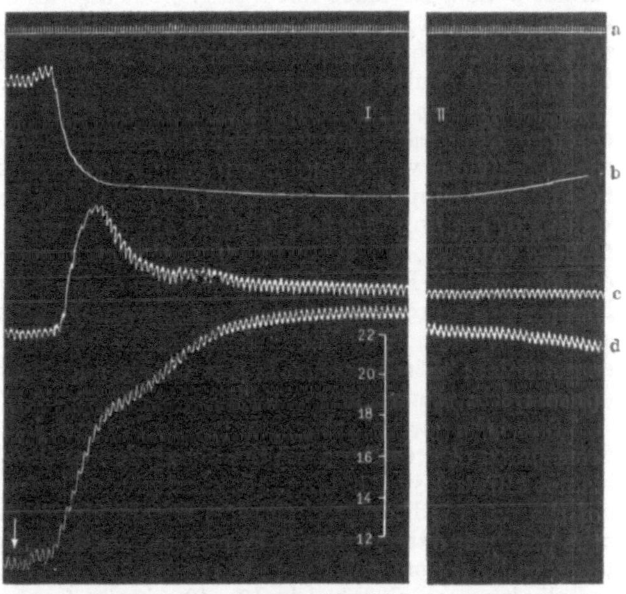

Fig. 8. Dog of 14 kg. under chloralose (0.12 g./kg.); both vagi cut in the neck; artificial respiration; (a) time in seconds; (b) kidney volume registered by HALLION and COMTE's oncograph, as modified by RAYMOND-HAMET; (c) volume of left hind leg recorded by a glass plethysmograph filled with saline at 38°; (d) carotid blood pressure. The arrow marks the injection into the saphenous vein of 7 mg. ergotamine methanesulphonate in 7 cc. of water. Between I and II 75 seconds have elapsed. (From RAYMOND-HAMET[4].)

The various factors which determine the reversal of the effect of adrenaline on the systemic pressure are therefore very complex. Some of these factors, as well as their combined effect, have been repeatedly used for assay purposes.

[1] DALE, H. H.: Cit. p. 85.
[2] NEUBAUER, E.: Biochem. Z. 52, 118 (1913).
[3] VAN DYKE, H. B.: J. of Pharmacol. 27, 299 (1926).
[4] RAYMOND-HAMET: Cit. p. 112, note 3.

The vasomotor reversal itself was used by BURN[1], by VON WERZ[2] and by ROTHLIN[3], in order to ascertain the extent to which ergot alkaloids are absorbed from the intestine. BURN attempted to determine the average dose of ergotoxine necessary for producing the vasomotor reversal in spinal cats, and the smaller dose necessary for completion of the reversal in cats which had received 1 g. of ergot by mouth 18—20 hours before. The difference between the two amounts injected to bring on the reversal, was taken to represent the ergotoxine absorbed from the intestine; BURN concluded that this was about 0.75 mg. or 30% of the amount present in 1 g. of good ergot ingested. This conclusion is not accepted by ROTHLIN. The first difficulty is to ascertain the minimum dose required to produce the reversal in a particular animal. BURN tested for it by injecting 0.02 mg. adrenaline, but since this always tends to raise the blood pressure by cardiac action, he made not a single, but a series of adrenaline injections while the cardiac effect still persisted; when the later injections caused a fall of pressure, the vasomotor reversal was considered to be established. The various doses of the alkaloid should succeed one another rapidly; the full effect of the vasomotor reversal does not last for more than 4—5 minutes, so that it is difficult to make divided doses really cumulative. A second and more serious difficulty is the great individual variation. BURN found in a series of 20 cats the dose necessary for the reversal might be as low as 0.12 mg./kg.; in a few cases it could not be obtained with 1.07 mg./kg. ROTHLIN's limits are even wider: 0.02 and >2.0 mg./kg. (the failure to produce a reversal by such high doses is attributed by ROTHLIN to cardiac action). Hence the average dose of 0.5 mg./kg. deduced by BURN, which happens to accord with that frequently employed by DALE, is of little value for assay purposes. VON WERZ found 0.11—0.14 mg./kg., also in spinal cats, for ergotamine; the difference is due to his adoption of a less stringent criterion (incomplete reversal).

Since the general vasomotor reversal cannot be used quantitatively, ROTHLIN considered other criteria for the absorption of the alkaloids. The blood pressure is not affected by 2 mg./kg. absorbed gradually from the intestine. The slowing of the pulse is characteristic, but unsuitable for assay, and hence he preferred the paralysis of the splanchnic, or more conveniently, of the renal vaso-constrictors, which sets in well before the general vasomotor reversal. He concludes that the alkaloids are absorbed in 10—40 minutes from the duodenum and jejunum, rapidly also from the rectum (in agreement with VON WERZ), but hardly from the stomach. They are absorbed both from solution and from powdered ergot, but not from suppositories.

The individual variations, indicated above for the vasomotor reversal in cats, apply also to the vasoconstrictor effect in the kidney, for which RAYMOND-HAMET[4] gives 0.016—0.033 mg./kg. in dogs and WULP and NELSON[5] find much wider limits (0.0054—0.11 mg./kg. for a smaller series of dogs). RAYMOND-HAMET[6] nevertheless used this method to determine the activity of ergotinine of which 5—10 mg./kg. is required to paralyse the renal vaso-constrictors, i.e. 300 times as much as ergotamine. RAYMOND-HAMET employs vagotomised dogs under chloralose; the carotid blood pressure and the kidney volume are recorded. A few injections of 0.05 mg. adrenaline are given, which produce a rise of blood

[1] BURN, J. H.: Quart. J. Pharmacy **2**, 515 (1929).
[2] VON WERZ, R.: Arch. f. exper. Path. **161**, 368 (1931).
[3] ROTHLIN, E.: Arch. f. exper. Path. **171**, 555 (1933).
[4] RAYMOND-HAMET: Cit. p. 112, note 5.
[5] WULP, G. A., and E. E. NELSON: J. of Pharmacol. **42**, 143 (1931).
[6] RAYMOND-HAMET: Bull. Acad. Méd. Paris **96**, (iii), 90 (1926).

pressure and an equally evanescent diminution in the kidney volume. After a suitable dose of ergotamine, the systemic rise of blood pressure caused by 0.05 mg. adrenaline may be scarcely affected, but the vaso-constrictor effect of adrenaline on the kidney may be diminished, or abolished, or reversed. WULP and NELSON do not consider that, as long as adrenaline still exerts a pressor effect, one can say that the renal vasomotors are paralysed by merely inspecting the oncometer tracing, which records the algebraic sum of active constriction and passive dilatation resulting from constriction elsewhere. Yet the stage at which the kidney volume is no longer changed by adrenaline may be taken as an arbitrary end point. This is however difficult to determine, for the effects of successive doses of ergotamine seem to be even less cumulative than in the vasomotor reversal discussed above (compare WULP and NELSON and fig. 9).

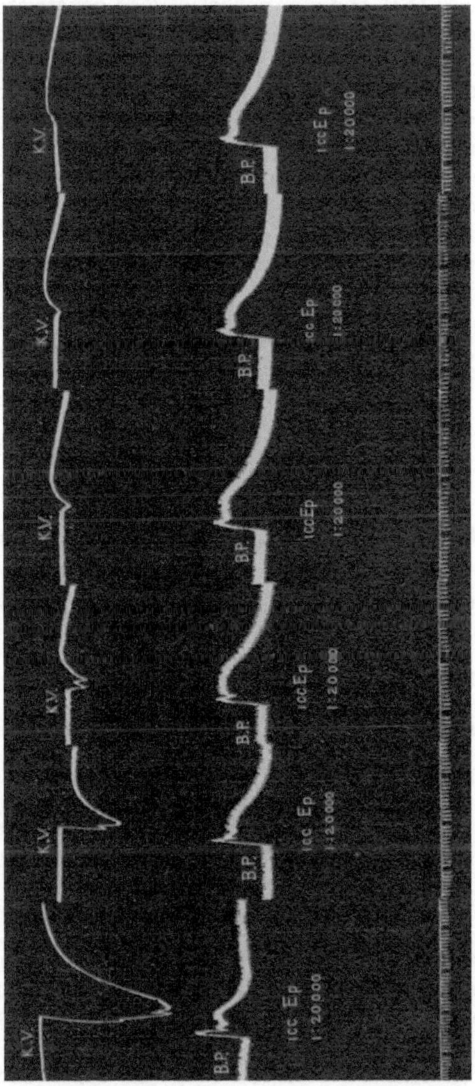

A double inversion of the effect of adrenaline is described by RAYMOND-HAMET[1]; after corynanthine has brought about the first reversal (analogous to that discussed above), 0.3 mg./kg. of ergotamine causes a considerable rise of blood pressure and renal vasoconstriction (this, according to RAYMOND-HAMET, shows the musculotropic nature of vasoconstriction by ergotamine). If now adrenaline is again injected there is a very considerable rise of blood pressure, instead of a fall occurring before the ergotamine was injected. The explanation of this peculiar phenomenon seems obscure.

Fig. 9. Dog, morphine and urethane, vagotomized; carotid blood-pressure and volume of left kidney, the latter recorded by a RAY oncometer and BRODIE's bellows. Gradual development of the paralysis of the renal vaso-constrictors by fives uccessive injections of 0.2 c.c. fluid extract of ergot (each equal to about 0.1 mg. ergotoxine). Each injection of ergot is accompanied by one of 1 c.c. 1:20,000 adrenaline (epinephrine). (From WULP and NELSON[3]).

The vasomotor reversal is not brought about with equal ease in all species. DALE already showed that the rabbit is particularly resistant; according to ROTHLIN[2] 1—2 mg. ergotamine per kg. merely lessens its pressor response to adrenaline, whereas 0.2—0.5 mg./kg regularly produces complete vasomotor

[1] RAYMOND-HAMET: C. r. Soc. Biol. Paris **119**, 1367 (1935).
[2] ROTHLIN, E.: Cit. p. 102.
[3] WULP and NELSON: Cit. p. 114.

reversal in the cat and dog. BRAUN[1] found the same difference which is in accordance with the high lethal dose of ergotamine for rabbits. According to M. I. SMITH[2] the vasomotor reversal is brought about in dogs, subjected to histamine or traumatic shock, by much smaller doses of ergotamine than in normal dogs; an incomplete reversal may be rendered complete by histamine; he considers that the sympathetic vaso-constrictor mechanism is damaged first. On the other hand narcosis makes the reversal more difficult; HAUSCHILD and LENDLE[3] found that when the pressor response to adrenaline had been abolished in cats, decapitated under avertin, ether restored it.

Naturally ergotamine also antagonises or inverts those pressor effects which are due to the outpouring of adrenaline from the suprarenal gland (stimulation of splanchnics, DALE; nicotine, ROTHLIN[4]; experimental cerebral embolism, VILLARET, JUSTIN-BESANÇON and DE SÈZE[5]).

The effect of the ergot alkaloids on cerebral vessels is discussed in the section on the central nervous system (p. 145), their action in producing gangrene on pp. 104, 106, 197 and 198.

Whilst ergotamine reverses the pressor action of adrenaline, the similar pressor action of other sympathomimetic amines is, as a rule, not reversed. TAINTER[6] indeed distinguishes sympathicotropic drugs by the fact that their action is reversed by ergotamine (and increased by cocaine). This group seems to comprise only catechol derivatives; TAINTER[7] found his criteria satisfied by the first three members in the following table:

	Formula	Name
1.	(HO)(HO)C_6H_3·CHOH·CH_2·NH·CH_3	adrenaline
2.	(HO)(HO)C_6H_3·CH_2·CH_2·NH_2	3:4 dihydroxyphenylethylamine
3.	(HO)(HO)C_6H_3·CH_2·CH_2·CH_2·NH_2	3:4 dihydroxyphenylpropylamine
4.	HOC_6H_4·CHOH·CH_2·NH·CH_3	sympathol
5.	HOC_6H_4·CH_2·CH_2·NH_2	tyramine
6.	C_6H_5·CHOH·CH(CH_3)·NH·CH_3	ephedrine
7.	(tetrahydronaphthalene ring)·NH_2	β-tetrahydronaphthylamine

On the other hand TAINTER found the pressor effect of Nos. 5 and 6 not reversed; BURN and TAINTER[8] found the same for the constrictor effect of (5) tyramine in the perfused leg of the dog, and DALY, FOGGIE and LUDÁNY[9] observed no effect of ergotoxine on the rise of pulmonary arterial pressure produced by tyramine in isolated perfused lungs of dogs. Cocaine has no effect either, but

[1] BRAUN, A.: Münch. med. Wschr. **1924**, 1641.
[2] SMITH, M. I.: J. of Pharmacol. **34**, 239 (1928).
[3] HAUSCHILD, FR., u. L. LENDLE: Arch. f. exper. Path. **178**, 366 (1935).
[4] ROTHLIN, E.: Schweiz. med. Wschr. **40**, 978 (1922).
[5] VILLARET, M., L. JUSTIN-BESANÇON et S. DE SÈZE: C. r. Soc. Biol. Paris **106**, 1211 (1931).
[6] TAINTER, M. L.: J. of Pharmacol. **46**, 27 (1932).
[7] TAINTER, M. L.: Quart. J. Pharmacy **3**, 584 (1930).
[8] BURN, J. H., and M. L. TAINTER: J. of Physiol. **71**, 188 (1931).
[9] DALY, I. DE BURGH, P. FOGGIE and G. VON LUDÁNY: Quart. J. exper. Physiol. **26**, 235 (1937).

the combined action of these two alkaloids results in a curious potentiation of the action of tyramine. Even the action of (4) sympathol (which differs from adrenaline only by the lack of one phenolic hydroxyl) is not reversed, according to AIZZI-MANCINI[1]. It is therefore not surprising that the action of (7) β-tetrahydronaphthylamine (which is structurally much more remote from adrenaline) is not reversed either. Thus BOUCKAERT and HEYMANS[2] found in a cat under somniphene that after 0.2 mg./kg. ergotamine intravenously, 1 mg./kg. of β-tetrahydronaphthylamine raised the blood pressure, whilst 0.01 mg. adrenaline lowered it; this is quite in agreement with the inactivity of ergotamine on the hyperthermia and hyperglycaemia caused by the naphthylamine.

The case of ephedrine has given rise to some controversy. KREITMAIR[3] found that when in a decapitated cat the response to 0.01 mg./kg. adrenaline had been inverted by 0.5 mg./kg. ergotamine, 1 mg./kg. ephedrine still caused a rise of blood pressure. This was confirmed by DE EDS and BUTT[4], also by TAINTER. CURTIS[5] argues however that the pressor effect of ephedrine is almost entirely due to the heart, the accelerator mechanism of which is particularly resistant to ergot alkaloids (see p. 120). Moreover according to CURTIS a comparison should be made between doses of adrenaline and ephedrine more closely comparable (KREITMAIR used 90 molecules of ephedrine to one of adrenaline). In cats which had received enormous doses of ergotamine (7 and 15 mg.) CURTIS was indeed able to obtain a fall of blood pressure after ephedrine, and he states that under suitable conditions the antagonism between ephedrine and ergotamine can also be demonstrated on the uterus. SCHRETZENMAYR[6] using GANTER's method of determining vascular tonus in intact cats and dogs under urethane, is also of the opinion that the pressor action of ephedrine (and of tyramine) can be reversed by ergotamine, and that, contrary to the general view, these sympathomimetic amines act on the same structures as does adrenaline. BECCARI[7] does not agree with CURTIS and SCHRETZENMAYR, as the result of a determination of the amounts of ergotamine necessary to paralyse sympathetic nerve endings (0.1—0.2 mg./kg.) and cardio-vascular reflexes (0.4 mg./kg.) in dogs.

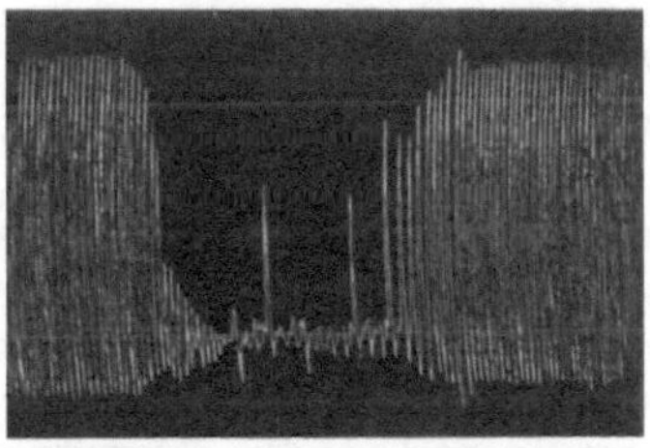

Fig. 10. Perfused frog's heart; after sympathetic paralysis by ergotamine, one drop of 1:1000 adrenaline is added at (a); at (b) spontaneous recovery. (From AMSLER[8].)

Action on the Heart. Soon after the discovery of ergotamine, AMSLER[8] found that this alkaloid has little or no effect on an isolated frog's heart beating optimally under the influence of adrenaline. If adrenaline has not been previously applied, ergotamine causes a slight depression of cardiac activity, which cannot be removed by atropine and is due to paralysis of the sympathetic. If, after treatment with ergotamine, the heart is now perfused with adrenaline, its action is greatly depressed (see fig. 10). This inversion of the effect of adrenaline on the frog's heart, by 10^{-5} ergotamine, was confirmed by ROTHLIN[9] and for the same

[1] AIZZI-MANCINI, M.: Boll. Soc. ital. Biol. sper. **4**, 225 (1929).
[2] BOUCKAERT, J. J., et C. HEYMANS: Arch. int. Pharmacod. **35**, 137 (1929).
[3] KREITMAIR, H.: Arch. f. exper. Path. **120**, 195 (1927).
[4] DE EDS, F., and E. M. BUTT: Proc. Soc. exper. Biol. a. Med. **24**, 800 (1927).
[5] CURTIS, F. R.: J. of Pharmacol. **34**, 37 (1928).
[6] SCHRETZENMAYR, A.: Arch. f. exper. Path. **152**, 210 (1930).
[7] BECCARI, E.: Arch. int. Pharmacod. **50**, 195 (1935).
[8] AMSLER, C.: Cit. p. 100. [9] ROTHLIN, E.: Cit. p. 100.

concentration of ergotoxine by ODA[1]; lower concentrations of ergotoxine (10^{-7} and 10^{-6}) had a slight stimulant effect. AMSLER suggests that the inverted effect of adrenaline is due to this drug stimulating the vagus endings which stimulation however only becomes evident after the antagonistic sympathetic has been paralysed. The inverted effect of adrenaline is prevented by atropine, but the slight depression of the heart by ergotamine alone is not so prevented. According to KOLM and PICK[2] the relative influence of the sympathetic and vagus depends on the composition of the perfusion fluid; a deficiency of calcium ions makes the sympathetic less sensitive, the vagus more so and adrenaline is then negatively inotropic and finally arrests the heart in diastole. Conversely excess of calcium chloride so sensitises the sympathetic that adrenaline produces contracture of the ventricle, while the auricles continue to beat strongly; now this contracture is also inhibited by ergotamine. Thus the sympathetic of the frog's heart may be put out of action both by ergotamine (AMSLER) and by a deficiency of calcium ions, which moreover stimulates the vagus (KOLM and PICK). These two influences were combined in the experiments of AGNOLI[3], who found that, in the absence of calcium much smaller concentrations of ergotamine suffice to bring about a diastolic stoppage, than in normal RINGER. AGNOLI concludes that ergotamine not only paralyses the sympathetic but stimulates the vagus endings; the stimulation only becomes evident in the absence of calcium ions. The antagonism between ergotamine and calcium ions was also demonstrated with the smooth muscle of the frog's oesophagus by AGNOLI and others (see p. 129). The amphotropic action of ergotamine was studied on the toad's heart by RUSSO[4], who discusses various explanations and the relations of this action to the effect of ergotamine on smooth muscle, such as the Molluscan heart (see below). Whilst there is agreement about the primary effect of ergotamine on the amphibian heart, there is some doubt about the seat of the action.

The negative chrono- and inotropic effect of 10^{-5} ergotamine on the heart of the Japanese toad and the fresh water fish *Ophiocephalus argus* is not influenced by atropine, but promptly abolished by adrenaline, according to MATSUMURA[5]. Much the same was found by MEZEY and STAUB[6] for strips of the musculature of the frog's ventricle, and these observations are in agreement with those of AMSLER and others. MEZEY and STAUB found however no reversal of the action of adrenaline, and consider that ergotamine probably acts on the heart muscle. On the other hand this action is considered by MATSUMURA to be on intra-cardial ganglion cells (modified histologically by ergotamine); it is not shown by chick's embryos till the fifth day, when nerves can first be demonstrated by CAJAL's method and the formation of ganglion cells inferred. The Molluscan heart is not known to have any nervous accelerator mechanism and when it is isolated in sea water, its rhythm and the strength of its contractions are increased by small concentrations of ergotamine, just as they are by still smaller concentrations of adrenaline; the antagonism between these two drugs is only shown by the vertebrate heart. BACQ[7] showed its absence for the isolated median ventricle of *Loligo Pealii* and KRUTA[8] for that of *Sepia officinalis*. The effects of the two drugs are additive; that of ergotamine is much the more prolonged (doutless

[1] ODA, Y.: Fol. pharmacol. jap. **6**, 19 (1927).
[2] KOLM, R., u. E. P. PICK: Cit. p. 100.
[3] AGNOLI, R.: Cit. p. 100. [4] RUSSO, G.: Cit. p. 100.
[5] MATSUMURA, T.: Jap. J. med. Sci. Trans. IV. Pharmacol. **4**, 46*—47* (1930); **5**, 92† (1931).
[6] MEZEY, K., u. H. STAUB: Arch. f. exper. Path. **182**, 183 (1936).
[7] BACQ, Z. M.: Arch. int. Pharmacod. **38**, 138 (1934).
[8] KRUTA, V.: J. Physiol. et Path. gén. **34**, 65 (1936).

because the alkaloid with its considerable residual valency, is more firmly adsorbed than adrenaline, and cannot be readily washed out).

The effect of ergotamine on the sensitivity of the cardiac nerves to electrical stimulation appears to have been first investigated by ROTHLIN[1] who found in the cat under urethane that the depressor nerve became less sensitive and the vagus more so (see fig. 11a to c); these effects passed off after fifteen minutes. Ergot-

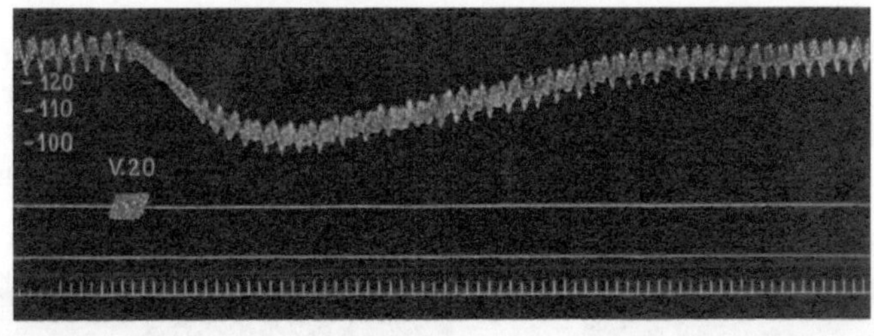

a

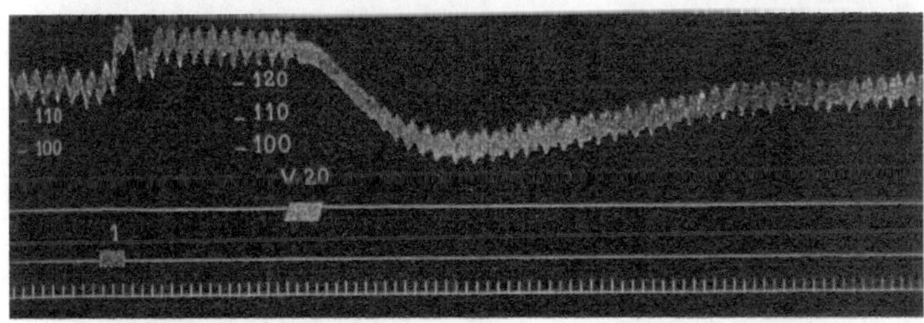

b

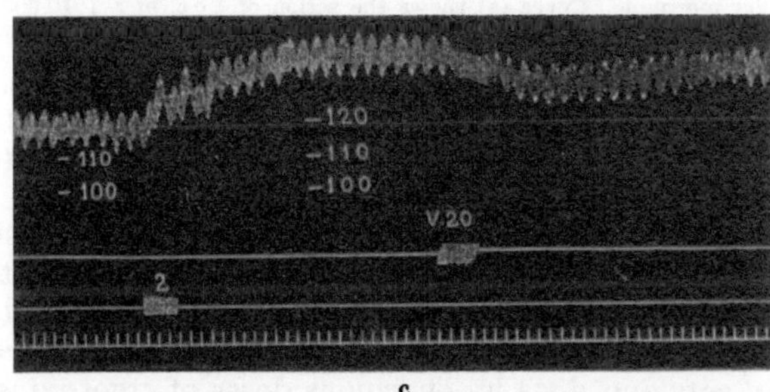

c

Fig. 11a to c. Cat under urethane. Time marked every 3 seconds. (a) shows the normal depressor phenomenon after central stimulation of the vagus, coil at (V. 20). At 1 in curve (b) 0.5 mg atropine sulphate; rise of blood pressure; central vagus stimulation (V. 20) causes a greater fall of blood pressure than in (a). At 2 in curve (c) 0.2 mg. ergotamine tartrate is injected intravenously; rise of blood pressure; the depressor phenomenon (V. 20) has been practically abolished. (From ROTHLIN[1].)

amine also potentiates the action of acetylcholine (see fig. 12a and b). This action of ergotamine, in so far as concerns the vagus mechanism in the frog, was confirmed by LOEWI and NAVRATIL[2], who connected it with the much more powerful effect of physostigmine; both alkaloids inhibit the action of the choline esterase in blood and of the two, ergotamine is much the weaker (MATTHES[3]). Indeed, according to GAYET and MINZ[4], the inhibitory action of ergotamine on choline esterase

[1] ROTHLIN, E.: Cit. p. 100.
[2] LOEWI, O., u. E. NAVRATIL: Klin. Wschr. **5**, 894 (1926) — Pflügers Arch. **214**, 689 (1926).
[3] MATTHES, K.: Cit. p. 99.
[4] GAYET, R., et B. MINZ: C. r. Soc. biol. Paris **123**, 1160 (1936).

cannot account for all the phenomena. They find that 0.5 mg./kg. ergotamine injected into an eserinised dog increases the acetyl choline content of the blood from the pancreatic vein (measured on leech muscle), but not from the carotid artery, the jugular or femoral veins. The increase persists for some 40 minutes and is not observed in the blood from the pancreatic vein of a dog which is not eserinised, even when that blood is received into a vessel containing eserine (physostigmine). Hence they conclude that ergotamine has a cholinergic action of its own.

The accelerator nerve is rendered less sensitive by ergotamine (Navratil[1]) but the effect only comes on after about 20 minutes, and is then very persistent (owing to strong adsorption of the ergotamine). Hofer[2] repeated Navratil's experiments on the frog with a new method for isolating the accelerator fibres,

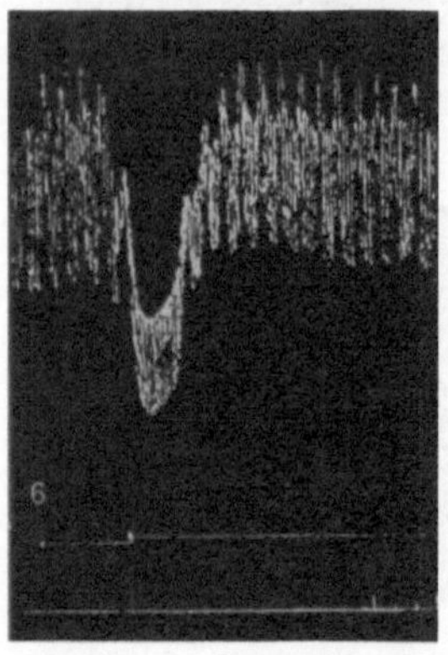
a

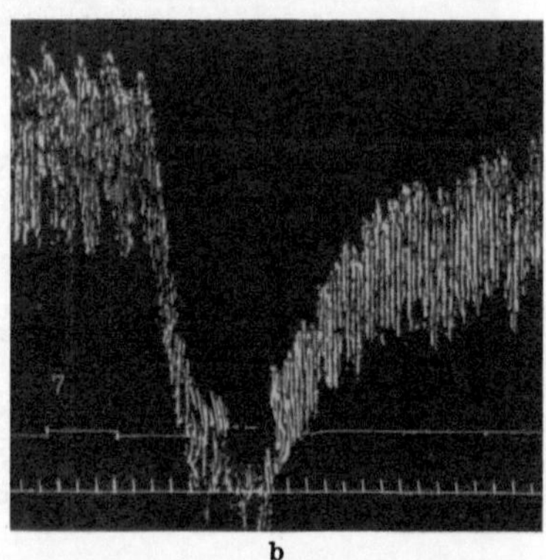
b

Fig. 12a and b. Dog under morphine. Curve (a) shows the action of 1 c.c. of a 1:10,000 solution of acetyl choline before, and curve (b) that of the same dose of acetyl choline after the injection of ergotamine. (From Rothlin[3].)

and obtained complete abolition of the effect of electrical stimulation; sensitiveness was partly restored by perfusion with 10^{-4} caprylic alcohol (exchange adsorption?).

The accelerator mechanism of mammals is much more resistant to ergot alkaloids. That the cardio-accelerator effect of adrenaline is not abolished in cats by doses of ergotoxine, sufficient for the vasomotor reversal, was already established by Dale. Otto[4] failed to induce even partial paralysis of the accelerator nerve in cats and dogs by enormous doses of ergotoxine (110 mg./kg. in cats!) one hundred times as great as those which paralyse the vaso-constrictors (compare also Henrijean and Waucomont[5]). Woods, Nelson and Nelson[6] found that the accelerator effect of adrenaline was often actually increased by ergotamine (before ergotamine the heart rate per minute was changed by adrenaline from 162 to 186, i.e. by 24; after 0.45 mg./kg. ergotamine from 126 to 165, i.e. by 36); ergotamine hardly influenced the augmentor effect of adrenaline measured by Cushny's myocardiograph. The conclusions of Andrus and Martin[7] are somewhat different; they report the disappearance of the response to 0.1 mg. adrenaline in dogs shortly after giving 0.1—0.2 mg./kg.

[1] Navratil, E.: Cit. p. 99. [2] Hofer, B.: Biochem. Z. **246**, 46 (1932).
[3] Rothlin, E.: Cit p. 102. [4] Otto, H. L.: J. of Pharmacol. **33**, 285 (1928).
[5] Henrijean, F., et R. Waucomont: Arch. int. Pharmacod. **38**, 618 (1930).
[6] Woods, G. G., V. E. Nelson and E. E. Nelson: Cit. p. 112.
[7] Andrus, E. C., and L. E. Martin: Cit. p. 101.

ergotamine. Following the functional exclusion of the vagus, by section and by atropine, ergotamine slowed the rate of sinus rhythm, depressed auriculo-ventricular conduction and delayed transmission of excitatory processes in the auricle. COELHO[1] found slowing of the heart, abolished by adrenaline. This question how far ergotamine paralyses the sympathetic or inhibits the action of adrenaline on the accelerator mechanism of the mammalian heart, has been approached indirectly by D. C. SMITH[2] in a study of ventricular fibrillation in the cat under dial, induced by direct faradization of the heart for 2 seconds. Adrenaline consistently shortens the period of the resulting fibrillation, and ergotamine antagonises this effect of adrenaline.

The balance of evidence is that the slowing of the heart by ergotoxine (DALE) and ergotamine (DALE and SPIRO[3], ROTHLIN[4]) is not the result of accelerator paralysis, but is due to vagus stimulation. Thus VIOTTI[5] found that the slowing of the isolated rabbit's and particularly the guinea pig's heart, caused by 10^{-6} ergotamine, was abolished by atropine. A similar atropine effect with relatively small doses is mentioned by GANTER[6], by ANDRUS and MARTIN[7], and by YOUMANS and TRIMBLE[8]. The latter authors observed a sudden, marked slowing of the heart in trained dogs, in the absence of any anaesthetic, after an intravenous injection of 0.25—0.5 mg. ergotamine; 0.05 mg./kg. atropine entirely prevented or abolished this slowing. They consider it principally due to a stimulation of the vagus mechanism. With the vagi cut ergotamine still causes a slowing, but less than in intact animals, and the authors attribute this to the unopposed accelerator tone having made the accelerators more sensitive to ergotamine. MOORE and CANNON[9] found that 1 mg./kg. ergotoxine lowered the basal heart rate of unanaesthetised cats from 95 to 80, the maximum rate after struggling from 240 to 169, but in animals vagotomised by a previous operation there was no change. In cats similarly sympathectomised the same dose of ergotoxine lowered the basal rate to something like 50 and that after a struggle to the neighbourhood of 90. One of the effects of ergotoxine must therefore be to stimulate the vagus centre. The effect may extend over a prolonged period (compare the experiments of STAHNKE[10], p. 110).

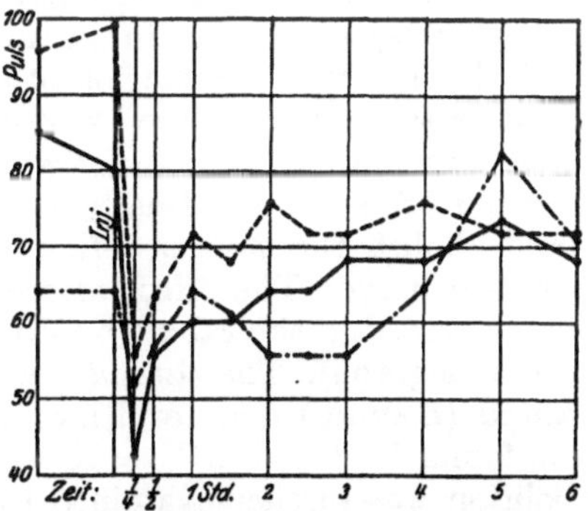

Fig. 13. Lowering of the pulse frequency after intravenous injection of 0.5 mg. ergotamine tartrate in human subjects. Abscissa: time in hours.
(From KAUFFMANN and KALK[11].)

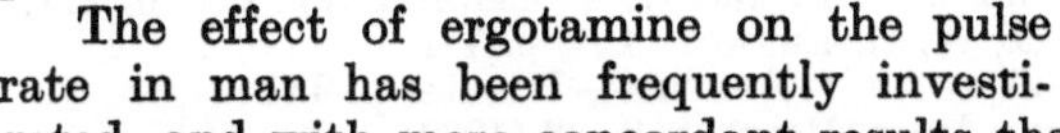

The effect of ergotamine on the pulse rate in man has been frequently investigated, and with more concordant results than its effect on the blood pressure. Intravenous or intramuscular doses of 0.25—0.5 mg. ergotamine consistently lower the pulse rate, on the average by something like 10 per minute, but there is much individual variation. The most important investigations, on a considerable number of healthy subjects, are by KAUFFMANN and KALK[11] (see fig. 13),

[1] COELHO, E.: C. r. Soc. Biol. Paris 99, 937 (1928).
[2] SMITH, D. C.: J. of Pharmacol. 58, 312 (1936).
[3] DALE, H. H., u. K. SPIRO: Cit. p. 106.
[4] ROTHLIN, E.: Cit. p. 102.
[5] VIOTTI, C.: Cit. p. 100.
[6] GANTER, G.: Cit. p. 110.
[7] ANDRUS, E. C., and L. E. MARTIN: Cit. p. 101.
[8] YOUMANS, J. B., and W. H. TRIMBLE: J. of Pharmacol. 38, 133 (1930).
[9] MOORE, R. M., and W. B. CANNON: Cit. p. 101.
[10] STAHNKE, E.: Cit. p. 105.
[11] KAUFFMANN, F., u. H. KALK: Cit. p. 101.

by Youmans, Trimble and Frank[1], by Bagnaresi[2] and by Freeman and Carmichael[3], subsidiary observations by Pool, von Storch and Lennox[4], by Zorn[5] and by Brucker[6] (after oral administration). A slowing of the pulse occurs in thyreotoxicosis (Youmans, Trimble and Frank, Lev and Hamburger[7] [electrocardiogram], Adlersberg and Porges[8], Porges[9], Merke and Eisner[10], Rothschild and Jacobsohn[11], Rütz[12]) and in obstetrical patients (Wetterwald[13]). In cardiac disease the pulse rate may be raised (Bagnaresi[14]). The effect of an intravenous injection is maximal in a few minutes, that of an intramuscular requires half an hour (Bagnaresi); it is remarkable that Brucker[6] reports a slowing of the pulse from 80 and 85 to 60 in two adults, 4—6 minutes after drinking a solution of 3 mg. ergotamine in water. The blood pressure is affected rather more slowly than the pulse, whatever the route. Other investigations are by Baráth[15] and by Immerwahr[16].

Ergotamine diminishes the frequency and amplitude of the contractions of an isolated strand of the auriculo-ventricular bundle and then the action of adrenaline is inverted; the typical increase in frequency caused by strophanthin is also impaired (Spühler[17]). Ergotamine further diminishes the capacity of the sinus-free frog's heart (Stannius' first ligature) for spontaneous activity (Isayama[18]). The absolute refractory period of the isolated frog's ventricle is always increased by adrenaline, and at high stimulation frequencies ergotamine has the opposite effect; with a slow rhythm the effect of ergotamine is inverted, and the drug then behaves like adrenaline (de Visscher and Fabry[19]). Ergotamine does not affect the chronaxy of the isolated frog's heart (Narayana[20]).

Action on Cardio-Vascular Reflexes. Rothlin[21] found that ergotamine diminishes the *depressor* reflex in the cat (see fig. 11, p. 119); during some fifteen minutes after the injection stimulation of the depressor nerve has a smaller effect on the blood pressure than before. Wright[22] confirmed this; small doses of ergotamine prolong the latent period of the reflex, decrease the rate and extent of the fall of blood pressure, and finally abolish it completely. With larger doses Wright could abolish the *pressor* reflex elicited by stimulating the central end of the popliteal nerve. The effect of ergotamine on the depressor reflex has also been demonstrated in the rabbit by Jonnesco and Jonescu[23] (not in man, as stated in a monograph). The *carotid sinus* reflex, evoked by compression of the common carotid (Hering) and resulting in vaso-constriction and rise of blood pressure, was found by Ganter[24] to be abolished in dogs and cats by ergotamine. This abolition was further examined by Wright, and particularly by Heymans and

---

[1] Youmans, J. B., W. H. Trimble and H. Frank: Cit. p. 101.
[2] Bagnaresi, G.: Cit. p. 111. [3] Freeman, H., and H. T. Carmichael: Cit. p. 111.
[4] Pool, J. L., T. J. C. von Storch and W. G. Lennox: Cit. p. 111.
[5] Zorn, W.: Klin. Wschr. **6**, 204 (1927). [6] Brucker, R.: Cit. p. 111.
[7] Lev, M. H., and W. W. Hamburger: Amer. Heart J. **8**, 32 (1932).
[8] Adlersberg, D., u. O. Porges: Cit. p. 101.
[9] Porges, O.: Med. Klin. **23**, 200 (1927).
[10] Merke, F., u. W. Eisner: Dtsch. Z. Chir. **210**, 239 (1928).
[11] Rothschild, F., u. M. Jacobsohn: Z. klin. Med. **105**, 406 (1927).
[12] Rütz, A.: Cit. p. 111. [13] Wetterwald, M.: Cit. p. 101.
[14] Bagnaresi, G.: Cit. p. 111. [15] Baráth, E.: Cit. p. 111.
[16] Immerwahr, P.: Cit. p. 111.
[17] Spühler, O.: Arch. f. exper. Path. **181**, 472 (1936).
[18] Isayama, S.: Z. Biol. **82**, 157 (1924).
[19] de Visscher, M., et P. Fabry: Cit. p. 101.
[20] Narayana, B.: C. r. Soc. Biol. Paris **118**, 1226 (1935).
[21] Rothlin, E.: Cit. p. 102. [22] Wright, S.: J. of Physiol. **69**, 331 (1930).
[23] Jonnesco, T., u. D. Jonescu: Z. exper. Med. **48**, 490 (1926).
[24] Ganter, G.: Cit. p. 110.

his collaborators. WRIGHT, using cats, was of the opinion that the action of ergotamine consists in a paralysis of the synapse between the centripetal and the central neurones of the reflex arc, but HEYMANS, REGNIERS and BOUCKAERT[1] located the paralysis in the periphery. They perfused the "isolated" head of one dog (A), only connected with the trunk through the spinal cord, with the blood from another dog B. Injection of ergotamine into the cephalic circulation of A has but a slight effect on the vasomotor reflexes from the carotid sinus of this animal, whilst injection into its somatic circulation completely abolishes these reflexes. It should be noted that WRIGHT used cats, that HEYMANS and his collaborators used dogs, and that the two species may have a different relative sensitivity of the centre and periphery to ergotamine. Moreover whilst 0.01 mg./kg in the somatic circulation was enough to abolish the reflex in dogs, large doses have a depressant action on the vasomotor centre itself and injection of ergotamine into the third ventricle of the brain can also suppress the vasomotor reflex (compare also BECCARI[2]).

In addition to the vasomotor reflex there arises from the carotid sinus a cardio-inhibitor reflex; this, according to HEYMANS and REGNIERS[3], suffers a fugitive exaggeration by ergotamine, during 10—15 minutes (comp. ROTHLIN[4]). This was confirmed by VANDERLINDEN[5], by means of the perfusion method of HEYMANS, REGNIERS and BOUCKAERT, described above. When the depressor and the carotid sinus nerves are cut on both sides rabbits develop a permanently high blood pressure; if the common carotids are then occluded, they show a further rise of blood pressure and extra systoles, which according to REGNIERS[6] are abolished by ergotamine (2 mg. intravenously). Dogs, in which a high blood pressure has similarly been established by cutting the four nerves some days previously, react to a subcutaneous injection of ergotamine by a fall of pressure, e.g. from 250 mm. to 165 mm. in the course of half an hour, as found by HEYMANS and BOUCKAERT[7]; according to these authors ergotamine also inverts the rise of blood pressure of pure hypercapnia, due to inhalation of oxygen + 10% carbon dioxide. GANTER[8] and BOUCKAERT and CZARNECKI[9] had already shown that the rise of blood pressure in asphyxia is inverted.

Dermatographia dolorosa, a typical vasomotor reflex, is rendered more pronounced by ergotamine in young adults; the peripheral form, of local origin, is not affected (BRUCKER[10]).

Effects on the Alimentary Canal. After some experiments on the stomach and intestine of anaesthetized or pithed animals by DALE in 1906, the effects on the alimentary canal were not examined until 1923 when KAUFFMANN and KALK[11] were led to their investigation by noticing that an intravenous injection of 0.2 mg. ergotoxine was frequently able to abolish severe abdominal pain in human patients, suffering for instance from gallstone colic; they ultimately arrived at the view that the pain disappears as the result of the relaxation of smooth muscle. They experimented mainly with ergotamine, but ergotoxine

---

[1] HEYMANS, C., P. REGNIERS et J. J. BOUCKAERT: Arch. internat. Pharmacodynamie **39**, 213 (1930).
[2] BECCARI, E.: Cit. p. 117.
[3] HEYMANS, C., et P. REGNIERS: Arch. internat. Pharmacodynamie **36**, 116 (1930).
[4] ROTHLIN, E.: Cit. p. 102.
[5] VANDERLINDEN, P.: C. r. Soc. Biol. Paris **110**, 574 (1932).
[6] REGNIERS, P.: Arch. internat. Pharmacodynamie **39**, 371 (1930).
[7] HEYMANS, C., et J. J. BOUCKAERT: Arch. internat. Pharmacodynamie **46**, 129 (1933).
[8] GANTER, G.: Cit. p. 110.
[9] BOUCKAERT, J. J., et E. CZARNECKI: Ann. Soc. sci. Brux. **47**, Série C, **91** (1927).
[10] BRUCKER, R.: Cit. p. 111. [11] KAUFFMANN, F., u. H. KALK: Cit. p. 101.

yielded identical results, at least in so far as concerns the alimentary canal. In rabbits, an injection of 0.5 mg. of ergotamine brought about a short period of increased motility of the stomach, which was observed directly after resection of the abdominal wall. This motor effect was followed by complete quiescence, lasting for something like one hour. Most of KAUFFMANN and KALK's experiments were however carried out on human adults who received a barium meal and an intravenous injection of 0.25—0.5 mg. of ergotamine; peristalsis was observed roentgenographically on a fluorescent screen (see fig. 14). Here again, after increased movement for 1—5 minutes after the injection, the stomach became motionless for $^1/_2$—$1^1/_2$ hours, during which time its tone declined somewhat. In almost all cases there was a spastic closure of the pylorus, accompanied by pain in that region, and the emptying of the stomach was delayed by 2—3 hours.

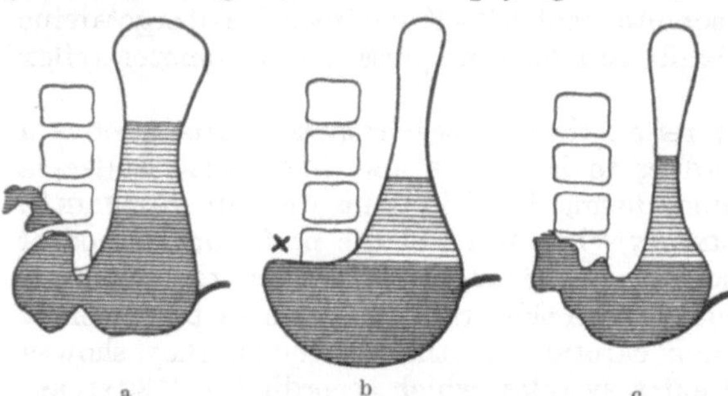

Fig. 14. Human stomach (a) before ergotamine, (b) 8 minutes after injection of 0.5 mg. of ergotamine (c) 76 minutes after the injection. (From KAUFFMANN and KALK[3].)

Pyloric spasm could also be inferred from the observations of ROTHLIN[1] that after fatal doses of ergotamine (exceeding 3 mg./kg.) the stomach of rabbits was ruptured and that its contents entered the body cavity, but not the intestine. This spasm was further demonstrated roentgenographically in rabbits by FROMMEL[2] with smaller doses of ergotamine; after a subcutaneous injection of 0.25 mg. per animal the pylorus remained closed for 10 hours, after an intravenous injection of 3 mg. for 48 hours (compare also BAGNARESI[4]). Whilst there is thus agreement about the occurrence of pyloric spasm, its mechanism remains obscure. Various authors have, in other cases, attributed the closing of the pylorus to sympathetic paralysis and the predominance of parasympathetic tone resulting therefrom, but FROMMEL, by injecting 5—20 mg. of atropine along with ergotamine, could not abolish the spasm. He concludes that either the sympathetic was not completely paralysed, or that the ergotamine acted on the smooth muscle of the sphincter. In any case the behaviour of this sphincter differs from that of the ileo-colic and internal anal sphincters, studied by DALE; both these have a sympathetic innervation and are relaxed by ergotoxine.

KAUFFMANN and KALK further found that peristalsis was stopped in the duodenum, but not quite so rapidly as in the stomach; in the colon movements became more vigorous for 15—20 minutes, but then here also a contraction generally set in and peristalsis ceased. These authors consider that the effects of small doses of ergotamine suggest sympathetic stimulation and are in fact similar to those of adrenaline on the motility of the stomach (ELLIOTT[5], KLEE[6]) and on gastric secretion (HESS and GUNDLACH[7]). This somewhat aberrant explanation was controverted by STAHNKE[8], who from experiments on dogs deduced that small subcutaneous doses of ergotamine (0.5—1.0 mg.) inhibit the

[1] ROTHLIN, E.: Cit. p. 102. [2] FROMMEL, E.: Cit. p. 101.
[3] KAUFFMANN, F., u. H. KALK: Cit. p. 101.
[4] BAGNARESI, G.: Arch. Scienze med. **55**, 1 (1931).
[5] ELLIOTT, T. R.: J. of Physiol. **32**, 401 (1905).
[6] KLEE, PH.: Pflügers Arch. **154**, 552 (1913).
[7] HESS, W. R., u. R. GUNDLACH: Pflügers Arch. **185**, 122 (1920).
[8] STAHNKE, E.: Cit. p. 101.

sympathetic and that the effects on the stomach are due to vagus stimulation. In dogs which received for a period of 5 months daily injections of ergotamine, from 0.4 mg./kg. upwards, STAHNKE[1] found the emptying of the stomach accelerated, and no action on the intestine. At first the animals vomited after every injection, but later not even after very high doses, only made possible by considerable tolerance. When this had been acquired, they did not react to apomorphine, so that ergotamine had put the emetic centre out of action.

SALANT and his collaborators[2] experimented with the intestine *in situ* by the TRENDELENBURG method and with the isolated intestine, using the method of MAGNUS. An intravenous injection of 0.1 mg. ergotamine per kg. in cats, and rather less in rabbits, stimulated peristalsis, at least if the respiration was not depressed. Since atropine prevented this stimulation, an action of ergotamine on the parasympathetic is indicated. Repeated doses of ergotamine have little further effect, and may cause inhibition, which latter is reversed by intravenous calcium chloride. The isolated intestine on the other hand (of cats, rabbits and rats) is depressed by 1:200,000—1:500,000 ergotamine in LOCKE's solution, but if blood is added, the depression is greatly diminished, whence SALANT concluded that blood probably contains: "a substance that modifies the action of ergotamine." Whilst ergotamine ($1:10^5$ to $1:10^6$) at p_H 7.2—7.3 in the presence of 0.014% calcium chloride decreases the tonus, the alkaloid causes a marked increase of tonus when the calcium chloride is doubled or quadrupled and the p_H changed to 6.5. Potassium ions have the opposite effect; by doubling or trebling their concentration, the depression of the intestine by ergotamine becomes more pronounced. A similar conclusion had already been reached by ROSENMANN[3] who found the effect of ergotoxine on the isolated intestine of the rat, after previous treatment with adrenaline, to be an increase of tonus in the absence of potassium ions and a decrease of tonus in calcium-free RINGER (compare also AGNOLI's experiments on the isolated oesophagus of the frog, below).

Ergosine lowers the tone of the isolated intestine of the rabbit (Dr. A. C. WHITE, private communication). In this respect ergosine behaves like ergotamine. The isolated intestine of the guinea-pig on the other hand responds to ergosine (1:150,000) by an increase in tone, whilst ergosinine has the opposite effect and can completely antagonise lower concentrations of its isomeride. There is as yet no indication of a similar antagonism between ergotoxine and ergotinine, perhaps because the latter alkaloid is practically insoluble.

In contradistinction to the investigations on the alimentary canal so far dealt with, the following are more particularly concerned with the antagonism between the ergot alkaloids and adrenaline. DALE originally considered that the paralysis of the myoneural junctions of the sympathetic was "limited to those of motor function, leaving those concerned with inhibition relatively or absolutely unaffected." Hence CUSHNY wrote in this Handbook (Vol. II, 2, p. 1307):

„Darmbewegungen ... können durch Reizung der N. splanchnici oder durch Adrenalin in derselben Weise wie vor der Injektion von Ergotoxin gehemmt werden, obgleich die Hemmung von ziemlich kurzer Dauer zu sein scheint."

McSWINEY and BROWN[4] likewise failed to abolish with ergotamine the inhibitory effect of adrenaline on isolated strips of the stomach of the rabbit, cat and dog in Tyrode solution.

---

[1] STAHNKE, E.: Cit. p. 105.

[2] SALANT, W., and H. NAGLER: Proc. Soc. exper. Biol. a. Med. **27**, 336 (1930). — SALANT, W., and W. P. PARKINS: J. of Pharmacol. **44**, 369 (1932); **45**, 315 (1932).

[3] ROSENMANN, M.: Z. exper. Med. **29**, 358 (1922).

[4] McSWINEY, B. A., and G. L. BROWN: J. of Physiol. **62**, 52 (1926).

MACHT[1] after describing the first example of the reversal of adrenaline action on a peristaltic organ (the pig's ureter) remarked that "the intestine does not lend itself to this, as . . . its . . . supply is exclusively inhibitor." These statements imply an increasing belief in the impossibility of antagonizing the inhibition resulting from sympathetic stimulation. Later work has shown quite definitely, that this inhibition can in most cases be antagonized; it is not "absolutely" unaffected by ergotamine (except perhaps in the isolated uterus of the virgin guinea pig and especially of the rat). In some cases it is little affected, relatively to the prominent action on motor function, as implied by DALE in 1906; in others, notably that of the intestine (and the amnion, see p. 141), the inhibition due to adrenaline is greatly affected by ergotamine, and DALE[2] in his latest paper agrees that ergotoxine in a concentration of 1 in 10^5 weakens the inhibitor action of adrenaline on the rabbit's intestine.

The abolition of inhibition was first shown by PLANELLES[3] on the guinea pig's small intestine, put under slight hydrostatic pressure by the TRENDELENBURG method. The delicate peristaltic movements thus registered were almost completely inhibited by $1:10^7$ adrenaline in the outer fluid, but after adding $1:10^5$ ergotamine, washing out with Tyrode solution, adding adrenaline 5 minutes later and readjusting to the optimal hydrostatic pressure, there was again a powerful peristalsis. ROTHLIN[4] reached the same conclusion independently, by employing the intestine of guinea-pigs (see fig. 15) and rabbits, and the simpler method of MAGNUS. In a paper mainly devoted to the uterus, LANGECKER[5] incidentally confirmed the effect on the rabbit's small intestine ($1:10^6$ ergotamine annulled the inhibition due to $1:10^7$ adrenaline); TOKIEDA[6] did the same. PLANELLES already considered the use of the isolated intestine for the assay of ergot alkaloids, and its application for this purpose was developed by ISSEKUTZ and LEINZIGER[7]; LEINZIGER and KELEMEN[8] assayed a number of ergot preparations by this method. Extremely low concentrations of adrenaline (1 in 2.5 or 5×10^8) are employed, which merely reduce the spontaneous contractions, registered by MAGNUS' method, to one or two thirds of their original amount, without loss of tone (see also NANDA, below).

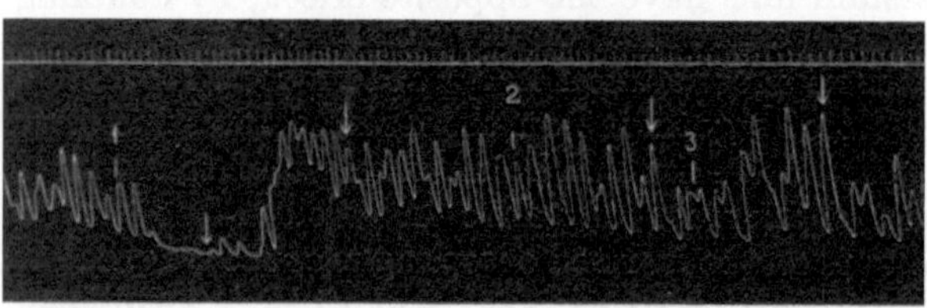

Fig. 15. Isolated large intestine of the guinea-pig. Time markings every 6 seconds. At 1 normal action of 1:50,000,000 adrenaline. The arrow indicates washing out of the preparation. At 2 addition of ergotamine tartrate 1:2,000,000; slight increase of rhythm. At 3 adrenaline 1:50,000,000 is tested again; its inhibitory action has been abolished. (From ROTHLIN[4].)

Largely in contradiction to the above papers MENDEZ[9] concluded that ergotamine, in concentrations sufficient to abolish almost completely augmentor responses to fairly large doses of adrenaline, does not alter various inhibitor responses. He did not deny that high concentrations of ergotamine may diminish

[1] MACHT, D. I.: J. of Pharmacol. **8**, 155 (1916).
[2] BROWN, G. L., and H. H. DALE: Cit. p. 103.
[3] PLANELLES, J.: Arch. f. exper. Path. **105**, 38 (1925).
[4] ROTHLIN, E.: Cit. p. 100.
[5] LANGECKER, H.: Arch. f. exper. Path. **118**, 49 (1926).
[6] TOKIEDA, K.: Fol. pharmacol. jap. **5**, 8 (1927), German abstract.
[7] ISSEKUTZ, B. VON, u. M. VON LEINZIGER: Arch. f. exper. Path. **128**, 165 (1928).
[8] LEINZIGER, M. VON, u. J. VON KELEMEN: Cit. p. 95.
[9] MENDEZ, R.: J. of Pharmacol. **32**, 451 (1928).

the inhibitor actions of low concentrations of adrenaline, but considered the latter antagonism negligible in comparison with the abolition of the augmentor actions. The difference in the antagonism of ergotamine to the two effects of adrenaline would thus be one of degree, or relative, as pointed out above, and subsequent work has been largely concerned with the quantitative relations between ergotamine and adrenaline in their actions on isolated organs. THIENES[1], in a short note stated that the inhibition of the rabbit's and cat's small intestine by 1:750,000—1:10,000,000 adrenaline is wholly or largely abolished by 1:250,000 to 1:500,000 ergotamine; in the colon of these animals and of the guinea pig the inhibition was not influenced even by 1:20,000 ergotamine, which THIENES attributed to a difference of innervation. ROTHLIN[2] greatly extended his earlier observations; in the small intestine of the dog (see fig. 16) and the rabbit *in situ* the inhibition due to adrenaline was partly or completely antagonized by the minimal dose of ergotamine necessary for the vaso-motor reversal; in some cases the inhibitory action of adrenaline on the intestine was more strongly affected than its pressor action. In the isolated small and large intestines of the rabbit and guinea-pig, used according to MAGNUS, the inhibition was abolished by ergotamine in a concentration 1.5—2 times as great as that of the adrenaline which had produced it; the ergotamine was allowed to act for 5—10 minutes. This is about the same ratio as obtains in the abolition by ergotamine of the *motor* action of adrenaline in the rabbit's isolated uterus. In the case of the non-

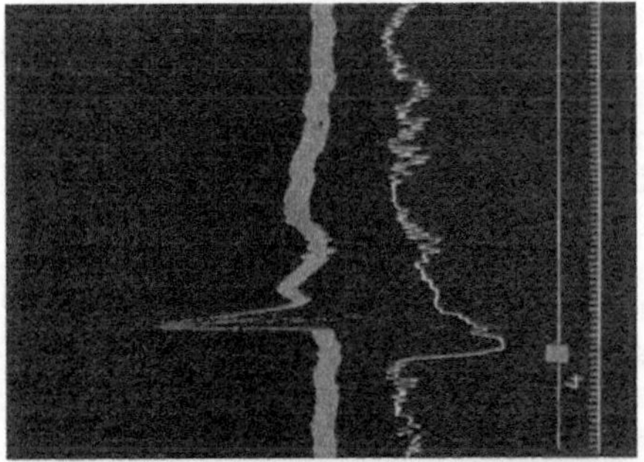

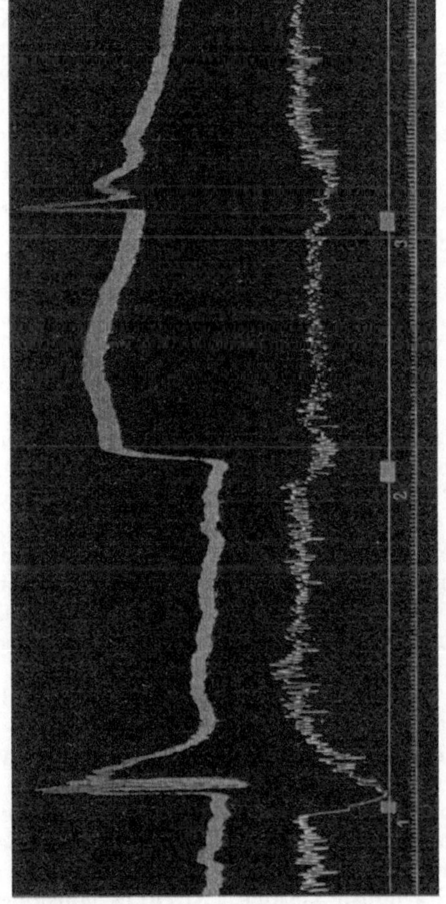

Fig. 16. Dog weighing 8 kg. The upper curve is that of the blood pressure, the lower that of the small intestine *in situ*. Signal line denotes injection. Time markings every 6 seconds. At point 1, adrenaline 1 c.c. of 1:50,000, strong rise of blood pressure with marked relaxation of tonus and inhibition of intestinal peristalsis. At point 2, ergotamine tartrate 0,25 mg./kg., strong increase in blood pressure, no marked influence on the gut. At point 3, adrenaline 1 c.c. of 1:50,000, increase in blood pressure; practically complete inhibition of the action of adrenaline on the gut. At point 4, 60 minutes later, adrenaline 1 c.c. 1:50,000, rise in blood pressure; the effect of adrenaline on the gut is again well marked. (From ROTHLIN[2].)

[1] THIENES, C. H.: Proc. Soc. exper. Biol. a. Med. **26**, 501 (1929).
[2] ROTHLIN, E.: J. of Pharmacol. **36**, 657 (1929).

gravid uterus of the cat, dog, guinea pig and rat the proportion of ergotamine is greatly increased; instead of the adrenaline being counteracted by double the quantity of ergotamine, 10—40 times as much may be required. The inhibition in other cases, such as that of the rat's uterus, is hardly affected at all, which would correspond to an almost infinite amount of ergotamine. That ergotamine readily abolishes some of the inhibitory actions of adrenaline on the gut was confirmed by NANDA[1] (working in the same laboratory as MENDEZ, who had come to a different conclusion). In a MAGNUS preparation the effect of adrenaline on the duodenum of the rabbit consists chiefly of a fall in tonus, that on the ileum of an inhibition of pendulum movements; the latter effect is much more readily antagonized by ergotamine than the former (compare ISSEKUTZ and LEINZIGER's assay method, above). In the colon adrenaline produced almost exclusively a fall in tonus which was only affected by very high doses of ergotamine; NANDA's results on this organ are intermediate between those of THIENES who found that 1:20,000 ergotamine did not influence the response to adrenaline, and those of ROTHLIN, who found this response influenced by much lower concentrations. A feature of the work of MENDEZ and of NANDA is their attempt to equilibrate the actions of adrenaline and ergotamine, not for a single pair of concentrations but over a whole range. They find that if A_1 and A_2 represent the concentrations of adrenaline needed to produce a given action, respectively before and after the administration of any particular concentration (E) of ergotamine, $\frac{A_2 - A_1}{E}$ is approximately constant (see also CLARK[2]). This constant has for reactions of various tissues the following values:

Motor response of the rabbit's uterus	40
,, ,, ,, ,, guinea pig's vas deferens . .	0.14
Inhibitor response of the rabbit's ileum	7
,, ,, ,, ,, ,, duodenum . . .	2
,, ,, ,, ,, ,, colon	0.02

The figures are naturally very rough; 40 was found both by MENDEZ and NANDA, but 7 is the mean of values ranging from 2—10, and 2 is the mean of a range from 1.4—3.8; 0.02 is a maximum value[3]. In any case, however, the antagonism is of a very different order in different parts of the intestine. It should be emphasised that MENDEZ and NANDA determined the concentrations of adrenaline, needed to produce a given arbitrary action before and after the administration of ergotamine, e.g. in the case of the rabbit's ileum the inhibition of a single pendulum movement; these concentrations ranged from 2—100 parts per 10^8 of adrenaline, for an ergotamine concentration of 10 per 10^8; they are most comparable with those used by ISSEKUTZ and LEINZIGER to bring about a certain fractional diminution in the pendulum movements. ROTHLIN on the other hand estimated the concentration of ergotamine acting for 5—10 minutes, which was necessary to abolish completely the effect of a certain adrenaline concentration; his and THIENES' experiments are less comparable with those of NANDA. The main conclusion from all these experiments is however well established: certain inhibitor actions of adrenaline are antagonised by ergot alkaloids, just as are its motor actions. ROTHLIN considers the positive findings on the gut more important than the negative results on certain uteri, which are not

[1] NANDA, T. C.: J. of Pharmacol. 42, 9 (1931).
[2] CLARK, A. J.: The mode of action of drugs on cells. p. 237. London 1933, and this Handbook IV, pp. 186—187 (1937).
[3] Compare CLARK, A. J.: This Handbook IV, 187 (1937).

physiologically constant; in them the inhibition by adrenaline in the non-gravid state changes to a motor action in the gravid or parturient condition.

The powerful motor action of uzara on the rabbit's small intestine is not abolished by ergotamine, but is increased, so that uzara does not act on the sympathetic (ROTHLIN and RAYMOND-HAMET[1]).

The antagonism between ergotamine and calcium ions is best shown on the heart (see p. 118) but was illustrated on the gut by SALANT (see above). AGNOLI[2] had previously shown it in the isolated oesophagus of the frog, and less clearly, in the part of the intestine adjoining the pylorus; $1:10^5$ ergotamine in normal RINGER's solution caused relatively rapid contractions during some hours, which diminished and disappeared in calcium-free RINGER. RABBENO and CISBANI[3] registered only the longitudinal contractions of the frog's oesophagus and employed more concentrated ergotamine ($1:10^4$) for but a few minutes. Adrenaline and ergotamine, alone or together, always produced a lengthening of the preparation and lessening of rhythm, attributed to a direct action on the muscle. Quinine causes a contraction, which ergotamine does not modify (ZEETTI[4]). The above observations apply to *Rana esculenta*; it is remarkable that the isolated oesophagus of a Silician frog *Discoglossus pictus* on the other hand always responds to ergotamine by contraction (GATTO[5]).

The isolated stomach and especially the rectum of *Loligo pealii* react to ergotamine by increased tonus, and more numerous, more vigorous contractions, just as they react to adrenaline. These observations by BACQ[6] are used by him as arguments for his theory that ergotamine modifies in lasting fashion the physico-chemical properties of the cells in the same way that adrenaline modifies them.

Gall-bladder. BAINBRIDGE and DALE[7] found that chrysotoxin (of which the active constituent was ergotoxine) caused some rise of tone and increase of rhythm in the gall-bladder of the dog *in vivo*, during the stimulant phase of its action. When paralysis was complete, adrenaline still caused perfect inhibition of the gall-bladder without rise of blood pressure, and it was only under these conditions that the motor effect of the vagus could be definitely and regularly observed. These results were thus closely similar to those obtained by DALE with the small intestine of cats and dogs. BAINBRIDGE and DALE's observations were confirmed much later by LUETH, IVY and KLOSTER[8] with ergotamine; on very slowly injecting 0.2—1.5 mg. of the tartrate into dogs under barbital they saw a slight contraction of the gall-bladder; BRUGSCH and HORSTERS[9] in similar *in vivo* experiments on dogs, observed only a very slight increase of pressure inside that organ. Other experiments have been done *in vitro*. On the isolated gall-bladder of guinea-pigs and the bile duct of dogs, BRUGSCH and HORSTERS found adrenaline by itself to be without action, but ergotamine caused a definite contraction, abolished by atropine. KALK[10] observed with ergotamine a gradually increasing, very powerful contraction of the isolated guinea-pig's gall-bladder; ERBSEN and DAMM[11] however found ergotamine to be without effect on this

[1] ROTHLIN, E., et RAYMOND-HAMET: C. r. Soc. Biol. Paris **107**, 199 (1931).
[2] AGNOLI, R.: Cit. p. 100.
[3] RABBENO, A., e A. CISBANI: Arch. internat. Pharmacodynamie **43**, 268 (1933).
[4] ZEETTI, R.: Arch. internat. Pharmacodynamie **45**, 151 (1933).
[5] GATTO, A.: Boll. Soc. ital. Biol. sper. **14**, 205 (1936).
[6] BACQ, Z. M.: C. r. Soc. Biol. Paris **115**, 716 (1934) and Cit. p. 99.
[7] BAINBRIDGE, F. A., and H. H. DALE: J. of Physiol. **33**, 138 (1905).
[8] LUETH, H. C., A. C. IVY and G. KLOSTER: Amer. J. Physiol. **91**, 329 (1929).
[9] BRUGSCH, TH., u. H. HORSTERS: Arch. f. exper. Path. **118**, 267 (1926).
[10] KALK, H.: Z. klin. Med. **109**, 156 (1928).
[11] ERBSEN, H., u. E. DAMM: Z. exper. Med. **55**, 748 (1927).

organ, which responded to pilocarpine by contraction, to atropine by relaxation. Thus, except in the last mentioned investigation, a slight or moderate motor effect of ergotamine was observed; the parasympathetic innervation is however the more important. The results of BRUGSCH and HORSTERS might be used as an argument for the amphotropic action of ergotamine.

Urinary Bladder. STREULI[1] examined the behaviour of the isolated rabbit's bladder, filled with saline solution. Ergotoxine alone, when added to the bath, caused marked inhibition; the automatic movements continued at first during the relaxation, and then ceased. After very small doses of ergotoxine, which only produced a slight loss of tonus and did not impair the automatism, STREULI could show that adrenaline no longer produced a stimulant effect, in accordance with DALE's *in vivo* experiments on cats. STREULI however also observed that ergotoxine distinctly decreased the powerful action of pilocarpine, and hence concluded that the alkaloid does not act exclusively on the terminal mechanism of the sympathetic. MACDONALD and M'CREA[2] found the motor response elicited by stimulating the hypogastric nerves to be abolished by ergotamine, after which adrenaline caused relaxation, as in DALE's experiments with ergotoxine. They consider it noteworthy that ergotamine by itself causes considerable increase of tonus of the bladder, with reduction of rhythmic movements.

Ureter. MACHT[3] found that isolated rings of the pig's ureter show increase of tone and rhythm in LOCKE's solution, on addition of ergotoxine to make a concentration of 1:25,000 or 1:50,000. Adrenaline then gave a slight relaxation instead of its motor effect observed in the absence of ergotoxine. He claims that this was the first demonstration of the reversal of adrenaline action by ergotoxine in a peristaltic organ.

Action on the Uterus. The great activity of the ergot alkaloids on the isolated uterus was first discovered by SPIRO[4] in the case of ergotamine, and since ergo-

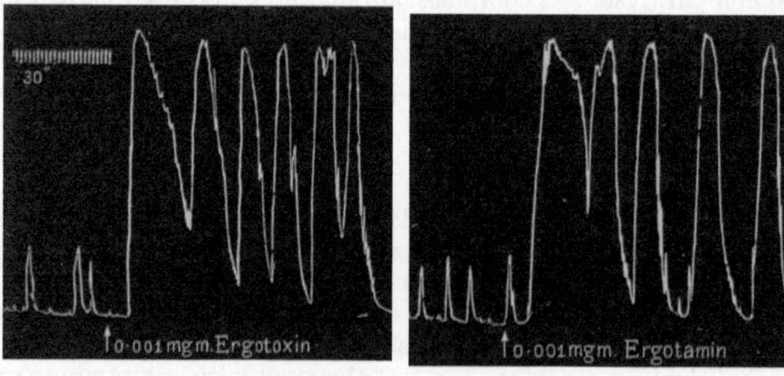

Fig. 17. Two uterine horns of a virgin guinea-pig. Action of ergotoxine and ergotamine 1:125,000,000. (From DALE and SPIRO[5].)

toxine had not been closely studied in this respect, there was at first an impression that it was less active. DALE and SPIRO[5] by a careful comparison could however find no difference of activity between the two alkaloids; both induced powerful contraction of the isolated virgin guinea-pig's uterus in RINGER's solution in a dilution of 1.25×10^8 (see fig. 17), of the virgin cat's uterus in one of 2.5×10^6

[1] STREULI, H.: Cit. p. 99.
[2] MACDONALD, A. D., and E. O. M'CREA: Quart. J. exper. Physiol. **20**, 379 (1930).
[3] MACHT, D. I.: Cit. p. 126.
[4] SPIRO, K.: Schweiz. med. Wschr. **2**, 737 (1921).
[5] DALE, H. H., u. K. SPIRO: Cit. p. 106.

(see fig. 18), of that of the rat in a dilution of 1.25×10^7. SCHÜBEL and GEHLEN[1] likewise found ergotoxine and ergotamine to be qualitatively and quantitatively equivalent in their effects on the puerperal cat's uterus. It takes 0.125—0.25 mg., often even 0.5 mg. to produce a marked effect, which developes in 30—45 minutes after intramuscular injection. Such doses are less active on the sixth or seventh day after birth than on the first. Ergotoxine causes a persistent tonus, little broken by rhythm, in the isolated uterus of the hamster in a dilution of 7.5×10^4 (BROWN and DALE[2]). It has little direct effect on the non-pregnant rabbit's uterus, but increases the tonus and rhythmic contractions of the gravid uterus after a rather long latent period (ROTHLIN[3]); the same was found by KNAUS[4] for the isolated, puerperal uterus of the rabbit. It lowers the tone and abolishes the rhythm in the ferret's uterus (DALE[5]).

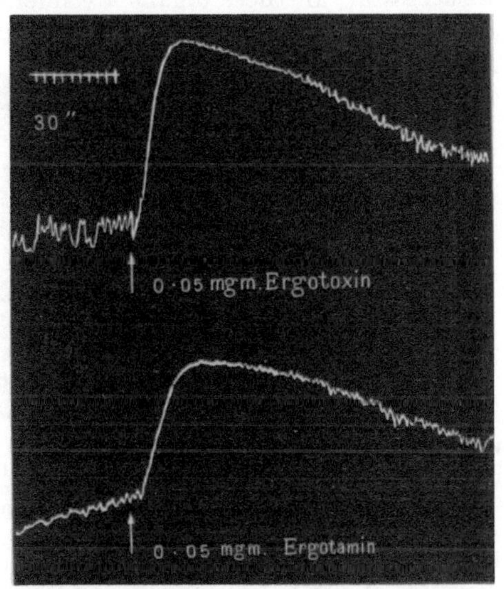

Fig. 18. Two uterine horns of a virgin cat. Action of ergotoxine and ergotamine 1:2,500,000. (From DALE and SPIRO[6].)

The direct action of *ergosine* on the isolated uterus of the rabbit and on that of the guinea-pig is very similar to that of ergotoxine, according to Dr. A. C. WHITE (private communication). On the uterus of the latter species concentrations of 1:3,000,000 and 1:6,000,000 were quite active; the lowest limit of direct activity was not determined, but by the BROOM and CLARK method (see below) ergosine was found to be 1.87—2.21 times or about twice as active as ergotoxine. Ergosinine by the same method showed only $^1/_{15}$th of the activity of ergotoxine, i. e. $^1/_{30}$th of that of its isomeride ergosine.

Most investigators have been concerned with the effect of the ergot alkaloids in reversing the uterine response to adrenaline. This response varies with the species and the physiological condition of the organ; it is motor in the pregnant cat's uterus and DALE already found in 1906 that such a uterus *in situ* is inhibited by adrenaline after the injection of ergotoxine. The same applies to the isolated uterus of the ferret (DALE) and to the pregnant or *post partum* uterus of the bitch *in situ* (RUDOLPH and IVY[7]). Utilizing a similar inhibition in the case of the isolated (preferably non-pregnant) uterus of the rabbit (see fig. 19), BROOM and CLARK[8] worked out a zero method for the assay of ergot alkaloids, of which the concentration is determined, which just abolishes the contraction normally caused by adrenaline. A uterus can be divided into several strips, with which tests can be carried out simultaneously and repeated many times. A discrimination of 25% is generally said to be obtainable; some authors claim that with practice and patience differences as small as 10% may be distinguished with

[1] SCHÜBEL, K., u. W. GEHLEN: Arch. f. exper. Path. **132**, 144 (1928).
[2] BROWN, G. L., and H. H. DALE: Cit. p. 103. [3] ROTHLIN, E.: Cit. p. 100.
[4] KNAUS, H.: Arch. f. exper. Path. **134**, 225 (1928).
[5] DALE, H. H.: Cit. p. 111. [6] DALE, H. H., u. K. SPIRO: Cit. p. 106.
[7] RUDOLPH, L., and A. C. IVY: Amer. J. Obstetr. **19**, 317 (1930).
[8] BROOM, W. A., and A. J. CLARK: Cit. p. 94.

certainty. (For practical details see BURN[1].) The method has been employed by ROTHLIN and SCHEGG[2], SCHEGG[3], BRAUN[4], LANGECKER[5], GADDUM[6], BURN and ELLIS[7], LINNELL and RANDLE[8], HARMSMA[9], PRYBILL and MAURER[10], PATTEE and NELSON[11], WOKES[12], SWANSON[13], THOMPSON[14], SCHÜBEL and MANGER[15], SMITH and STOHLMAN[16], WOKES and CROCKER[17], SWANSON, POWELL, STEVENS and STUART[18], SWOAP, CARTLAND and HART[19], LOZINSKI, HOLDEN and DIVER[20], STEVENS[21]. An attempt by STROBAND[22] to find a better test object in the uteri of the cow and hedgehog, or the vagina, uterus and vas deferens of the pig was unsuccessful; all these organs are inferior to the rabbit's uterus. Whilst BROOM and CLARK's method estimates the combined alkaloids of large molecular weight,

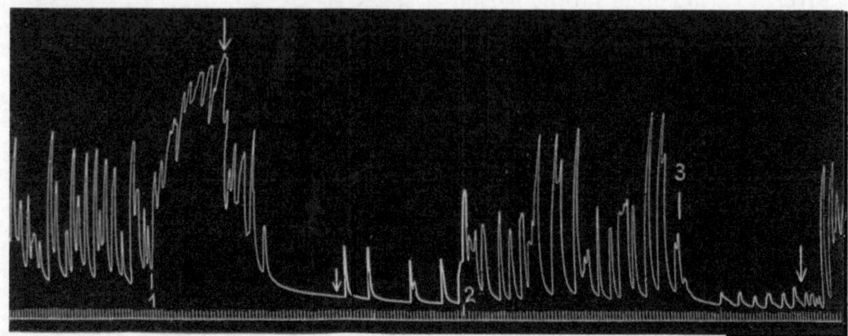

Fig. 19. Isolated uterus of rabbit. Time markings every 6 seconds. At 1 adrenaline 1 : 5,000,000 causes increased tonus. The arrow indicates washing out of the preparation. At 2 ergotamine tartrate 1 : 5,000,000 causes increase of tonus and strengthening of rhythm. At 3 adrenaline 1 : 5,000,000 causes fall of tonus and cessation of rhythm (adrenaline reversal). (From ROTHLIN[23].)

it does not take account of the more recently discovered chief therapeutic principle of ergot, ergometrine, and hence its importance has greatly diminished.

It has been pointed out in the section on the alimentary canal, that the ergot alkaloids can antagonize the inhibitory actions of adrenaline as well as its motor

[1] BURN, J. H.: Biological Standardization. Oxford: University Press 1937. (Deutsche Übersetzung von EDITH BÜLBRING. Berlin: Julius Springer 1937.)
[2] ROTHLIN, E., u. K. E. SCHEGG: Wien. klin. Wschr. **75**, 2018 (1925).
[3] SCHEGG, K. E.: Z. exper. Med. **45**, 368 (1925).
[4] BRAUN, A.: Arch. f. exper. Path. **108**, 96 (1925).
[5] LANGECKER, H.: Cit. p. 126.
[6] GADDUM, J. H.: J. of Physiol. **61**, 141 (1926).
[7] BURN, J. H., and J. M. ELLIS: Pharm. J. **118**, 384 (1927).
[8] LINNELL, W. H., and D. G. RANDLE: Pharm. J. **119**, 423 (1927).
[9] HARMSMA, A.: Diss. Leiden 1928 — Pharmaceut. Weekbl. **65**, 1114 (1928).
[10] PRYBILL, A., u. K. MAURER: Arch. Pharmaz. **266**, 464 (1928).
[11] PATTEE, G. L., and E. E. NELSON: J. of Pharmacol. **36**, 85 (1929).
[12] WOKES, F.: Quart. J. Pharmacy **2**, 384 (1929).
[13] SWANSON, E. E.: J. amer. pharmaceut. Assoc. **18**, 1127 (1929).
[14] THOMPSON, M. R.: J. amer. pharmaceut. Assoc. **18**, 1106 (1929); **19**, 11, 104, 221, 436 (1930).
[15] SCHÜBEL, K., u. J. MANGER: Arch. f. exper. Path. **132**, 144 (1928).
[16] SMITH, M. I., and E. F. STOHLMAN: Cit. p. 93.
[17] WOKES, F., and H. CROCKER: Quart. J. Pharmacy **4**, 420 (1931).
[18] SWANSON, E. E., C. E. POWELL, A. N. STEVENS and C. H. STUART: J. amer. pharmaceut. Assoc. **21**, 229, 320, 1003 (1932).
[19] SWOAP, D. F., G. F. CARTLAND and M. C. HART: J. amer. pharmaceut. Assoc. **22**, 8 (1933).
[20] LOZINSKI, E., G. W. HOLDEN and G. R. DIVER: Quart. J. Pharmacy **6**, 395 (1933).
[21] STEVENS, A. N.: J. amer. pharmaceut. Assoc. **22**, 940 (1933).
[22] STROBAND, H. J.: Arch. internat. Pharmacodynamie **34**, 224 (1928).
[23] ROTHLIN, E.: Cit. p. 100.

actions, and this applies also more or less to some uteri which are inhibited by adrenaline. Thus TOKIEDA[1] found that the inhibitory action on the rat's uterus is antagonised by ergotoxine, and ROTHLIN[2] extended this observation to ergotamine and the non-gravid uteri of the cat (see fig. 20), bitch and guinea-pig. The complete abolition of the inhibitory effect of adrenaline is however much more difficult than in the case of the same effect on the isolated intestine or its motor effect on the rabbit's uterus. Whilst in ROTHLIN's experiments these two latter actions of adrenaline were abolished by double the quantity of ergotamine, the amount of ergotamine required in the case of the non-gravid uteri of the cat, dog and guinea pig was 10—40 times the amount of adrenaline and in the case of the rat's uterus complete abolition of the inhibitor action of adrenaline was

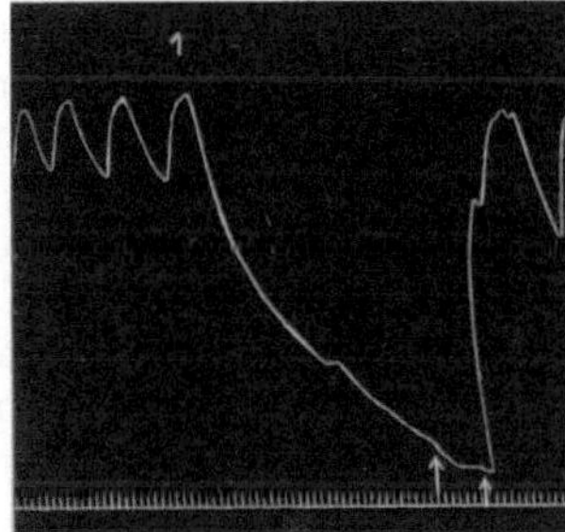

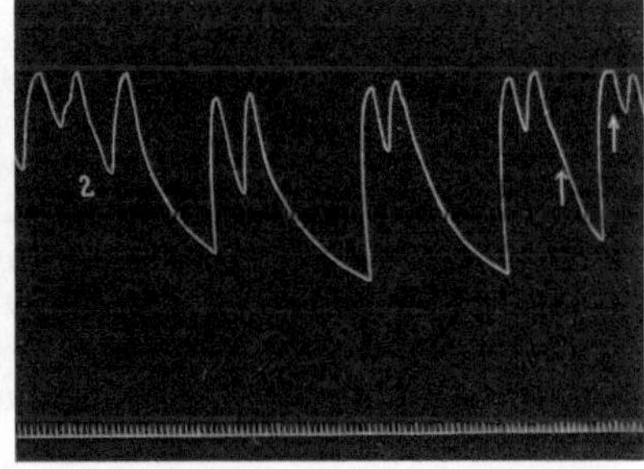

Fig. 20. Isolated uterus of a non-gravid cat. Time markings every 6 seconds. At 1 adrenaline 1:20,000,000; very marked relaxation and stoppage of the rhythmic contractions. After washing tonus increased again. Ergotamine tartrate was then allowed to act for 15 minutes, after which adrenaline 1:20,000,000 was added at 2. The distinct inhibition caused by adrenaline is stopped. (From ROTHLIN[2].)

impossible. CLARK and his pupils have attempted to explore further the quantitative relationship between the amounts of adrenaline and those of ergotamine counteracting them. They find that 40 parts of ergotamine are required to abolish the motor action of 1 part of adrenaline on the rabbit's uterus, instead of 1.5—2 parts of ergotamine in ROTHLIN's experiments. These figures are only semi-quantitative, but the discrepancy in the two investigations seems to depend mainly on the difference in the experimental conditions and the criteria of abolition (see p. 128 and the table there). The alkaloids enter the uterus slowly, at least they require some time to act; the degree of paralysis goes on increasing (BRAUN[3], LANGECKER[4]) and is only complete after 20 minutes contact (GADDUM[5]). On the other hand ergotamine produces its full action on the isolated intestine of the rabbit in a few minutes. Likewise the penetration is not readily reversible, the alkaloids can only be washed out with difficulty[6] (more difficultly than in the case of the isolated intestine). BRAUN indeed claims that ergotamine cannot be washed out, and that for a given degree of paralysis, the product of the alkaloidal concentration and the time during which this acts, is constant. GADDUM thinks this may be so, but LANGECKER does not admit the constancy of the product. In any case the arbitrary duration of the action affects the results. That it is the slow penetration of ergotamine which delays the pharmacological action, rather than the slowness of adsorption, was shown by GADDUM, for the passing in of the alkaloid into the uterus can be completed outside the bath, and its rate depends on temperature. After an exposure to ergotamine for

[1] TOKIEDA, K.: Cit. p. 126.
[2] ROTHLIN, E.: Cit. p. 127.
[3] BRAUN, A.: Cit. p. 132.
[4] LANGECKER, H.: Cit. p. 126.
[5] GADDUM, J. H.: Cit. p. 132.
[6] LIPSCHITZ, W., u. F. KLAR: Arch. f. exper. Path. **174**, 241 (1934).

4 minutes, one horn of a rabbit's uterus was kept at 2° and then gave a smaller response than the other horn kept at 37°, but when both had been kept for 10 minutes in RINGER's solution at 37°, they registered an equal response.

The divergence of opinion which has been expressed in respect of the reversal of the pressor action of ephedrine by ergotamine (p. 117), extends to the reversal of its action on the uterus. According to KREITMAIR[1] an ergotaminised rabbit's uterus, relaxed by adrenaline, consistently contracts under the influence of ephedrine, but according to CURTIS[2] the motor responses to ephedrine of the isolated uteri of the rabbit, cat, rat and guinea-pig — virgin, non-pregnant or pregnant — are all abolished by adequate doses of ergotamine. He concludes that ephedrine acts, if not on the same receptors as adrenaline, at any rate on receptors susceptible to ergotamine.

Vagina. When the isolated vagina of the rabbit has been immersed for 10 minutes in a bath containing ergotoxine, adrenaline no longer causes an increase of tone and rhythmic activity, but a decrease (WADDELL[3]). The ergotoxine can be removed by prolonged washing, when the original reaction to adrenaline is restored. VAN DYKE[4] similarly found with the rabbit's uterus *in situ*, that the effect of stimulating the hypogastric nerves could be inverted by intravenous injection of ergotamine (0.025 mg./kg. in most animals; less frequently 0.05—0.075 mg./kg. was required). After small doses hypogastric stimulation resulted in a slow contraction of the vagina, but after large doses such stimulation resulted in relaxation.

Seminal Vesicles and Vas Deferens; Uterus Masculinus. According to ROTHLIN[5] the isolated seminal vesicles of the guinea-pig are a very suitable preparation for showing the reversal of the motor action of adrenaline, which reversal can be brought about by ergotamine in a concentration equal to that, or to half that, of the adrenaline employed. The preparation can thus be used for assaying ergotamine and ergotoxine (it was used for this purpose by CAFFIER[6]; see also p. 191). MENDEZ[7] considers that with the vas deferens of the guinea-pig such an assay can be made more rapidly and conveniently, if less accurately, than with the rabbit's uterus. BACQ[8] has confirmed ROTHLIN that in the guinea-pig's seminal vesicles, and also in the vas deferens, suspended in LOCKE's solution containing glucose, small concentrations of ergotamine invert the action of relatively large doses of adrenaline. The preparation is inhibited by calcium; in this case an increase in the Ca/K ratio exceptionally does not act like adrenaline.

The uterus masculinus of the rabbit is according to LANGLEY and ANDERSON[9] the homologue of the seminal vesicles in other species, and behaves according to WADDELL[10] in the same way to liquid extract of ergot as it does to adrenaline. Immersion of sections of the uterus masculinus in the diluted extracts caused a marked increase in the amplitude of the contractions and a moderate, tardily developed increase of tone, but even prolonged contact failed to paralyse the mechanism through which adrenaline acts. WADDELL[11] obtained similar results with pieces of the vasa deferentia of various animals, which illustrates the unsatisfactory nature of the liquid extract for pharmacological research.

---

[1] KREITMAIR, H.: Cit. p. 117.
[2] CURTIS, F. R.: J. of Pharmacol. **35**, 333 (1929).
[3] WADDELL, J. A.: J. of Pharmacol. **9**, 411 (1917).
[4] VAN DYKE, H. B.: Cit. p. 113. [5] ROTHLIN, E.: Cit. p. 100.
[6] CAFFIER, P.: Zbl. Gynäkol. **51**, 2659 (1927). [7] MENDEZ, R.: Cit. p. 126.
[8] BACQ, Z. M.: Arch. internat. Pharmacodynamie **47**, 123 (1933).
[9] LANGLEY, J. N., and H. K. ANDERSON: J. of Physiol. **19**, 124 (1895).
[10] WADDELL, J. A.: J. of Pharmacol. **9**, 171 (1917).
[11] WADDELL, J. A.: J. of Pharmacol. **8**, 551 (1917).

Prostate Gland. Both adrenaline and ergotoxine cause powerful contractions of surviving strips of this organ in RINGER's solution, and after the action of the latter, that of the former drug in reversed (MACHT[1]). The gland here behaves as plain muscle innervated by the sympathetic. Experiments of WADDELL, with liquid extract of ergot, were less satisfactory and induced him to consider that the prostate has also a parasympathetic supply.

Bronchial Musculature. The broncho-constriction which JACKSON[2] observed as the ultimate result of moderate doses of ergotoxine in the dog (mentioned in CUSHNY's article), was confirmed by BAEHR and PICK[3] in isolated guinea pig's lungs, perfused *in situ* with Tyrode solution in which the drug was dissolved; the lungs were ventilated with MEYER's respiration apparatus. The constriction or spasm of the bronchi was abolished by subsequent perfusion of adrenaline through the blood vessels, in contradistinction to the slight effect of adrenaline on the cat's iris after constriction by ergotoxine. MACHT and GIU-CHING TING[4] also observed a powerful constriction by ergotoxine of rings of pig's bronchi, dissected free from cartilage, cut open and suspended in LOCKE's solution, see fig. 21. The preliminary broncho-dilatation observed by JACKSON (and attributed by him to an outpouring of adrenaline from the suprarenal gland) was not seen by GOLLA and SYMES[5], who invariably obtained constriction with ergotoxine. In a later paper JACKSON[6] found that ergotoxine had very little effect in modifying the action of other drugs (adrenaline, arecoline, pilocarpine). He concluded, in so far as the action of drugs is concerned, that broncho-constrictor nerves "always respond true to the vagus type" (i.e. are cholinergic in DALE's parlance) and broncho-dilator nerves always react in a manner exactly analogous to that of the visceral thoracico-lumbar sympathetics (i.e. are adrenergic). There seems to have been little recent work on the effect of ergot alkaloids on the bronchioles (see however addendum p. 219).

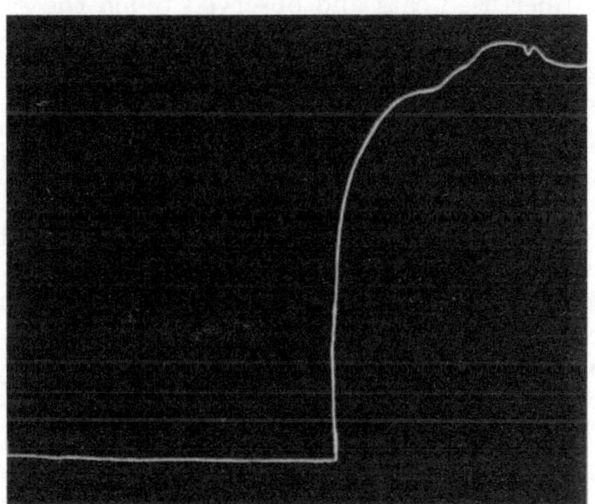

Fig. 21. Bronchus of pig. Marked contraction produced by 2 mg. of ergotoxine phosphate in 25 c.c. of Locke's solution. (From MACHT and TING[4].)

Action on the Eye. The characteristic ergotoxine miosis in the cat (Handb. II, 2, 1311) was not seen by DALE in rabbits; ten years later GITHENS[7], in experiments on the body temperature, incidentally noticed that 2 mg./kg. ergotoxine brought on within one minute after the injection a dilatation of the pupil, which was soon almost maximal; in cats he saw miosis like that described by DALE. The difference in the behaviour of various species, shown also in the effects of ergotoxine on other organs, should not be lost sight of. Further work was not done until after the discovery of ergotamine, which DALE and SPIRO[8] found to

[1] MACHT, D. I.: J. of Urology **7**, 409 (1922).
[2] JACKSON, D. E.: J. of Pharmacol. **4**, 69 (1912).
[3] BAEHR, G., u. E. P. PICK: Arch. f. exper. Path. **74**, 57 (1913).
[4] MACHT, D. I., and GIU-CHING TING: J. of Pharmacol. **18**, 373 (1921).
[5] GOLLA, F. L., and W. L. SYMES: J. of Pharmacol. **5**, 87 (1913).
[6] JACKSON, D. E.: J. of Pharmacol. **5**, 507 (1914).
[7] GITHENS, T. S.: Cit. p. 104. [8] DALE, H. H., u. K. SPIRO: Cit. p. 106.

act on the cat's pupil in quite the same way as ergotoxine. Zunz[1] carried out a number of denervation experiments, mainly on dogs, and besides injecting ergotamine intravenously or subcutaneously, he instilled it into the conjunctival sac; by the latter method he could readily produce miosis in cats, but only rarely in dogs, which reacted to injections of small doses by mydriasis; he drew no conclusions as to the way in which this was brought about, except that it was peripheral. Dale had already considered two such ways: sympathetic paralysis and direct action on the sphincter muscle; since the former was incomplete, even after large doses, he attached essential importance to the latter. A third mechanism for establishing the miosis was postulated by Hess[2] and by Poos[3]. The former used cats and observed much the same effects as Dale had done; since instilled ergotamine was still miotic after extirpation of the superior cervical ganglion, Hess concluded that, in addition to sympathetic paralysis, parasympathetic stimulation must be a second factor. Poos worked mostly with rabbits, which however respond to ergotoxine (Githens) and to ergotamine (Jorns[4]) by mydriasis. Poos had previously[5] shown that the tonus of the isolated sphincter of the calf's eye is increased by ergotamine. Later he found the same for the isolated dilatator of the rabbit; when the effect of ergotamine (10^{-4}) was maximal, an addition of adrenaline (10^{-5}) caused a still further contraction. From this experiment and from subconjunctival injection he inferred that ergotamine acts on the rabbit's eye like a typical sympathetic stimulant of the adrenaline type, that it there does not paralyse the sympathetic, that ergotamine cannot be regarded as the "atropine of the sympathetic"; for a reply see Rothlin[6]; the discussion is "rather abstract and literary" (Koppányi). In the cat's eye Poos considers ergotamine to have a "physostigmine-like action", to stimulate the parasympathetic, as Hess had concluded; the human eye was found to be intermediate between those of the cat and the rabbit.

The subject entered a new phase through the experiments of Koppányi[7], who, in order to avoid the side reactions resulting from systemic administration, and the delay due to instillation, injected 0.05 c.c. of 1:1000 or 1:500 ergotamine tartrate directly into the anterior chamber in cats under slight ether anaesthesia. He did not observe the brief initial dilatation (seen by Dale and by Hess), which he attributes to excitement; Dale had already shown its absence after removal of the superior cervical ganglion. In 10 minutes the pupil was slitlike and remained so for 12 hours. After reanaesthetisation and exposure of the cervical sympathetics, faradic stimulation on the side of the injected eye caused only very slight dilatation; stimulation of the other cervical sympathetic nerve caused maximal dilatation in the normal eye. The same difference between the two eyes was observed after intravenous injection of 0.1 mg. adrenaline, and after asphyxiation. When the normal eye was made miotic by instillation of physostigmine, its pupil could still be dilated by faradic stimulation. Koppányi attributes the lack of dilatation in the ergotaminised eye to sympathetic paralysis. Whilst cats showed no preliminary sympathetic stimulation and dilatation, guinea-pigs reacted with maximal mydriasis to the instillation of ergotamine into the conjunctival sac and thus resemble the rabbit rather than the cat.

[1] Zunz, E.: C. r. Soc. Biol. Paris **90**, 379; **91**, 392 (1924).
[2] Hess, W. R.: Klin. Mbl. Augenheilk. **75**, 295 (1925).
[3] Poos, Fr.: Klin. Mbl. Augenheilk. **79**, 577 (1927) — Graefes Arch. **134**, 295 (1935). — Poos, Fr., u. G. Santori: Graefes Arch. **121**, 443 (1929).
[4] Jorns, G.: Z. exper. Med. **54**, 179 (1927).
[5] Poos, Fr.: Arch. f. exper. Path. **126**, 307 (1927).
[6] Rothlin, E.: Klin. Mbl. Augenheilk. **80**, 42 (1928).
[7] Koppányi, Th.: J. of Pharmacol. **38**, 101 (1930).

KOPPÁNYI denies that in the eye ergotamine causes active parasympathetic stimulation characteristic of pilocarpine and physostigmine. In considering examples of this kind of stimulation, e.g. of the vagus, alleged to result from ergotamine (the heart, ROTHLIN[1]; the stomach, STAHNKE[2]) the difference between active stimulation and the paralysis of the antagonistic mechanism should be borne in mind. Whilst other animals may behave differently, KOPPÁNYI considers the cat's iris a reliable test object for determining whether a drug acts on the sympathetic system; thus he concludes that ephedrine is sympathotropic, because the ergotaminised pupil was unaffected, and the untreated became dilated after the intravenous injection of 25 mg. ephedrine, in the same way as after 0.1 mg. adrenaline. Although KOPPÁNYI does not deny that ergotamine may in other cases stimulate the parasympathetic, he considers that sympathetic paralysis sufficiently explains the miosis of the cat's eye, and does not concern himself with the direct action on the musculature of the iris.

This was done by YONKMAN[3], who used isolated strips of the iris of steers, cut along the margin of the pupil across the radial fibres, so as to include only

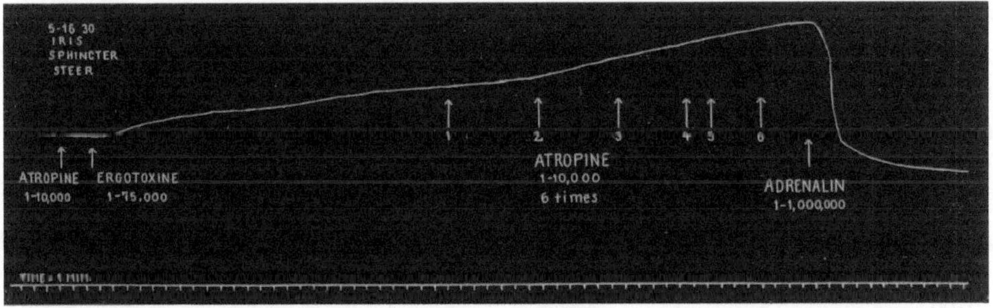

Fig. 22. Sphincter iridis of steer; tonus increased by ergotoxine, see text. (From YONKMAN[3].)

the sphincter. Such strips gradually acquired an increased tonus in 1:7500 ergotoxine, no matter whether 1:10,000 atropine had been applied before, nor did large amounts of atropine abolish the tonus which was however promptly overcome by 10^{-6} adrenaline, producing dilatation (see fig. 22). In these experiments on the isolated sphincter no difference was observed between ergotoxine and ergotamine, but in a further series, carried out by intraocular injection on cats, YONKMAN found the latter alkaloid to be the more active. In normal cats a subsequent dose of atropine had but little effect on the miosis resulting from the injection into the anterior chamber of 0.12—0.20 c.c. of 1:1000 ergotamine, or from a larger intravenous dose. In others "physiological" denervation was carried out by removal of one superior cervical ganglion and injection of atropine (instead of excision of the ciliary ganglion); ergotamine injected into the denervated eye then caused the same degree of miosis as occurred in the normal eye (see fig. 23 and 24). YONKMAN considers that all three kinds of experiment support his conclusion that "not only paralysis of motor sympathetic end organs, but also stimulation of the sphincter muscle is responsible for the extreme miosis produced by ergotoxine." A somewhat different argument for the effect on the musculature was adduced by BOLSI and VISINTINI[4]. They found that 0.5 mg./kg. ergotamine, injected into rabbits, increases the chronaxy of the muscle fibres

[1] ROTHLIN, E.: Cit. p. 100 and 102.
[2] STAHNKE, E.: Cit. p. 101.
[3] YONKMAN, F. F.: Cit. p. 101.
[4] BOLSI, D., e F. VISINTINI: Boll. Soc. ital. Biol. sper. **9**, 253 (1934).

of the iris and thus diminishes the excitability of the dilator system. It should be noted that these authors were concerned with the *dilatator pupillae* of the rabbit, and YONKMAN with the *sphincter* of cats and cattle.

Typical Protocol. Ergotamine and Atropine.

Time	Left pupil	Right pupil	Remarks
9:00 a. m.	6—7 mm.	6—7 mm.	Normal pupils
9:10 a. m.	Ergotamine tartrate (0.15 mgm.) intraocularly in left eye under light ether		
9:20 a. m.	0.5—1 mm.	6—7 mm.	Light reflex present in right pupil
9:22 a. m.	Atropine sulphate (2 to 10 mgm.) subcutaneously		
9:42 a. m.	0.5—1 mm.	10—12 mm.	No response to photic stimulation
9:45 a. m.	Atropine sulphate (2 mgm.) intraocularly in left eye under light ether		
9:46 a. m.	1—2.5 mm.	10—12 mm.	Left pupil temporarily increased from 1 to 2 mm.
10:00 to 10:30 a. m.	0.5—1 mm.	10—12 mm.	Left pupil back to slitlike dimensions
10:40 a. m.	Ergotamine tartrate (0.15 mgm.) intraocularly in right eye under light ether		
10:50 to 11:10 a. m.	0.5—1 mm.	0.5—1 mm.	Complete miosis in right eye also, — but effected more slowly after atropine mydriasis

Fig. 23. Miosis in the cat. (From YONKMAN[1].)

In unanaesthetised dogs the subcutaneous or intravenous injection of small doses of ergotamine causes mydriasis (0.1—1 mg./kg. ZUNZ; 0.13—0.4 mg./kg. FARRAR and DUFF[2]; 0.125—0.5 mg. per animal, YOUMANS and TRIMBLE[3]); with 5 mg./kg. ZUNZ obtained an initial mydriasis followed after some hours by prolonged miosis and the symptoms of excitement, characteristic of the effect in cats. MENDEZ[4] found that even after an exposure for one hour to 10^{-4} ergotamine the isolated frog's eye still reacted as before to the dilator action of adrenaline. BYRNE[5] has shown that in man and animals a brief dilatation is the first phase of the pupillary light reflex. In cats (gr. $^3/_{50}$ in a cat of 5 lbs. = 1.6 mg./kg.) ergotoxine did not abolish this phenomenon completely, but made the preliminary dilatation extremely short, "apparently merely as a hesitancy in constriction."

[1] YONKMAN: Cit. p. 101. [2] FARRAR, G. E., and A. M. DUFF: Cit. p. 105.
[3] YOUMANS, J. B., and W. H. TRIMBLE: Cit. p. 105. [4] MENDEZ, R.: Cit. p. 126.
[5] BYRNE, J.: Amer. J. Physiol. **61**, 368 (1922).

The miotic effect of light on the iris is to some extent analogous to its positive phototropic effect on the pigment epithelium of the retina. KUSUNOKI[1] finds that an injection of 1 mg. of ergotoxine in a frog causes the pigment of the

Typical Protocol. Ergotamine and Atropine on Partially Denervated Iris.

Time	Left pupil	Right pupil	Remarks
10:00 a. m.	4—5 mm.	7—8 mm.	Six and fourteen days after excision of left superior cervical sympathetic ganglion. Pupillary response to light present in both eyes
10:10 a. m.	Atropine sulphate (3 to 5 mgm.) subcutaneously.		
10:30 to 10:40 a. m.	5—7 mm.	8—12 mm.	Light reflex absent in both eyes
10:42 a. m.	Ergotamine tartrate (0.15 mgm.) intraocularly into left eye under light ether		
10:57 to 11:15 a. m.	0.5—1.5mm.	8—12 mm.	Left pupil slitlike but required more time than normal iris.
11:20 a. m.	Ergotamine tartrate (0.15 mgm.) intraocularly into right eye under light ether		
11:30 a. m.	0.5—1.5mm.	0.5—1 mm.	Pupils almost identical

Fig. 24. Miosis in the cat. (From YONKMAN[2].)

retina to move from the position of darkness to that of light; after 2.5 mg. the movement is more rapid and is later reversed; 5 mg. is apparently a paralytic dose for it interferes with the positive phototropic movement when the animal is brought from darkness into light, and prevents the action of adrenaline on the movement during a period of 8—18 hours.

The effect of ergotamine on intraocular pressure has been studied experimentally in animals, as the result of its clinical application in glaucoma by THIEL[3] and by HEIM[4]. SZÁSZ[5] considers that the first effect of ergotamine is always a rise of pressure, later followed by a fall; TAKANO[6] found in rabbits after ergotoxine a conspicuous lowering, attributed to a constriction of the vessels of the eye; IMACHI and KOTOMARI[7] likewise observed a fall in intraocular pressure, after a very large dose of ergotoxine (5 mg./kg.) in rabbits; they attribute the effect to abstraction of water by the eyeball, as shown by increased viscosity of the vitreous humour.

Nictitating Membrane. The retraction of the nictitating membrane in the cat, mentioned by DALE as the result of the injection of chrysotoxin, has been

[1] KUSUNOKI, A.: Acta Soc. ophthalm. jap. **34**, 797 (1930) from Rona's Berichte **58**, 621.
[2] YONKMAN: Cit. p. 101.
[3] THIEL, R.: Klin. Wschr. **5**, 895 (1926) — Klin. Mbl. Augenheilk. **77**, 753 (1926).
[4] HEIM, H.: Klin. Mbl. Augenheilk. **79**, 345 (1927).
[5] SZÁSZ, A.: Arch. Augenheilk. **108**, 511 (1934) from Rona's Berichte **84**, 683.
[6] TAKANO, M.: Acta Soc. ophthalm. jap. **37**, 1959 (1933) from Rona's Berichte **77**, 662.
[7] IMACHI, K., and S. KOTOMARI: Acta Soc. ophthalm. jap. **38**, 126 (1934) from Rona's Berichte **81**, 155.

studied by ROSENBLUETH[1] with ergotoxine of which large doses (up to 9 mg./kg.) caused a long persistent contraction of the smooth retractor muscle. With one superior cervical ganglion removed six days before, and denervation at the time of the experiment on the other side, the retraction was much the same in both membranes. Injected adrenaline caused a slight transitory dilatation. BACQ[2] obtained similar results after 0.1—0.5 mg./kg. ergotamine; cocaine does not influence this action. Its reversal by adrenaline was seen fairly regularly, but is very slight in cats. Ergotaminine (3—5 mg./kg.) had only a very slight effect on the nictitating membrane.

Pilomotor Muscles. By stimulating the sympathetic supply to these smooth muscles in a cat's tail, the hairs are erected, but this no longer happens after a sufficient dose of ergot alkaloids has been injected intravenously (DALE). CANNON and BACQ[3] utilised this paralysis by ergotoxine and ergotamine, together with the resistance of the heart to these alkaloids, to demonstrate that stimulation of the pilomotor nerves, although without any apparent effect on the hairs, nevertheless causes the pilomotor muscles to discharge "sympathin" into the circulation, which discharge reveals itself by an acceleration of the heart. It would appear therefore that ergotamine interposes a block between sympathin and the contractile apparatus of the pilomotor cells (i.e. that sympathin is derived from the excitatory, not from the contractile process) and that the sympathin which does not act locally may escape and act on the heart, because the contractile apparatus of the heart still remains active.

Chromatophores. In vertebrates the chromatophores are functionally modified smooth-muscle cells under the control of the sympathetic. In frogs ROTHLIN[4] observed that the skin became pale as the result of an injection of a large dose of ergotamine (0.1—1.0 mg. per 30 g. frog; the higher dose was fatal after some days); under these conditions the chromatophores would be constricted by ergotamine. The antagonism between ergotoxine and adrenaline was demonstrated in an interesting manner by SPAETH and BARBOUR[5], on the isolated melanophores of the common "killi-fish", *Fundulus heteroclitus* L. These at once become contracted when immersed in 1:10,000 adrenaline (fig. 25 A). In 1:3000 ergotoxine they slowly become half expanded (B; after $1^1/_4$ hours). If they are then placed in adrenaline they expand fully (C) instead of contracting. Somewhat similar effects were obtained by BACQ[6] with the cat fish *Ameiurus nebulosus*. Normally the chromatophores expand as the result of a subcutaneous injection of ergotamine, whilst adrenaline causes contraction. As a result of a transverse cut in the tail region, the sympathetic supply behind the cut degenerates and when after six days 0.25 mg. ergotamine was injected, the whole animal became dark except the denervated portion behind the cut. Denervation thus abolishes the antagonism between ergotamine and adrenaline, so that both drugs now have the same effect.

In Cephalopods there is a different state of affairs. Stimulation of a palleal nerve causes the mantle on the same side to become brown in *Eledone moschata*, according to BACQ[7]; but when ergotamine has been injected subcutaneously, the site of the injection remains light in colour; in course of time the paralysed area gradually extends. After section of the nerve, injection of adrenaline causes a

---

[1] ROSENBLUETH, A.: Amer. J. Physiol. **100**, 443 (1932).
[2] BACQ, Z. M.: Arch. internat. Pharmacodynamie **49**, 118 (1934).
[3] CANNON, W. B., and Z. M. BACQ: Cit. p. 99. [4] ROTHLIN, E.: Cit. p. 102.
[5] SPAETH, R. A., and H. G. BARBOUR: J. of Pharmacol. **9**, 431 (1917).
[6] BACQ, Z. M.: Biol. Bull. **65**, 387 (1933).
[7] BACQ, Z. M.: C. r. Soc. Biol. Paris **111**, 223 (1932).

local brown coloration, which does not occur, if ergotamine is injected at the same time. The chromatophores of *Octopus* are much more resistant to ergotamine (compare also SERENI[1]). The chromatophores of the dorsal face of the mantle in *Loligo pealii* are more sensitive than the rest and when isolated in sea water show rhythmic, isolated pulsations, when either adrenaline or ergotamine is added to the bath (BACQ[2]).

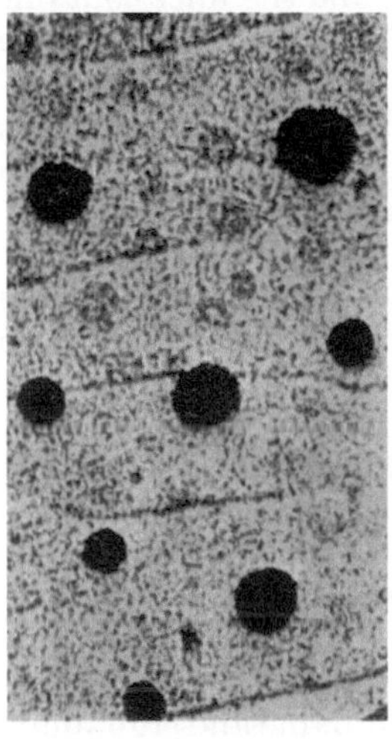
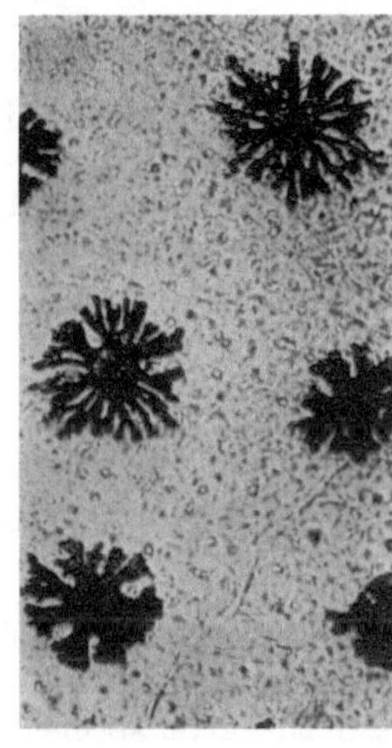
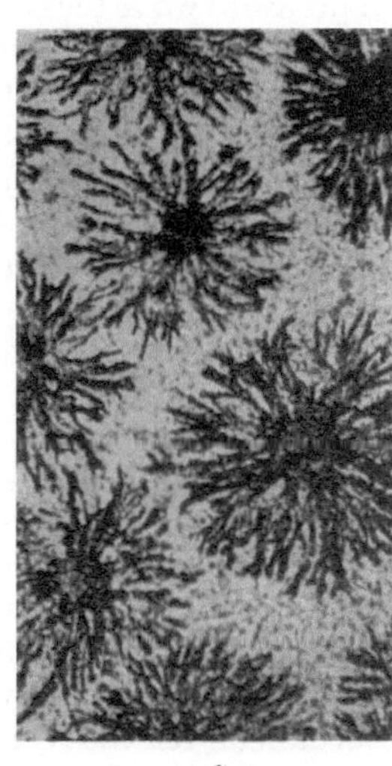

A B C

Fig. 25. Melanophores of *Fundulus*. (A) Normal effect of adrenaline solutions, complete contraction; (B) normal appearance after prolonged treatment with ergotoxine phosphate, about half expanded. (C) complete expansion produced by adrenaline solutions following an immersion in ergotoxine phosphate. (From SPAETH and BARBOUR[3].)

Amnion. This delicate membrane is stated to be a pure smooth-muscle structure, free from nerves. Twisted strips of the amnion of the goose and fowl show rhythmic movements in TYRODE's solution, which are inhibited by adrenaline. This inhibition is abolished by ergotamine, according to BAUR[4].

Glands. More or less profuse salivation is a feature of acute ergot poisoning in various animals (cat, dog, rabbit, domestic fowl) but is not produced by ergotamine in guinea-pigs (ROTHLIN[5]). In chronic poisoning, after many daily injections of ergotamine into dogs, STAHNKE[6] observed the opposite effect; the snouts of the animals became quite dry. In the cat's submaxillary gland, DALE[7] (with large doses of ergotoxine) could inhibit the effect of sympathetic stimulation, but not that of stimulating the chorda tympani. On the other hand CHVOLES and DMITRIJEV[8] found that quite small doses of ergotamine (0.2—0.25 mg.) caused salivation in dogs, which was inhibited by adrenaline; atropine somewhat delayed salivation. After exstirpation of the higher ganglia of the cervical sympathetic, ergotamine alone, or with adrenaline, produced the same effects as before exstirpation. An exclusive action on the sympathetic mechanism has not been found in other glands. Thus the sympathetic supply to the sweat glands is not readily paralysed by ergotoxine, and FRÖHLICH and ZAK[9] concluded

[1] SERENI, E.: Z. vergl. Physiol. **12**, 329 (1930).
[2] BACQ, Z. M.: Cit. p. 118. [3] SPAETH, R. A., and H. G. BARBOUR: Cit. p. 140.
[4] BAUR, MAX: Cit. p. 99. [5] ROTHLIN, E.: Cit. p. 100.
[6] STAHNKE, E.: Cit. p. 105. [7] DALE, H. H.: Cit. p. 85.
[8] CHVOLES, G., u. I. DMITRIJEV: Med.-biol. Ž. **4**, 54 (1928), Russian, from Rona's Berichte **48**, 140 (1929).
[9] FRÖHLICH, A., u. E. ZAK: Arch. f. exper. Path. **168**, 620 (1932).

that in these organs the parasympathetic may be stimulated by ergotamine. They found that, after section and degeneration of the sciatic nerve, an injection of $^1/_{30}$ mg. into the pad of a cat produced sweating which was stopped by atropine.

The effect of ergotamine on gastric secretion in human subjects has been variously reported on. KAUFFMANN and KALK[1] found the secretion diminished for an hour or two after the injection of 0.5 mg. ergotamine and the juice contained no hydrochloric acid. GOLDMAN[2] likewise found diminished acidity, but COELHO and CANDIDO DE OLIVEIRA[3], by means of a self-retaining tube and test meals observed in most cases an increase, sometimes considerable, in the quantity and acidity of the juice. Since the main stimulus to secretion is vagal, no great effect could be expected from the ergot alkaloids; a subsidiary stimulus however is the presence of food in the stomach, which condition obtained in the experiments of COELHO and CANDIDO DE OLIVEIRA, but not in those of KAUFFMANN and KALK. The former authors leave open the question whether the increased secretion observed by them is the result of sympathetic paralysis or of parasympathetic stimulation.

As regards pancreatic secretion STAHNKE observed that there was more amylase and lipase in the juice of dogs chronically poisoned with ergotamine, than in normal juice; adrenaline greatly diminishes the amount of these enzymes.

Diuresis. It may be said in general that ergotamine, ergotoxine and ergoclavine diminish the urinary flow and that ergometrine increases it. The effect of the first named alkaloids seems to be more evident in dogs than in rabbits, in accordance with the resistance of the latter species to ergotoxine and ergotamine. MICULICICH[4] already noticed rather incidentally that ergotoxine somewhat diminishes the urinary flow in fasting rabbits, but that it did not stop the effects of diuretin (theobromine sodium salicylate). A more pronounced effect was observed by ARNSTEIN and REDLICH[5] with ergotamine in bitches with vesicular fistula. The diuresis due to ingestion of water, or of sodium chloride solution, was diminished, and the blood was diluted, as shown by its lower haemoglobin content. These effects are similar to those of adrenaline (see fig. 26, effect on diuresis due to 250 c.c. ingested water). Hence ergotamine and adrenaline are in this case not antagonistic; indeed, they actually reinforce each other, for the diminution of diuresis was most marked when the two drugs were given together. Similar results were obtained with ergotamine in human subjects by KAUFFMANN and KALK[6]; the absolute output of sodium chloride and often also its concentration in the urine were lowered; these authors suggested that the effects might be caused by constriction of the renal vessels, especially studied by RAYMOND-HAMET. In most cases there was urobilinuria. A detailed study, involving other ergot alkaloids, was made more recently by ZUNZ and VESSELOVSKY[7] who found that ergotamine diminishes the output in the fasting dog and also the diuretic action of urea. Ergoclavine behaves like ergotamine, except that it has no influence on diuresis due to urea. Ergotaminine does not change the diuresis due to ingested water, but sometimes considerably increases the output of urine in the fasting animal. Sensibamine showed an action intermediate between that

---

[1] KAUFFMANN, F., u. H. KALK: Cit. p. 101.

[2] GOLDMAN, M.: Arch. Mal. Coeur **21**, 204 (1928).

[3] COELHO, E., et J. CANDIDO DE OLIVEIRA: C. r. Soc. Biol. Paris **98**, 1608; **99**, 938 (1928).

[4] MICULICICH, M.: Cit. p. 159.

[5] ARNSTEIN, A., u. FR. REDLICH: Arch. f. exper. Path. **97**, 15 (1923).

[6] KAUFFMANN, F., u. H. KALK: Cit. p. 101.

[7] ZUNZ, E., et O. VESSELOVSKY: Arch. internat. Pharmacodynamie **53**, 388; **54**, 75 (1936).

of the isomerides composing it (ergotamine and ergotaminine). Ergometrine has a quite different action; already 0.01 mg./kg. may increase the diuresis due to ingested water (300 c.c.); 0.04—0.08 mg./kg. increases the urine flow in fasting, as well as the diuretic effects of sodium chloride (250 c.c. 2% NaCl) and of urea (100 c.c. of a 10% solution). ZUNZ and VESSELOVSKY used bitches with a permanent bladder fistula. Ergometrinine is much less active than its isomeride; ergine has no constant effects, except that it increases the diuresis due to ingested water[1].

There is thus a marked contrast between ergometrine and the more complex sympatholytic ergot alkaloids, and it would appear that the antidiuretic action of the latter depends on sympathetic paralysis. This is further suggested by the behaviour of certain synthetic amines such as diethylaminomethyl-3-benzodioxan,

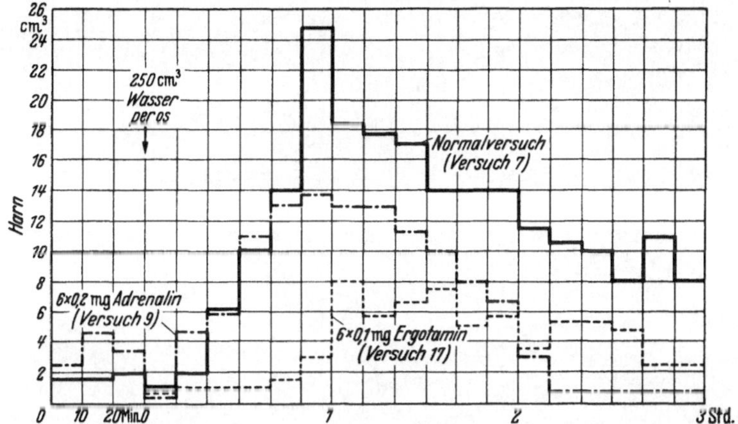

Fig. 26. Diuresis in a bitch, resulting from the oral administration of 250 c.c. of water (at arrow). Top line, without any drug. Middle line, with six half-hourly injections of 0.2 mg. adrenaline. Bottom line, with six half-hourly injections of 0.1 mg. ergotamine. Abscissa time in hours, ordinate urine secreted per 10 minutes in c.c. (From ARNSTEIN and REDLICH[2].)

which paralyse the sympathetic and at the same time inhibit diuresis in bitches, according to ZUNZ and JOURDAN[3]. Similar but less definite results had already been obtained by ARIMA[4] with thymoxyethyldimethylamine and thymoxyethylallylamine, apparently in rabbits (the German abstract does not mention the species; animals of 2 kg. were used). ARIMA confirmed that ergotamine consistently diminished the output of urine and sodium chloride from the kidney but EPSTEIN[5], with rabbits, found no appreciable effect of this alkaloid after the ingestion of water; the diuresis due to thyroxine was however generally diminished.

Central Nervous System. The excitement, seen especially in cats, and various other central effects of ergotoxine and ergotamine, have already been described (p. 27). Ergotoxine (0.5 mg. intravenously prevents adrenaline apnoea in cats, according to MELLANBY and HUGGETT[6]; they consider that this apnoea is caused by constriction of the blood vessels supplying the centre, probably independently of any sympathetic supply. Ergotoxine in larger doses (3 mg. intravenously)

[1] ZUNZ, E., et O. VESSELOVSKY: C. r. Soc. Biol. Paris **123**, 116 (1936).
[2] ARNSTEIN, A., u. FR. REDLICH: Cit. p. 142.
[3] ZUNZ, E., et F. JOURDAN: Arch. internat. Pharmacodynamie **48**, 383 (1934).
[4] ARIMA, K.: Fol. pharmacol. jap. **19**, 44 (1934).
[5] EPSTEIN, E. Z.: Arch. f. exper. Path. **142**, 227 (1929).
[6] MELLANBY, J., and A. STG. HUGGETT: J. of Physiol. **57**, 395 (1923).

itself produces stoppage of respiration (ROBERTS[1]). Ergotamine apnoea has been investigated by BOUCKAERT and CZARNECKI[2] in dogs under chloralose, after 1—1.5 mg./kg. which is nearly lethal. The apnoea persists after the pneumogastrics are cut and is probably due to a direct action on the respiratory centre. Smaller doses, themselves insufficient to cause apnoea, not only stop apnoea due to adrenaline, as MELLANBY and HUGGETT had shown, but may invert it, so that a further dose of adrenaline does not slow respiration, but accelerates it (see fig. 27). According to VILLARET, JUSTIN-BESANÇON and CACHERA[3] an intravenous injection of at least 0.5 mg./kg. ergotamine sensitises dogs to acetylcholine apnoea, of which drug 0.1 mg./kg. will then produce fatal apnoea, whereas one hundred times that dose is required in normal animals.

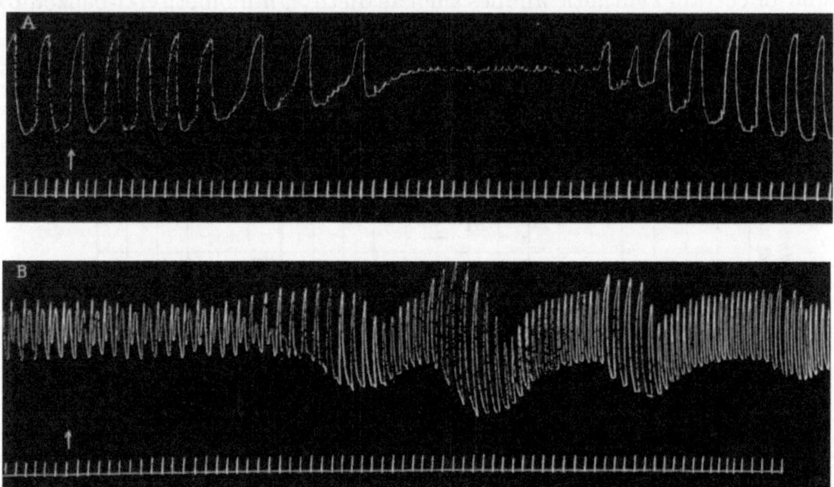

Fig. 27. Respiration of adult mongrel dog, 15 kg., under chloralose. In the upper curve the arrow indicates the injection into the saphenous vein of 0.5 mg. of adrenaline. In the lower the arrow marks the injection of the same dose of adrenaline, 18 minutes after the injection of 15 mg. of ergotoxine. Reversal of adrenaline apnoea by ergotamine. (From BOUCKAERT and CZARNECKI[2].)

Sleep may be caused in dogs by the injection of 1 mg. ergotamine into the lateral ventricles of the brain, or into the third ventricle; the arterial pressure falls by 2—3 mm. These experiments by MARINESCO, SAGER and KREINDLER[4] are considered by them to involve a stimulation of the predominantly parasympathetic sleep centre (but sympathetic paralysis may also play a part). One hour after the intraventricular injection an intravenous injection of ergotamine has the well known pressor effect, due to peripheral vasoconstriction. YAMAUCHI[5] found that 0.5—0.8 mg./kg. ergotamine (as well as much larger doses of yohimbine) sensitise rabbits to morphine and to chloral hydrate so that otherwise ineffective doses become effective. The vomiting centre in dogs is not affected even by large doses of ergotoxine, according to HATCHER and WEISS[6] (see p. 105). According to HASAMA[7], the effect of heat on the tuber cinereum, which results in profuse sweat, is abolished by atropine, and the effect of cold, which causes less sweat,

[1] ROBERTS, FF.: J. of Physiol. **57**, 405 (1923).
[2] BOUCKAERT, J. J., et E. CZARNECKI: J. Physiol. et Path. gén. **25**, 654 (1927).
[3] VILLARET, M., L. JUSTIN-BESANÇON et R. CACHERA: C. r. Soc. Biol. Paris **103**, 879 (1930).
[4] MARINESCO, G., O. SAGER and A. KREINDLER: Cit. p. 101.
[5] YAMAUCHI, S.: Fol. pharmacol. jap. **16**, 25 (1933).
[6] HATCHER, R. A., and S. WEISS: Cit. p. 105.
[7] HASAMA, BUN-ICHI: Arch. f. exper. Path. **146**, 150 (1929).

is abolished by 3 mg./kg. of ergotoxine in the cat; he connects this with the double innervation of sweat glands.

Certain central effects of the ergot alkaloids are clearly due to an action on blood vessels. Epileptic crises, mostly thought to be accompanied by cerebral vasoconstriction, may be simulated according to TINEL and UNGAR[1] in guinea pigs by 0.4 mg./kg. ergotamine intravenously, followed by 0.05 mg. adrenaline; in 1—2 minutes clonic convulsions occur, lasting five minutes, and followed by paralysis, beginning in the hind legs and extending forwards; recovery takes place in half an hour. In rabbits there is only transitory paralysis but the observation of the diameter of the arteries in the pia mater (after trepanning) showed that, although adrenaline alone caused no visible change, and ergotamine alone only slight dilatation, adrenaline after ergotamine greatly constricted the arteries. Section of the cervical sympathetic also causes slight dilatation and sensitises to adrenaline.

Sympathetic paralysis, resulting in dilatation of the meningeal vessels, has been advanced as an explanation of the well-established beneficial effect of ergotamine in many cases of migraine headaches. Clinical papers are by MAIER[2], TRAUTMANN[3], TZANCK[4], KOTTMANN[5], LENNOX[6]; the dose is 0.5 mg. subcutaneously or 1—2 mg. by the mouth. According to KOTTMANN only those migraines, which are due to sympathicotony, yield to treatment, but against the exclusive importance of the sympathetic LENNOX quotes cases in which bilateral sympathectomy did not influence the headaches, yet ergotamine cut short each attack. The subject has been investigated experimentally by LENNOX, POOL and their collaborators, who did not however find a satisfactory explanation of the therapeutic effect. POOL and NASON[7] directly observed the diameter of arteries of the pia mater and dura mater of cats through a cranial window, and also of the skin; small doses of ergotamine had an inconstant effect on the pia mater; 0.012—0.110 mg./kg. produced a 25% constriction of the vessels of the dura, and a 39% in those of the skin; the cerebrospinal fluid pressure was sometimes increased, sometimes unaffected. LENNOX, GIBBS and GIBBS[8], by means of blood gas analysis, and by a thermoelectric flow recorder, studied the blood flow in the internal jugular vein of unanaesthetised patients, after an injection of 0.25—0.5 mg. ergotamine. The former method showed mostly a moderately increased flow through the brain, probably a secondary result of increased systemic pressure. POOL, VON STORCH and LENNOX[9] studied the pulse, blood pressure and spinal fluid pressure in migraine patients and in normal controls. In the latter ergotamine raised the spinal fluid pressure by an average of 31 mm.; in the migraine patients it was on the average 14 mm. below normal, and was raised 13 mm. by an injection of 0.25—0.5 mg. ergotamine (the systolic and diastolic blood pressures were also raised, the pulse was slowed). These changes did not, in the opinion of the authors, adequately explain the relief from headache in 12 out of their 15 patients. URECHIA and DRAGOMIR[10], on the other hand, report an insignificant increase in the spinal fluid pressure after 0.5 mg. ergotamine

[1] TINEL, J., et G. UNGAR: C. r. Soc. Biol. Paris **112**, 758, 1286 (1933).
[2] MAIER, H. W.: Revue neur. **33**, 1104 (1926).
[3] TRAUTMANN, E.: Münch. med. Wschr. **75**, 513 (1928).
[4] TZANCK, A.: Bull. Soc. méd. Hôp. Paris **1928**, 1057.
[5] KOTTMANN, K.: Schweiz. med. Wschr. **14**, 572 (1933).
[6] LENNOX, W. G.: New England J. Med. **210**, 1061 (1934).
[7] POOL, J. L., and G. I. NASON: Arch. of Neur. **33**, 276 (1935).
[8] LENNOX, W. G., E. L. GIBBS and F. A. GIBBS: J. of Pharmacol. **53**, 113 (1935).
[9] POOL, J. L., T. J. C. VON STORCH and W. G. LENNOX: Cit. p. 111.
[10] URECHIA, C. I., et L. DRAGOMIR: C. r. Soc. Biol. Paris **99**, 1069 (1928).

in most patients suffering from various mental diseases; adrenaline produced a rather more definite rise of 5 mm.

Effect on the Body Temperature. DALE[1] first noticed incidentally that "the high temperature at and after death seemed to be a characteristic effect of fatal doses" of ergotoxine. In three rabbits an intravenous injection of 1.7, 3.4 and 2.8 mg./kg. of ergotoxine phosphate raised the body temperature to 44°, 44.5° and 42° respectively, and the first two animals died. In a cat an intramuscular injection of 1.5 mg. produced a temperature of 41.5°; a cockerel, having received 20 mg. in the breast muscle, died with a cloacal temperature of 44.5°. MICULICICH[2], with intravenous injections of ergotoxine in rabbits, recorded a temperature of 40.4° after 2 mg., of 43° after 1 mg., rises of 0.3° after 0.25 and 0.5 mg.; subcutaneously a rise of 0.7° after 0.66 mg.; all doses per kg. of body weight. CLOETTA and WASER[3] were troubled in their attempts to suppress adrenaline hyperthermia by ergotoxine, because the ergotoxine by itself raised the body temperature on intravenous injection. GITHENS[4] investigated the effect more fully, by intravenous injections into rabbits and cats and subcutaneous into other rabbits, rats, mice and pigeons. Of all species except cats, he observed controls, in which the temperature varied only by 1° (rats) or 1.5° (mice). Of ten rabbits, receiving 2 mg. per kg. of ergotoxine phosphate intravenously, eight survived after showing an average rise of temperature of 3.4° to 42—42.5°. The temperature was highest from 2—$2^1/_2$ hours after the injection and became normal again in 6—8 hours. The other two rabbits showed a more rapid rise of temperature, to 43.6°, and died. Subcutaneous injections of 2 mg./kg. gave similar results more slowly; one rabbit died after 4 hours with a temperature of 43.4°. The hyperthermia is partly, but not wholly, the result of the muscular tremors which characterise the ergotoxine poisoning in the rabbit, for after curare there was only an average rise of 0.6° (highest 1.5° to 40.7°; lowest 0.2°). The hyperthermia is caused by direct action on the heat regulating centre, for when this centre was removed by decapiatation, tremors still occurred after 2 mg. intravenously, but the rise in temperature was slight. In cats immobilised by ether, ergotoxine had absolutely no effect on the body temperature, which is in accordance with the abolition of cocaine hyperthermia by chloral, observed by MOSSO. When the dose was reduced to 1 mg. per kg. there were no nervous effects, except dilated pupils and hyperpnoea, and the temperature rose on the average by 2° (instead of 3.4° with 2 mg.). In cats 2 mg. of ergotoxine phosphate per kg. given intravenously, produced a rise of 1.5—1.7°; in rats 1 mg./kg. (0.3 mg. per rat) subcutaneously produced an average *fall* of 2.9° and 4 mg./kg. a fall of 4° (from 37.5° to 33.0—33.8°); in mice, a subcutaneous injection of 2 mg./kg. always caused a fall, in one case of 3.4° after 1 hour. GITHENS remarks that the hyperthermia due to ergotoxine is more intense than that resulting from any other drug. The coldness of the skin suggested heat dissipation, perhaps the chief factor in cats; in rabbits the tremors point strongly to increased heat production as the chief factor.

RIGLER and SILBERSTERN[5] examined both ergotoxine and, for the first time, also ergotamine. The former raised the body temperature but in the vast majority of experiments with the latter, and by any method of injection, the temperature was lowered. The effective dose was 1—3 mg./kg. in rabbits, and 5—10 mg./kg. in rats, well below the lethal amount; excitement and tremors did not occur in rabbits, as they do after ergotoxine, and while the temperature was depressed

[1] BARGER, G., and H. H. DALE: Cit. p. 102. [2] MICULICICH, M.: Cit. p. 159.
[3] CLOETTA, M., u. E. WASER: Cit. p. 150. [4] GITHENS, T. S.: Cit. p. 104.
[5] RIGLER, R., u. E. SILBERSTERN: Arch. f. exper. Path. **121**, 1 (1927).

for 2—10 hours, the only abnormal symptom was accelerated breathing. Thus 2.2 mg. ergotamine per kg. caused a fall of 3.0°, 3.6 mg. one of 3.6° in 3 hours; in rats a fall of 1.7° was obtained. In rabbits kept at 28° there was a less pronounced fall. Section of the spinal chord in the dorsal region produced no difference, but when the cervical region was cut, ergotamine no longer produced an effect. Intracranial injection was rather more effective than intravenous. Hence RIGLER and SILBERSTERN concluded that ergotamine lowers the body temperature by paralysing the sympathetic portion of the heat regulating centre. Later BRINK and RIGLER[1] claimed to have cleared up the "apparent" discrepancy between ergotoxine and ergotamine, in so far as subcutaneous injections are concerned. They found that a newly prepared specimen of ergotoxine phosphate lowered the body temperature by 1.4°, whereas a specimen, kept for 2 years as powder, without special precautions, raised it by 3°; the old specimen was also more active in producing excitement and other nervous symptoms. The difference between ergotoxine and ergotamine remained however when the alkaloids were injected intravenously. Eight rabbits received an injection of 3 mg. of ergotoxine phosphate; in three animals the temperature went up by 3.5° and these died. The five others recovered after showing an average rise of 3.0°. Next day the survivors were given the same dose subcutaneously; they all showed falls ranging from 0.8° to 2°. Finally these five were given 3 mg. of ergotamine tartrate intravenously, and showed falls ranging from 1.9° to 2.7°. This experiment shows in a convincing manner that, at least as regards intravenous injection, the actions of ergotamine and ergotoxine on the body temperature differ more than they do in the many experiments which had suggested a "pharmacological" identity. RIGLER and SILBERSTERN's explanation of the difference between their old and new specimens of ergotoxine phosphate is less convincing; they considered that in the old specimen decomposition products had been formed, which raise the body temperature after subcutaneous injection. ROTHLIN's[2] view seems much more likely; in agreement with all experiments (except the subcutaneous of BRINK and RIGLER) he finds that pure ergotoxine phosphate always raises the body temperature, whether given intravenously or subcutaneously, and that ergotamine may do the same, provided the dose is large enough; ergotamine is, according to ROTHLIN[3], only half as active as ergotoxine in raising the body temperature (see fig. 28), and is only half as toxic. If this be so, it is intelligible that 3 mg. of ergotoxine phosphate produced a much greater effect in the intravenous experiments of BRINK and RIGLER, than 3 mg. of ergotamine tartrate. It is not clear, however, why these authors consistently found a rather considerable lowering of body temperature with ergotamine. On the other hand, according to BOUCKAERT and HEYMANS[4], 3—4 mg. intravenously per rabbit produces neither hypo- nor hyperthermia. If a lowering of body temperature by small doses does occur, it would be in accordance with the fall

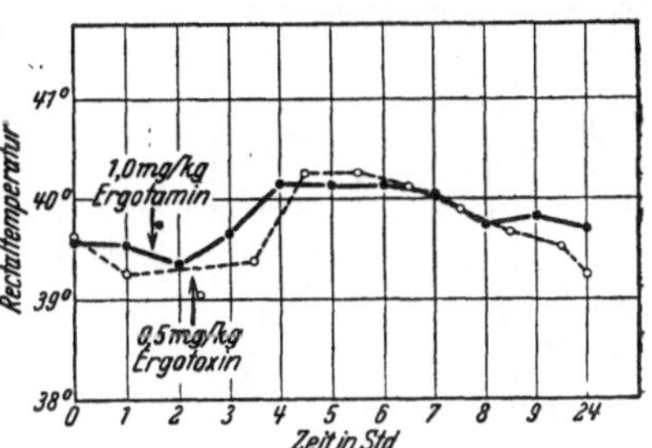

Fig. 28. Body temperature of rabbits. The continuous curve represents the effect of an intravenous injection of 1.0 mg./kg. of ergotamine, the interrupted one that of 0.5 mg./kg. of ergotoxine. Each curve gives the average response of the same four animals, injected successively with both alkaloids. Ergotoxine has a hyperthermic effect similar to that of double the dose of ergotamine. Abscissa time in hours. (From ROTHLIN[2].)

[1] BRINK, C. D., u. R. RIGLER: Arch. f. exper. Path. **145**, 321 (1929).
[2] ROTHLIN, E.: C. r. Soc. Biol. Paris **119**, 1302 (1935). [3] ROTHLIN, E.: Cit. p. 104.
[4] BOUCKAERT, J. J., et C. HEYMANS: Cit. p. 156.

in oxygen consumption, observed by MARINE, DEUTCH and CIPRA[1] in rabbits. The lowering of metabolism by ergotamine in rats (ABDERHALDEN and WERTHEIMER[2], ORESTANO[3]) is also in accordance with its effect on the body temperature (compare GITHENS[4] for ergotoxine, RIGLER and SILBERSTERN[5] for ergotamine). Normal and sympathectomised cats were studied by SAWYER and SCHLOSSBERG[6]; in both an intramuscular injection of 0.5 mg./kg. ergotamine lowered the body temperature by 0.6—1.1° C. In a hot room at 40° the temperature of sympathectomised animals rose more than that of normals, and the temperature of ergotaminised animals was still higher. In a cold room the temperature control of the ergotaminised was, on the other hand, better than that of the sympathectomised.

With sensibamine, RÖSSLER and UNNA[7] found great individual variations in the effect on the body temperature of rabbits; moreover the same animal reacted less vigorously after an interval of 8 days (see fig. 29). They consider that sensibamine is more like ergotoxine than like ergotamine; 1.5 mg./kg. of sensibamine may be fatal to rabbits, whereas 2 mg./kg. of ergotamine is not very toxic; sensibamine like ergotoxine may raise the body temperature of rabbits to 43° and even to 44°. Since it was subsequently shown by STOLL[8] that sensibamine is a molecular compound of ergotamine and ergotaminine, and since in various respects the latter alkaloid has one hundredth of the activity of the former, sensibamine should have half the activity of ergotamine, instead of being much more active, as RÖSSLER and UNNA state. If the latter authors are right, the activity of sensibamine is not merely the mean of the activities of its two constituents, as ROTHLIN assumes, but has been greatly enhanced by chemical combination; see however p. 173. A direct comparison of sensibamine with an equivalent mixture of ergotamine and ergotaminine might be of interest. Ergometrine is particularly active in raising the body temperature of rabbits, but not of rats, mice or guinea-pigs (see p. 180).

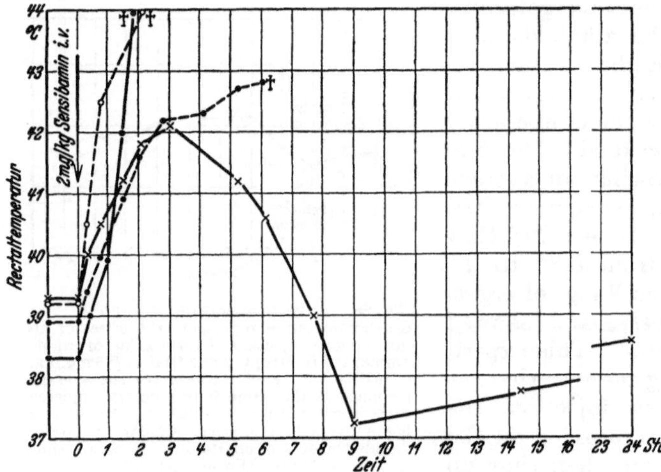

Fig. 29. Temperature effect of 2 mg./kg. of sensibamine intravenously on rabbits. (From RÖSSLER and UNNA[7].)

Dr. A. C. WHITE (private communication) has examined the effects of various ergot alkaloids on the body temperature of mice and of rabbits, and insists on their great individual variation. On account of the after-effect of a previous

[1] MARINE, D., M. DEUTCH and A. CIPRA: Cit. p. 151.
[2] ABDERHALDEN, E., u. E. WERTHEIMER: Cit. p. 151.
[3] ORESTANO, G.: Cit. p. 152. [4] GITHENS, T. S.: Cit. p. 104.
[5] RIGLER, R., u. E. SILBERSTERN: Cit. p. 146.
[6] SAWYER, M. E. MACKAY, and T. SCHLOSSBERG: Amer. J. Physiol. **104**, 172 (1933).
[7] RÖSSLER, R., u. K. UNNA: Cit. p. 103. [8] STOLL, A.: Cit. p. 85, note 9.

dose (compare RÖSSLER and UNNA, above) he on principle never injected an animal twice. Some 600 mice were used and in agreement with GITHENS (p. 146). WHITE never observed a rise of temperature in this species, but always a fall if the dose was effective at all. A comparison of the various alkaloids was made by injecting groups of ten mice with decreasing doses, until a group showed no average significant fall in rectal temperature; controls were injected with water. The comparison was principally made between the two members of each pair of isomerides and the following doses were found which in the case of the laevorotatory isomeride (of the ergotoxine series) still lowered the body temperature, while the dextrorotatory (of the ergotinine series) was without effect: ergotoxine 0.05, ergotamine 0.05, ergosine 0.025, ergometrine 0.2, iso-ergine 0.075, all in mg./20 g. Hence these figures represent the dosage at which the above alkaloids may be expected to depress the temperature, and at which ergotinine, ergotaminine, ergosinine, ergometrinine and ergine have no effect. Lysergic and iso-lysergic acids were inactive in a dose of 0.2 mg./20 g. These figures do not bring out the (smaller?) difference between ergotoxine and ergotamine, found in rabbits by ROTHLIN and confirmed for this species by WHITE. They show however that in mice ergosine is something like twice as active as ergotoxine (and ergotamine); the same ratio applies to the rabbit's uterus (see p. 172). These figures further show that ergometrine is much less active on the body temperature of mice. Whilst the simplification of the molecule from ergotoxine to ergometrine thus results in decreased activity, the further simplification, to iso-ergine, again enhances the potency. (Iso-ergine is the lysergic amide corresponding to ergotoxine, ergine is analogous to ergotinine.)

In his experiments on rabbits WHITE measured the rectal temperature every two minutes with a thermopile. A comparison of all his results with ergotoxine ethanesulphonate and ergotamine tartrate, injected intravenously, shows "that one obtains a rise in temperature more consistently with lower doses of ergotoxine than one does with ergotamine, but that at any dose level there is a considerable scatter of results. It was noted that in some of the rabbits, when one could have expected a hyperthermia, there was none, but that polypnoea might be extremely intense". WHITE thus confirms ROTHLIN qualitatively, without making any quantitative statement as to the relative hyperthermic effect of ergotoxine and ergotamine. The "scatter" may be illustrated by the deaths from ergotoxine: with 3.2 mg./kg. two animals died out of three, with 1.85 two out of four, with 1.6 all three died, with 0.8 one out of two, with 0.4 one out of three. Smaller doses caused no deaths; 0.2 mg./kg. had no significant effect on the body temperature and 0.1 mg./kg. produced a slight initial fall. Experiments on some 20 rabbits with ergotamine showed even less regular results: sometimes there was a steady fall, sometimes an initial fall followed by a rise, or the reverse, or a rapid rise from the outset, e. g. after 3.0 mg./kg. a delayed fall and recovery, but after 2.5 mg./kg. a rapid rise and death. Evidently a very large number of animals would be required to obtain precise data, but it seems clear that ergotoxine has the greater effect on temperature and is more toxic than ergotamine (see further especially p. 171). In its hyperthermic action (and toxicity) *ergosine* seems to be nearer to ergotoxine than to ergotamine, perhaps slightly less active than the former, but definitely more active than the latter. As in the lowering of the body temperature of mice, so also as regards the rise in rabbits ergometrine is much less active than ergotoxine, ergotamine, and ergosine; again *iso-ergine* on the other hand is remarkably potent: 8.9 mg./kg. of the acetone compound of ergometrine caused a fatal rise to 44° in two hours, but already 1 mg./kg. and 0.72 mg./kg. of iso-ergine produced a similar lethal effect. Lysergic and iso-lysergic acids, 3.5 mg./kg. had little or no effect. The isomerides of the ergotinine series were again much less active; 2—3 mg./kg. of ergosinine caused a fall of temperature but no death, 8.5—10 mg./kg. of ergometrinine nitrate had no effect, 1 mg./kg. of ergine induced a slight rise.

In general it may be said that in rabbits, with high doses of a potent alkaloid (e. g. ergotoxine) a rise of temperature may be expected. Lower doses and alkaloids less potent in this respect (e. g. ergotamine) are more likely to produce a fall, or no effect. The great difference between the activities of the two members of each pair of the more complex isomerides (e. g. ergotamine and ergotaminine) seems to be less accentuated in the simpler pairs (e. g. iso-ergine and ergine).

A few authors have studied the effect of ergotoxine, and of ergotamine, on experimental hyperthermias. DÖBLIN and FLEISCHMANN[1] found that ergotoxine had little effect on the body temperature of normal rabbits, more so when one adrenal had been removed; it however inhibited the hyperthermia resulting from an intravenous injection of sodium chloride, and also that due to an injection of adrenaline. CLOETTA and WASER[2] failed to confirm the last conclusion; after an intravenous injection of 2—3 mg. of ergotoxine had raised the body temperature by about 1° in 20—30 minutes, and the latter was only rising slowly, a further rise of 0.2—0.3° could be produced by adrenaline in 4—6 minutes. If ergotoxine causes peripheral sympathetic paralysis, and adrenaline produces hyperthermia by acting centrally on the brain, as CLOETTA and WASER supposed (in contradistinction to DÖBLIN and FLEISCHMANN), no antagonism between the two could be expected.

Ergotoxine had a still more pronounced effect in intensifying the fever due to ß-tetrahydronaphthylamine, so that rabbits which had previously had a temperature of 40.4° and 41.2° from the naphthylamine alone, succumbed to a temperature of 43.5° when to the amine was added 1.5 mg. of ergotoxine per kg. Using ergotamine instead of ergotoxine, BOUCKAERT and HEYMANS[3], and also SKOWRÓNSKI[4], failed to observe any effect on ß-tetrahydronaphthylamine hyperthermia in rabbits (the former authors gave 3—4 mg. intravenously per animal, the latter 0.3—0.5 mg. per kg.).

Effect of Ergotamine on Metabolism. Probably it might already have been inferred from early observations on the effect of ergotoxine on the body temperature that this drug may, in certain circumstances, influence metabolism. Such an influence of ergotoxine was further indicated by the work of DÖBLIN and FLEISCHMANN[1] and of CLOETTA and WASER[2] on the hyperthermias caused by injections of adrenaline (see previous section, above). Subsequent investigations, more definitely concerned with metabolism, were all carried out with ergotamine, except for experiments on tissue respiration by VON EULER who used both alkaloids (see below). Their specific paralysing effect on sympathetic actions led to the administration of ergotamine in hyperthyroidism, and it was found that in patients suffering from GRAVES' (BASEDOW's) disease, there is often a definite lowering of the basal metabolic rate (ADLERSBERG and PORGES[5], MERKE[6], LAWRENCE[7], CAPO[8]). NOYONS and BOUCKAERT[9] emphasised the tendency of

[1] DÖBLIN, A., u. P. FLEISCHMANN: Z. klin. Med. **78**, 275 (1913).
[2] CLOETTA, M., u. E. WASER: Arch. f. exper. Path. **79**, 30 (1915).
[3] BOUCKAERT, J. J., et C. HEYMANS: Cit. p. 117.
[4] SKOWRÓNSKI, V.: Arch. f. exper. Path. **146**, 15 (1929).
[5] ADLERSBERG, D., u. O. PORGES: Klin. Wschr. **4**, 1489 (1925) — Med. Klin. **26**, 1442 (1930).
[6] MERKE, F.: Schweiz. med. Wschr. **57**, 833 (1927).
[7] LAWRENCE, R. D.: Cit. p. 164. [8] CAPO, R.: Cit. p. 160.
[9] NOYONS, A. K., et J. P. BOUCKAERT: C. r. Soc. Biol. Paris **95**, 1133 (1926).

such patients to recover spontaneously, and at first doubted the results published at that time, but satisfied themselves by means of a differential calorimeter, which gives a continuous record of the loss of heat in the experimental subject, that the basal metabolic rate is indeed lowered quite distinctly by ergotamine in most cases of hyperthyroidism (12 female patients were given 0.25—0.40 mg. ergotamine).

In other conditions a smaller depression of metabolism was recorded by Michail, Bendescu and Vancea[1] (eye diseases) and by Labbé and Rubinstein[2]; the latter authors observed a lowering of the basal metabolic rate by 3—15%, after an intramuscular injection of 0.25 mg. ergotamine. On the other hand quite negative results were obtained by Youmans, Trimble and Frank[3], both in normal persons and in patients suffering from thyreotoxicosis. They gave four times 1 mg. per day by the mouth for several days, and considered that the dose permissible in man is too small to evoke the effects which had meanwhile been described by others in animals. In their opinion the alleged influence of ergotamine on the basal metabolic rate of patients suffering from Graves' disease was inferred from experiments, during which the patient was not completely at rest. They suggest that when fully rested, the sympathetic is without function and cannot be inhibited.

Animal experiments were not carried out until after the first clinical observations had been made. Bouckaert[4], in a single dog after injection of 0.5 mg. ergotamine, found a considerable fall of heat production (to —19%) after it had been raised by thyroid (to +26.4%), but could not lower the heat production of the normal dog. Abderhalden and Wertheimer[5] also observed a striking antagonism between ergotamine and thyroxine; a rat of 150 grams received for instance 0.4 mg. thyroxine +0.3 mg. ergotamine subcutaneously, and a similar dose of ergotamine alone next day; this abolished the effect of thyroxine for a few days in succession. Injection of ergotamine into a normal rat lowered the temperature for a few hours by 1.5—3° but subsequent injections produced a much smaller fall or even a slight rise of body temperature. The first fall in body temperature synchronised with a fall in the output of carbon dioxide, which output soon rose again with the temperature. The effect of thyroxine on metabolism however continued to be suppressed for a much longer time than that during which the CO_2 output was indeed affected. From this Abderhalden and Wertheimer inferred that ergotamine must have an action on metabolism which is not reflected in the gaseous exchange, an action on tissues innervated by the sympathetic, resulting in changes in the intermediate metabolism, which do not affect the CO_2 output. They accordingly did some preliminary experiments on the effect of ergotamine on the respiration of minced muscle, but found no inhibition here. (Compare Euler's work, discussed below.) In the same year as Abderhalden's work there appeared a paper by Marine, Deutch and Cipra[6], in which a striking fall in heat production was described in normal rabbits after 0.125—0.5 mg. ergotamine; thyreodectomized rabbits showed a similar but less striking fall. In dogs, however, Youmans and Trimble[7] obtained negative results (as they, in conjunction with Frank[3], also obtained in human

[1] Michail, D., T. Bendescu et P. Vancea: C. r. Soc. Biol. Paris **98**, 1468 (1928).
[2] Labbé, M., et M. Rubinstein: C. r. Soc. Biol. Paris **112**, 1152 (1933).
[3] Youmans, J. B., W. H. Trimble and H. Frank: Cit. p. 101.
[4] Bouckaert, J.: Rev. méd. Louv. **1926**, 179.
[5] Abderhalden, E., u. E. Wertheimer: Pflügers Arch. **216**, 697 (1927).
[6] Marine, D., M. Deutch and A. Cipra: Proc. Soc. exper. Biol. a. Med. **24**, 662 (1927).
[7] Youmans, J. B., and W. H. Trimble: Cit. p. 121.

subjects, see above. YOUMANS and TRIMBLE measured the oxygen consumption in normal dogs, trained to breathe through a mask into a ROTH-BENEDICT apparatus. The experiment was not started until the heart beat had reached a basal level, and then the oxygen consumption was measured one, two and three hours after the intravenous injection of 0.25 mg. ergotamine tartrate, but not during the first hour, on account of the physical and mental unrest, nausea and vomiting, which the drug may produce. Nearly all experiments showed an increased oxygen consumption (up to 21%), particularly at the end of the first hour. Three hours after the injection the metabolism had again nearly reached the basal level. In some experiments atropine was administered along with ergotamine, without producing any change. YOUMANS and TRIMBLE's negative conclusions are in accordance with the experiment of BOUCKAERT on a dog, but not with those of ABDERHALDEN and WERTHEIMER on rats, nor with those of MARINE, DEUTCH and CIPRA on rabbits. It was pointed out in the previous section, that there may perhaps be a considerable difference in the effect on the body temperature as between the subcutaneous route (used by ABDERHALDEN and by MARINE for rodents) and the intravenous (employed by YOUMANS and TRIMBLE for dogs); the change in the body temperature is moreover not in the same direction in all species. The most important difference between the positive results on rodents and the negative on dogs would however seem to be in the dosage, which by itself might explain the discrepancy; doses much larger than those used by YOUMANS and TRIMBLE in dogs, are required to alter the body temperature of rabbits.

The antagonism between adrenaline and ergotamine in their effects on respiratory exchange has been examined by CAPO[1] who concluded that ergotamine does not much modify the increased oxygen consumption due to adrenaline, but rather brings about an appreciable diminution of the carbon dioxide output, and a lowering of the respiratory quotient, as a result of increased combustion of fats. These results do not entirely agree with those of ORESTANO[2], who saw in rats a depression of 30% follow a subcutaneous injection of 10—20 mg. ergotamine per kg. The effect showed itself chiefly in the second and third hours after the injection. Unlike LABBÉ and RUBINSTEIN[3], who record a lowering of the respiratory quotient in some patients, and CAPO, ORESTANO found this quotient unaffected. The latter's paper is chiefly concerned with the antagonism between ergotamine on the one hand, and adrenaline and pilocarpine on the other. The enhanced metabolism due to the last two drugs is naturally depressed more readily than is normal metabolism; the respective minimum doses of ergotamine required to produce partial inhibition were 0.6—1.1 mg./kg. in the case of a metabolism stimulated by adrenaline, and 0.3—0.5 mg. when it was stimulated by pilocarpine, as compared with 3 mg./kg. required to depress a normal metabolism to any appreciable extent. Much larger doses of ergotamine (10—20 mg./kg.) are required for the *complete* suppression of the effect of even a small dose of adrenaline, which, by itself, would raise the metabolic rate by 20—30%. The effect of ergotamine is greatest when injected simultaneously with the adrenaline; when the adrenaline precedes the ergotamine, larger doses of the latter (e.g. 22 mg./kg.) produce only a partial, transient inhibition, and the same is true when the ergotamine is injected first. The antagonism to pilocarpine, more pronounced than that to adrenaline, as shown in these experiments, led ORESTANO to regard the action of ergotamine as amphotropic (compare pp. 100 and 101).

[1] CAPO, R.: Cit. p. 160. [2] ORESTANO, G.: Boll. Soc. ital. Biol. sper. **8**, 1148 (1933).
[3] LABBÉ, M., et M. RUBINSTEIN: Cit. p. 151.

The antagonism between adrenaline and ergotamine, in their effects on metabolism, thus shown in intact animals, had already been established by experiments on cellular metabolism, in an isolated organ and *in vitro*. The antagonism was first indicated in experiments by AHLGREN[1] on the respiration of minced frog's muscle by the methylene blue method; these experiments were further elaborated by U. VON EULER[2] who found that among the various concentrations examined, $1:10^{12}$ ergotamine and also ergotoxine gave the most rapid decolorisation of methylene blue. The alkaloids by themselves thus stimulate tissue respiration to some extent, but they also completely inhibit the (more powerful) stimulus of adrenaline in the same direction. Obviously in tissue respiration there can be no question of a central effect: VON EULER leaves it undecided whether the effect of ergotamine and adrenaline is exerted on structures innervated by the sympathetic, or is a direct effect on cellular metabolic processes. The antagonism was also demonstrated by VON EULER[3] by perfusion of the isolated hind leg of a dog, by means of a DALE-SCHUSTER pump and analysis of the blood according to HALDANE; such a preparation normally consumes 2—3 c.c. of oxygen per kg. per minute. When the concentration of adrenaline in the blood was $>10^{-8.5}$ vaso-constriction occurred, with a large initial fall in the oxygen consumption, but at 10^{-9} or 10^{-10} a rise of 22.5% took place. After perfusing for a time with 0.5 mg. ergotamine in the 700 c.c. of circulating blood, and noting an oxygen consumption of 2.9—2.7 c.c., VON EULER perfused with adrenaline at $10^{-9.3}$ for 10 minutes, after which the oxygen consumption slowly declined instead of undergoing an increase of over 20%, seen in the absence of previous perfusion with ergotoxine.

The depressant action of ergotamine on the metabolism is made more evident when the animal is exposed to cold. SARZANO[4] found that 3.5 mg. of ergotamine per kg. had no effect on the basal metabolism of fasting pigeons at 29°, but after exposure to 4—7° C. for $1^1/_2$ hours, these animals suffered a decrease of 45% in the rate, and 1.5 mg. of ergotamine per kg. induced a more transitory lowering of something like 30%. The respiratory quotient was not appreciably affected and remained at an average of 0.78. The greater effect of ergotamine on the metabolism at low temperatures was already indicated by the experiments of DI MACCO and SARDO[5]; compare also the observations of CALTABIANO[6] on the way in which ergotamine influences the hypoglycaemia resulting from exposure to cold.

Certain nitrophenols have an enormous effect in stimulating metabolism; with dinitro α-naphthol VON EULER[7] obtained an increase of 100—200% in his perfusion experiments, above referred to. ZUMMO and PAGANO[8] found that a subcutaneous injection of 5 mg. of dinitrophenol quadrupled the metabolic rate in a rat and was always lethal. If, as soon as the increase in metabolism began to show itself, 0.25—0.5 mg. of ergotamine was injected, the action of the nitrophenol was completely inhibited for a limited time, depending on the dose; later the hypermetabolism re-established itself and always proved fatal.

The most delicate test for the effect of ergotamine on metabolism in human subjects seems to be, not the effect on the metabolic rate itself, which according

[1] AHLGREN, G.: Klin. Wschr. **3**, 667 (1924).
[2] VON EULER, U.: Arch. f. exper. Path. **139**, 373 (1929) — Skand. Arch. Physiol. (Berl. u. Lpz.) **59**, 153 (1930).
[3] VON EULER, U.: Cit. p. 108.
[4] SARZANO, G.: Arch. ital. Sci. farmacol. **4**, 329 (1935).
[5] DI MACCO, G., e M. SARDO: Cit. p. 165. [6] CALTABIANO, D.: Cit. p. 165.
[7] VON EULER, U.: C. r. Soc. Biol. Paris **108**, 249 (1931).
[8] ZUMMO, C., e A. PAGANO: Boll. Soc. ital. Biol. sper. **9**, 344 (1934).

to YOUMANS, TRIMBLE and FRANK[1] cannot be influenced by permissible doses, but its effect on the change of the metabolic rate due to the ingestion of glucose. According to ÉDERER and WALLERSTEIN[2] this is enhanced by something like 12%, within half an hour after 2 grams of glucose per kg. has been taken by the mouth (specific dynamic action). When however 0.3 mg. of ergotamine had been injected 20 minutes before the ingestion of the glucose, the metabolic rate was lowered, instead of being raised; 0.15 and 0.1 mg. ergotamine annul the effect of glucose and leave the metabolic rate unchanged; only doses as low as 0.05 and 0.025 mg. were without effect in counteracting the rise due to the sugar. The specific dynamic action of protein is also inhibited by ergotamine, either partially or wholly. ÉDERER and WALLERSTEIN conclude that the intensity of the specific dynamic action depends on the tone of the sympathetic system. Since the action shows itself very rapidly it cannot be due to the combustion of the ingested sugar, which merely acts as a stimulus for the mobilisation of depot substance, and as such the liver glycogen must be considered, for the action does not occur when the liver has been depleted of glycogen. In order to mobilise this glycogen rapidly, the organism employs a reflex stimulus through the sympathetic, starting probably from the duodenal mucous membrane, in much the same way as alimentary hyperglycaemia is produced according to the reflex theory discussed below, p. 163. The inhibition of the specific dynamic action of glucose through ergotamine was also observed by KERTI[3].

An example of the effect of ergotamine on intermediate metabolism is perhaps provided by the work of BRAUNSTEIN and PARSCHIN[4] on phenol poisoning. Rabbits received in 8 injections a total of 250 mg. of phenol, and some animals on successive days also 3×0.5 mg. ergotamine. In the controls the conjugated phenol constituted 10.3% of the 145 mg. excreted; in the animals treated with ergotamine it was 30.9% of a total of 90 mg. excreted. The authors suggest that the increased conjugation due to ergotamine is a result of local changes of the circulation in the liver, brought about by sympathetic paralysis, and causing a change of metabolism. A further example of such change in the intermediate metabolism is indicated by the observation of MEDNIKIANZ[5], that the increase in the residual nitrogen, given off by a bull's testis perfused with RINGER-LOCKE's solution, under the influence of adrenaline in a concentration of 10^{-6}, is abolished by 10^{-5} ergotamine; the protocols are howewer not very convincing.

It should be noted that the above experiments (with the exception of one on tissue respiration by VON EULER) have all been done with ergotamine; since ergotoxine differs from ergotamine in its effects on body temperature (at least quantitatively), its effects on metabolism may also well be different.

Effect on the Sugar Content of the Blood of Normal, Fasting Animals and Man. The only paper on blood sugar mentioned in CUSHNY's article (Vol. II, 2, p. 1312) is that by MICULICICH[6], who showed in 1912 that ergotoxine prevents the glycosuria and diminishes the hyperglycaemia due to adrenaline. Since then numerous papers have appeared dealing with the effects of ergotoxine, and particularly of ergotamine, on the blood sugar content of normal animals and human subjects, as well as with their action in various hyperglycaemias. In so far as concerns *normal fasting animals*, there is a great lack of agreement and

[1] YOUMANS, J. B., W. H. TRIMBLE and H. FRANK: Cit. p. 101.
[2] ÉDERER, ST., u. J. WALLERSTEIN: Biochem. Z. **206**, 334 (1929).
[3] KERTI, F.: Wien. klin. Wschr. **41**, 1119 (1928).
[4] BRAUNSTEIN, A. E., u. A. N. PARSCHIN: Biochem. Z. **235**, 342 (1931).
[5] MEDNIKIANZ, G. A.: Arch. f. exper. Path. **136**, 370 (1928).
[6] MICULICICH, M.: Cit. p. 159.

investigators may be divided into three categories: those who claim that the ergot alkaloids lower the blood sugar content, those who deny that there is a significant effect, and those who assert that the blood sugar content is raised. The evidence for each of these views will be examined and since papers of very unequal merit are often quoted side by side, it will be best to abandon the chronological order and begin in each section with those which seem to have the greatest evidential value. The change in the blood sugar content will be expressed as % of the initial value (+ denoting a rise, — a fall), and, in order to avoid confusion, the absolute blood sugar content is expressed as mg. per cent. (parts per 100,000 of blood).

Normal (fasting) rabbits. A fall of blood sugar was observed by the following authors:

	No. of rabbits	Dose mg. per kilo.	% change		
			min.	max.	mean
LESSER and ZIPF[1]	6	3—19	−7.7	−17.6	−14.1
SEIDEL[2]	6	0.4—1	−8.7	−23.1	−13.2
RIGÓ and VESZELSKY[3]	7	0.5—1.5	−11	−31.5	−18.7
do.	6	2—2.5	+9.6	+27.3	+13.7

In the above experiments ergotamine was given in every case hypodermically. The greatest change in blood sugar occurred usually in the second hour after the injection. LESSER and ZIPF used enormous doses; already with much smaller doses RIGÓ and VESZELSKY obtained a rise in the blood sugar, which was rather more persistent than the hypoglycaemia resulting from their smallest doses. The following authors were primarily concerned with other questions but incidentally also observed a fall of blood sugar: LAURIN[4], in a single rabbit, found a gradual fall from 130 mg. per cent. to 80 mg. per cent. (30%) during $5^1/_2$ hours, after 0.5 mg. ergotoxine given subcutaneously; KIKUNA[5], after the same dose of ergotoxine, also subcutaneously, an average fall of 8.6%, but when the drug was administered intravenously, he observed a rise of blood sugar, sometimes after an initial fall. On the other hand BUFANO and MASINI[6] with 0.1—0.2 mg. ergotamine, intravenously, found that after half an hour hypoglycaemia began, and became pronounced after $2—2^1/_2$ hours. CARBONARO[7], with 0.25—1 mg./kg. ergotamine subcutaneously, found distinct hypoglycaemia after fifteen minutes, lasting for 3—4 hours. The first to state that ergotamine has no significant effect on the blood sugar of rabbits was ROTHLIN[8]. He not only carried out numerous acute experiments, but also injected four rabbits at first on alternate days, then daily, with 1 mg. ergotamine subcutaneously during two months, without observing any definite effect. Next SAKURAI[9] stated that his countryman MASAMUNE could find no effect with ergotoxine (Japanese publication). He himself, with 0.5—1 mg. ergotoxine subcutaneously, obtained an average fall of 4% after 4 hours, but his nine experiments range from +7% to —15% and the hypoglycaemia is well below the possible error (discussed

[1] LESSER, E. J., u. K. ZIPF: Biochem. Z. **140**, 612 (1923).
[2] SEIDEL, W.: Arch. f. exper. Path. **125**, 269 (1927).
[3] RIGÓ, L., u. L. VESZELSKY: Arch. f. exper. Path. **139**, 10 (1929).
[4] LAURIN, E.: Biochem. Z. **82**, 87 (1917).
[5] KIKUNA, K.: Jap. J. med. Sci., Trans. III Biophysics **2**, 126* (1931).
[6] BUFANO, M., e A. MASINI: Riforma med. **43**, 891 (1927).
[7] CARBONARO, G.: Arch. Farmacol. sper. **52**, 241 (1931).
[8] ROTHLIN, E.: Klin. Wschr. **4**, 1437 (1925) and in much greater detail Rev. Pharmacol. et Thér. exp. **1**, 103 (1928).
[9] SAKURAI, T.: J. of Biochem. **6**, 487 (1926).

below). Other authors, working with ergotamine, often give little detail or merely state that they confirmed ROTHLIN in failing to observe a decisive effect. Such are CANNAVÒ[1], MORETTI[2], BOSSA[3] (0.05—2 mg./kg.), BOUCKAERT and HEYMANS[4] (1—3 mg. per rabbit intravenously) and WULF[5]. The results of SILBERSTEIN and KESSLER[6] likewise show no effect but these authors mention a lowering from 100 to 79 mg. per cent. by a second injection of 0.5 mg. ergotamine given 5 hours after the first. BUCCIARDI[7] found something similar in guinea-pigs (see below). SILBERSTEIN and KESSLER actually tabulate the dose as "Ergotamin 0.0005 c.cm. i.v."

For a rise of blood sugar in rabbits there is little evidence. FARBER[8] quotes a single experiment, in which ergotamine (0.4 mg./kg.) raised the content from 112 to 138 mg. per cent. in $2^1/_2$ hours; in splanchnicotomised rabbits the already low blood sugar level was temporarily depressed still further, according to FARBER by the vagus gaining the upper hand after the cutting out of the antagonistic mechanism. On the other hand KIKUNA[9] observed a 12% increase in the blood sugar in rabbits 23—58 days after bilateral splanchnicotomy or section of the hepatic nerves, as the result of a subcutaneous or intravenous injection of 0.5 mg. ergotamine. MESSINA[10] records a slight rise with 0.25 mg. ergotamine subcutaneously; he obtained a more definite hyperglycaemia in animals suffering from uranium nephritis. ARAKAWA[11] investigated the effect of the alkaloids sinomenine, para-sinomenine and quinine on the hyperglycaemia produced by 1.5 mg. ergotoxine tartrate per kilo of rabbit. The German abstract of his paper does not enable us to clear up the discrepancy between the postulation of a hyperglycaemia, used as the basis of further experiments, and the above quoted negative results of MASAMUNE and SAKURAI, who also employed ergotoxine. As already indicated RIGÓ and VESZELSKY obtained a slight hyperglycaemia with their highest doses.

The effect of ergotamine on the blood sugar of *normal dogs* has been much less studied than that in rabbits, although as WULF observes, the excitability of the rabbit might cause "psychic hyperglycaemia". On the other hand more care has been bestowed on experiments with dogs than on those with rabbits; this applies especially to the next two investigations, which both arrived at the result that ergotamine causes no significant change in the blood sugar content. YOUMANS and TRIMBLE[12] carried out 22 experiments on 8 trained dogs of about 10 kilos body weight, which had either fasted, or had been fed a few hours before the injection, subcutaneous or intravenous, of 0.125—0.5 mg. ergotamine per animal. In no case was a significant effect observed, i.e. greater than the maximum variation of 12% in the blood sugar content in normal controls during 3 hours. Controls, all too rare in the experiments on rabbits, were also made on dogs by EDA[13]. He used 5 animals and did with each two control experiments; he also gave to each two subcutaneous and two intravenous injections of 0.5 to

[1] CANNAVÒ, L.: Boll. Soc. ital. Biol. sper. **2**, 774 (1927).
[2] MORETTI, E.: C. r. Soc. Biol. Paris **97**, 320 (1927) — Klin. Wschr. **7**, 407 (1928).
[3] BOSSA, G.: Boll. Soc. ital. Biol. sper. **3**, 1114 (1928).
[4] BOUCKAERT, J. J., et C. HEYMANS: Arch. Physiol. **4**, 654 (1928) — Arch. internat. Pharmacodynamie **35**, 137 (1929).
[5] WULF, H.: Biochem Z **214**, 382 (1929)
[6] SILBERSTEIN, FR., u. S. KESSLER: Biochem. Z. **181**, 333 (1927).
[7] BUCCIARDI, G.: Boll. Soc. ital. Biol. sper. **3**, 77 (1928).
[8] FARBER, B.: Z. exper. Med. **49**, 525 (1926).
[9] KIKUNA, K.: Cit. p. 155.
[10] MESSINA, R.: Arch. Farmacol. sper. **54**, 262 (1932).
[11] ARAKAWA, Y.: Fol. pharmacol. jap. **17**, 1 (1933). (German abstract.)
[12] YOUMANS, J. B., and W. H. TRIMBLE: Cit. p. 105.
[13] EDA, G.: J. of Biochem. **10**, 101 (1928).

1 mg. ergotamine. In these three categories the average changes were: controls —6, subcutaneous —19, intravenous —6 mg. per cent.; this paper records over 800 blood sugar estimations. The dosage in the experiments on dogs, so far quoted, is low. Youmans and Trimble were interested in doses of the same order of magnitude as those which can be given clinically. Thus their maximum dose of 0.5 mg. per 10 kg. dog compares with the maximum dose of 0.5 mg. for a man of 70 kg. It is therefore of interest that Stahnke[1] incidentally also found no effect on the blood sugar of dogs treated during 5 months with enormous doses of ergotamine tartrate. Stahnke thought carnivores preferable for his experiments, which were not primarily concerned with blood sugar. The course began with 0.025 mg./kg. per day (in dogs of apparently 9 kg.); this is about the lowest dose used by Youmans and Trimble. During the first two months and a half the dose was gradually increased to 0.4 mg./kg., and this was kept up daily for another period of the same length. There is considerable tolerance resulting from habituation, for doses beginning with 0.13 mg./kg. per day and raised rapidly soon made the animals very ill. (Habituation was already indicated in clinical experiments by Adlersberg and Porges[2].) Even the more chronic experiments resulted in 5 months in a loss of one third of the body weight. In contrast to the above three investigations, in which the blood sugar remained unaltered, Farrar and Duff[3] found that unanaesthetized dogs, receiving a single intravenous dose of 0.13—0.4 mg. of ergotamine per kilo invariably showed hyperglycaemia; the average increase in the blood sugar was 25 mg. per cent. This hyperglycaemia was established in one hour and lasted for two hours more. The chief difference from the conditions employed by Youmans and Trimble would seem to be the higher dosage. Finally Rothschild and Jacobsohn[4] obtained with 0.5 mg. per dog subcutaneously a slight hyperglycaemia (from 86 to 94) and Shpiner[5], having observed in some cases a fall of blood sugar, "suspected" that ergotamine causes hypoglycaemia in normal dogs; he was mainly concerned with depancreatized animals. La Grutta[6] also observed a slight fall.

Guinea-pigs have been little used. Bucciardi[7], with doses up to 0.5 mg./kg. intraperitoneally, saw no effect; with larger doses up to 50 mg./kg. there was sometimes a fall (at most of 22%), sometimes a rise (at most 41%) in the blood sugar content. These changes came 20 minutes after the injection, and lasted for 45—70 minutes. If hyperglycaemia occurred, a second dose of ergotamine, 40 minutes after the first, brought the blood sugar back to normal or even induced hypoglycaemia. The influence of ergotamine on the blood sugar level of *normal fasting men* has been principally studied by Youmans, Trimble and Frank[8], on young male adults in bed. They did not observe any definite effect. In most other investigations of this kind the subjects were hospital patients, normal as to their carbohydrate metabolism, but not in every other respect. With four such subjects Eda[9] did eight experiments after the administration of 0.25 mg. ergotamine, and an equal number of blood sugar determinations at the same hour of the day and under the same conditions, but without injecting the drug. The blood sugar was estimated in each experiment six times during

[1] Stahnke, E.: Cit. p. 105. [2] Adlersberg, D., und O. Porges: Cit. p. 150.
[3] Farrar, G. E., and A. M. Duff: Cit. p. 105.
[4] Rothschild, F., and M. Jacobsohn: Cit. p. 122.
[5] Shpiner, L. B.: Amer. J. Physiol. **88**, 245 (1929).
[6] La Grutta, L.: Riv. Pat. sper. **3**, 206 (1928) from Rona's Berichte **49**, 369 (1929).
[7] Bucciardi, G.: Cit. p. 156.
[8] Youmans, J. B., W. H. Trimble and H. Frank: Cit. p. 101.
[9] Eda, G.: Cit. p. 156.

the course of 3 hours; with ergotamine there was a fall of 1 mg per cent, in the controls of 9 mg. per cent. EDA remarks that slight variations in the blood sugar level occur anyhow, and are not connected with the drug. In all other investigations the experiments seem to have been less numerous and less carefully controlled; they were often carried out in connection with diabetes. BOSSA[1], CORBINI[2] (with 0.5—1 mg.) and MORETTI[3] found no appreciable effect, GINOUILHAC[4] sometimes obtained a fall, sometines a rise, sometimes neither. The following consider that ergotamine has a definite hypoglycaemic action in normal fasting man: HETÉNYI and POGÁNY[5] with 0.5—0.75 mg. obtained falls up to 20 mg. per cent. (= 18%). SEIDEL[6], with 0.25—1 mg. a fall of 14% BUFANO and MASINI[7], with 0.25—1 mg. a fall after 2 hours. According to CZEZOWSKA and GOERTZ[8] 0.25 mg. ergotamine induces a biphasic reaction in the normal subject; from 60—90 minutes after the injection they observed a hyperglycaemia of 37—58% (much more than due to the finger prick alone). The blood sugar level then falls to normal and finally to below this (6—12%); 1 mg. of atropine, previously injected, suppressed the hyperglycaemia and accentuated the hypoglycaemia. BARÁTH[9] with 0.2—0.5 mg. observed in a few experiments a rise of 40 mg. per cent., in others there was no appreciable effect.

The numerous experiments with ergotamine and ergotoxine on the blood sugar of normal animals and human subjects have been mentioned in greater detail than their intrinsic importance for the most part deserves, in the hope of clearing up some of the alleged discrepancies. It would seem from the above review that the balance of evidence very distinctly supports the conclusion that ergotamine and ergotoxine have no significant effect on the sugar content of the blood. This applies particularly to dogs and to the human subject, where the carefully controlled and numerous experiments of YOUMANS and his collaborators, and of EDA, are available. In the case of the rabbit, much used but probably less suitable, the evidence as between a definite hypoglycaemic effect and no significant action is, at first sight, more evenly balanced. The evidence for a hyperglycaemic effect is altogether too slight. The problem resolves itself into the question whether an observed lowering by 14 or 18% has any real significance. The chemical accuracy is sufficiently great; the few authors who discuss the probable error of their determinations place it at about 3% of the total sugar to be estimated. The spontaneous variations in the blood sugar of controls, the "biological errors", are however much greater (see ROTHLIN's second paper, quoted above). YOUMANS and TRIMBLE in normal control dogs observed variations up to 12% during 3 hours. WULF injected a dozen normal rabbits with 0.1—1 c.c. of physiological saline and estimated their blood sugar nine times at intervals during 6 hours. He "almost without exception" found a hypoglycaemia of about 12%. EDA's numerous controls show an average fall in the blood sugar of 11% in men and 6% in dogs. Such figures make it impossible to attach any significance to the hyperglycaemia observed by LESSER and ZIPF, and by SEIDEL. Hence their claim that there is a "sugar tonus" cannot be upheld. Whilst nearly all the experiments on blood sugar were acute, the chronic experiments of ROTHLIN with rabbits, and of STAHNKE with dogs, likewise failed to reveal

[1] BOSSA, G.: Cit. p. 156.
[2] CORBINI, G.: Il Policlinico Sez. prat. **37**, 85 (1930).
[3] MORETTI, E.: Cit. p. 156.
[4] GINOULHIAC, R.: Il Policlinico Sez. prat. **40**, 360 (1933).
[5] HETÉNYI, S., u. J. POGÁNY: Klin. Wschr. **7**, 404 (1928).
[6] SEIDEL, W.: Cit. p. 155. [7] BUFANO, M., e A. MASINI: Cit. p. 155.
[8] CZEZOWSKA, Z., et J. GOERTZ: C. r. Soc. Biol. Paris **98**, 148 (1928).
[9] BARÁTH, E.: Cit. p. 111.

a hypoglycaemia. BUCCIARDI considered that the effect of the first injection of ergotamine in guinea-pigs is surpassed by that of a second dose, administered soon afterwards, and SILBERSTEIN and KESSLER quote a similar experiment with a rabbit. As regards dosage, it should be noted that LESSER and ZIPF injected very large amounts; further that RIGÓ and VESZELSZKY regularly observed hypoglycaemia with smaller and hyperglycaemia with larger doses; this was also indicated less definitely by the experiments of SILBERSTEIN and KESSLER.

Effect on Adrenaline Hyperglycaemia. Whilst ergotamine and ergotoxine must be considered to have no appreciable effect on the normal sugar content of the blood, it is certain that they lower the blood sugar level in many varieties of hyperglycaemia, notably in that due to adrenaline. The latter effect was first observed by MICULICICH[1] in 1912; his work has been abundantly confirmed and opened up the whole subject of the glycaemic action of the ergot alkaloids. He carried out both preventive and curative experiments on rabbits, with 1 to 1.5 mg. adrenaline injected subcutaneously, and 0.5—5 mg. ergotoxine phosphate per animal, injected either subcutaneously or intravenously. Most of the doses were high; his main criterion was a qualitative test for glycosuria; his results were at once quite definite. In the preventive experiments the adrenaline was given 10—100 minutes after the ergotoxine, which in doses of 2—4 mg. prevented glycosuria completely, and in doses of 0.5—1.0 mg. delayed it for 5—6 hours. In the curative experiments, 3—4 mg. ergotoxine injected intravenously 10 minutes after the adrenaline still prevented glycosuria permanently, but injected after the lapse of an hour, similar doses merely delayed its onset for some hours. A subcutaneous dose of ergotoxine given after adrenaline, shortened the duration of glycosuria. In a few experiments MICULICICH also determined the blood sugar, obtaining with 4 mg. ergotoxine subcutaneously a hyperglycaemia of 10% as compared with 80% in the control. LAURIN[2] was the first to repeat these experiments; using only 0.2 mg. adrenaline and 0.3 mg. ergotoxine, and estimating blood sugar, he concluded that the optimum effect is obtained by giving the ergotoxine 30 minutes before the adrenaline. When the ergotoxine was injected an hour before the adrenaline, or at the same time, or afterwards, he failed to obtain an appreciable modification of the blood sugar level (see fig. 30). This failure of curative experiments is doubtless due to the smallness of the dose, as compared with those given by MICULICICH. LAURIN considered that extracts of the posterior lobe of the pituitary behave very much like ergotoxine in inhibiting adrenaline glycosuria. The time relations were much the same in both

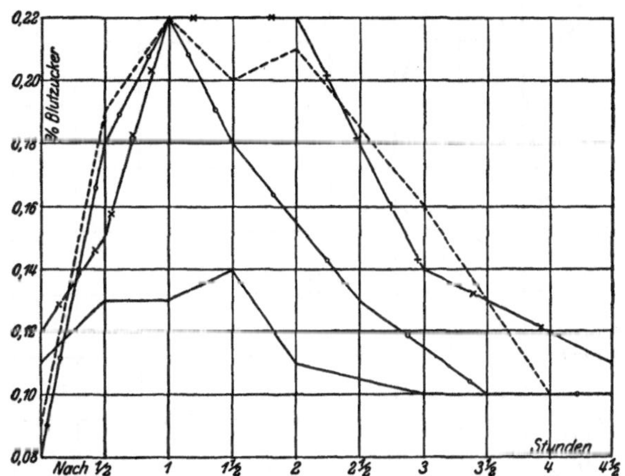

Fig. 30. Effect of ergotoxine on adrenaline hyperglycaemia in rabbits. (From LAURIN[2].)

·········· 0.2 mg. adrenaline alone.
—×—×— 0.2 „ „ 1 hour after 0.3 mg. ergotoxine.
o—o—o—o 0.2 „ „ ½ „ „ 0.3 „ „
———— 0.2 „ „ along with 0.3 „ „

Abscissa time in hours; ordinate per cent sugar in blood.

[1] MICULICICH, M.: Arch. f. exper. Path. 69, 133 (1912). [2] LAURIN, E.: Cit. p. 155.

inhibitions; half an hour before the adrenaline injection was the best time for pituitrine also. In some experiments Laurin used half the effective dose of pituitrine together with half the effective dose of ergotoxine, and found a complete summation of their effects (see fig. 31). He considered that these two drugs and adrenaline all act on the same structure (and speculated on the identity of the pituitary active principle with ergotoxine!). Ergotoxine was also used by Sakurai[1] (rabbits, 0.5—2 mg. ergotoxine per kilo, 0.2 mg. adrenaline); as an example he obtained a hyperglycaemia of 75% with ergotoxine, and of 200% in the control. According to Kunika[2] adrenaline hyperglycaemia may definitely be prevented in rabbits by 0.3 mg. ergotoxine per kilo subcutaneously, which he terms a relatively large dose. This effect on adrenaline hyperglycaemia was confirmed with ergotamine and rabbits successively by Pollak[3], Burn[4], Teschendorf[5], Rothlin[6], Moretti[7], Bossa[8], Bouckaert and Heymans[9], Capo[10] and by Nitzescu and Munteanu[11]. Most of these merely mention their agreement with Miculicich and with the exception of Rothlin's none of the numerous confirmatory investigations with ergotamine is as full as the first with ergotoxine. Rothlin found that chronic poisoning with ergotamine for a period of six weeks did not prevent the hyperglycaemia. To be effective the ergotamine must be given shortly before the adrenaline or soon after it. After $2^1/_2$ hours ergotamine no longer produces a maximal preventive effect. Burn considers that ergotamine abolishes adrenaline hyperglycaemia more completely than does pituitrine. Teschendorf found that this hyperglycaemia is already inhibited by doses of ergotamine too small to have any effect on the pressor action of adrenaline (but in the rabbit the vaso motor reversal is not readily brought about). Bouckaert

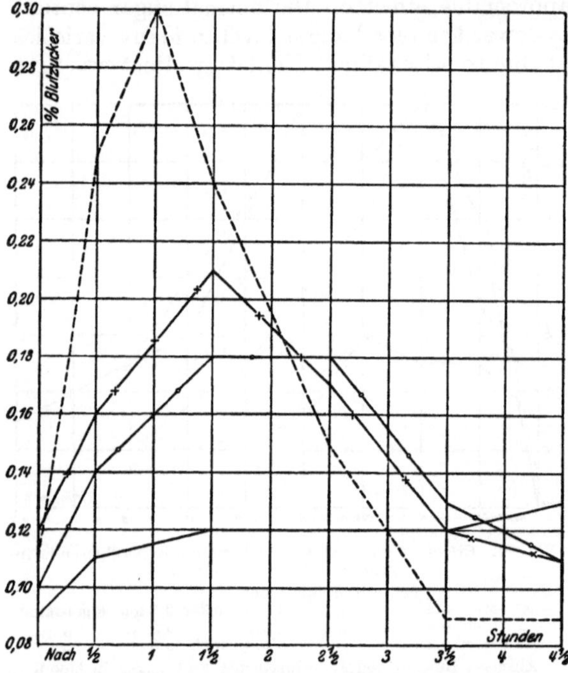

Fig. 31. Summation of ergotoxine and pituitrine effects on adrenaline hyperglycaemia in rabbits. (From Laurin[12].)

······ 0.2 mg. adrenaline alone.
—×—×— 0.2 „ „ half an hour after 1.5 c.c. pituitrine.
o—o—o—o 0.2 „ „ „ „ „ „ 0.15 mg. ergotoxine.
——— 0.2 „ „ „ „ „ „ {1.5 c.c. pituitrine + 0.15 mg. ergotoxine.

Abscissa time in hours; ordinate per cent sugar in blood.

[1] Sakurai, T.: Cit. p. 155.
[2] Kunika, T.: Fol. pharmacol. jap. **5**, 9 (1927); German abstract.
[3] Pollak, L.: Biochem. Z. **127**, 125 (1922).
[4] Burn, J. H.: J. of Physiol. **57**, 325 (1923).
[5] Teschendorf, W.: Klin. Wschr. **3**, 1811 (1924).
[6] Rothlin, E.: Cit. p. 155. [7] Moretti, E.: Cit. p. 156.
[8] Bossa, G.: Cit. p. 156. [9] Bouckaert, J. J., et C. Heymans: Cit. p. 156.
[10] Capo, Rocco: Riforma med. **46**, 1347 (1930).
[11] Nitzescu, I. I., et N. Munteanu: C. r. Soc. Biol. Paris **109**, 311 (1932).
[12] Laurin, E.: Cit. p. 155.

and HEYMANS observed after an intravenous injection of 0.3 mg. adrenaline per kilo a blood sugar content of 159—389 mg. per cent which was often entirely reduced to the normal, and in all cases greatly diminished by 1.5—4 mg. ergotamine tartrate per kilo. NITZESCU and MUNTEANU noted that whilst ergotamine prevents the appearance of excess blood sugar, it does not prevent the occurrence of excess of lactic acid in the blood, resulting from muscle glycogen under the influence of adrenaline.

All the above experiments with rabbits are in general agreement with those of MICULICICH; so are those of CLEVELAND[1], who found that the hyperglycaemia and glycosuria, resulting from the faradic stimulation of the superior cervical or stellate ganglion, is prevented in most *cats* by a previous injection of 0.5 to 1.5 mg./kg. ergotamine. Four papers dealing with *dogs* and published in the years 1928—1930 show, however, a lack of concordance. On the one hand NITZESCU[2] inhibited adrenaline hyperglycaemia in dogs by injecting 1 mg./kg. ergotamine 50 minutes before the adrenaline, and SHPINER[3] could reduce the hyperglycaemia from 225 to 140 mg. per cent while the urine became sugar free; on the other hand the experiments of FARRAR and DUFF[4], and of YOUMANS and TRIMBLE[5], did not result in any diminution of blood sugar by ergotamine. As regards FARRAR and DUFF's experiments, it has already been pointed out that these were peculiar in showing already a hyperglycaemia through ergotamine alone, without adrenaline. In their experiments with adrenaline they gave only 0.01—0.02 mg./kg., much less than most other workers and less than the effective minimum for a suitable hyperglycaemia of at least 30%; according to YOUMANS and TRIMBLE this minimum is 0.03 mg./kg. It is therefore perhaps not surprising that FARRAR and DUFF only obtained a rise of 15% (from 113 to 130 mg. per cent) and that this low level was not reduced by comparatively small doses of ergotamine (at most 0.4 mg./kg., or two fifths of the dose used by NITZESCU). The experiments of YOUMANS and TRIMBLE were more numerous and more fully controlled than any on this point. In 16 experiments on dogs which had been shown not to undergo any glycaemic change through ergotamine alone, 0.25—0.5 mg. ergotamine was injected intravenously, or 0.5—1,0 mg. subcutaneously per animal. From 5 to 30 minutes later 0.03—0.15 mg. adrenaline per kilo was injected; they state that their lowest dose is the minimal effective one for a 30% rise; they found considerable variation among different dogs, and at various times in the same dog. In half the ergotoxine experiments the blood sugar varied less than 12%, the maximum spontaneous variation during 3 hours in dogs not under the influence of any drug. In 5 experiments there was a rise of 13—22% and these all started with an initial sugar content $<$71 mg. per cent; in five others there was a fall of 13—26%, and these all started with an initial sugar content $>$80 mg. per cent. In the same animal there was sometimes a fall, sometimes a rise in the blood sugar. The significant changes occurred in the first hour, which was also the case in FARRAR and DUFF's experiments.

YOUMANS and TRIMBLE's dogs weighed about 10 kg. so that their maximum dose of ergotamine per kilo was something like 0.1 mg.; this may be compared with 1 mg. in dogs (NITZESCU); 0.13—0.4 mg. in dogs (FARRAR and DUFF); circa 0.5—2.5 mg. ergotoxine in rabbits (MICULICICH), 0.3 mg. minimal effective dose of ergotoxine in rabbits (KUNIKA); all these are subcutaneous doses per kilo of body weight. The reason why YOUMANS and TRIMBLE did not observe any

[1] CLEVELAND, D. A.: Amer. J. Physiol. **113**, 592 (1935).
[2] NITZESCU, I. I.: C. r. Soc. Biol. Paris **98**, 1479 (1928).
[3] SHPINER, L. B.: Cit. p. 157.
[4] FARRAR, G. E., and A. M. DUFF: Cit. p. 105.
[5] YOUMANS, J. B., and W. H. TRIMBLE: Cit. p. 105.

inhibition of adrenaline hyperglycaemia lies presumably in the smallness of their ergotamine doses; they were mainly concerned with a not too wide departure from the "clinical" doses which it is possible to give to man. As it was, in all but two instances their dogs vomited and showed other general symptoms of poisoning. Clearly rabbits are preferable for this particular demonstration of the ergotoxine-adrenaline antagonism. BUCCIARDI[1] has shown it in guinea-pigs, but strangely enough, states that ergotamine after adrenaline suppresses hyperglycaemia, whilst adrenaline after ergotamine produces it. Here cure is better than prevention, which is opposed to the results of MICULICICH, LAURIN and others. BOSSA[2], working with rabbits, failed (like BUCCIARDI with guinea-pigs) to prevent adrenaline hyperglycaemia by a previous dose of ergotamine, although he could abolish it if already established. According to COELHO and CANDIDO DE OLIVEIRA[3] ergotamine inhibits adrenaline hyperglycaemia in the human subject; it also inhibits alimentary hyperglycaemia. They administered to human subjects 50 gram glucose and 0.5 mg. adrenaline, and again the same amounts of glucose *and* adrenaline, with 0.5 mg. ergotamine. The blood sugar content was much lower with ergotamine than without it, but it is not clear whether an alimentary, or an adrenaline hyperglycaemia had been inhibited, or a combination of the two. The effect of ergotamine (0.5 mg.) on the hyperglycaemia caused by 1 mg. adrenaline was tried on eight hospital patients by LANDAU, FEJGIN and BEILESS[4]; in only two cases was there a pronounced effect, e. g. adrenaline alone raised the blood sugar from 100—180 mg. per cent, adrenaline half an hour after ergotamine raised it from 96 to 121. This paper is mainly clinical.

Soon after the work of MICULICICH, the adrenaline-ergotamine antagonism on blood sugar was demonstrated in quite another way by FRÖHLICH and POLLAK[5]. The liver of frogs was perfused *in situ* through the abdominal vein with RINGER's solution for 30 minutes, to wash out blood and sugar. A perfusion with adrenaline then mobilises sugar, which glycogenolysis is stopped if ergotoxine is added to the perfusion fluid, e.g. ergotoxine phosphate 1:20,000 + adrenaline 1:500,000. Ergotoxine perfused first alone, diminishes the subsequent effect of adrenaline, but does not wholly prevent it. This experiment was repeated by LESSER and ZIPF[6] with ergotamine, with the same results. By means of plethysmographic experiments NEUBAUER[7] showed that adrenaline increases the volume of the rabbits liver through venous stasis resulting from constriction of the capillaries, and that 1.5—2.5 mg. of ergotoxine decreases the liver volume. He tentatively suggested that hyperaemia, stasis and asphyxia might be responsible for hyperglycaemia. YOKOYAMA[8] found by perfusing a mixture of the two antagonists that the vasoconstrictor action of 1×10^{-7} adrenaline is completely abolished in the toad's liver by 1×10^{-5} ergotamine or ergotoxine, whilst glycogenolysis is not entirely prevented by a ten times larger concentration of the ergot alkaloids. ANDÔ, ISSIKI and TANAKA[9] state that concentrated solutions of ergotamine, on perfusion through the toad's liver, mobilise sugar, whilst dilute solutions have no such effect or may even inhibit glycogenolysis.

Alimentary Hyperglycaemia. Ergotamine has been used by various investigators in attempts to elucidate the mechanism which produces an excess of sugar

[1] BUCCIARDI, G.: Cit. p. 156. [2] BOSSA, G.: Cit. p. 156.
[3] COELHO, E., et J. CANDIDO DE OLIVEIRA: C. r. Soc. Biol. Paris **99**, 1527 (1928).
[4] LANDAU, A., M. FEJGIN et Is. BEILESS: Arch. des Mal. Appar. digest. **22**, 370 (1932).
[5] FRÖHLICH, A., u. L. POLLAK: Arch. f. exper. Path. **77**, 265 (1914).
[6] LESSER, E. J., u. K. ZIPF: Cit. p. 155. [7] NEUBAUER, E.: Cit. p. 113.
[8] YOKOYAMA, H.: Fol. pharmacol. jap. **21**, 60 (1936).
[9] ANDÔ, K., T. ISSIKI u. J. TANAKA: Fol. pharmacol. jap. **12**, 10 (1931).

in the blood after ingestion of carbohydrate. Two explanations of this phenomenon have been advanced. The original view considered it as self evident that part of the exogenous sugar simply overflows through the liver into the circulation; in that case the additional blood sugar would consist of the same molecules which had been absorbed from the intestine ("Resorptionstheorie"). Later, in view of the facts that hyperglycaemia occurs very rapidly, five or ten minutes after ingestion, and that the increment of blood sugar is large, compared with the amount ingested, it was thought that the extra blood sugar is the result of a stimulus, exerted by the exogenous sugar on the intestine ("Reiztheorie"). This stimulus might be conveyed by a nervous mechanism via the sympathetic centres, or by a (pancreatic ?) hormone. Since ergotamine was found to inhibit alimentary hyperglycaemia, at least partially (GRUNKE[1], HETÉNYI and POGÁNY[2], POLLAK[3], REDNIK[4]) the sympathetic is considered to be involved and this constitutes one of the chief arguments for the stimulation theory. Most authors therefore agree that the stimulus of exogenous carbohydrate is a factor in bringing about hyperglycaemia, but POLLAK combines both theories and attributes a dual origin to the increase in the blood sugar. He is of the opinion that the liver possesses a mechanism, regulating the fixation of exogenous sugar, which can take place very rapidly from the portal vein. Normally this mechanism is not fully utilised; its action is limited and some sugar (glucose, also galactose and fructose) escapes into the circulation. Ergotamine wholly or partially abolishes this limitation, more sugar is assimilated, and the hyperglycaemia is decreased. There is however a second source of extra blood sugar, the increased glycogenolysis resulting from the stimulus exerted by the ingested sugar on the intestine, and transmitted by a nervous or hormonal mechanism. HIRSCHHORN, POLLAK and SELINGER[5] have attempted to discriminate between these two sources of extra blood sugar, the "hepato-cellular" and the "neuro-hormonal", by oral administration of 40 grams of galactose to normal human subjects and to patients suffering from hepatic disease. In both categories the galactosuria was nearly suppressed by 0.25 mg. ergotamine + 0.5 mg. atropine, but the pure hepatocellular galactosuria is less affected by ergotamine than the other variety. BAUER and WOZASEK[6], whilst agreeing with HIRSCHHORN, POLLAK and SELINGER in other respects, were unable to discriminate between the two varieties. More definite results were obtained by ERNST and KARÁDY[7] in rabbits poisoned by phosphorus (see below). Whether POLLAK's dual view is correct or no, it seems certain that the sympathetic intervenes in the production of alimentary hyperglycaemia, because of the effects on it of ergotamine. GRUNKE was the first to show that a subcutaneous injection of 0.25—0.5 mg. ergotamine diminishes the hyperglycaemia resulting from the ingestion, 30—60 minutes later, of 20 grams of glucose. Since ergotamine is known to decrease the mobility of the stomach, and may cause spasm of the pyloric sphincter, he carried out a few experiments in which the sugar solution directly entered the duodenum through a tube; in these experiments there was also inhibition of hyperglycaemia, albeit somewhat diminished. According to LOEFFLER[8] the intervention of ergotamine consists in an alteration of the circulation in the liver; it cannot be a direct action on liver cells. HETÉNYI

[1] GRUNKE, W.: Z. exper. Med. **52**, 488 (1926).
[2] HETÉNYI, S., u. J. POGÁNY: Cit. p. 158.
[3] POLLAK, L.: Klin. Wschr. **6**, 1942 (1927) — Arch. f. exper. Path. **140**, 1 (1929).
[4] REDNIK, T.: Z. klin. Med. **109**, 720 (1929).
[5] HIRSCHHORN, S., L. POLLAK u. A. SELINGER: Wien. klin. Wschr. **43**, 390 (1930).
[6] BAUER, R., u. O. WOZASEK: Wien. klin. Wschr. **43**, 1337 (1930).
[7] ERNST, Z., u. ST. KARÁDY: Biochem. Z. **245**, 299 (1932).
[8] LOEFFLER, L.: Z. exper. Med. **54**, 313 (1927).

and POGÁNY, like GRUNKE, obtained inhibition of alimentary hyperglycaemia in man, with 0.5 mg. ergotamine and glucose given 35 minutes later by the mouth. When the ergotamine was followed by intravenous (instead of oral) administration of 15 grams of glucose, the blood sugar rose in 10 minutes to a much higher level than in the oral experiments, and the hyperglycaemia lasted longer. With ergotamine LOEWENBERG[1] failed to suppress alimentary hyperglycaemia in dogs, but it was abolished in these animals by extirpation of the adrenals. In man it was sometimes inhibited or delayed. An inhibition of alimentary hyperglycaemia was likewise obtained in some cases but not in all, by MORETTI[2] (men and rabbits) and by EDA[3] (men), more constantly by BUFANO and MASINI[4], COELHO and CANDIDO DE OLIVEIRA[5], LANDAU, FEJGIN and BEILESS[6], and by LAWRENCE[7]; the latter however considers it clear, that "the supposed action of ergotamine in increasing carbohydrate tolerance is really due to the delay of the sugar meal in the stomach." POLLAK used rabbits only and insists on their great individual variation. Hence he performed in each case the main experiment and its control on the same animal. In most cases he obtained a lowering of hyperglycaemia with ergotamine, but never complete suppression, when 1.5—5 gr. glucose per kilo was given by the mouth. A similar inconstancy was observed with atropine, but a combination of both drugs regularly abolished the hyperglycaemia almost entirely (e.g. 2 mg. ergotamine subcutaneously; 30 minutes later 6 g. glucose by the mouth + 2 mg. ergotamine; five times 5 mg. atropine). In agreement with HETÉNYI and POGÁNY, POLLAK obtained no effect after glucose, administered intravenously; after subcutaneous injection the results were intermediate between those obtained by the other routes. In rabbits killed soon after the experiment he found a much delayed absorption from the stomach, as the result of ergotamine, but not enough to account for the ergotamine effect on hyperglycaemia. 10 grams of galactose alone raised the blood sugar to 357 mg. per cent in 3 hours, but when 2×1.5 mg. ergotamine was given as well, the maximum was 167 and had fallen after 3 hours to 138 mg. per cent. In general it would seem that hyperglycaemia is more readily inhibited by ergotamine in man than in rabbits.

ERNST and KARÁDY employed rabbits poisoned by subcutaneous injection of phosphorus dissolved in oil, which puts the liver largely out of action and depletes it of glycogen. One hour after 1 mg. ergotamine per kilo subcutaneously, 10 g. glucose, dissolved in water was given through a stomach tube; of this 5.8—7.8 g. was absorbed in 3 hours. Although this is only about half the normal amount, the hyperglycaemia was as pronounced as in healthy rabbits, and it was unaffected by ergotamine. ERNST and KARÁDY consider that their results support the view of POLLAK and of GRUNKE, according to which the inhibition of hyperglycaemia by ergotamine depends on an increased power of the liver to assimilate sugar. In the animals poisoned with phosphorus this hepatocellular activity has been lost. The view that the action of ergotamine consists in the inhibition of glycogenolysis is negatived by the consideration that in the phosphorus poisoned rabbits there can be no glycogenolysis since their livers contain no glycogen to mobilise. The pronounced alimentary hyperglycaemia in these animals can only depend on a decreased power of assimilating the sugar which has been absorbed.

[1] LOEWENBERG, R. D.: Z. exper. Med. **56**, 150 (1927).
[2] MORETTI, E.: Cit. p. 156. [3] EDA, G.: Cit. p. 156.
[4] BUFANO, M., e A. MASINI: Cit. p. 155.
[5] COELHO, E., et J. CANDIDO DE OLIVEIRA: Cit. p. 162.
[6] LANDAU, A., M. FEJGIN et Is. BEILESS: Cit. p. 162.
[7] LAWRENCE, R. D.: Brit. J. exper. Path. **11**, 145 (1930).

According to BURN[1] 5 mg. ergotamine tartrate injected intravenously into a rabbit, renders a small dose of insulin, given soon afterwards, much more active. ROTHLIN[2] failed to confirm this; in 4 out of 20 rabbits the hypoglycaemia due to the insulin was indeed intensified, but in other experiments the same rabbits did not show the effect. MORETTI[3] and others have claimed a potentiating effect of ergotamine on (larger doses of) insulin in clinical experiments, but the evidence for such potentiation is not strong (see ROTHLIN).

The effect of ergotamine on the threshold sugar level at which sugar leaks into the urine has been examined by EDA[4], who found when the threshold had been raised in dogs by a fat-protein diet (by about 50 mg. per cent) 0.25 mg. ergotamine usually lowered it by about 20 mg. per cent. In some cases in which the threshold was not lowered, alimentary hyperglycaemia was nevertheless inhibited. He considers that the threshold is principally lowered owing to a diminution of sympathetic tonus and that the increased toleration of carbohydrate depends partly on the sympathetic paralysis ("Ausschaltung der sympathischen Erregung") and partly on delayed absorption from the stomach.

Effect on other Hyperglycaemias and on Phlorizin Glycosuria. The previous section has dealt with the inhibition, by ergotoxine and ergotamine, of hyperglycaemia due to injected exogenous adrenaline. These alkaloids likewise depress the high blood sugar level due to a variety of other stimuli. Most of these stimuli are, however, known to cause an increased output of adrenaline from the suprarenal, so that in these cases we are really dealing with a hyperglycaemia due to *endogenous adrenaline*. As was shown by CANNON and DE LA PAZ[5], emotional excitement leads to such an increased output of adrenaline, and BUCCIARDI[6] has made the curious observation that the hyperglycaemia shown by (Italian) students awaiting an oral examination, is suppressed within half an hour by the ingestion of 0.3 mg. ergotamine. It is peculiar that this hyperglycaemia can only be inhibited when once established; its onset cannot be prevented by ergotamine. The peculiarity also applied to BUCCIARDI's and BOSSA's observations on adrenaline hyperglycaemia in animals, referred to above, p. 162.

Diabetic puncture (piqûre) also results in a greater adrenaline output, and NEUBAUER[7] could prevent the resulting glycosuria by means of ergotoxine. In the same way the hyperglycaemia resulting from *exposure to cold* is inhibited by ergotamine (2 mg. intravenously in a rabbit), according to ROSENTHAL, LICHT and LAUTERBACH[8]. CALTABIANO[9] obtained inhibition of the same hyperglycaemia in guinea-pigs with 0.7—1.5 mg./kg., and with 2.5—6 mg./kg. observed a hypoglycaemia. According to DI MACCO and SARDO[10] ergotamine prolongs the life of guinea-pigs and rabbits, exposed to freezing, by a few hours.

The slight hyperglycaemia resulting from *surgical operations* under lumbar anaesthesia is diminished, abolished or inverted by ergotamine, according to RINDONE[11], and that due to *narcosis* is reduced in dogs, according to AUGI[12] (BORNSTEIN and LOEWENBERG[13] consider that narcosis hyperglycaemia is not

---

[1] BURN, J. H.: J. of Physiol. **57**, 325 (1923).
[2] ROTHLIN, E.: Cit. p. 155. [3] MORETTI, E.: Cit. p. 156.
[4] EDA, G.: J. of Biochem. **11**, 13 (1929).
[5] CANNON, W. B., and D. DE LA PAZ: Amer. J. Physiol. **28**, 64 (1911).
[6] BUCCIARDI, G.: Cit. p. 156. [7] NEUBAUER, E.: Cit. p. 113.
[8] ROSENTHAL, E., H. LICHT u. FR. LAUTERBACH: Arch. f. exper. Path. **106**, 233 (1925).
[9] CALTABIANO, D.: Boll. Soc. ital. Biol. sper. **8**, 104 (1933) — Riv. Pat. sper. **10**, 359 (1933).
[10] DI MACCO, G., e M. SARDO: Boll. Soc. Biol. sper. **8**, 102 (1933).
[11] RINDONE, A.: Ann. ital. Chir. **10**, 190 (1931).
[12] AUGI, G.: Clinica chir. **7**, 262 (1931).
[13] BORNSTEIN, A., u. R. D. LOEWENBERG: Biochem. Z. **186**, 249 (1927).

purely of sympathetic origin). NITZESCU[1] could diminish *post-haemorrhagic* hyperglycaemia in dogs by means of ergotamine, and prevent it, if the loss of blood had been small.

With respect to *histamine shock* there is a difference of opinion. On the one hand LA BARRE[2] considers the hyperglycaemia of guinea-pigs, resulting from the injection of histamine, to be of parasympathetic origin; he found it inhibited by atropine, but *not* by ergotamine; it persists largely after removal of the suprarenals. In this respect *peptone shock* is similar to histamine shock (in anaphylactic shock the blood sugar is not increased). On the other hand GEIGER[3], using a very different method, arrived at a conclusion at variance with that of LA BARRE. GEIGER found that isolated frog's livers, perfused with 1:20,000 to 1:50,000 histamine, mobilise sugar, but do not do so when they have been previously perfused with ergotamine (1:10,000). ANDÔ, ISSIKI and TANAKA[4] with toads' livers, report that ergotamine in concentrated solution by itself mobilises sugar, and in dilute solution inhibits the mobilisation. At certain concentrations (1:100,000 and 1:200,000) histamine and ergotamine antagonise each other. There thus seems to be a difference between the effect in the amphibian and in the mammalian liver.

The action of ergotamine on the blood sugar level resulting from various *convulsant poisons* (picrotoxin, aconitine, veratrine) was investigated by ROSENTHAL, LICHT and LAUTERBACH[5] in rabbits; an intravenous injection of 1.5—2 mg. of the tartrate prevented the development of hyperglycaemia. The sympathetic origin of the latter follows also from the fact that it does not appear on section of the spinal chord above the origin of the splanchnic nerves, but persists after cutting the chord at a lower level. The effect of ergotamine as regards picrotoxin hyperglycaemia was confirmed by EDA[6], who further showed that the hyperglycaemias due to caffeine, sodium chloride, quinine, antipyrine and pyramidone are also more or less antagonised by ergotamine. In the first four cases a sympathetic origin was already indicated by the non-appearance of the phenomenon after bilateral splanchnicotomy. The hyperglycaemia caused by *diuretin* (theobromine sodium salicylate) was already inhibited by ergotoxine in the experiments of MICULICICH[7] and this inhibition was confirmed for ergotamine by SAKURAI[8] and by EDA; here also splanchnicotomy had given a clue.

Finally there remains to be considered the effect of ergotamine on the hyperglycaemia of certain drugs which are primarily *parasympathetic poisons*, "Parasympathicusglykämie" of BORNSTEIN and VOGEL[9], who discovered the phenomenon with pilocarpine, and showed that it also occurs with physostigmine, choline and acetylcholine. Although adrenaline and pilocarpine each raise the blood sugar separately, a mixture of the two in suitable proportions has no hyperglycaemic effect. SAKURAI confirmed that high doses of pilocarpine and physostigmine raise the blood sugar in normal animals, but found that they no longer do so after splanchnicotomy; hence he inferred a central origin of the effect. He showed that when 0.5—1 mg. ergotoxine per kilo is injected into rabbits, the blood sugar is lowered, instead of raised, by an injection of 1 mg. pilocarpine

[1] NITZESCU, I. I.: C. r. Soc. Biol. Paris **100**, 386 (1929).
[2] LA BARRE, J.: Arch. internat. Méd. expér. **3**, 41 (1927) — C. r. Soc. Biol. Paris **94**, 1021 (1926).
[3] GEIGER, E.: Arch. f. exper. Path. **146**, 15 (1929).
[4] ANDÔ, K., T. ISSIKI u. J. TANAKA: Cit. p. 162.
[5] ROSENTHAL, E., H. LICHT u. FR. LAUTERBACH: Cit. p. 165.
[6] EDA, G.: J. of Biochem. **9**, 285 (1928).
[7] MICULICICH, M.: Cit. p. 159. [8] SAKURAI, T.: Cit. p. 155.
[9] BORNSTEIN, A., u. R. VOGEL: Biochem. Z. **122**, 274 (1921); **126**, 56 (1921).

or of 50 mg. choline per kilo 10 minutes afterwards. Similar results were obtained by BUCCIARDI[1] with guinea-pigs, by EDA[2] with rabbits and by WULF[3] (in BORNSTEIN's laboratory), also with rabbits. The latter observes that ergotamine completely inhibits pilocarpine hyperglycaemia, just as it inhibits adrenaline hyperglycaemia and considers that a theoretical explanation must be left to the future. Arecoline may be grouped among the parasympathetic poisons and CARBONARO[4] has found that the hyperglycaemia, caused by it, is also diminished by ergotamine, provided that the latter (0.25—1 mg. in rabbits) be given half an hour before the former. Ergotamine further inhibits the hyperglycaemic action of magnesium salts (LÁNG and RIGÓ)[5], and of sodium aspartate (POLLAK[6]).

According to BOUCKAERT and HEYMANS[7] ergotamine does not influence the hyperglycaemia due to *β-tetrahydronaphthylamine* (nor the hyperthermia due to this amine). Nevertheless MORITA[8] saw some indication of an effect on glycogenolysis; by perfusing a frog's liver with 1:10,000 or 1:20,000 ergotoxine (not ergotamine, as BOUCKAERT and HEYMANS state) he could prevent glycogenolysis ordinarely caused by a 1:200,000 solution of β-tetrahydronaphthylamine, but could not completely antagonize a solution of twice this strength. Similarly glycogenolysis by 1:200,000 ethylaminoacetocatechol and dimethylaminoacetocatechol was prevented, but again not of solutions twice as strong. In rabbits MORITA[8] could not entirely prevent the hyperglycaemia due to these and other adrenaline analogues, and to β-tetrahydronaphthylamine, but could suppress glycosuria by injections of 2—4 mg ergotoxine phosphate.

Phlorizin glycosuria has been attributed to a specific action on the kidney and as it is unaccompanied by hyperglycaemia, it might not be influenced by ergotamine. TESCHENDORF[9] injected 2 mg. ergotamine per kilo into buck rabbits, after the animals had received 20—50 c.c. of water through a stomach tube; 15 minutes later 2 mg. of phlorizin was injected intravenously, and the urine was collected continuously by means of a catheter. Controls (which only received phlorizin) were later treated also with ergotamine and those which had already received the alkaloid, were subsequently used as controls. Ergotamine in all cases produced a marked inhibition of diuresis (see p. 142), but the sugar excretion was inhibited on the average 15 times as much as the water. The blood sugar remained constant or showed a slight tendency to fall. TESCHENDORF considered that the great reduction in the sugar output was not merely a result of the inhibition of diuresis; he therefore concluded that phlorizin not only acts on the kidney but also on the sympathetic system, and finds support for this view in his observation that phlorizin causes mydriasis of the isolated frog's eye in $^1/_2$—1 hour, persisting after washing, and prevented by 1:5000—1:1000 ergotamine. BECK[10] could also diminish phlorizin glycosuria by means of ergotamine (in children, according to ANDERSON and ANDERSON).

ANDERSON and ANDERSON[11] were unable to influence phlorizin glycosuria by ergotoxine and ergotamine; they consider that in TESCHENDORF's experiments the animals were not fully phlorizinised; they themselves injected subcutaneously 50 mg. of the drug, suspended in olive oil, daily into rats, kept on a carbohydrate-

[1] BUCCIARDI, G.: Cit. p. 156.
[2] EDA, G.: Cit. p. 156.
[3] WULF, H.: Cit. p. 156.
[4] CARBONARO, G.: Cit. p. 155.
[5] LÁNG, S., u. L. RIGÓ: Arch. f. exper. Path. **139**, 7 (1929).
[6] POLLAK, L.: Cit. p. 160.
[7] BOUCKAERT, J. J., et C. HEYMANS: Cit. p. 156.
[8] MORITA, S.: Arch. f. exper. Path. **78**, 245 (1915).
[9] TESCHENDORF, W.: Cit. p. 160.
[10] BECK, R.: Magy. orv. Arch. **27**, 594 (1926) from Rona's Ber. **39**, 319 (1927).
[11] ANDERSON, A. B., and M. D. ANDERSON: J. of Physiol. **65**, 456 (1928).

free diet. When after 3—4 days the ratio of sugar to nitrogen in the urine had become constant, each rat (of about 200 gr.) received 5 or 10 mg. of ergotoxine phosphate subcutaneously. This caused a fall in urine volume, total sugar and total nitrogen, but the ratio sugar:nitrogen rose (on the average by 16%); the fall in the sugar output is therefore relatively less than that in the nitrogen output, and hence the authors do not agree with Teschendorf that phlorizin acts on the sympathetic in the kidney.

The effect of ergotamine on the elimination of sugar in the bile under the influence of phlorizin was investigated by Adlersberg and Roth[1]. The bile of normal rabbits is practically sugar free, and after phlorizin contains small varying amounts; there is a more constant and pronounced glycocholia in experimental hyperglycaemia, but in no case was the glycocholia influenced by ergotamine (1—1.5 mg. intravenously in a 2—3 kg. rabbit).

Effects on Blood Constituents other than Sugar. Brahdy and Brehme[2] concluded that an injection of 0.5 mg. ergotamine causes in human adults a slight lowering of the lactic acid content of the blood, and connected this with its hypoglycaemic action. It has been shown in a previous section that the evidence for this alleged action of ergotamine on the normal blood sugar is unsatisfactory; in any case the hypoglycaemic effect is slight, and so is the rather inconstant effect on the lactic acid content, in Brahdy and Brehme's experiments. The sometimes very considerable increase in the blood sugar resulting from an adrenaline injection, on the other hand, is consistently diminished or abolished by ergot alkaloids, as numerous investigators have found. The same applies to the increase in blood lactic acid caused by adrenaline, as Goldblatt[3] showed in cats under amytal or urethane; he employed doses of 1—2 mg./kg. ergotamine intravenously, and artificial respiration. The symptoms of experimental hyperventilation tetany, resulting from forced breathing in man, were found by Brehme and Popoviciu[4] to be delayed and made very slight after an injection of ergotamine (see fig. 32), but the considerable increase in the blood lactic acid, which occurs in this tetany, was not much diminished by ergotamine, in the experiments of Brahdy and Brehme. The increase in the serum calcium, and the decrease in serum phosphorus, which result from hyperventilation, are both rendered less pronounced by ergotamine (Popoviciu and Popescu[5]), but this alkaloid seems to have very little effect on the blood calcium and potassium in normal animals (rabbits, Cheymol and Quinquad[6]; dogs, Rothschild and Jacobsohn[7]); there may be a slight absolute and relative rise of calcium in normal men after 0.5 mg. ergotamine subcutaneously, according to Brack[8]. In Graves' (Basedow's) disease, on the other hand, the blood calcium is lowered, and the potassium increased by ergotamine, according to Rothschild and Jacobsohn. In alimentary haemoclasis (accompanied by the breaking up of white cells and resulting from the ingestion of 200 c.c. of milk). Brack found a quite considerable, temporary change in the K/Ca ratio (2.03 without ergotamine, 1.00 when ergotamine had been injected). In most of the investigations quoted, only a few experiments were done; it would seem that ergotamine only then has a decided effect on the composition of the blood,

[1] Adlersberg, D., u. E. Roth: Arch. f. exper. Path. **121**, 131 (1927).
[2] Brahdy, M. B., u. Th. Breme: Z. exper. Med. **59**, 232 (1928).
[3] Goldblatt, M. W.: J. of Physiol. **78**, 96 (1933).
[4] Brehme, Th., u. G. Popoviciu: Z. exper. Med. **52**, 579 (1925).
[5] Popoviciu, G., u. H. Popescu: Z. exper. Med. **69**, 1 (1930).
[6] Cheymol, J., et A. Quinquad: Arch. internat. Pharmacodynamie **38**, 431 (1930).
[7] Rothschild, F., u. M. Jacobsohn: Cit. p. 122.
[8] Brack, W.: Z. exper. Med. **51**, 544 (1926).

when the latter has been temporarily or permanently modified by sympathetic stimulation or tonus.

The effect of ergotamine on the blood cholesterol is trifling and uncertain; ROTHSCHILD and JACOBSOHN found a slight decrease in GRAVES' disease and in dogs, NEUMARK[1] an increase in human subjects, CAPRA[2] no pronounced effect.

The production of specific antibodies in rabbits is diminished, when the animals have been treated by oral or hypodermic administration of ergotamine (MAZZEO[3]). According to PAJEVIC[4], an injection of 1 mg. ergotamine per animal has a pronounced effect on the leucocytes; there is hardly any change for two hours but in the third they increase from 6000 to 18,000; the percentage of polynuclear rises somewhat more gradually (from 25 to 70) and does not decline in the first six hours. Similar results were also obtained by RUUTH[5] with ergot extracts. On the other hand FIESCHI[6] reports a considerable diminution of the leucocytes in lymphatic leukaemia, setting in five minutes after the injection of ergotamine and lasting for several hours.

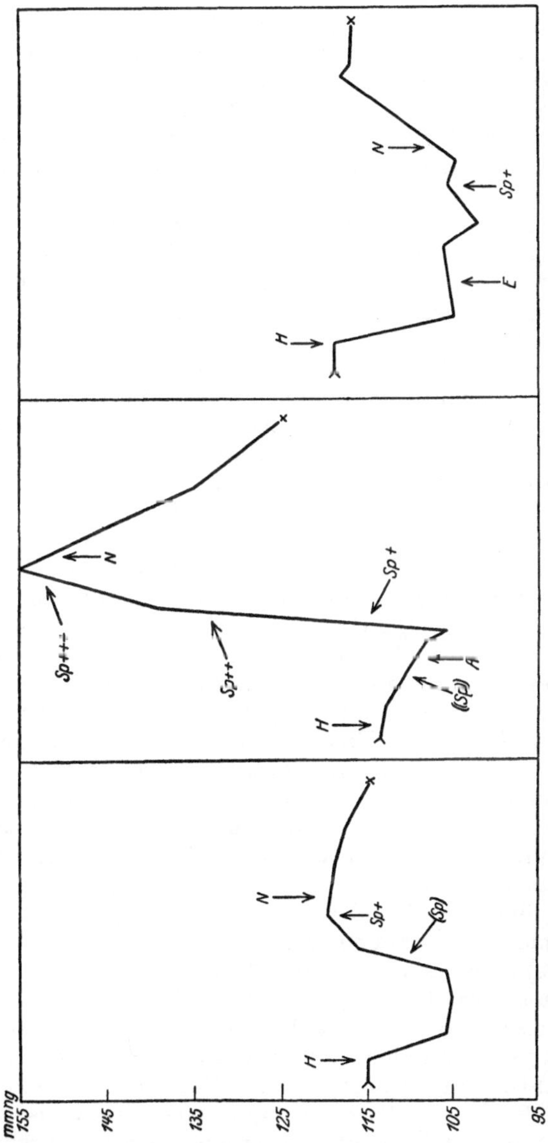

Fig. 32. Blood pressure resulting from hyperventilation in a normal adult; scale in m.m. of mercury. Left curve, hyperventilation only; middle, hyperventilation + adrenaline; right, hyperventilation + ergotamine. *A*, adrenaline; *E*, ergotamine; *H*, hyperventilation; *N*, normal breathing; *Sp*, spasm. (From BREHME and POPOVICIU[7].)

Ratio of the Activities of Ergotoxine and Ergotamine. Immediately after the discovery of ergotamine, it was claimed that the new alkaloid was more powerful in its action on the uterus than ergotoxine. This claim was based on published statements concerning the activity of the latter alkaloid, but when

[1] NEUMARK, S.: C. r. Soc. Biol. Paris **104**, 1126 (1930).
[2] CAPRA, P.: Arch. Pat. e Clin. med. **7**, 367 (1928) from Rona's Berichte **48**, 410.
[3] MAZZEO, M.: Boll. Soc. Biol. sper. **7**, 638 (1932).
[4] PAJEVIC, J.: C. r. Soc. Biol. Paris **113**, 429 (1933).
[5] RUUTH, L.: C. r. Soc. Biol. Paris **95**, 1513 (1926).
[6] FIESCHI, A.: Boll. Soc. Biol. sper. **9**, 604 (1934).
[7] BREHME, TH., u. G. POPOVICIU: Cit. p. 168.

both alkaloids were directly compared by Dale and Spiro[1], as a result of an interchange of specimens, no difference could be detected. They found for instance that both alkaloids acted on the isolated guinea-pig's uterus in a concentration as low as 1:1 or 2×10^8, a result confirmed some years later by Rothlin[2] who found also no difference in their activity when tested *in vivo* on the rabbit's uterus (by the method of Broom and Clark[3]), on the seminal vesicles of the guinea-pig *in vitro*, by inhibition of the depressor phenomenon or by the inhibition of vasoconstrictors of the kidney or gut. A few authors (Broom and Clark; Rigler and Silberstern[4]) alleged that ergotoxine has a weaker action, but used impure preparations of its phosphate. Thus the two alkaloids came to be regarded as "pharmacologically identical". Some writers (e.g. Yonkman[5]) have used the two names indifferently for describing the action of either; in the present article the names have been specified in nearly all cases, but where this is not so, it may be assumed that the statement applies equally to both. This equivalence in the action of ergotamine and ergotoxine was found by Moir[6] to apply also to the human puerperal uterus, as a result of graphic records obtained in his clinical experiments. It would however be surprising if two distinct chemical individuals had a pharmacological action absolutely and quantitatively identical in every respect, and later close comparisons by the method of Broom and Clark (essentially a zero method) indicate that ergotoxine is the more active in inhibiting the motor effect of adrenaline on the isolated rabbit's uterus. The difference is small and it is necessary to calculate the amount of the free bases in the various salts employed. The phosphate of ergotoxine corresponds to $C_{35}H_{41}O_6N_5 \cdot H_3PO_4 \cdot H_2O$ and since ergotoxine has been found to retain one molecule of water very tenaciously, this may be written as $C_{35}H_{39}O_5N_5 \cdot H_3PO_4 \cdot 2\,H_2O$ containing 82% of base $C_{35}H_{39}O_5N_5$. Ergotamine tartrate is $2\,C_{33}H_{35}O_5N_5 \cdot 2\,CH_3OH \cdot C_4H_6O_6$ with 84.5% of base. Ergotoxine ethanesulphonate is stated in the British Pharmacopoeia (1932) to contain 83.6% of free base (the formula $C_{35}H_{39}O_5N_5 \cdot C_2H_5SO_3H \cdot H_2O$ would require 82.6%).

Now Burn and Ellis[7] found 3.5 mg. ergotoxine tartrate to be equivalent to 3.0 mg. ergotoxine phosphate, i.e. 2.96 ergotamine to 2.46 ergotoxine, whence ergotamine would have 0.83 of the activity of ergotoxine. On account of an erroneous formula for ergotamine tartrate they considered the two bases to have practically equal activity. This error has already been pointed out by Pattee and Nelson[8] who compared ergotamine tartrate with "amorphous ergotinine" and found the latter to be equivalent to 1.33 parts of ergotamine. This makes ergotamine to have 0.75 of the activity of (presumably somewhat impure) ergotoxine. Swanson[9], from the average of more than a hundred tests concluded that 1 mg. ergotoxine base has the same activity as 1.3 mg. ergotamine base (cock's comb and rabbit's uterus tests); hence ergotamine has 0.75 of the activity of ergotoxine. Wokes and Crocker[10] found ergotamine tartrate to have 80% of the activity of ergotoxine ethanesulphonate, which means that ergotamine has 0.79 of the activity of ergotoxine. They also found ergotamine free base was equivalent to ergotoxine ethane sulphonate which implies that ergotamine

[1] Dale, H. H., u. K. Spiro: Cit. p. 106.
[2] Rothlin, E.: Arch. f. exper. Path. **138**, 115 (1928).
[3] Broom, W. A., and A. J. Clark: Cit. p. 94.
[4] Rigler, R., u. E. Silberstern: Cit. p. 146. [5] Yonkman, F. F.: Cit. p. 101.
[6] Moir, Chassar: Brit. med. J. **1932**, I, 1022.
[7] Burn, J. H., and J. M. Ellis: Cit. p. 132.
[8] Pattee, G. L., and E. E. Nelson: Cit. p. 132.
[9] Swanson, E. E.: J. amer. pharmaceut. Assoc. **18**, 1127 (1929).
[10] Wokes, F., and H. Crocker: Cit. p. 132.

has 0.83 of the activity of ergotoxine. Further SWOAP, CARTLAND and HART[1], "as a result of numerous assays" concluded that one mg. of ergotoxine ethane sulphonate is equal to 1.25 mg. of ergotamine tartrate, whence ergotamine has 0.79 of the activity of ergotoxine. Finally Dr. A. C. WHITE (private communication) found 20 γ ergotoxine ethanesulphonate to be about equal to 25 γ ergotamine tartrate, which leads to the ratio 0.8 for these salts and the bases. Thus we have for the activity of ergotamine, when that of ergotoxine = 1:

BURN and ELLIS	0.83
PATTEE and NELSON	0.75
SWANSON	0.75
WOKES and CROCKER	0.79
„ „ „	0.83
SWOAP, CARTLAND and HART	0.79
WHITE	0.8
	0.8

The above figures should not suggest an accuracy which the method of BROOM and CLARK does not possess. WOKES and CROCKER state that patience and experience may reduce the error to 10%; commonly it may be much larger, say 25%. Nevertheless we may safely conclude from the large number of experiments in various independent comparisons, that on this particular preparation, the rabbit's uterus, ergotamine is the less active and has probably something like four fifths of the activity of ergotoxine. The aberrant determinations of M. I. SMITH[2] which led to a ratio of about 1.1 and those of LOZINSKI, HOLDEN and DIVER[3], who obtained a ratio of 0.6, have been excluded from the above comparison; these determinations are unsatisfactory as regards the purity of the salts employed, or as regards various assumptions made.

In their toxicity to mice these alkaloids differ even more: ergotamine has only about two thirds of the activity of ergotoxine (see addendum fig. 54).

A still greater difference between ergotamine and ergotoxine than that above indicated, has been observed by ROTHLIN[4] in the effects of these alkaloids on the body temperature. The hyperthermic effect of ergotoxine, discovered by DALE, is according to ROTHLIN regularly found in rabbits after 0.5—1.5 mg./kg. intravenously; in 1—2 hours the temperature may rise even to 45°; the same doses of ergotamine have only a slight effect, or none, and much larger amounts are required to obtain a considerable elevation of temperature. Accurate comparison is made difficult by individual variation and when non-fatal doses are tested on the same animal, the first dose may modify the effect of the second (see further p. 148). ROTHLIN concludes that ergotoxine is 2—3 times as active as ergotamine in this respect, and, probably as a result of this, ergotoxine is about twice as toxic to rabbits as is ergotamine. VARTIAINEN, LASSAS and PÄTIÄLÄ[5] have confirmed this and even attribute to ergotoxine 3—5 times the power to modify the body temperature of the rabbit that is possessed by ergotamine. Qualitatively these two alkaloids act in the same way, i.e. small doses (of ergotoxine 0.25 mg./kg. intravenously or 0.75 mg./kg. subcutaneously; of ergotamine 1.5 mg./kg. intravenously) cause a fall of body temperature, large doses (of ergotoxine 0.5—1.5 mg./kg., of ergotamine 3—5 mg./kg., both intravenously)

---

[1] SWOAP, D. F., G. F. CARTLAND and M. C. HART: Cit. p. 132.
[2] SMITH, M. I: Cit. p. 94.
[3] LOZINSKI, E., G. W. HOLDEN and G. R. DIVER: Cit. p. 132.
[4] ROTHLIN, E.: Cit. p. 104 and 147.
[5] VARTIAINEN, A., B. LASSAS and R. PÄTIÄLÄ: Acta Soc. Medic. fenn. "Duodecim" Ser. A. Tom. XIX, Fasc. 3 (Reprint).

cause a rise. With ergotoxine the fall of temperature is best shown by subcutaneous injection, ensuring slow absorption; the rise caused by ergotamine is on the other hand only revealed by intravenous administration. Thus 9 mg./kg. ergotamine subcutaneously caused a considerable fall lasting 7—8 hours, 10 mg./kg. intravenously an initial fall followed by a distinct rise. Vartiainen, Lassas and Pätiälä explain the anomalous results of Brink and Rigler[1] (see p. 147) by the assumption that the two year-old specimen of ergotoxine phosphate used by the latter authors was actually more potent than their freshly prepared sample, so that by the subcutaneous route the former did not affect the body temperature, whilst (the really smaller dose of) the latter caused a fall; on intravenous injection both specimens were given in quantities sufficient to cause a rise. Vartiainen and his collaborators attribute the hypothermic effect of small doses of the ergotoxine-ergotamine group to a lowering of metabolism and consequently of heat production (see p. 151), resulting from paralysis of the sympathetic part of the heat centre, as postulated by Rigler and Silberstern (see p. 147). In accordance with this view ergometrine, which hardly has any paralytic effect on the sympathetic, does not lower the body temperature even in small doses, but only modifies it by a rise. The hyperthermia which all ergot alkaloids produce in rabbits when the dose is large enough, must be of central origin and probably depends on a stimulation of heat centres. These hyperthermic doses always induce other symptoms of central stimulation, such as excitement, muscular tremors and rapid breathing; These doses have however no effect on the body temperature of a decapitated rabbit, in which a substance like dinitrophenol, acting peripherally, nevertheless raises the temperature.

Rothlin ascribes equal activity to ergotoxine and ergotamine in inhibiting the action of adrenaline on the rabbit's uterus (although, as tabulated above, ergotamine seems to have only four fifths of the activity of ergotoxine in this respect). He further considers ergotoxine to have only half the activity of ergotamine on the uterus *in situ*, without giving details of his experiments. Such a difference was not observed in the puerperal uterus of cats by Schübel and Gehlen[2] between ergotamine and clavipurin (ergotoxine?) nor by Moir between ergotamine and ergotoxine on the human puerperal uterus.

In their experiments on human subjects Kauffmann and Kalk[3] found no difference between ergotoxine and ergotamine, except that the former seemed somewhat more liable to produce cyanosis. Dale and Spiro[4] found some indication that ergotoxine is the more active in producing gangrene of the cock's comb, and Yonkman[5] that ergotamine is the more active on intra-ocular injection.

Comparison of Ergosine, Ergoclavine and Sensibamine with Ergotoxine and Ergotamine. Dr. A. C. White (private communication) finds ergosine to be on the whole very similar in activity to ergotoxine. The only quantitative comparison so far made, on the isolated uterus according to the method of Broom and Clark, shows a considerable difference. 7.5, 50 and 50 γ of ergosine were found equivalent to respectively 20, 113 and 113 γ of ergotoxine ethanesulphonate, whence the ratio of potency of the free bases ergosine:ergotoxine = 2.21, 1.87 and 1.87:1 or on the average 2:1. Ergosine is therefore about twice as active as ergotoxine on the rabbit's uterus, and hence $2^1/_2$ times as active as ergotamine. Ergosinine has $^1/_{30}$ of the activity of ergosine in this respect, so that ergoclavine (the molecular compound of these two alkaloids) should be slightly more active

[1] Brink, C. D., u. R. Rigler: Cit. p. 147.
[2] Schübel, K., u. W. Gehlen: Cit. p. 131.
[3] Kauffmann, F., u. H. Kalk: Cit. p. 101.
[4] Dale, H. H., u. K. Spiro: Cit. p. 106.
[5] Yonkman, F. F.: Cit. p. 101.

than ergotoxine. This is indeed what KREITMAIR[1] freports; he considers that ergotamine, ergotoxine and ergoclavine all have the same activity in equimolecular quantities (vollständige qualitative und quantitative Übereinstimmung . . . der drei Mutterkornalkaloide am isolierten Kaninchenuterus bei Verwendung äquimolekularer Lösungen). He thus does not recognise the well established difference between ergotoxine and ergotamine, but this is in part due to an apparently erroneous calculation of the amount of free base in ergotamine tartrate and the ascription of the formula $C_{35}H_{41}O_6N_5$ to ergotoxine. A recalculation according to the data on p. 170 would lead to the view, that ergotamine has 0.9 of the activity of the same weight of ergotoxine. The minimal lethal doses for white mice on intravenous injection were found by KREITMAIR to be for ergoclavine approximately 0.02 mg./g. and (recalculated) 0.03 mg./g. for ergotoxine. As regards potency in producing cyanosis of the cock's comb, he considers ergotamine to be somewhat stronger, and ergotoxine rather weaker than ergoclavine. In other respects he found no difference, nor did VARTIAINEN[2]. In their experiments on diuresis ZUNZ and VESSELOVSKI[3] noticed a distinct difference between ergoclavine and ergotamine, in that the former did not influence the diuresis due to ingestion of urea solutions. ROTHLIN[4] gives a table of relative potencies, according to which ergoclavine is equal to ergotoxine in producing hyperthermia in rabbits; this is entirely confirmed by VARTIAINEN, LASSAS and PÄTIÄLÄ[5], who found for instance that 0.75 mg./kg. of either alkaloid intravenously caused a pronounced rise of temperature. In the case of ergoclavine such a dose is the more likely to be fatal. It might follow that ergosine has twice the hyperthermic potency of ergotoxine, but this has so far not been shown.

Sensibamine at one time seemed to present a contradiction. On the one hand this molecular compound of ergotamine and ergotaminine was found by RÖSSLER and UNNA[6] to have only one third or one quarter of the toxicity to mice on subcutaneous injection that KREITMAIR assigned to ergoclavine and ergotoxine. Yet on the other hand they considered sensibamine "undoubtedly" more active than ergotamine in raising the body temperature of rabbits, being in this respect more comparable to ergotoxine. This latter conclusion was not confirmed by VARTIAINEN, LASSAS and PÄTIÄLÄ, who found 0.75 mg./kg. without effect, whilst 1.5 mg./kg. caused a pronounced fall, like a similar dose of ergotamine. If this be so, the above contradiction would disappear. In other respects, such as in their toxicity to cocks and their activity on the rabbit's uterus in the BROOM and CLARK test, sensibamine and ergotamine were found to be approximately equal, both by RÖSSLER and UNNA and by VARTIAINEN[2]. The rather slight activity of ergotamine would lead one to expect that its mixture with ergotamine would be less potent than ergotamine alone.

Comparison between the Potent and the Relatively Inert Isomerides. This has been made chiefly between ergotoxine and ergotinine. Exact comparison is made difficult by the very great difference in activity and by the fact that pure ergotinine is a particularly unsuitable substance for pharmacological experiments. If, on the one hand, it is injected into the blood stream in some neutral solvent such as alcohol, nearly all the alkaloid is precipitated as soon as the solution mixes with the blood. If, on the other hand, it is dissolved for injection by the

[1] KREITMAIR, H.: Cit. p. 103.
[2] VARTIAINEN, A.: J. of Pharmacol. **54**, 259 (1935).
[3] ZUNZ, E., et O. VESSELOVSKI: Ann. de Physiol. **12**, 795 (1936).
[4] ROTHLIN, E.: Cit. p. 104.
[5] VARTIAINEN, A., B. LASSAS and R. PÄTIÄLÄ: Cit. p. 171.
[6] RÖSSLER, R., u. K. UNNA: Cit. p. 103.

aid of dilute acids, not only does a considerable proportion of this very feeble base separate out on dilution by blood, but one cannot absolutely exclude the possibility of ergotoxine formation. Even in dilute lactic acid ergotinine may be completely transformed into ergotoxine, in the course of a few weeks. SIMONNET and G. TANRET[1] (the son of the discoverer of ergotinine) overcame the difficulty of precipitation by adding the lactate to a bath of equal volumes of horse serum and RINGER's solution and thus showed the activity on the isolated guinea-pig's uterus; the ergotinine was afterwards recovered with rotation unchanged. Contractions were induced by a concentration of 1:37.500 but ergotoxine acts in one of $1:1.25 \times 10^8$ and is hence something like 3000 times as active. RAYMOND-HAMET[2] attributes the relatively considerable activity observed by WERTHEIMER and MAGNIN[3], by PLUMIER[4] and by TIFFENEAU[5] to impure ergotinine or to the use of lactic acid solutions not preshly prepared. It is thus not surprising that the estimates of the activity of ergotinine vary greatly. DALE[6] already found that 4—6 mg./kg. of ergotinine generally produced only a slight rise of blood pressure and a mere indication of general vasomotor reversal in cats, when 0.5 mg./kg. of ergotoxine produced a larger rise of blood pressure and complete reversal. RAYMOND-HAMET[7] found ergotinine to have $^1/_{300}$ of the activity of ergotamine (and presumably also of ergotoxine) in paralysing the renal vasoconstrictors in the dog. The activity is the same whether injected in 50% alcoholic or in lactic acid solution[7]. ROTHLIN[8] found ergotinine to have $^1/_{100}$ of the activity of ergotoxine in inhibiting the action of adrenaline on the isolated uterus of the rabbit; on the other hand WOKES and CROCKER[9] considered it to be $^1/_9$ as active as ergotoxine in this respect.

Ergotaminine. The ratio of the activity of this alkaloid to that of its isomer ergotamine seems to be considerably larger than the value mostly assigned to the ratio ergotinine:ergotoxine. ROTHLIN makes it $^1/_5$—$^1/_6$ and comments on the fact that in his experiments ergotaminine proved to be much more active than ergotinine, although the latter is much more soluble in alcohol than the former. According to WOKES and CROCKER ergotaminine has $^1/_{12}$ of the activity of ergotoxine on the isolated uterus of the rabbit.

A "paradoxical" effect of ergotaminine has been described by RAYMOND-HAMET[10]. 1.25 mg./kg. injected into a dog brought about, that small doses of adrenaline (7 γ) produced a larger and more persistent rise of blood pressure than before; he considers this due to paralysis of the mechanism regulating the arterial pressure. BACQ's[11] view that ergotaminine, unlike ergotamine, is not sympathicolytic, is due to the employment of inadequate doses; RAYMOND-HAMET and ROTHLIN[8] have both shown that in this respect ergotaminine and ergotamine are qualitatively similar, although there is of course a large quantitative difference.

Ergosinine. By the BROOM and CLARK test Dr. A. C. WHITE (private communication) found ergosinine to have $^1/_{15}$ of the activity of ergotoxine, and therefore $^1/_{30}$ of that of its isomer ergosine. Such symptoms as could be compared in the canary and cockerel were similar for both isomers, but ergosinine is the less

[1] SIMONNET, H., et G. TANRET: Bull. Sci. pharmacol. **33**, 129 (1926).
[2] RAYMOND-HAMET: C. r. Soc. Biol. Paris **94**, 373 (1926).
[3] WERTHEIMER, E., et MAGNIN: Arch. Physiol. norm. et Path. [V], **4**, 92 (1892).
[4] PLUMIER, L.: J. Physiol. et Path. gén. **7**, 13 (1905).
[5] TIFFENEAU, M.: Bull. gén. de Thér. **172**, 103 (1921).
[6] BARGER, G., and H. H. DALE: Cit. p. 102. [7] RAYMOND-HAMET: Cit. p. 112, note 5.
[8] ROTHLIN, E.: Cit. p. 104. [9] WOKES, F., and H. CROCKER: Cit. p. 132.
[10] RAYMOND-HAMET: C. r. Soc. Biol. Paris **122**, 267 (1936).
[11] BACQ, Z. M.: C. r. Soc. Biol. Paris **116**, 341 (1934).

toxic and the slower in its action. The same applies to their effects on the monkey, the cat and other animals. In the rabbit ergosinine produces polypnoea, but its hyperthermic effect was much inferior to that of ergosine. An intracardiac injection of 8.9 mg./kg. ergosinine caused a preliminary paresis of the hind limbs in the guinea-pig, followed by extensor spasms; the animal recovered.

Ergosinine raises the blood pressure in the etherised and in the decerebrate cat, and may reduce the response to adrenaline; the reversal of this response is however not easily brought about, as it is by ergosine. Ergosinine reduces the tone of the isolated guinea-pig intestine, whereas ergosine increases it. Thus in one case 1:1,600,000 ergosine was more than antagonised by 1:75,000 ergosinine. No such antagonism can be detected between ergotoxine and ergotinine, perhaps because the latter is too little soluble. Both ergosine and ergosinine lower the tone of the isolated rabbit intestine, but the action of ergosinine is much the weaker and less well marked. This applies generally to the activity of ergosinine, which is however stronger than that of ergotinine, and stronger than was anticipated.

Iso-ergine and ergine. These simplest amides of the two lysergic acids have activities resembling those of the naturally occurring alkaloids, from which they are derived by hydrolysis. Iso-ergine is mentioned first, because it belongs to the ergotoxine series of potent isomerides; ergine is analogous to ergotinine. The difference in potency, greatest in the ergotoxine-ergotinine pair, is somewhat lessened in the ergosine-ergosinine pair and very much reduced in the case of the ergines: iso-ergine is not much more active than ergine. Since the ergines are the anhydrides of a molecule of ammonia and a molecule of a lysergic acid, and still show great pharmacological activity, it is evident that the lysergic acid residue of the complex alkaloids is by far the most important portion of the molecule; it not only contains the haptophore group, but acts also very largely as pharmacophore group. Indeed, the fact that ergine approaches isoergine in potency is an argument against the hypothesis advanced on p. 91 that a shift of the double bond in lysergic acid changes the power of the molecule to anchor itself on the tissues.

Dr. A. C. White (private communication) found that iso-ergine 1.21 mg./kg. intravenously caused in the cockerel a series of symptoms very like those due to the more complex alkaloids. There was first a ruffling of the neck feathers; then the wings began to droop and the comb became slightly paler than before the injection. Next the animal lay on the floor in a (nose-dive) position with its tail slightly elevated. Within two minutes the comb and wattles became cyanosed, the animal was gaping and unable to stand; its feet sprawled out; the breathing was very rapid. Within eight minutes of the injection the rectal temperature was 42.9° and 40 minutes later 42.1°. The general condition of the animal gradually improved and at the end of two hours was apparently normal, except that the comb was still somewhat dusky. With the same dose of ergine cyanosis of the comb did not come on until after eight minutes. The tail was no longer held erect, the animal stood perfectly still with a respiratory rate of 72 per minute, which at the end of 30 minutes had fallen to 36 per minute, while the rectal temperature was 41.6° and the posterior part of the comb still blue. After two hours the animal had recovered.

In the cat an intramuscular injection of 2.2 mg./kg. of isoergine brought about dilatation of the pupil within a few minutes and after ten minutes paresis of all four limbs. At the end of 15 minutes the animal became very timid, starting at the slightest external stimulus and finally crouching in a corner. After 30 minutes it had great difficulty in keeping the fore part of its body off the ground, but in two hours the cat had largely recovered, although the pupil was still dilated. Next day it showed no abnormality. The same dose of ergine produced rather similar symptoms: mydriasis and violent reaction to external stimuli. Paresis was replaced by inco-ordinated movements of the hind limbs and there was marked salivation five minutes after the injection: the animal also vomited. In a cat under urethane 0.91 mg./kg. of iso-ergine hydrochloride caused a marked fall of blood pressure and stoppage of respiration within 15 seconds, but artificial respiration restored the blood pressure almost to normal. In the perfused hind limb of the cat iso-ergine produced a more prolonged fall in pressure than ergine, and immediately after the injection of iso-ergine the adrenaline response was reduced, whereas after ergine this response was unaffected. In the isolated guinea-pig intestine 1:60,000 iso-ergine caused a sharp rise in tone, whilst the same concentration brought about relaxation. After washing out, the response to adrenaline was found to be unaffected. Both ergines reduce the amplitude of the excursions of the isolated rabbit ileum and make them less regular; in the presence of either substance the response to adrenaline was reduced; iso-ergine is the more active. Neither isomeride has an appreciable effect on the response to adrenaline of the isolated rabbit uterus in the Broom and Clark test, even when the test is made with ergine still in the bath. Rothlin[1] had already found the inhibitory action of ergine in this respect to be very small ($< {}^1/_{400}$ of that of ergotamine), and its action on the rabbit's uterus *in situ* to be also insignificant ($< {}^1/_{20}$ of that of ergotamine). According to White both ergines act as oxytocics on the isolated uterus of the guinea-pig and here also iso-ergine is the more active. The same applies to their effects on body temperature and toxicities: 1.0 and 0.72 mg./kg. iso-ergine hydrochloride caused an initial fall and then a rapid rise of temperature and death on intravenous injection into a rabbit, whereas the same doses of ergine produced only a slight rise of temperature. Yet according to Rothlin ergine has twice the hyperthermic effect of ergotamine on rabbits, and is correspondingly more toxic.

In general the effects of iso-ergine should be compared with those of ergometrine, to which it is most closely related chemically and in some respects also pharmacologically. The examination of intermediate compounds which can be synthesised from lysergic acid and simple amines should prove interesting.

Lysergic and isolysergic acids. Of these the former corresponds to the ergotoxine series, the latter to ergotinine and its analogues; the activity of both acids is however very slight and the difference in their potency is negligible (White). In the cockerel 1 mg./kg. intravenously caused only slight transitory cyanosis of the comb. The same dose of isolysergic acid caused a fluctuating cyanosis of the posterior part of the comb and a slight drooping of the wings; the rectal temperature was unaffected. Neither acid had any effect on a monkey when 2 m.g. were injected. An intracardiac injection of a suspension of 1.8 mg./kg. lysergic acid caused in the cat a transitory ataxia of the hind limbs which passed off within 15 minutes. At the end of 50 minutes the pupils were considerably constricted but responded to light; thereafter the constriction gradually passed off. The effects of isolysergic acid were similar. The intravenous injection of 5 mg./kg. of isolysergic acid into a rabbit produced a slight, the same dose of lysergic acid a very slight rise of temperature. Rothlin[2] ascribes to lysergic acid half the activity of ergotamine in raising the body temperature of rabbits; on the rabbit's uterus *in situ* its activity is less than one twentieth of that of ergotamine, and its power of inhibiting the action of adrenaline on the isolated rabbit uterus less than one two hundredth.

[1] Rothlin, E.: Arch. f. exper. Path. **184**, 69 (1937).
[2] Rothlin, E.: Arch. f. exper. Path. **181**, 154 (1936).

There are some indications that in various of its actions isolysergic acid is more potent than lysergic acid, which is contrary to what one would expect from its structure; further experiments are necessary to establish this point.

III. Pharmacology of Ergometrine (and Ergometrinine).

Although ergometrine was only discovered recently, it has rapidly come to be regarded as the active constituent to which the traditional oxytocic properties of ergot are essentially due. The reasons why its discovery has been so long delayed are to some extent chemical, but chiefly biological. Ergometrine has no striking pharmacological properties by which it can be distinguished from the other active ergot alkaloids, when mixed with them; it is chiefly characterised by the rapidity of its action on the uterus, just before or after parturition, and the best test object is the human uterus. Hence the existence of the new active principle was first inferred from clinical experiments.

The popular use of ergot in bringing on labour pains is first mentioned in the 1582 edition of ADAM LONICER's Kreuterbuch, cap. CCCLXX, p. 285, published at Frankfurt on Main. After a description of ergot as a peculiar outgrowth on rye there occurs the statement: "Solche Kornzapffen werden von den Weibern für ein sonderliche Hülffe und bewerte Artzney für das auffsteigen und wehethumb der Mutter gehalten / so man derselbigen drey etlich mal einnimpt und isset." There is no mention of ergot in the earlier editions of LONICER, but it occurs in all the subsequent ones and in other herbals after this date. Ergot was used by midwives in France and Germany during the eighteenth century, but physicians were apt to ridicule its use ("adeo incertae et suspectae sunt muliercularum traditiones", R. J. CAMERARIUS, 1717) and in some German states its administration by midwives was forbidden.

Ergot entered official medicine as the result of a communication in the Medical Repository of New York 1808, by Dr. JOHN STEARNS[1] who had learned of "the powerful effects, produced by this article, in the hands of some ignorant Scotch woman." "In most cases you will be surprised with the suddenness of the operation." Soon afterwards OLIVER PRESCOTT (1813) likewise wrote: "The frequency and violence of the uterine efforts are not more extraordinary than its almost instantaneous operation." Yet the rapidity of the action of ergot (given by the mouth) was later lost sight of, particularly after the discovery of ergotoxine and ergotamine which have a much slower oxytocic action, but came to be regarded as the chief active principles[2]. Aqueous extracts were condemned although Stearns had based his recommendation of ergot on the use of an infusion. Very few clinicians, such as GOENNER[3], insisted that there was a therapeutic principle in addition to the then known alkaloids; moreover by the ordinary methods of clinical observation such a new principle could not be discovered. In a long clinical paper STOECKEL[4] arrived at the conclusion that three proprietary preparations were the best agents in postpartum haemorrhage; of these one contained only ergotamine; the second was an extract (secacornin) practically devoid of it or of ergotoxine; the third was a mixture of synthetic amines!

---

[1] For further historical details see G. BARGER, Ergot and Ergotism. London 1931, and HERBERT THOMS, "John Stearns and Pulvis parturiens"; Amer. J. Obstetr. **22**, 418 (1931). This article, illustrated by a portrait of STEARNS, contains interesting details about him and PRESCOTT.

[2] Compare for example, Council on Pharmacy and Chemistry of the American Medical Association, J. amer. med. Assoc. **92**, 1521 (1929).

[3] GOENNER, A.: Schweiz. med. Wschr. **56**, 1118 (1926); **57**, 110 (1927).

[4] STOECKEL, W.: Arch. Gynäk. **125**, 73 (1925).

Apart from clinical impressions, there was some laboratory evidence. LUDWIG and LENZ[1] experimented on the exposed puerperal uterus of the rabbit (Bauchfenster) and found secacornin (free from the then known alkaloids) to give annular peristalsis of extraordinary persistence; gynergen = ergotamine behaved similarly. Progress only became possible by the introduction into the clinic of objective, graphical registration, by the application to the human uterus of pharmacological methods. In 1932 CHASSAR MOIR[2], by means of a method which BOURNE and BURN[3] had previously used before labour, made a clinical comparison of the action of ergotoxine and ergotamine on the puerperal uterus. A rubber balloon introduced into the patient's uterus contained water under slight pressure, and was connected to a water manometer with float writing on a drum. MOIR found that ergotoxine and ergotamine produced indistinguishable effects; 0.25 mg. intravenously acted in 4—10 minutes; 0.5 mg. intramuscularly in 15—45 minutes; oral doses of 2—2.5 mg. produced a somewhat inconstant effect only after 35—60 minutes. He then[4] gave 7—14 c.cm. of a pharmacopoeial extract (B. P. 1914), practically devoid of the then known alkaloids and "with the greatest surprise" found that it greatly surpassed the activity of any other drug he had previously used in the same manner. The contractions (2—3 per minute) were more frequent than with ergotoxine or ergotamine and of fairly great excursion; the tonicity of the uterus was also greater. A three year old extract and defatted ergot powder acted in the same way and the effect mostly came on in 4 to 15 minutes (as compared with a minimum of 35 minutes for oral doses of ergotoxine and ergotamine). Thus there was "reason to believe that the characteristic and traditional effect of ergot is due to a substance as yet unidentified." This substance was described by DUDLEY and MOIR[5] in March 1935 as a new alkaloid *ergometrine*, distinctly soluble in water, hence present in aqueous extracts, and acting in oral doses of 0.5—1.0 mg. in $6^1/_2$—8 minutes; intramuscularly 0.25—0.5 mg. acted in $3^1/_2$—$4^1/_2$ minutes, intravenously 0.05 to 0.1 mg. showed an effect in 110 and 65 seconds respectively; by each route much more rapidly than ergotoxine and ergotamine. The rapid action of ergometrine depends on its solubility in water and its relatively small molecular weight.

Meanwhile other investigators occupied themselves with the substance postulated by MOIR in 1932. THOMPSON[6] by experimenting on pregnant cats under chloretone, seems also to have reached the conclusion that aqueous ergot extracts act more rapidly and intensely than ergotoxine. An extract, injected through a pyloric ligature directly into the intestine, acted in $4^1/_2$ minutes; ergotoxine, washed into the intestine from the stomach with 10—20 c.c. of water, acted only after 30—60 minutes, when injected through the ligature only after two hours. THOMPSON found the cat's uterus most sensitive just before, during or immediately after labour; *post partum* the sensitivity declines rapidly, in a few days.

Various ergot preparations and alkaloidal fractions obtained by THOMPSON were tested clinically by KOFF[7] who used the method employed by MOIR, with very similar results, and by TUCK[8]. THOMPSON first recognised that the new principle was in the alkaloidal fraction, and when he ultimately had separated

[1] LUDWIG, F., u. E. LENZ: Z. Geburtsh. **87**, 115 (1924).
[2] MOIR, CHASSAR: Brit. med. J. **1932** *I*, 1022.
[3] BOURNE, A., and J. H. BURN: J. Obstetr. **34**, 249 (1927).
[4] MOIR, CHASSAR: Brit. med. J. **1932** *I*, 1119.
[5] DUDLEY, H. W., and CHASSAR MOIR: Brit. med. J. **1935** *I*, 520.
[6] THOMPSON, M. R.: J. amer. pharmaceut. Assoc. **24**, 748 (1935).
[7] KOFF, A. K.: Surg. etc. **60**, 190 (1935).
[8] TUCK, V. L.: Amer. J. Obstetr. **30**, 718 (1935).

it from ergotoxine, he named it ergostetrine. ADAIR, DAVIS, KHARASCH and LEGAULT[1], by tests on the human uterus, similarly arrived at a substance ergotocin and finally STOLL and BURCKHARDT[2] encountered the new alkaloid "almost accidentally" as a by-product in the manufacture of ergotoxine from Spanish ergot, and so readily obtained it pure; they named it ergobasine. It is noteworthy that STOLL and BURCKHARDT failed in their direct attemps to isolate "MOIR's substance," which does not seem to be present to any extent in the (Hungarian?) ergot used in the manufacture of ergotamine.

Thus the same active principle was reported on within a few months from four laboratories; in three it had been found by more or less systematic tests on the pregnant or puerperal uterus, in one by more purely chemical means. Fortunately the identity of all four preparations has been admitted by those concerned[3]. It is rather more difficult to settle the question of nomenclature, at least on chemical grounds; DUDLEY and MOIR were the first to characterise a crystalline active alkaloid, not yet absolutely pure; two months later followed a full description, with the correct formula, by STOLL and BURCKHARDT. Since however the very existence of the new active principle was first shown in MOIR's paper of 1932, the name ergometrine, given to it by him and DUDLEY, will be employed here; KÜSSNER[4], who discusses the question of priority, also prefers this name. A fifth name, ergonovine, suggested by a committee[5] which has not made a contribution to the chemistry or pharmacology of the substance, has little to recommend it. Since the identity of the four substances is admitted, all information concerning them can be amalgamated. The fullest account of the pharmacology of ergometrine is by BROWN and DALE[6].

Toxicity and General Effects. For *mice* the minimal lethal intravenous dose per g. is 0.145 mg. according to ROTHLIN[7] (for ergobasine) and 0.25 mg., according to DAVIS, ADAIR, CHEN and SWANSON[8] (for ergotocin). The latter authors mention erection of the hairs, dragging of the hind legs, periodic convulsions of a clonic type, ending in death. BROWN and DALE, after intravenous injections of 0.01 to 0.1 mg./g. saw slight exophthalmos and erection of the hairs, suggesting a general stimulation of sympathetic nerves, probably of central origin; there were no other symptoms, and all the mice recovered rapidly. Ergometrine thus has a low toxicity to mice (but not to rabbits, see below). Ergometrinine is much more toxic to mice (see p. 193).

For *rats* the subcutaneous lethal dose is 0.5 mg./g. (ROTHLIN). According to DAVIS *et alii*, 0.005 mg./g. raised the metabolic rate by 25—39%; 0.01 mg./g. raised it by 52—81%; 0.001—0.003 mg./g. did not affect it.

For *guinea-pigs* the intravenous lethal dose is 0.08 mg./g.; it produces the same symptoms as in mice (DAVIS *et alii*).

In *rabbits* the similarity between the effects of ergometrine and ergotoxine or ergotamine is particularly striking. When injected into the ear vein in doses of

---

[1] ADAIR, FR., M. E. DAVIS, M. S. KHARASCH and R. R. LEGAULT: Amer. J. Obstetr. **30**, 466 (1935).

[2] STOLL, A., et E. BURCKHARDT: C. r. Acad. Sci. Paris **200**, 1680 (1935) — Bull. Sci. pharmacol. **37**, 257 (1935).

[3] KHARASCH, M. S., H. KING, A. STOLL and M. R. THOMPSON: Nature (Lond.) **137**, 403 (1936) — Science (N. Y.) **137**, 403 (1936).

[4] KÜSSNER, W.: Z. angew. Chem. **50**, 34 (1937).

[5] Council on Pharmacy and Chemistry of the American Medical Association: J. amer. med. Assoc. **106**, 1008 (1936).

[6] BROWN, G. L., and H. H. DALE: Proc. roy. Soc. Lond. B **118**, 446 (1935).

[7] ROTHLIN, E.: Cit. p. 147.

[8] DAVIS, M. E., F. L. ADAIR, K. K. CHEN and E. E. SWANSON: J. of Pharmacol. **54**, 398 (1935).

1.8 to 2.8 mg./kg. ergometrine produced almost immediately wide dilatation of the pupil, restlessness, excitability, "sham rage," a crawling gait and acceleration of respiration; in one case, with 2.8 mg. after 30 minutes, the rate was 333 per minute, the heart beat 300 per minute. The ears became pale and cold with intense vaso-constriction. Hyperpnoea was declining after 2 hours, and after 3 hours there was only some rapidity of breathing. 1.8 mg./kg. raised the rectal temperature from 39° to 41.5° in 70 minutes, after which it slowly declined (BROWN and DALE). In one case Dr. A. C. WHITE (private communication) found that 2.95 mg./kg. ergometrine caused a rapid fatal hyperthermia in a rabbit, whereas 10 mg./kg. ergometrinine was without effect. Thus in rabbits ergometrine is much the more active isomeride, whilst to mice ergometrinine is by far the more toxic. The toxicity of ergometrine to rabbits seems to depend on its power of raising the body temperature in this species. Small doses of ergometrine do not modify the temperature, and in particular never lower it, as do suitably small doses of ergotoxine, ergotamine, ergoclavine and similar complex ergot alkaloids. This is in accordance with the fact that, unlike the complex alkaloids, ergometrine scarsely paralyses the sympathetic and thus presumably has little effect on the sympathetic portion of the heat centre (see p. 147).

The lethal intravenous dose of ergometrine is 6 mg./kg. according to ROTHLIN[1]. The latter author[2] found that as little as 0.1 mg./kg. already raised the body temperature of a rabbit, and suggested this reaction as a means of estimating the new alkaloid. The body temperature of mice, rats and guinea-pigs is little influenced even by large doses. For rabbits ROTHLIN describes the same symptoms as BROWN and DALE, also erection of the hairs, salivation and convulsions; after a fatal intravenous dose the stomach may be perforated, also in cats after oral administration. The blood sugar in the rabbit and in the dog is at the most raised very slightly, but the hyperglycaemic effect of adrenaline is increased (by ergobasine). Rigor mortis appears as rapidly as after ergotamine. In general ergotamine is for rodents two or three times as toxic as ergobasine (ROTHLIN).

In *cats* a dose of 2 to 2.5 mg./kg., injected intravenously, produces constant and characteristic symptoms, described most fully by BROWN and DALE. "Almost as soon as the injection has been completed, the onset of the effect is visible, the rapid dilatation of the pupils and erection of the hairs of the tail. By the time the cat can be released, it shows already some inco-ordination and tendency to sprawl, and a pronounced excitability and 'sham rage,' starting, snarling, spitting, baring its teeth and extending its claws, in response to visual or auditory stimuli of any kind, but making no purposive movement of attack or defence; so that it can be lifted without danger of bite or scratch, in spite of its apparent threatening reaction." The pupils dilate maximally and exophthalmos becomes so pronounced that blinking fails to cover the cornea. There is definite and persistent erection of the hair on the head, back and tail. Weakness of the limbs and inco-ordination increase; they are of central origin, for a sudden noise will often cause the cat, at this stage, to make a clumsy vertical spring of a foot or more. The animal crouches with the joints flexed and the fore feet widely apart, or crawls slowly with the belly touching the floor, and with a tendency to remain for some seconds in a position of incompleted movement. These effects strongly resemble those seen in the earlier excitatory phase of the action of ergotoxine and ergotamine in similar or smaller doses. These latter alkaloids however show the following additional effects: the initial mydriasis, less pronounced than with ergometrine, soon gives way to an intense miosis, lasting for many hours; the weakness is more pronounced, affects the hind limbs earlier,

[1] ROTHLIN, E.: Arch. f. exper. Path. **181**, 154 (1936). [2] ROTHLIN, E.: Cit. p. 147.

and ultimately becomes general; the animal then often lies flaccid on its side and the anal sphincter often becomes incompetent. In this highly characteristic state the cat lies inert and half conscious, with the pupils constricted to the narrowest slits, even in a dark corner, and reacts feebly, though still with signs of sham rage, when disturbed. On the other hand these later effects are entirely missing in a cat which has received ergometrine. The excitability slowly subsides and the movements gradually become stronger and more co-ordinate. The mydriasis and exophthalmos persist longer and remain visible for 5 hours. On the following day the animal is completely normal.

From experiments in which the superior cervical ganglion was removed, and both splanchnic nerves were cut Brown and Dale arrived at the conclusion that the relatively weak peripheral sympathomimetic effect of ergometrine plays at most a minor part in the intense effects of sympathetic stimulation shown by the eye. Cutting the splanchnics and removing the last lumbar and first sacral sympathetic ganglia on both sides abolished the pilomotor effect on the tail (but not from the head down to the middle of the back). When further both suprarenals had been removed some weeks previously, ergometrine still caused some mydriasis on the side from which the superior cervical ganglion had been removed, though less, of course, than on the intact side. This remnant of mydriasis is therefore due to a direct effect on the eye, or to depressant action on the nucleus of the third nerve. Hence its occurrence, when the suprarenals were merely denervated, was not due to a direct stimulation of the suprarenal medulla by ergometrine. Brown and Dale observed dilatation of the pupil of an isolated cat's iris when ergometrine was added to the bath. Davis, Adair, Chen and Swanson saw mydriasis after direct application of ergotocin to the rabbit's eye.

In cats deprived of suprarenals Brown and Dale found ergometrine to cause initial symptoms of excitation, but these were soon followed by a depressor phase and death within 1 to 3 hours (not due exclusively to the adrenalectomy). They were unable to explain this rapid death.

In pregnant cats an intravenous injection of 5 mg. of ergometrine accelerates parturition or produces abortion. In a late stage of gestation normal healthy kittens were born; in an earlier stage immature foetuses were expelled; in neither case was there any injury to the mother (Brown and Dale). Thompson found that 1 mg. (of ergostetrine) given orally or 0.5 mg. subcutaneously, per kilo consistently terminated pregnancy in 21 cats; the young were always dead in these experiments.

With oral administration of 5 mg. to a cat, Brown and Dale saw dilatation of the pupil, retraction of the nictitating membrane and slight exophthalmos within 5 minutes, but no excitement or sham rage, as after intravenous injection. The profuse salivation is probably due to the bitter taste of the alkaloid, and large doses are irritating to the stomach; 10 mg. in 50 c.c. of water was promptly vomited. The vomiting is not entirely due to direct irritation of the gastric mucosa, since it also occurs after subcutaneous administration (not after intravenous). After hypodermic injection of 2 to 2.5 mg./kg. the "sham rage" appears after 30 minutes (instead of one minute after an intravenous dose). Mydriasis and exophthalmos are developed even more slowly. With 0.5 mg./kg. the effects are less, with 0.2 mg./kg. just perceptible. The largest dose recommended for injection in human therapeutics is 0.005 mg./kg.

In a *dog* of 12.2 kg. 10 mg. injected intravenously produced a short spell of excitability after 5 minutes, and during the next 3 hours the only symptoms were repeated vomiting and weakness, particularly of the hind legs (Brown and

Dale). With smaller doses, up to 0.16 mg./kg. intramuscularly, there was neither vomiting, nor muscular weakness (Zunz and Vesselovsky[1]). Even when 0.5 or 1 mg./kg. was injected daily for 20 days, there was only slight transient albuminuria with the larger dose (Davis *et alii*).

For the *cock* Rothlin found the lethal dose (of ergobasine) to be greater than 10 mg./kg., as compared with 2—3 mg. of ergotamine. There was cyanosis, but never gangrene (nor was there gangrene of the rat's tail). Thompson (with ergostetrine) states that as little as 0.05 mg./kg. may induce cyanosis, which was always definite after 0.1 mg./kg.; larger doses caused the characteristic general depression and narcotic symptoms of ergot. He considered that ergostetrine has 140—180% of the activity of ergotoxine ethanesulphonate in producing cyanosis (tested according to the method of the U. S. Pharmacopoeia, 1926); ergostetrine acts moreover more rapidly. Davis *et alii* found ergotocine maleate to have 125—143% of the activity of ergotoxine ethanesulphonate, and Rothlin[2] thinks ergobasine twice as active as ergotamine and ergotoxine in this respect. Brown and Dale, after 0.75 to 1 mg./kg. injected intramuscularly, observed definite symptoms of inco-ordination and depression, with dyspnoea, staggering gait, drooping wings, salivation and diarrhoea, qualitatively very similar to the symptoms produced by ergotoxine and ergotamine, but probably less severe. Ergometrine also produced colour changes in the comb, rather more rapidly than ergotoxine, but of similar nature and intensity. These changes begin with circumocular pallor, which spreads to the root of the comb and wattles; their peripheral portions become cyanotic and finally the whole comb and wattles become dusky purple in colour and cold to the touch. The difference between the effects of single doses of ergometrine and ergotoxine was best seen when they were large (3—7 mg./kg.); the intense effect of the first few hours had passed off completely next day in the case of ergometrine, but was still pronounced with ergotoxine. A more striking difference was observed after repeated injections. Two cocks, which had previously both shown very similar responses to single doses of ergotoxine and ergometrine, were treated by a series of injections; the one received on successive days 15, 10, 10, 20 and 10 mg. ergometrine, the other 15, 10, 10 and 20 mg. ergotoxine. The comb of the former was entirely red and warm on the second day after the last injection, that of the other developed dry gangrene after the third injection and finally half the comb became a shrivelled, horny mass. Davis *et alii* could not distinguish the colour produced by single doses of ergotocine from that caused by ergotoxine, and in agreement with Thompson they found the new alkaloid distinctly more active (on comparing ergotocine maleate weight for weight with ergotoxine ethanesulphonate). In contrast to Rothlin, and to Brown and Dale, they, however, observed gangrene, but only in three birds out of six, and after prolonged treatment (0.5 mg. twice daily for 24 days; the gangrene appeared 5, 8 and 15 days after the last injection). This prolonged administration is probably responsible for the positive results, rather than admixtures in the alkaloid (which was not quite pure). Brown and Dale draw the cautious conclusion that ergometrine "has a definitely smaller tendency to produce gangrene than ergotoxine and the other similar alkaloids."

Introduced in solution by a tube passed into the crop, ergometrine shows an effect within five minutes, which after half an hour has become comparable to that of the same dose given by injection. On the other hand ergotoxine, similarly introduced into the crop, is inconstant in its effects, which in any case do not

[1] Zunz, E., et O. Vesselovsky: C. r. Soc. Biol. Paris **120**, 1360 (1935).
[2] Rothlin, E.: Arch. f. exper. Path. **184**, 69 (1937).

show themselves until after 45—60 minutes. The slow absorption of ergotoxine is connected with its large molecular weight.

Action on the Circulatory System. In the *rabbit* under urethane, 0.01—0.5 mg. ergometrine, given intravenously, produces a small but definite rise of arterial blood pressure without depression of the respiratory centre, in marked contrast to the large fall of pressure, often ending fatally, which an equal amount of ergotoxine produces under the same conditions (Brown and Dale; Rothlin).

In the anaesthetised *cat* the blood pressure is generally lowered (0.5—1 mg./kg. Rothlin; 1—30 mg. per animal under ether or chloralose, Davis *et alii*; Thompson, using chloretone as anaesthetic, usually observed a pressor effect (feeble as compared with ergotoxine), but in the spinal cat there is a pronounced and persistent rise (Davis *et alii*; Brown and Dale). This contrast has been examined by the latter authors in some detail; they expected from the signs of general

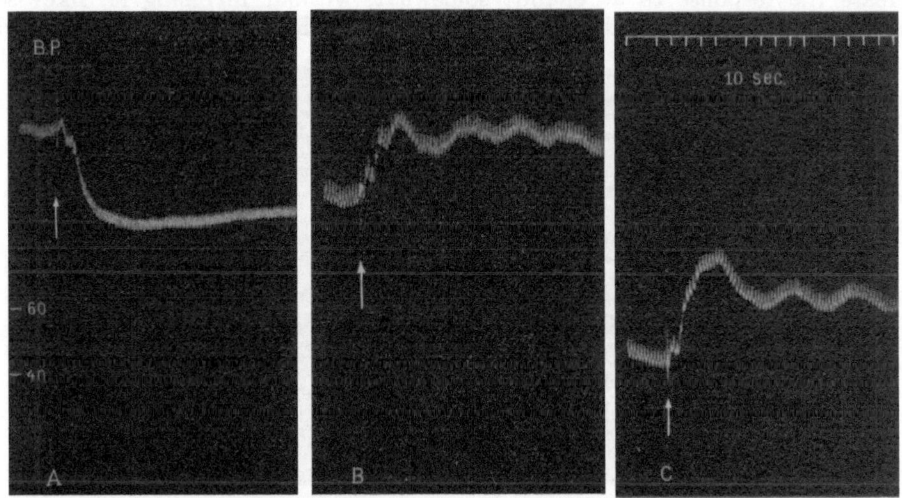

Fig. 33. Effect of ergometrine on blood pressure of cat, 3.7 kg., under ether with artificial respiration. A, B and C, intravenous injections of 2 mg. of ergometrine. Between A and B. decerebrated. Between B and C, brain and cord destroyed anterior to second cervical segment. (From Brown and Dale[1].)

sympathetic stimulation produced in a conscious animal, that ergometrine would have a pressor effect on the anaesthetised cat; yet they invariably found a well marked and prolonged fall of arterial pressure under these conditions (see fig. 33); Davis *et alii* report a greatly depressed respiration rate after 5—30 mg. of ergotocin, which was relieved by artificial ventilation.

In an animal decerebrated anteriorly to an intercollicular section of the mid-brain, and breathing spontaneously, ergometrine, when given after all the preliminary ether has been expired, produces a fall of arterïal pressure associated with respiratory depression, but when the animal is kept under artificial ventilation, the ergometrine produces a rise, as in the spinal animal. From the experiments on the latter, and on the artificial perfusion of limbs, it would appear that the pressor effect of ergometrine is chiefly due to an action on spinal vasomotor centres, and this action seems also to predominate in the decerebrated animal under artificial ventilation. On the other hand, when the fore-brain is intact, some centre in it, resisting the potent anaesthetic, still maintains a vasomotor tone; the fall in arterial pressure from (a higher level)

[1] Brown, G. L., and H. H. Dale: Cit. p. 179.

would be due to the depressant effect of ergometrine on this centre in the fore-brain. "When this centre has been removed, leaving lower centres in charge of vasomotor tone, ergometrine stimulates these" (BROWN and DALE).

In the spinal cat, when the persistent pressor effect due to a first dose has passed its maximum, a second injection of ergometrine does not cause a further rise, but a fall to about the original level (see fig. 34). Such a depressor effect of a second injection is often seen with ergotoxine, and may hence be connected with the paralytic action of ergotoxine on motor sympathomimetic actions, causing the well known vasomotor reversal after adrenaline. ROTHLIN states that ergobasine does not inhibit the pressor effect of adrenaline; THOMPSON saw no inhibition after 2 mg. (of ergostetrine per kilo under chloretone anaesthesia) and even enormous doses failed to produce the vasomotor reversal; DAVIS *et alii* found that very large doses of ergotocin (30—50 mg.) in etherized or pithed cats, decrease the response to adrenaline somewhat, without reversing it; likewise RAYMOND-HAMET[1] observed that when 0.015 mg. adrenaline originally caused

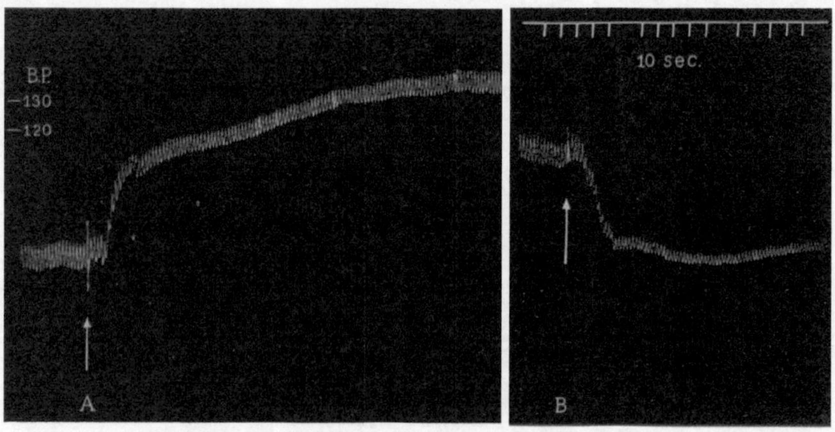

Fig. 34. Blood pressure of spinal cat, 3.8 kg. A, first injection, 10 mg. ergometrine. B, second injection, 15 mg. ergometrine. (From BROWN and DALE[2].)

a rise of 126 mm. Hg. in the blood pressure of a dog, successive doses of ergometrine decreased the pressor effect of the same dose of adrenaline, until after a total of 5.5 mg./kg. the adrenaline raised the blood pressure by only 37 m.m. These latter observations were confirmed by BROWN and DALE. In a spinal cat of 3.8 kg., after 25 mg. ergometrine, 0.1 mg. adrenaline still caused a rise of blood pressure, but a smaller rise than 0.02 mg. had caused before the injection of ergometrine (see fig. 35). This diminution of the pressor action of adrenaline is such as might be produced by a small fraction of a mg. of ergotoxine, but cannot be regarded as specific with a dosage of 25 mg. This slight inhibition is moreover of short duration, for after an hour 0.02 mg. of adrenaline gave the same effect as it did originally. The typical vasomotor reversal was then brought on by 7.5 mg. of ergotoxine, and then 0.04 and 0.2 mg. of adrenaline produced falls of blood pressure.

Very similar observations were made by BROWN and DALE by perfusing the hind limb of a cat from the lower end of the aorta, by means of a DALE-SCHUSTER pump. The perfusion pressure, shown by the pump, and the outflow from the

[1] RAYMOND-HAMET: C. r. Acad. Sci. Paris **201**, 176 (1935).
[2] BROWN, G. L., and H. H. DALE: Cit. p. 179.

lower end of the vena cava were affected in a corresponding manner. After 1 γ adrenaline had produced a vasoconstrictor effect, 0.2 mg. ergometrine caused a small, preliminary vasoconstriction, which soon gave way to a prolonged relaxation of vascular tone. A further 0.5 mg. ergometrine diminished the vasoconstrictor action of adrenaline to about one fifth of its original intensity, without any trace of reversal, which was however definitely brought about by 0.5 mg. of ergotoxine, so that large doses of adrenaline then only showed a vasodilator effect. DAVIS *et alii* found that 1:50,000 to 1:150,000 ergotocin uniformly caused vasoconstriction in the hind leg of the frog perfused by the LAEWEN-TRENDELENBURG method, and they too obtained no reversal of the vasoconstrictor effect of adrenaline.

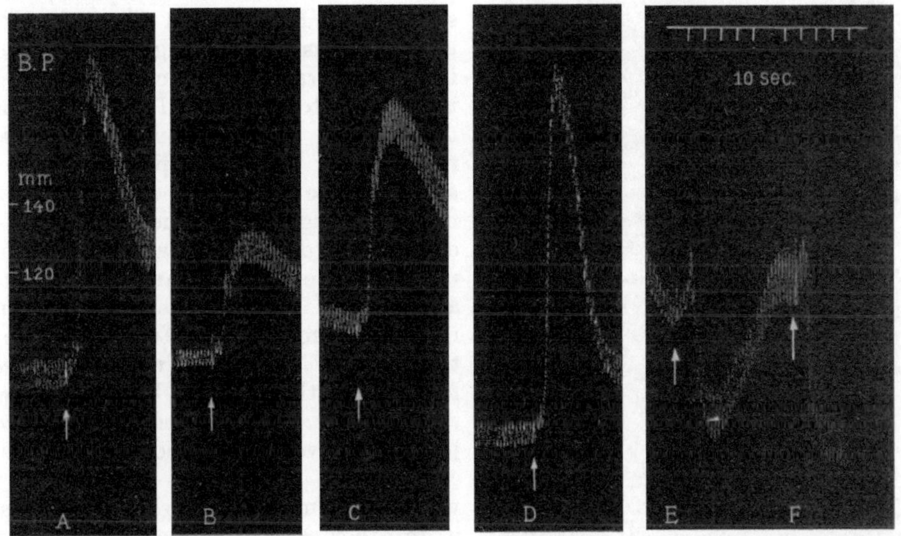

Fig. 35. Same experiment as fig. 33. A, 0.02 mg. adrenaline. Between A and B 25 mg. ergometrine (see fig. 33). B, 0.04 mg. adrenaline. C, 0.1 mg. adrenaline. Between D and E 7.5 mg. ergotoxine. E, 0.04 mg. adrenaline. F, 0.2 mg. adrenaline. (From BROWN and DALE[1].)

In the experiments of DAVIS *et alii*, the blood pressure of etherized *dogs* was influenced in the same way as that of cats (by ergotocin). The antagonism between adrenaline and ergometrine is perhaps best shown by HAMET's method in which the kidney volume is registered plethysmographically. The vasoconstriction in the kidney of dogs, due to 0.01 mg. adrenaline per animal, is abolished by ergometrine, but large doses are required (5.5 mg./kg.).

DAVIS *et alii*, on perfusion of the *frog's heart* from the interior vena cava with 1:10,000 ergotocin, observed a decrease of the ventricular rate and diminution of both systole and diastole, but BROWN and DALE, using a *rabbit's heart* and the LOCKE-LANGENDORFF technique, found that 1.0 mg. of ergometrine, injected into the arterial cannula, had no effect on the ventricular beat. According to ROTHLIN, ergobasine inhibits the effect of stimulation of the depressor nerve in the rabbit, but is only half as active as ergotamine in this respect.

Action on the Uterus. Ergometrine was discovered by its action on the human puerperal uterus, in doses producing no other perceptible effects; the original observations of MOIR on aqueous ergot extracts indicated the existence of a principle acting more rapidly than ergotoxine or ergotamine, and this greater

[1] BROWN, G. L., and H. H. DALE: Cit. p. 179.

rapidity of action, especially after oral administration, was indeed found to be characteristic of the new alkaloid (for clinical experiments see DUDLEY and MOIR[1]; MOIR[2]; KOFF[3]; ADAIR, DAVIS, KHARASCH and LEGAULT[4]; TUCK[5]).

Guinea-pig. The isolated uterus of virgin guinea pigs is very sensitive to ergotoxine and ergotamine (DALE and SPIRO[6]) and according to BROWN and DALE it is equally sensitive to ergometrine; with particularly sensitive preparations ergometrine may show its effect in a concentration of the bath as low as 1 in 10^9; in these experiments ergometrine acted somewhat more rapidly than ergotoxine in the same concentration (see fig. 36). DAVIS *et alii* observed a somewhat irregular and frequently tetanic contraction at a dilution of $1:2\times10^7$.

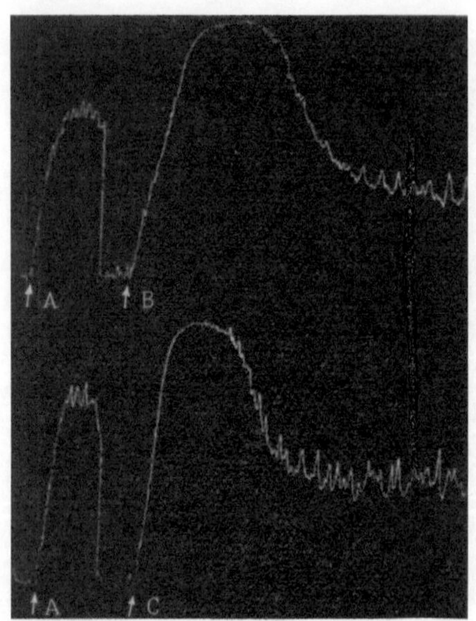

Fig. 36. Symmetrical horns of uterus of virgin guinea-pig. A, histamine, $1:10^7$. B, ergotoxine ethanesulphonate, $1:1.5\times10^6$. C, ergometrine, $1:1.5\times10^6$. (From BROWN and DALE[7].)

The adult parous uterus of a guinea-pig, not pregnant or puerperal, was studied by BROWN and DALE *in situ* under urethane; 0.01 mg. ergometrine, injected intravenously, caused a small increase of tone, but had little effect on the already almost maximal irregular rhythm. In the guinea-pig, as in other animals, the effect of ergometrine is most striking on the puerperal uterus, one or two days after parturition. The uterus is then usually large and flaccid and shows very little spontaneous rhythm. BROWN and DALE, recording the activity of such a uterus *in situ*, found it little affected by mechanical stimuli, but 0.01 mg. ergometrine injected intravenously produced vigorous contractions within a few seconds, which in some cases persist for hours; if, in other cases, they cease, they may be brought on again by a second dose; a uterus which has become quiescent after a first dose, is now nevertheless much more sensitive to a mechanical stimulus (pinch). The characteristic effect of ergometrine could only be demonstrated on the puerperal uterus *in situ*; suspended in a bath as an isolated preparation, such a uterus showed a so vigorous and persistent spontaneous rhythm that ergometrine had little perceptible action. A comparison between ergometrine and ergotoxine on the uteri of two similar guinea-pigs *in situ* (about 12 hours post partum), by means of intravenous injections of 0.01 mg., furnished the strongest contrast between the actions of the two alkaloids (see fig. 37). After a latent period of 10 minutes ergotoxine produced, by a series of increasing contractions with diminishing relaxation, a condition of strong tonus with a rather feeble rhythm, lasting for some hours. Ergometrine after about one minute, induced strong isolated contractions, between which the uterus was completely relaxed, and there was no increase in tone. Although the contrast

[1] DUDLEY, H. W., and CHASSAR MOIR: Cit. p. 178.
[2] MOIR, CHASSAR: Brit. med. J. **1936** *II*, 799.
[3] KOFF, A. K.: Cit. p. 178.
[4] ADAIR, FR., M. E. DAVIS, M. S. KHARASCH and R. R. LEGAULT: Cit. p. 179.
[5] TUCK, V. L.: Cit. p. 178.
[6] DALE, H. H., u. K. SPIRO: Cit. p. 106.
[7] BROWN, G. L., and H. H. DALE: Cit. p. 179.

was not always so well marked, ergotoxine always acted much more slowly, and had the greater effect on tone, the smaller on rhythm.

Rabbit. "It is probably significant that the uterus of the rabbit, which at all stages of pregnancy gives a motor response to adrenaline, shows also the most consistent excitatory response to ergometrine in all physiological conditions" (BROWN and DALE). The powerful effect (of ergobasine) on the isolated rabbit's uterus and the uterus *in situ* was noted by ROTHLIN[1]; DAVIS *et alii* observed prolonged rhythmic contractions and increase of tone in a bath containing $1:2\times10^6$ (of ergotocin); they, and also THOMPSON, insist on the contrast between

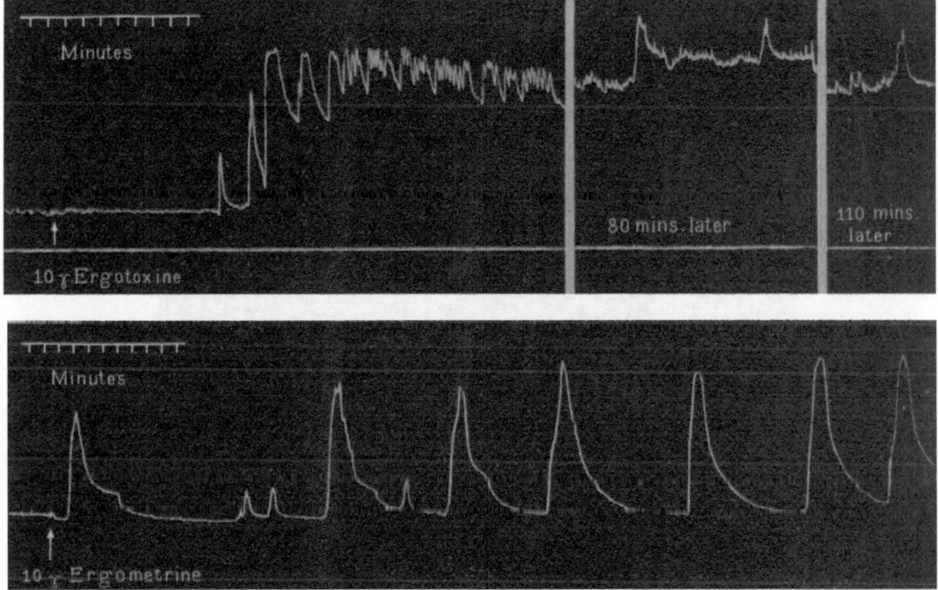

Fig. 37. Records of uteri *in situ* of two guinea-pigs about 12 hours post-partum. Upper, 0,01 mg. ergotoxine intravenously. Lower, 0.01 mg. ergometrine intravenously. (From BROWN and DALE[2].)

the new alkaloid and ergotoxine. All these authors agree that ergometrine does not inhibit the contraction of the isolated rabbit's uterus caused by adrenaline; the circumstance that ergotoxine and ergotamine entirely abolish this action of adrenaline is the basis of the BROOM and CLARK method for assaying these alkaloids; the method is therefore not applicable to ergometrine. Thus DAVIS *et alii* found that 1:500,000 ergometrine did not inhibit whilst 1:10,000,000 ergotoxine did so completely. The difference between ergotoxine and ergometrine is shown in fig. 38, according to BROWN and DALE, whose paper may be consulted for details concerning the technique. They also give a record from the uterus of the non-pregnant rabbit taken *in situ*, under urethane anaesthesia, with an apparatus similar to CUSHNY's myocardiograph; 0.5 mg. of ergometrine caused a prompt contraction and increased rhythmic activity of the uterus, with a small rise of arterial pressure. Subsequently 0.5 mg. ergotoxine caused no immediate effect on the uterus, but a prompt and lasting fall of arterial pressure. (The increase of tone after 12 minutes may or may not be attributable to ergotoxine. SWANSON, HARGREAVES and CHEN[3] consider the oxytocic action on the isolated

[1] ROTHLIN, E.: Cit. p. 182. [2] BROWN, G. L., and H. H. DALE: Cit. p. 179.
[3] SWANSON, E. E., C. C. HARGREAVES and K. K. CHEN: J. amer. pharmaceut. Assoc. 24, 835 (1935).

rabbit's uterus as typical of ergotocin, but they do not seem to have compared this action quantitatively with that of ergotoxine; they suggest its use for the assay of the new alkaloid (necessarily free from ergotoxine and ergotamine).

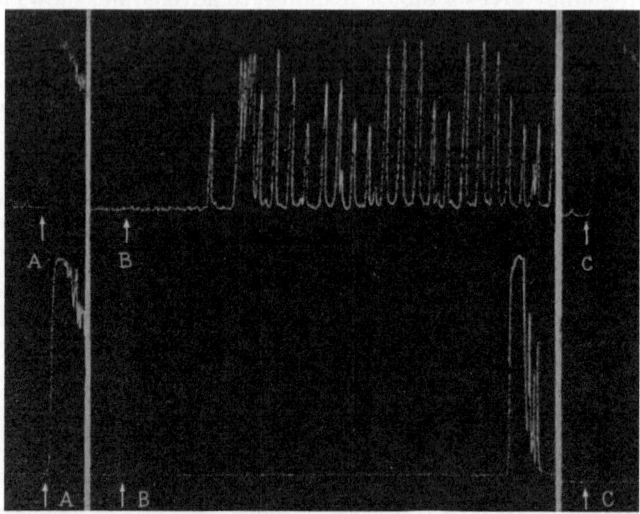

Fig. 38. Oestrous rabbit, strips of uterus from attachment of broad ligament. A, upper and lower, adrenaline 1 in 3×10^6. B, upper, ergometrine 1 in 750,000; lower, ergotoxine, 1 in 900,000. C, upper and lower, adrenaline 1 in 3×10^6. Between B and C the solution was changed. (From BROWN and DALE[1].)

According to THOMPSON, ergostetrine causes contraction of the isolated rabbit's uterus at a dilution of 1:500,000, sometimes even at 1:3,000,000 and the contraction is inhibited by ergotoxine. Accordingly SWANSON, HARGREAVES and CHEN even suggest that ergotocin can almost replace adrenaline in the BROOM and CLARK assay.

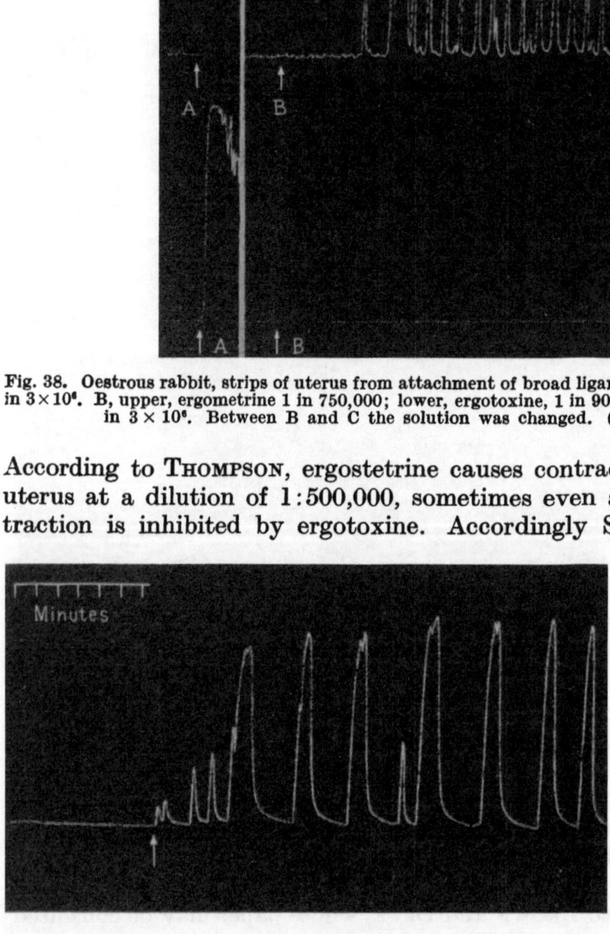

Fig. 39. Cat 12 hours post-partum. Isolated strip of uterus. Quiescent for one hour. At signal, ergometrine 1 in 75×10^6. (From BROWN and DALE[1].)

The puerperal uterus of the rabbit does not admit of the introduction of a balloon, as used by OETTEL and BACHMANN[2] in cats. Nevertheless, by emptying one horn in a preliminary operation, tying it off and establishing a fistula, the authors were subsequently able to introduce a balloon through the latter and then found 0.075 mg. ergometrine quite effective in inducing contractions.

Cat. The uterus of the cat was largely used by THOMPSON in isolating the new alkaloid (ergostetrine); he employed the organ *in situ* and found it much the most sensitive just before, during and immediately after parturition; during the first few days after labour sensitivity rapidly declines. THOMPSON's experiments with 250 cats, on the relative rapidity of the action of ergot extracts, of

[1] BROWN, G. L., and H. H. DALE: Cit. p. 179. [2] OETTEL, H., u. H. BACHMANN: Cit. p. 189.

ergotoxine and of the new alkaloid, agree closely with the clinical experiments of MOIR. According to BROWN and DALE, the non-pregnant uterus of the cat, whether in the virgin or parous condition, and whether treated as an isolated organ or observed *in situ*, has naturally a high tone and active rhythm and the stimulant action of ergometrine is then not clearly differentiated from that of ergotoxine and ergotamine; this is also true in the early stages of pregnancy, but like THOMPSON, they found the puerperal cat's uterus to give much the most striking demonstration of the action of ergometrine, both isolated (fig. 39) and *in situ* (fig. 40).

Often, but not invariably, the contractions are accompanied by an increase in tone. In one experiment three kittens had been born from one horn of the

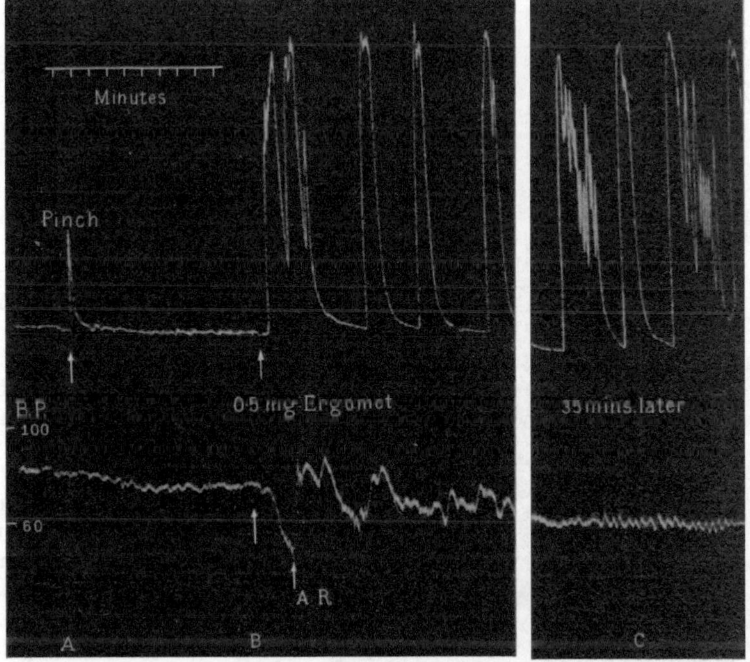

Fig. 40. Decerebrate Cat, 3 kg., 24 hours post-partum. Record of uterus *in situ* and blood pressure. A, uterus pinched. B, 0.5 ergometrine, intravenously. C, 35 minutes later. (From BROWN and DALE[1].)

uterus and two remained in the other horn; the animal was decerebrated under ether and the contractions of the empty horn were recorded; they were seen to synchronize with that of the still pregnant horn. An injection of 0.02 mg. ergometrine distinctly increased the already great activity of the uterus during one hour, but 0.15 mg. had about the same effect; presumably the co-operation of the voluntary muscles of the abdominal wall is required to bring about birth.

According to OETTEL and BACHMANN[2], ergometrine is best tested on the puerperal cat's uterus by introducing a balloon, subsequently filled with water, and recording its internal pressure with a water manometer (as in MOIR's experiments). In this way they found 0.05—0.1 mg. to be quite effective, and they attribute the dose of 0.25 mg. quoted in one experiment by BROWN and DALE (without any indication that it was the minimum) to the laparotomy performed

[1] BROWN, G. L., and H. H. DALE: Cit. p. 179.

[2] OETTEL, H., u. H. BACHMANN: Arch. f. exper. Path. **185**, 251 (1937).

for recording uterine movements. Oettel and Bachmann found an injection of 2 mg. ergotamine almost invariably ineffective and hence claim that the puerperal uterus of the cat is very suitable for assaying extracts for ergometrine. The action of this latter alkaloid is characteristically distinguished from that of pituitary extract by an initial tetanic contraction, which after 0.1 mg. may last for 15 minutes, before it gives way to rhythm (see fig. 41).

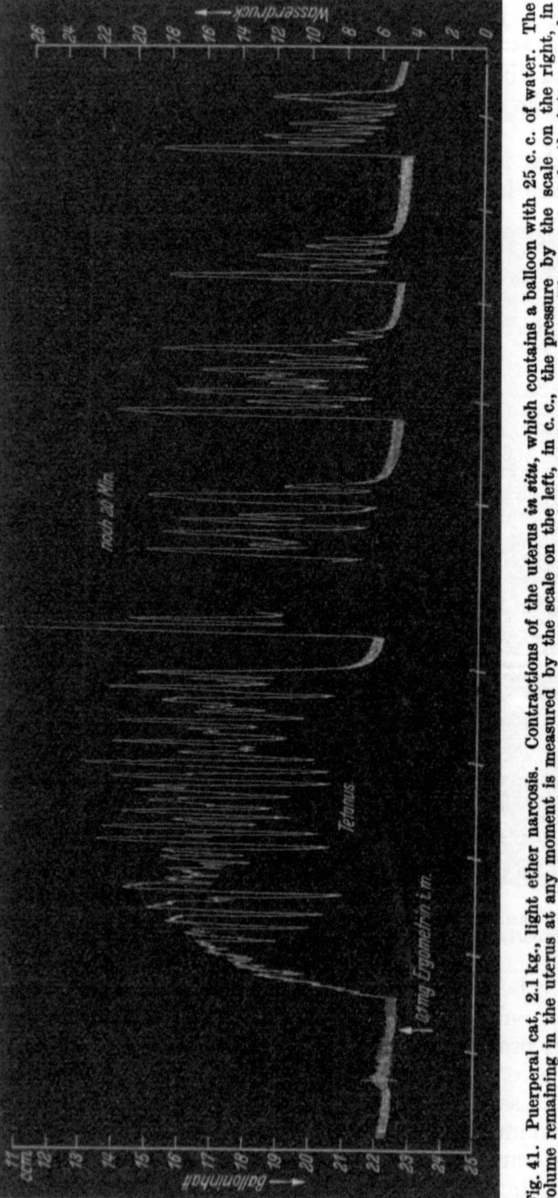

Fig. 41. Puerperal cat, 2.1 kg., light ether narcosis. Contractions of the uterus *in situ*, which contains a balloon with 25 c.c. of water. The volume remaining in the uterus at any moment is measured by the scale on the left, in c.c., the pressure by the scale on the right, in c.m. of water. Time markings every 5 minutes, with an interval of 20 minutes between the two curves. The arrow marks the intramuscular injection of 0.1 mg. ergometrine. (From Oettel and Bachmann[1].)

Dog. The bitch's uterus has been used 3—6 days post partum by Swanson and Hargreaves[2]; contractions were registered by means of a rubber balloon and manometer, as in Moir's experiments; intravenous doses of 0.005 to 0.05 mg./kg. acted in 1 to $1^1/_2$ minutes, 0.5 mg./kg. by the mouth in 6 minutes.

Other animals. Brown and Dale found that 1 to 75,000 ergometrine caused a pronounced increase of tone in an isolated horn of the non-pregnant uterus of the *hamster*; this was followed by relaxation and greatly augmented rhythm. Ergotoxine in a similar concentration produced a persistent tonus, little broken by rhythm. Isolated horns of the uterus of the *ferret* and the *rat* showed no striking or specific effect with ergometrine; the organs of both species had a very vigorous spontaneous rhythm.

Action on other Isolated Organs. Rothlin[3] has recommended the seminal vesicle of the guinea-pig for the assay of ergotamine, which paralyses the motor effect of adrenaline on this organ. Brown and Dale confirmed this for ergotoxine;

[1] Oettel, H., u. H. Bachmann: Cit. p. 189.
[2] Swanson, E. E., and C. C. Hargreaves: J. amer. pharmaceut. Assoc. **23**, 867 (1934).
[3] Rothlin, E.: Cit. p. 100.

thus the contraction and rhythm caused by adrenaline in a concentration of 1 in 4×10^6 was reduced by three quarters by an equal concentration of ergotoxine, and almost completely annulled by three times this amount. Ergometrine on the other hand did not inhibit at all in a concentration of 1 in 3×10^3. This is, according to BROWN and DALE, perhaps the sharpest and clearest contrast between a potent paralysing effect of ergotoxine on a motor action of adrenaline and complete absence of such action by ergometrine in much higher concentration.

The isolated rabbit intestine shows with 1:125,000 ergotocin and indisputable relaxation, abolished by previous ergotamine, according to DAVIS *et alii* (see fig. 42). A "weak but quite definite inhibitor effect" of ergometrine, in a concentration of 1:100,000, on a loop of the rabbit's jejunum in TYRODE's solution was observed by BROWN and DALE, and they also found it abolished by ergotoxine, in a concentration of 1 in 100,000. Ergotoxine also weakens the

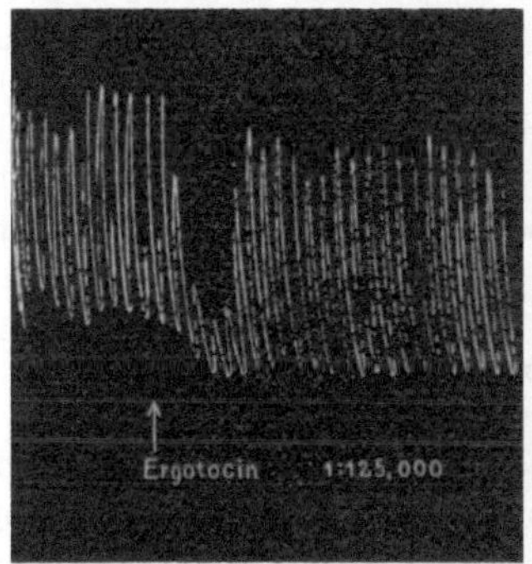

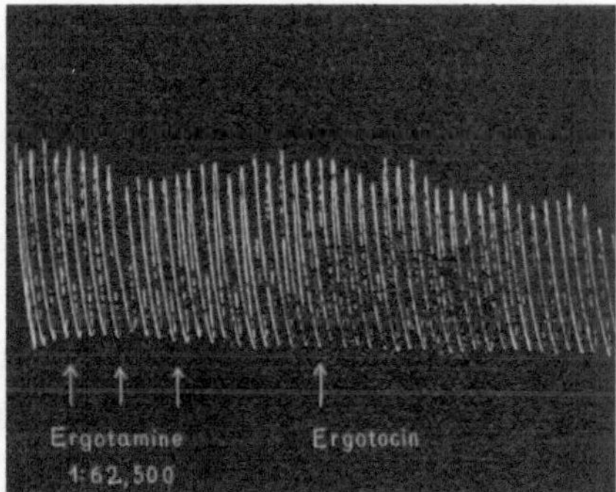

Fig. 42. Relaxation of isolated intestine of rabbit by ergotocin 1:125,000 and its abolition by ergotamine 1:62,500. (From DAVIS, ADAIR, CHEN and SWANSON[1].)

inhibitor action of adrenaline; the question whether the action of ergometrine has a sympathomimetic component, is discussed below.

In contrast to its action on that of the rabbit, ergometrine produces a tonic contraction of a loop of the guinea-pig's jejunum in concentrations as low as 1 in 10^6. The effect rapidly subsides on changing the solution and can apparently be repeated indefinitely. BROWN and DALE, who observed this, consider that there is "no proper ground for a suggestion that the stimulant effect on the guinea-pig's intestine is sympathomimetic," for the action of adrenaline is purely inhibitory; nevertheless this action of ergometrine is readily annulled by ergotoxine, which again exhibits no significant direct effect of its own on the activity of the intestinal muscle. It should further be noted, that this paralytic effect of ergotoxine, unlike its very persistent annulment of sympathetic motor effects, appears to be removed without difficulty by changing the fluid in the bath; after clean TYRODE's solution has been substituted and replaced a few times, the intestinal muscle regains its motor response to ergometrine. An isolated loop of the small intestine of the cat showed no response to ergometrine or ergotoxine in concentrations as high as 1 in 3×10^4 (BROWN and DALE).

Effect of Ergometrine on Diuresis. This is quite different from the effects of ergotamine and ergoclavine. ZUNZ and VESSELOVSKY[2], using bitches with a permanent bladder fistula, found that after intramuscular injection of as little as 0.01 mg./kg. there was already an increased flow of urine after the ingestion of

[1] DAVIS, M. E., F. L. ADAIR, K. K. CHEN and E. E. SWANSON: Cit. p. 179.
[2] ZUNZ, E., et O. VESSELOVSKY: C. r. Soc. Biol. Paris **120**, 1360 (1935).

300 c.c. of water. An increase in spontaneous diuresis was brought about by 0.04—0.08 mg./kg. and after sodium chloride or urea by 0.08 mg. Ergotamine and ergoclavine on the other hand diminish the flow of urine in most cases.

Various effects of ergometrine give indications of a peripheral action of the sympathomimetic type. DAVIS *et alii* mention in this connection (for ergotocin) the dilatation of the pupil, the constriction of blood vessels, the relaxation of intestinal movements and inhibition of this relaxation by ergotoxine. Since the pressor action of ergotocine is not pronounced, they leave the question open, whether the effects in question suggest sympathetic stimulation. BROWN and DALE mention, apart from the effect of ergometrine on the movements of the rabbit's intestine, also the great readiness with which the non-pregnant uterus of this animal responds to ergometrine, greater than in the case of other animals. They consider however that this peripheral action of sympathomimetic type is weak in itself, and is overlaid and obscured by actions of other types, and in particular, as seen in the unanaesthetized animal, by an excitatory effect on mid-brain centres, to which the syndrome of general sympathetic stimulation is chiefly due, and, especially in the cat, on higher brain centres as well. In these respects the action of ergometrine is linked, on the one hand, to that of a substance like β-tetrahydronaphthylamine, and, on the other hand, to those of the more complex ergot alkaloids. From these latter it is differentiated by an almost complete absence of the specific paralysing effect on augmentor sympathetic actions and by a much weaker tendency to produce gangrene, if at all.

While relatively large doses bring out similarities and contrasts in relation to the activity of other drugs, the only specific and characteristic effect of ergometrine in a dosage of the same order as that of the clinical, is that action of the uterus for which it has been used therapeutically and which led to its discovery. "It is only in the puerperal uterus of certain species that we find the association of quiescence with potential responsiveness, which appears to be necessary for the clear demonstration of this specific effect." In the rabbit's uterus the motor response to sympathomimetic substances persists through all functional phases, but even here the action of ergometrine can only be clearly shown, while the spontaneous activity of the uterus is slight; the uterus of the oestrous guinea-pig and that of the puerperal rat already have a vigorous spontaneous rhythm, which no dose of ergometrine will enhance. The typical action of ergometrine is to evoke the immediate onset of a strong rhythm, where this is absent, and here it differs from that of ergotoxine even when the latter is given intravenously or applied to an isolated organ. Besides being practically immediate, the effect of ergometrine is characterized by the predominantly rhythmic nature of the activity evoked; ergotoxine, by contract, usually acts after a delay of some minutes and then produces a response in which tone predominates over rhythm. BROWN and DALE were unable to demonstrate to their satisfaction the relative rapidity, with which ergometrine acts on the uterus when it is given to animals by mouth. They were indeed able to observe the rapid onset of general toxic effects in unanaesthetized animals (such as cocks) but consider that the rapid oxytocic action of oral doses of ergometrine and especially of impure extracts of ergot was not likely to be discovered by other than clinical experiments, such as those of MOIR, which did indeed first indicate the existence of a new active principle and later made possible its isolation by DUDLEY.

Ergometrinine has something like $^{1}/_{100}$ of the activity of ergometrine on the isolated uterus of the rabbit (CHEN, SWANSON and HARGREAVES[1]; ROTHLIN[2]).

[1] CHEN, K. K., E. E. SWANSON and C. C. HARGREAVES: Proc. Soc. exper. Biol. a. Med. **34**, 183 (1936). [2] ROTHLIN, E.: Cit. p. 104.

According to the former authors, it has $^1/_{140}$ of the cyanotic action of ergometrine on the cock's comb. Ergometrinine inhibits the isolated intestine of the rabbit; a dose of 4 mg./kg. causes in the cat a fall of blood pressure, accompanied by bundle branch block, nodal tachycardia and finally nodal rhythm. The effect of ergometrinine in paralysing the vasomotor mechanism of the dog's kidney to adrenaline is many times less than the relatively small effect of ergometrine (RAYMOND-HAMET[1]). Dr. A. C. WHITE (private communication) found in the cockerel 27 mg./kg. of ergometrinine to be without effect in five hours. In the cat an intracardiac injection of 10 mg./kg. caused dilatation of the pupil, exophthalmos and a slight weakening of the hind limbs. The symptoms in mice were polypnoea, sprawling of the hind legs and exophthalmos; then the respiration slowed and on occasion there was twitching of the muscles. Later the animal became quiet and the hair might be rough. Whilst in all other species experimented with ergometrine appears to have much the stronger action, it is a remarkable observation that ergometrinine is much the more toxic isomer to mice.

Toxicity of Ergometrine and Ergometrinine on intravenous injection into mice.

Dose in mg./20 g.	Ergometrine	Ergometrinine	Dose in mg./20 g.	Ergometrine	Ergometrinine
1.0	0/10	9/10	1.28	1/10	—
0.67	0/10	7/10	1.0	—	6/10
0.44	0/10	0/10	0.64	0/9	—
0.30	0/10	3/10	0.5	—	0/10
0.20	0/10	4/10	0.25	—	0/10

Batches of mice were injected with the same dose and $^9/_{10}$ for instance means that the mortality was nine out of the ten injected in that case. In the first series the alkaloids were tested on different days but all the injections of the second series were made on the same day. Compare the minimal lethal doses given above for ergometrine (calculated for a 20 g. mouse: 2.9 mg. according to ROTHLIN, 5.0 mg. according to DAVIS, ADAIR, CHEN and SWANSON); to obtain exact values a statistical treatment is necessary. There is however no doubt that in this particular action, the lethal effect on mice, ergometrinine (the isomer belonging to the relatively inert ergotinine series) is much more active than ergometrine (of the potent ergotoxine series). Dr. WHITE considers the result "very surprising", but has no explanation to offer.

The action of ergometrinine on the blood pressure of the cat is similar to that of ergometrine. In the decerebrate animal, when the action of the drug on respiration is sufficiently powerful, there is a fatal fall in blood pressure unless artificial respiration is applied in time. If the initial respiratory activity is sufficiently great, there is a rise of blood pressure. In the etherised cat 2.4 to 6.7 mg./kg. caused a rise in pressure on first injection, but subsequent doses were apt to produce a fall. The effects on the response to adrenaline were variable; there was no reversal in the pithed cat, in which 4 to 5 mg./kg. caused a fall of pressure. On the perfused hind limb of the cat the effect was similar to that of ergometrine; a second dose had generally much less effect; the activity is less than that of ergometrine. Ergometrinine relaxes the isolated guinea-pig intestine, whilst ergometrine causes it to contract even in a concentration of 1:1,600,000; ergometrinine is active in concentrations of 1:80,000 to 1:160,000. On the isolated rabbit intestine ergometrinine acts like ergometrine by reducing peristalsis, but is very much weaker. Concentrated solutions, 1:30,000 to

[1] RAYMOND-HAMET: C. r. Soc. Biol. Paris **120**, 1208 (1935).

1:70,000, are required to produce a definite oxytocic effect on the isolated guinea-pig uterus; in this respect its potency is probably one twentieth of that of ergometrine, or less (WHITE). According to ROTHLIN[1] ergometrinine has on the rabbit's uterus only one hundredth of the activity of ergobasine (ergometrine).

IV. Ergotism.

At the request of the editors some account of the history of ergotism is given here, and an attempt is made to correlate the older descriptions of the disease with modern pharmacological knowledge concerning the ergot alkaloids. The effects on animals of the whole drug, as distinct from the pure alkaloids, were fully dealt with by CUSHNY (this Handbook, II, 2, 1332—1351); for the most part the acute symptoms are readily explicable by the known effects of the active principles, when administered in the pure state. The feature of ergotism in man is however a chronic poisoning, and the few attempts to reproduce it in animals have not been very successful.

Animal Experiments and Clinical Accidents. Gangrene was induced in animals by ergot feeding in France already in the 17th century and this soon led to the recognition of ergot as the cause of the disease in the peasants of the Sologne (DODART[2]). Gangrene has also been produced by repeated injection of pure ergot alkaloids, but only in organs which are peculiarly susceptible (digitations of the cock's comb, tail of the rat). Attempts to produce convulsive ergotism in animals have for the most part been even less successful. "Ein experimentelles Analogon zu der konvulsivischen Form des Ergotismus fehlt bisher" (LANGECKER[3]). Among the more recent experiments we may mention those of PENTSCHEW[4] and of LANGECKER. The former injected 2, 3 or 4 mg. ergotamine daily into the ear vein of a rabbit, and after a total of 80 mg. had been administered, the ear became inflamed and necrotic (as the local result of the injections?). There was no gangrene comparable to that of human ergotism, or other marked change; *post mortem* the chief abnormality was a new development of neuroglia in the parts adjoining the anterior fissure of the spinal cord. An intraventricular injection of 1 mg. ergotamine into a rabbit produced tetanic convulsions similar to those caused by strychnine. PENTSCHEW next attempted to induce ergotism in monkeys, by feeding them with the whole drug. One animal which ingested 1 g./kg. daily, had after one month a cyanotic face and scratched its whole body. A second animal with similar dosage showed no great change during several months, but when the dose was doubled and trebled (5—10 g. of ergot per day for a monkey of 3.1 kg.) the animal died two days after the onset of a bloody diarrhoea. *Post mortem* there was necrosis of the whole mucous membrane of the large intestine, with pronounced stasis in the veins and capillaries. Bleeding in the adrenals had destroyed a large part of the cortex. No abnormalities were found in the central nervous system. A third monkey, of 4.2 kg. received 2—3 g. daily for two months, when its face became cyanotic and it showed muscular twitching.

LANGECKER worked with an ergot containing $0.3\,^0/_{00}$ of active alkaloid and found that 20 g./kg. drug = 6 mg. alkaloid per day killed mice, but produced no characteristic symptoms. On the other hand 12.5 mg./kg. of ergotamine tartrate per day, mixed with the food, did not cause serious poisoning during several weeks (compare p. 114 for the absorption of the alkaloids from the intestine).

[1] ROTHLIN, E.: Cit. p. 104. [2] DODART: Cit. p. 216.
[3] LANGECKER, H.: Arch. f. exper. Path. **165**, 291 (1932).
[4] PENTSCHEW, A.: Krkh.forsch. **7**, 390 (1929).

Six out of seven rats died within 16—103 days after eating 3—7 g. of the ergot per day; they suffered from diarrhoea and paresis of the hind legs. In some guinea-pigs 6 g./kg. was fatal in 33—65 days and produced diarrhoea, ataxia and gangrene of the ears. Frogs were unaffected by 25 mg. ergotamine tartrate during several weeks and there was no indication of the convulsions seen by KOBERT with "cornutine."

These experiments, and those of STAHNKE with pure ergotamine injected into dogs (p. 105) illustrate the difficulty of producing anything closely resembling human ergotism in animals. Perhaps the dosage was in all cases too low. Yet PENTSCHEW calculates that a daily intake of 500—1000 g. of bread, containing 5—8 or even 10% of ergot, in man would correspond to no more than 0.65—0.8 g. of ergot in monkeys. The uncertain factor is however the alkaloidal content of ergot, which may vary considerably. Anyhow it is certain that the toxicity of ergot to man varies greatly. (For further animal experiments see p. 207.)

Not much more can be learned from accidents in the older therapeutic application of ergot, or from attempts to procure abortion (see CUSHNY, p. 1331). Perhaps the most remarkable case is one described by POUCHET[1]: a French farmer was in the habit of administering a potion to his servant and so induced three successive abortions; finally she developed gangrene of the hands and feet and died. In the viscera POUCHET identified an ergot colouring-matter and alkaloid, but the potion itself was not available, so that it is uncertain whether it contained any active constituent other than ergot. DAVIDSON[2] described an attempt to produce abortion, which, as usual with ergot, was unsuccessful, yet ended fatally. Doses of liquid extract of ergot were taken for some months, and then in the fifth month of pregnancy two handfuls of ergot powder. Some of the minor symptoms described in epidemics were present, but neither convulsions nor gangrene. The post mortem examination revealed numerous small ruptured blood vessels and haemorrhages in the peritoneum, stomach, intestine and lungs. Punctate haemorrhages in the mucous membrane of the intestine were also a feature of a recent case described by ROSENBLOOM and SCHILDECKER[3] (who give references to much older cases). A first attempt to produce abortion had resulted in cyanosis, a rapid pulse and vomiting; after the second, fatal attempt, clonic convulsions occurred.

Since the introduction of ergotamine into obstetrical practice, a number of cases of severe gangrene, sometimes fatal, have been attributed to this alkaloid by various authors. ELLERBROEK[4] and SAENGER[5] (who collected fourteen alleged cases) have discussed this question critically and concluded that in nearly all the published cases the gangrene should be attributed to sepsis, rather than to ergotamine. It seems that in the whole of medical literature not many more than a hundred cases of puerperal gangrene have been described, in which ergotamine was not administered, and it has been argued (McNALLEY[6], BENSON[7]) that since the introduction of ergotamine puerperal gangrene is not so extremely rare as before. Ergotamine is suspected of increasing the danger of gangrene in specially susceptible patients. As an example a case of puerperal gangrene, described by ROCH[8], may be cited, in which after quite a small dose (at most

[1] POUCHET, G.: Ann. Hyg. publ. et Méd. lég. **16**, 253 (1886).
[2] DAVIDSON, A.: Lancet **1882** *II*, 526.
[3] ROSENBLOOM, J., and C. B. SCHILDECKER: J. amer. med. Assoc. **63**, 1203 (1914).
[4] ELLERBROEK, N.: Zbl. Gynäk. **53**, 1384 (1929).
[5] SAENGER, H.: Zbl. Gynäk. **53**, 586 (1929).
[6] McNALLEY, F. P.: Amer. J. Obstetr. **23**, 367 (1932).
[7] BENSON, W. T.: Edinburgh med. J. [iv] **44**, 1937) (Trans. Edinburgh Obstetr. Soc. 81).
[8] ROCH: Presse méd. **43**, 31 (1935).

1 mg. per day for four days) the amputation of a foot became necessary; the author attributes the gangrene to a rare idiosyncracy. Such small doses practically never produce gangrene, as their extensive use has shown. Two cases of puerperal sepsis may be mentioned in which the total amount administered was much larger; in both gangrene was accompanied by other symptoms of ergotism. That of OGINZ[1] is remarkable for the rapid recovery when administration of ergotamine was stopped. Three injections of 0.5 mg. were given daily for 15 days; total 22.5 mg. of the tartrate. In the second week the extremities became cyanotic, the radial pulse disappeared, there was a tingling sensation in the fingers and numbness with excruciating pain in the toes; the patient was drowsy and mentally dull; on account of threatening gangrene amputation of the foot was considered, but on stopping the injections considerable improvement occurred within 24 hours, the tingling became less, the radial pulse returned, the mental condition became normal and ultimately the patient escaped with the loss of three toes. CARRERAS[2] describes a case in which 2, 4, 8, 8, and 4 mg. were given *by the mouth* from the third to the seventh day of the puerperium; the patient died on the twelfth day after developing severe gangrene of the fingers and toes, formication and anaesthesia in the hands and particularly in the feet, muscular pains and some convulsions. These symptoms clearly indicate ergotism, as the author points out. This may be compared with a case of attempted suicide by a man, who swallowed a single dose of 15 mg. ergotamine tartrate; a severe vasoneurosis resembling erythromelalgia was followed by recovery within a few days (NIELSEN[3]). Of such a dose only a fraction would be absorbed from the intestine.

Whilst the evidential value of most cases of puerperal gangrene (nearly always accompanied by sepsis) is slight, so that the above statistical argument has been invoked, it would seem that more can be learned from the recent use of ergotamine in hyperthyroidism, pruritus, etc. where sepsis does not complicate matters. PLATT[4] gave two daily injections of 0.25 mg. rising to 0.5 and then to 0.75 mg., total 22 mg. in 24 days, to a girl aged 16, suffering from hyperthyroidism; gangrene of the feet was threatened and just avoided by substituting scopolamine for ergotamine. MÜLLER[5] mentions a case in which injections totalling 12 mg. spread over 17 days resulted in the loss of all toes of one foot; SPECK[6] observed threatened gangrene in treating hyperthyroidism with ergotamine. The following were cases of pruritus. YATER and CAHILL[7] mention an example in which 0.5 mg. was erroneously injected three times daily on seven days, 9.5 mg. in all. Already on the second day there was coldness of the extremities, on the fourth day subjective burning, coldness and bluing of the distal third of both feet; on the fifth some toes were purple and pulsation in the vessels of the feet had ceased; on the seventh administration of ergotamine was stopped; on the thirteenth day the toes of both feet were black and shrivelled, with a definite line of demarcation. The systolic and diastolic blood pressures were then respectively 110 and 70 mm. in the arms, but 115 and 90 mm. in the legs. Mental dullness and jaundice disappeared gradually after the injections had been stopped. An arteriogram (with thorium dioxide sol) is reproduced and shows occlusion of the vessels of the legs, which were later amputated. The authors state that the patient, a fisherman of 64, suffered from a toxaemia of unknown origin and that his vaso-

[1] OGINZ, P.: Amer. J. Obstetr. **19**, 657 (1930).
[2] CARRERAS, F.: Rev. méd. Barcelona **1**, 205 (1924).
[3] NIELSEN, L.: Münch. med. Wschr. **75**, 736 (1928).
[4] PLATT, R.: Klin. Wschr. **9**, 258 (1930).
[5] MÜLLER, K.: Münch. med. Wschr. **80**, 1784 (1933).
[6] SPECK, W.: Med. Klin. **26**, 1521 (1930).
[7] YATER, W. M., and J. A. CAHILL: J. amer. med. Assoc. **106**, 1625 (1936).

motor innervation may have been damaged by wading in cold water; this might explain his high susceptibility. GOULD, PRICE and GINSBERG[1] record that in a woman of 52, with atherosclerosis and pruritus, 0.25 mg. on four successive days produced pain and coldness in the legs (already after the second injection) and dry gangrene of the lower two thirds of the legs; the patient died on the fifth day.

It seems clear from the above non-puerperal and from a few puerperal cases, that ergotamine may produce gangrene, occasionally accompanied by tingling, formication, twitchings and convulsions. The production of nervous symptoms, without gangrene, has also been described but is rarer. PANTER[2] reports a tabetic condition with noises in the ears, and loss of pupillary, patellar and tendon reflexes, which came on suddenly after three injections of 0.5 mg. ergotamine tartrate on each of two successive days, preparatory to the removal of a goitre; the reflexes soon returned. GOULD, PRICE and GINSBERG (above) observed constriction of the coronary arteries; further angina pectoris, caused by ergotamine, is mentioned by ZIMMERMANN[3] and by LABBÉ *et alii*[4]; the latter authors record a severe angina crisis and hemiplegia (mostly brachial) after three injections of 0.5 mg.

The chief accident in the therapeutic application of ergotamine is gangrene, and of the two types of ergotism only the gangrenous can be readily explained as the result of poisoning by ergot alkaloids. It should be remembered that all the above cases refer to ergotamine, which is hardly present in many specimens of ergot. In most epidemics other alkaloids must have been involved (ergotoxine, ergoclavine) and since these have not been used clinically to any extent, hardly any data are available of the kind given above for ergotamine. Nevertheless all these alkaloids have a similar power of producing gangrene in animals, and they are at least qualitatively similar in their effects on the central nervous system.

The gangrene resulting from ergot has been studied in the comb of cocks (W. JACOBJ[5], KAUNITZ[6]) and hens (LEWIS[7]), in the rat's tail (POLÁK[8], MCGRATH[9]) and in man (YATER and CAHILL[10]); see addendum fig. 53 below and CUSHNY, pp. 1331 and 1334. JACOBJ found that ergot gangrene can be imitated by painting with formaldehyde and stated that both kinds are due to a conglutination thrombosis. KAUNITZ pointed out the resemblance to thrombo-angiitis obliterans and suggested that this latter disease may be due to ergot poisoning(?). LEWIS considers that the primary effect of ergotoxine is not a complete arrest of the circulation, but that its slowing leads to endothelial injury and then to thrombi; this view is supported by YATER and CAHILL, who found that the lumen of the smaller arteries might indeed be practically obliterated by constriction, but that the larger arteries, less severely constricted, were closed by a thrombus. In severely constricted arteries the intima formed folds; the walls of all vessels, especially of the arteries, underwent hyaline degeneration; the veins remained practically empty. MCGRATH's experiments have some bearing on the incidence of gangrenous ergotism in the sexes. Following ROTHLIN[11] and POLÁK, who both showed that gangrene can be produced in the rat's tail, MCGRATH experimented with

[1] GOULD, S. E., A. E. PRICE and H. I. GINSBERG: J. amer. med. Assoc. **106**, 1631 (1936).
[2] PANTER, H.: Med. Klin. **22**, 880 (1926).
[3] ZIMMERMANN, O.: Klin. Wschr. **14**, 500 (1935).
[4] LABBÉ, M., R. BOULIN, JUSTIN-BESANÇON et GOUYEN: Presse méd. **37**, 1069 (1929).
[5] JACOBJ, W.: Arch. f. exp. Pathol. **102**, 104 (1924).
[6] KAUNITZ, J.: Arch. int. Med. **47**, 548 (1931).
[7] LEWIS, T.: Clin. Sci. **2**, 43 (1935).
[8] POLÁK, E.: Čas. lék. česk. **63**, 1409 (1924); quoted from YATER and CAHILL.
[9] MCGRATH, E. J.: Arch. int. Med. **55**, 942 (1935).
[10] YATER, W. M., and J. A. CAHILL: Cit. p. 196. [11] ROTHLIN, E.: Cit. p. 102.

several hundred animals and showed that a dose of 25—100 mg. ergotamine is regularly effective; large doses cause pallor and cyanosis of the tail within three days but gangrene may require four weeks for its development. Male and female rats are almost equally susceptible, but the female can be uniformly protected by an injection of the ovarian hormone theelin, which is without such effect in the case of the male.

The two Types of Ergotism, the gangrenous and the convulsive, are only sharply differentiated in severe cases. A number of early and mild symptoms are common to both, and some "mixed" epidemics have been described. Thus it is not easy to assign an individual mild case with certainty to either type. The early symptoms in sub-acute ergotism include a general lassitude, depression, vague lumbar pains, and pains in the limbs, particularly in the calf, nausea, occasionally vomiting; all these have been observed in human subjects after an intravenous or subcutaneous injection of 0.5 mg. ergotamine or ergotoxine (p. 107). Often the intellect was dulled, and this also has been recorded after larger "clinical" doses of the alkaloids in man; large doses induce drowsiness and stupor in some animals (pp. 104—106). A characteristic tingling of the skin ("as if ants crawled under it," *sensus formicationis,* formication, myrmeciasis) is so closely associated with the convulsive type, that it gave to the latter its chief German name, Kriebelkrankheit. Yet in many cases formication preceded gangrene in the French epidemics of 1814, 1816 and 1820, in the departments of Saône-et-Loire and Allier. This symptom occurred in the case of ergotamine poisoning, described by CARRERAS[1]. It may be connected with the scratching in animals (PENTSCHEW's[2] monkey, after ergot, above; ROTHLIN's rats, after ergotamine, p. 103).

Gangrenous Ergotism, Symptoms. Apart from the above early and mild symptoms, probably common to both types, severer and more distinctive effects appeared after some days or weeks, with swelling and inflammation in the extremities; often only one part was attacked, more frequently a foot than a hand. This was followed by extreme pain; the shrieks of the sufferers alarmed their neighbours in an English outbreak in 1762. There was at first a feeling of heat, as if "un fer ardent traversait le membre affecté." This clearly results from the medieval names for (gangrenous) ergotism: fire (of St. ANTHONY, of St. MARTIAL), mal des ardents, arsura, ignis sacer, feu sacré, pestis igniaria. Later a feeling of intense heat alternated with one of cold. (Cold was not the earlier symptom, as CUSHNY implies.) Not being able to bear the heat in their beds, the sufferers would seek relief in the open air and then feel so cold that they immersed their limbs in hot water. Gradually the part affected became numbed, the pains sometimes stopped suddenly. The skin was cold, livid, rimpled, and sometimes covered with red or violet vesicles. SALERNE[3] mentions that the skin in general, and particularly that of the face, including the white of the eyes, was yellow. Jaundice was noted in several modern attempts to procure abortion with ergot and in YATER and CAHILL's case, above. Later the diseased part became black ("like charcoal," as the chronicles have it), often quite suddenly, and all sensation was lost. The gangrenous part shrank, became mummified and dry; the whole body was emaciated and the gangrene gradually spread upwards; sometimes there was putrefaction (moist gangrene).

In severe cases the course of the disease was much more rapid; with violent pains for 24 hours as the only premonitory sign, gangrene might set in suddenly.

[1] CARRERAS, F.: Cit. p. 196. [2] PENTSCHEW, A.: Cit. p. 194.
[3] SALERNE: Mém. de math. et de phys., présentés à l'Acad. roy. Sci. **2**, 155 (1755).

The separation of the gangrenous part often took place spontaneously at a joint without pain or loss of blood. It is recorded that a woman was riding to the hospital on an ass, and was pushed against a shrub; her leg became detached at the knee, without any bleeding, and she carried it to the hospital in her arms. In bleeding their patients the surgeons found it difficult to obtain a satisfactory flow of blood. The extent of the gangrene varied from the mere shedding of nails and the loss of fingers or toes (see fig. 20, p. 1330 in CUSHNY's article, illustrating however merely skin casts in an exceptional case of an epidemic of the convulsive type) to the loss of all four limbs. After the loss of a single limb (in most cases a foot or a leg; gangrene of the hand was much rarer) the patient often made as good a recovery as from a modern amputation, and lived for many years, sometimes being attacked again in a second epidemic. The absence of severe permanent damage (other than the loss of a limb) rather sharply differentiates the gangrenous type from the convulsive which often caused irreparable lesions in the central nervous system. Cataract, mentioned by CUSHNY (p. 1331) under gangrenous ergotism, belongs more properly to the nervous variety.

Severe gangrene, of the kind described above has not been produced in animals by means of ergot alkaloids, but may probably nevertheless be attributed to them, on account of their minor effects in the cock's comb and rat's tail. Clinical experience leaves no doubt that in man ergotamine can be a cause; the same pretty certainly applies to ergotoxine. Whilst in an epidemic most of the population ate ergotised bread, the number of those suffering from severe gangrene seems to have been small; they were doubtless specially susceptible (examples of idiosyncracy are given above). A further factor favouring the development of gangrene was probably the slow, long continued absorption of alkaloids in dilute form, difficult to imitate in animals by injection. But even the ingestion of whole ergot did not induce gangrene in PENTSCHEW's monkeys (see above). The susceptibility to ergot (and to ergot alkaloids) varies considerably with the species; the domestic fowl, pigs, cattle and herbivores generally are the more sensitive. Extensive gangrene has been produced in pigs by ergot feeding, and in cattle by grazing in ergotised pastures, but not by administration of the pure alkaloids.

Cases of gangrenous ergotism usually did not receive medical attention in the early stages and surgeons, such as SALERNE, only saw the severest gangrene. In contrast to the numerous references in medieval chronicles and repeated discussion of the aetiology of the disease in France in the 17th and 18th century, there are but few more modern and detailed descriptions of the early symptoms. One of the most important is by BOUCHER[1] who wrote of an epidemic round Lille in 1749 and 1750: "La malade étoit ordinairement annoncée par des contractions spasmodiques violentes des jambes, ou du bras et de l'avant-bras, et par des douleurs vives." The contractions later gave way to gangrene, so that this epidemic presented features of both types. A solitary English outbreak in 1762 in a single family was described by WOLLASTON[2] and by BONES[3]. The mother and the five children all lost one or both feet or legs; the dry gangrene was rapid in its onset, so that the usual preliminary symptoms of heat and cold were not noticed. Only in the case of the father is there mention of numbness of the hands; he escaped with the loss of finger nails only. There were no nervous symptoms. Small epidemics of gangrenous ergotism in the earlier part of the nineteenth

[1] BOUCHER: J. méd., chir., pharm. etc. Paris **17**, 327, 396, 504 (1762).
[2] WOLLASTON, C.: Phil. Trans. roy. Soc. Lond. **52**, 523 (1762).
[3] BONES, J.: Phil. Trans. roy. Soc. Lond. **52**, 526, 529 (1762).

century have been described by BARRIER[1], BORDOT[2], COURHAUT[3], FRANÇOIS[4], JANSON[5] and ORJOLLET[6]. Sporadic cases have even occurred in the twentieth century (see fig. 43).

Convulsive Ergotism, Symptoms. Strangely enough no unmistakable reference to this variety has come to light from the medieval records. The French chronicles mostly mention gangrene only, and but rarely is there any allusion to convulsions also. In Germany, however, convulsive ergotism emerges rather suddenly as a "new and unknown" disease, towards the end of the sixteenth century. From then onwards there are numerous descriptions, right down to the end of the nineteenth century, when the psychoses and nervous lesions of victims were examined by modern methods (CUSHNY, p. 1329), so that we are much better informed about the convulsive than the gangrenous epidemics. There is for instance the excellent monograph by TAUBE (see p. 218), who closely studied the last great outbreak of 1770 and 1771. The best modern description is probably by TUCZEK (CUSHNY, p. 1328).

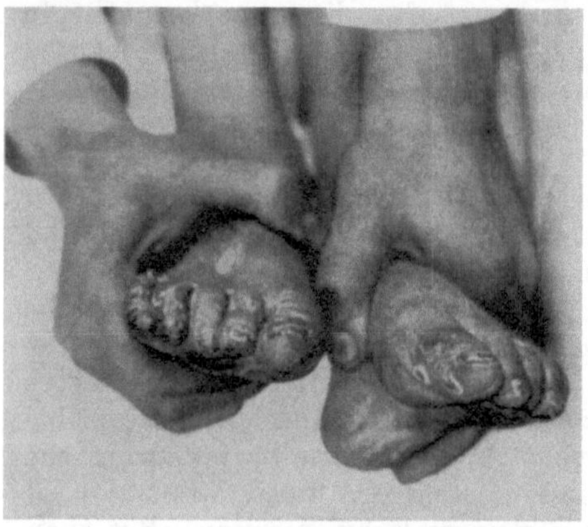

Fig. 43. Gangrenous ergotism, 1908, near Bihar (formerly in S. E. Hungary, now in Rumania). Observed by Dr. K. CHYZER. (From a photograph lent by Prof. G. MANSFELD, Pécs.)

The descriptions of the seventeenth century are naturally more concerned with the severer, convulsive form of the disease. The mildest form which might pass off in a few weeks without preventing the patients from following their ordinary occupations, was not distinguished until late in the eighteenth century (WICHMANN[7], HECKER[8]), and was characterised by a feeling of fatigue, heaviness in the head and limbs, giddiness, pressure and pain in the chest. This was sometimes accompanied by mild diarrhoea, with or without vomiting, and lasting several weeks. Similar symptoms were noted quite recently in an epidemic at Manchester, by ROBERTSON and ASHBY[9], and by MORGAN[10]. It started in October 1927 among Jewish immigrants from Central Europe, who lived on rye bread. These authors mention headache, depression, gastric disturbances, shooting pains and twitching in the limbs, and a staggering gait. Most of these symptoms have been observed as the result of an injection of 0.5 mg. ergotamine or ergotoxine (see p. 107).

A most characteristic early sign, often persisting throughout the disease, was a "kind of benummedness" in the hands and feet, and a tingling sensation "as if ants were running about under the skin" (or mice! as one description has it). In well marked epidemics this sensation, *sensus formicationis* or formication is said to have been experienced by all the inhabitants of a village, and it was

[1] BARRIER, F.: Gaz. méd. Lyon **7**, 181 (1855).
[2] BORDOT, L.: Thèse, Paris **1818**; abstr. Nouv. journ. méd., chir. et pharm. **3**, 340 (1818).
[3] COURHAUT, F. J.: Traité de l'ergot du seigle. Châlon S. S. 1827. 8° pp. 105.
[4] FRANÇOIS: J. gén. méd. **58**, 72 (quoted from Foderé).
[5] JANSON, L.: Mélanges de chirurgie et comptes-rendus de la pratique chirurgicale de l'Hôtel-Dieu de Lyon. Paris 1844. pp. 379—402.
[6] ORJOLLET, PH. A.: Thèse. Strasbourg 1818 (quoted from Villeneuve).
[7] WICHMANN, J. E.: Cit. p. 218. [8] HECKER, J. F. C.: Cit. p. 213.
[9] ROBERTSON, J., and H. T. ASHBY: Brit. med. J. **1928** *I*, 302.
[10] MORGAN, M. T.: J. of Hyg. **29**, 51 (1929).

felt by every one of the 200 patients in the Manchester outbreak, in which the anaesthesia was also well marked (tailors pricked themselves without knowing it). It was associated with a coldness of the extremities and all the symptoms so far mentioned have occurred also in the early stages of gangrenous ergotism. Typical cases of the latter variety are, however, distinguished by the early onset of intense burning ("fire"); on the other hand formication is rarely recorded for the gangrenous type and seems to belong primarily to the convulsive or nervous form of the disease.

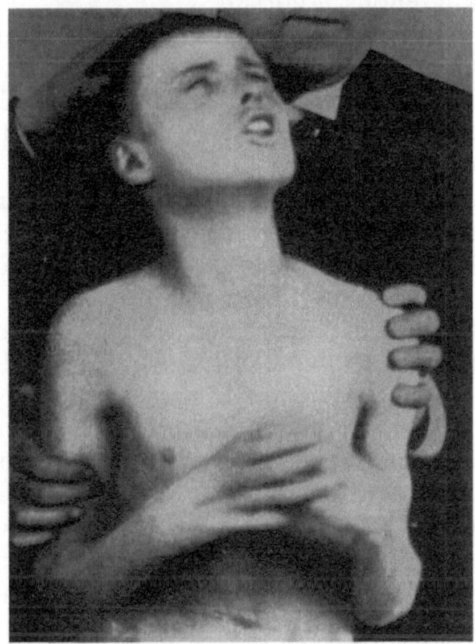

Fig. 44. Convulsive ergotism, 1908, near Bihar (formerly in S. E. Hungary, now in Rumania). Observed by Dr. K. CHYZER. (From a photograph lent by Prof. G. MANSFELD, Pécs.)

According to WALDTSCHMIEDT[1] and WICHMANN[2] it can be seen objectively (in the later stages) as the twitching of small muscle fibres, or even of entire muscles (*orbicularis oris*). The *sensus formicationis* was most common in the fingers, but sometimes extended over the arms or the whole body and became most painful when it affected the tongue.

These common milder symptoms which did not greatly attract the attention of the earlier physicians, and often passed off, might be followed after a few weeks by more pronounced nervous symptoms, convulsive clonic muscular twitchings and tonic spasms of the limbs (CUSHNY, p. 1328). Often the thighs were drawn forwards, the leg below the knee backwards, the feet again forwards, the toes backwards. Similarly the arms were strongly flexed, with the fingers bent to a fist (CUSHNY, p. 1328 and fig. 19, p. 1329) or giving to the hand the characteristic appearance of an eagle's beak (see fig. 44 and particulary fig. 45 relating to a case which terminated fatally after three years). The flexure of the limbs

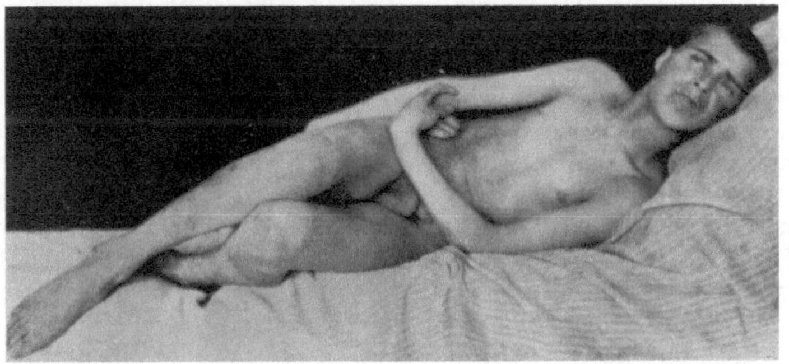

Fig. 45. Fatal case of convulsive ergotism, 1909, near Bihar (formerly in S. E. Hungary, now in Rumania). (From a photograph due to Prof. I. VON MAGYARY-KOSSA, Budapest.)

[1] WALDTSCHMIEDT, W. H., *praes.*, Diss. med. de morbo epidemico convulsivo etc. Kiliae, 1717. Reprinted in A. HALLER: Disputationes ad morborum historiam etc. Lausanne 1760, 518—550.

[2] WICHMANN, J. E.: Cit. p. 218.

was sometimes so extreme that the circulation was interfered with, which made the distal part purple. Patients sometimes complained of an icy cold and also of burning heat; these sensations are, however, more constantly recorded for gangrenous ergotism.

In the most severe cases the onset of convulsions was sudden: "some at table dropped knife or spoon and sank to the floor, and others fell down in the fields while ploughing," as stated in the famous description of the Marburg medical faculty. These convulsions returned at intervals of a few days, or daily, often at the same hour in the forenoon, or at hourly intervals. If not confined to bed, the sufferers "tumbled about as if drunk." When the flexor muscles remained the more strongly affected "the sick would roul up their bodies round like a Ball;" under the more powerful action of the extensors they were stretched stiff "like a piece of wood" (MARBURG[1]) or "like a statue." TAUBE did not observe this, but HUSSA[2] saw violent opisthotonus. These paroxysms lasted from a few minutes to several hours. "Terrible pains accompanied this evil, and great clamours and scrietchings did the sick make" (SENNERTUS[3]); "maximum et horrendissimum ululatum" (RONSSEUS[4]). In the intervals between the convulsions many patients suffered little discomfort and clamoured for food; there would be an alarm in the village one day, and on the next the patient would be working in the fields. Ravenous hunger was a characteristic symptom in severe cases, and TAUBE gives some remarkable examples of this voracious appetite. He also reports the eating of garments, and a case of scatophagy by a demented patient. Sir HENRY DALE has suggested to me that the severe hunger was the result of hypoglycaemia due to ergotoxine poisoning (see p. 163) and intensified by the disappearance of glycogen from the muscles during convulsions.

In extreme cases the patients would lie for 6 to 8 hours as if dead; in the 1597 epidemic some narrowly escaped being buried alive (MARBURG[1]). In such cases there followed a pronounced anaesthesia of the skin, the lower limbs became paralysed and the arms subject to violent jerky movements; epileptiform convulsions, delirium, imbecility and loss of speech were apt to occur in such patients, who became unconscious and generally died on the third day after the onset of the first symptoms. In severe but non-fatal cases the disease might last for 6—8 weeks, and convalescence took several months. Convalescents apparently remained very sensitive to ergot, for HUSSA[2] recorded the deaths, due to a single meal of dumplings in February, of two patients who had more or less recovered from an attack in the previous August. Relapses were frequent (TAUBE's book, pp. 810—812) and were accompanied by epilepsy, hemiplegia and paraplegia. Among the after-effects of a severe attack may be mentioned: general weakness, trembling of the limbs, gastric pains, chronic giddiness, permanent contractures of the hands and feet, anaesthesia of the fingers and toes (patients picked up red-hot charcoal), impairment of hearing and sight and various mental derangements. The effect on the eyes consisted in an enlarged pupil, amblyopia, the seeing of small objects double, more rarely cataract, glaucoma and degeneration of the optic nerve. Cataract developed several months after the beginning of the disease; TAUBE described several cases. MEIER[5] and ORLOW (see CUSHNY, p. 1231) devoted special papers to the subject. VON BECHTEREW[6] observed seven cases of nystagmus and eight of cataract among 89 patients; one-quarter had impaired vision.

---

[1] MARBURG: Cit. p. 217 in text.
[2] HUSSA: Vjschr. prakt. Heilk. Prag **50**, Analekten, 38 (1856).
[3] SENNERTUS, D.: Cit. p. 217. [4] RONSSEUS, B.: Cit. p. 216.
[5] MEIER, I.: Arch. Ophthalm. **8**, Abt. 2, 120 (1862).
[6] BECHTEREW, W. VON: Neurol. Zbl. Orig. **11**, 769 (1892).

The effects on the mind consisted of dullness and stupidity, even in less severe cases (this also in the gangrenous type); the more general disturbance in severe cases was dementia ("The patient did not give sensible answers to questions"). Rarely maniacal excitement was the result; some of TAUBE's patients were secured by chains. KOLOSSOW[1] found mental disturbances in 27% of his patients (in Russia). Psychoses due to ergot have been specially studied by GUREWITSCH[2] and von BECHTEREW (see also German authors in CUSHNY, p. 1329). For a graphic early description of a patient with delusional insanity see HOFFMEYER[3]. Minor nervous defects, spasms and a dull intellect persisted for a long time and serious relapses occurred years afterwards. In one patient formication recurred annually in March for twelve years.

In purely convulsive ergotism gangrene was never seen; TAUBE emphasises this and his figure (reproduced in CUSHNY, p. 1330) shows only cast-off skin of fingers and toes, in a single atypical case, doubtless due to trophic disturbances. The shedding of the epidermis of the trunk was observed by HUSSA[4], of the nails by HEUSINGER[5] (both in convulsive ergotism).

There is no evidence that the chronic convulsive type ever produced abortion (WAGNER[6]); in spite of the special attention paid by TAUBE to this point, he was unable to find any influence of the disease on the course of pregnancy, and the failure of criminal attempts to procure abortion with ergot leads to the same conclusion. Several of TAUBE's patients bore living children at term, after months of convulsions and dementia. In these cases the children soon died from convulsions; the poison had evidently entered the foetus. On the other hand the disease was never communicated to breast-fed infants; quite a number of cases are recorded where all the other members of a family were attacked; in a Swedish epidemic the whole of a family died except the suckled infant. On weaning the disease soon developed. The secretion of milk was not affected; cases are on record of a child having been suckled by its mother shortly before the latter's death from convulsions. Here there is a distinct difference from gangrenous ergotism; for literature see KROHL[7]). DODART[8] already remarked that ergot may stop the secretion of milk, and this was confirmed clinically by JANSON[9] and especially by modern Russian authors, who also showed the effect experimentally in bitches (GRÜNFELD[10]). Both forms of ergotism produce amenorrhoea (see e.g. JANSON).

The belief that the disease was infectious is already contained in the title of the MARBURG[11] account of 1597 and was maintained for a long time; it doubtless originated from the circumstance, that all members of a family, living on the same diet, were often taken ill at the same time; numerous examples of this are recorded. There is much more uniformity in the incidence of nervous ergotism than in that of gangrene. The mild symptom of formication might affect every member of a community; in severe epidemics whole families were wiped out without leaving any survivor. There is more variance in the incidence of gangrene; in the small English outbreak of 1762 (p. 199) the father of a family escaped

---

[1] KOLOSSOW, G. A.: Arch. f. Psychiatr. **53**, 1118 (1914).
[2] GUREWITSCH, M. J.: Z. Neur., Orig. **5**, 269 (1911).
[3] HOFFMEYER, J. J.: Send-Schreiben an einen vornehmen Geistlichen, von der ... Grübel-Krankheit etc. Berlin 1742, pp. 24.
[4] HUSSA: Cit. p. 202.
[5] HEUSINGER, TH. O.: Über den Ergotismus etc. Inaug.-Diss. Marburg 1856.
[6] WAGNER: Cit. p. 218. [7] KROHL, P.: Arch. Gynäk. **45**, 43 (1894).
[8] DODART: Cit. p. 216. [9] JANSON, L.: Cit. p. 200.
[10] GRÜNFELD, A.: Histor. Stud. a. d. pharmak. Instit. d. Univ. Dorpat **1**, 48 (1889).
[11] MARBURG: Cit. p. 217 in text.

gangrene, which affected his wife and children; the few recent cases of "therapeutic" poisoning by ergotamine resulting in gangrene, show much idiosyncrasy and variation. All accounts of convulsive ergotism agree that children were more susceptible to it than adults; thus 56% in the Finnish epidemic of 1862 were under 10 years of age; 60% of Scrinc's[1] cases (in Bohemia) were under 15 years of age; the mortality of children under 10 years of age in the Hessen epidemic of 1855—1856 was about 50%. Hoffmann[2] stated that females were the more susceptible and this seems to have been true in some epidemics; on the other hand Taube[3] and Spoof[4] reported preponderance of males (60%) so that there seems no definite influence of sex (this was also Wagner's view[5]). In the case of gangrenous ergotism no statistics are available; if there was a difference it was to the advantage of the female. Noël[6] was surprised that he had not a single adult woman among his patients. If there is a difference of this kind, it might be connected with McGrath's experiments on rats, in which the ovarian hormone conferred protection on females (pp. 197—198).

The following table gives the case mortality in various epidemics of convulsive ergotism.

	Cases	Deaths	Per cent.	Authority
Bohemia (1736—37)	500	100	20	Scrinc[7]
Brandenburg, 1741	150	40	26.7	Brückmann[8]
Hanover, 1770—1771	600	97	16.2	Taube[3]
Russia, 1832, 1837			25—55	Poehl[9]
Finland, 1840—1841	1800	220	12.2	Haartmann see[10]
Hessen, 1855—1856	102	19	18.6	Jahrmaerker[11]
Siebenbürgen, 1857	283	98	34.6	Meier[12]
Finland, 1862—1863	1429		about 10	Spoof[10]
East Prussia, 1867—1868			6—9	Leyden[13]
Hessen, 1879—1881	500		about 5	Menche[14]
Russia, 19th century			11—16	Grünfeld[15]
Russia, 1926—1927	11,319	93	0.8	Rojdestvensky[16]
Manchester, 1927—1928	200	0	0	Morgan[17]

Of these estimates that of Taube, who personally treated the patients, is the most accurate, and it may be assumed that in the 18th century the mortality was something like 10—20%; it of course declined with the progress of civilisation. Among Taube's patients it was 6.3% in hospital, 18.0% at home. Meier's estimate is probably too high, since as an ophthalmologist he did not know of

[1] Scrinc, J. A.: Cit. below.

[2] Hoffmann, Fr.: Medicinae rationalis systematica tomi quarti. Halae Magdeburgicae 1734, tom. IV, pars III, cap. III. De motibus spasmodicis vagis, pp. 93—130.

[3] Taube, J.: Cit. p. 218 in Text. [4] Spoof, A. R.: Cit. below. [5] Wagner: Cit. p. 218.

[6] Noël: Acad. d. Sci., Hist. de l'Acad. roy. d. Sciences Année 1710, 61—64. Nouv. édit., Paris 1732.

[7] Scrinc, J. A.: Relatio de morbo spasmodico. Medicorum Silesiacorum Satyrae Specimen IV. Wratislaviae et Lipsiae 1737, pp. 35—63.

[8] Brückmann: Commercii litterarii ad rei medicae ... instituta. Norimbergae 1743, 50.

[9] Poehl, A.: St. Peterburger med. Wschr. **8**, 241 (1883).

[10] Spoof, A. R.: Om Förgiftningar med secale cornutum. Akad. Avhandling. Helsingfors 1872. pp. 67 + map.

[11] Jahrmaerker, M.: Z. Neur., Orig. **5**, 190 (1911).

[12] Meier, I.: Cit. p. 202.

[13] Leyden, E.: Klinik der Rückenmarkskrankheiten **2**, 287 (1875).

[14] Menche, H.: Dtsch. Arch. klin. Med. **33**, 246 (1883).

[15] Grünfeld, A.: Cit. p. 203.

[16] Rojdestvensky, N. A.: La défense des plantes, Leningrad, 5, 349 (1928); Russian. (Abstr. in Rev. Appl. Mycol. **8**, 304 (1929).]

[17] Morgan, M. T.: Cit. p. 200.

many of the milder cases, and this probably also applies to the older Russian estimates. BRÜCKMANN's figures refer to a single village. Very little is known about the percentage of the population which was attacked. Since the disease was often very local, such percentage has little significance. The figures for the last Russian epidemic refer to a district with a population of 500,000 so that over 2% were attacked; many cases were not notified and are not included in the statistics. On the other hand it is recorded that over 40,000 died in 994 in Aquitaine and Limousin which implies a much larger incidence.

Suggested Explanations of the Difference between the two Types. From what has been said it is evident that mild and chronic cases, both of gangrenous and of convulsive ergotism, start with very similar symptoms in common, of which mental dulness is perhaps the most severe. Formication seems however to have been uncommon in the gangrenous variety (as it was in recent clinical accidents) whilst it was universal in German epidemics of the nervous type, also in that of Manchester (not however in the last Russian epidemic, where it only occurred occasionally). In their further history, cases of ergotism can be separated pretty sharply into those which develop gangrene and those which develop convulsions. In severely acute cases this striking difference was clear from the outset. Very few cases are recorded in which the same patient suffered both from gangrene and from convulsions. In visiting the Harz Mountains in 1695 BRUNNER[1] learned that certain black grains in the rye caused both convulsions and fatal gangrene; he saw a woman who suffered from daily convulsions, whose fingers were as if burnt at the tips, rigid., indurated, devoid of movement; a surgeon who had amputated one foot attributed her condition to rye. BOUCHER[2] states that in an epidemic near Lille convulsions were followed by gangrene (apparently in the same patients). A recent case of CARRERAS[3] also combined gangrene and convulsions, from an overdose of ergotamine. These are the only cases which have come to my notice. More frequently both forms of ergotism appeared in the same epidemic. Most mixed epidemics appear to have occurred in Russia; generally however nervous ergotism predominated in the north, while the gangrenous type has been recorded from the south of that country. In France gangrenous ergotism was the rule and of 41 references to ergotism, which I[4] have collected from French chronicles, only two mention convulsions. Both references refer to the same epidemic (or to two epidemics in rapid succession) in Lorraine, bordering on Germany, where convulsive ergotism was the universal type. A small Swiss epidemic of 1709, accurately described by LANG[5], is often quoted as an example of the mixed type, but was essentially gangrenous; there were no violent convulsions, or other severe symptoms of nervous ergotism; some patients showed spasmodic movements ("gichterische Bewegungen") without suffering from gangrene "either on account of the smaller quantity of poison absorbed or on account of a more robust constitution." In Germany gangrene was extremely rare. The chronicle of Meissen in Saxony for 1486 mentions it (see p. 215). Apart from a few sporadic cases, such as that of BRUNNER, there was no ergot gangrene in Germany (TAUBE is very definite on this point); none is recorded for Bohemia, Hungary, Sweden or Finland. East of the Rhine gangrene

---

[1] BRUNNER, J. C.: Miscell. curiosa medico-phys. Acad. Nat. Curiosorum Decades III, Annus II Observatio 224, pp. 348—352. Lipsiae et Francofurti 1695.

[2] BOUCHER: Cit. p. 199. [3] CARRERAS: Cit. p. 196.

[4] BARGER, G.: Ergot and Ergotism. London 1931. pp. XVI + 279.

[5] LANG, C. N.: Beschreibung dess ... Genuss der Korn-Zapffen ... Kalten Brandts. Lucern 1717. pp. 266 + Index. Abstract: Descriptio morborum etc. in Acta eruditorum. Lipsiae 1718, 309.

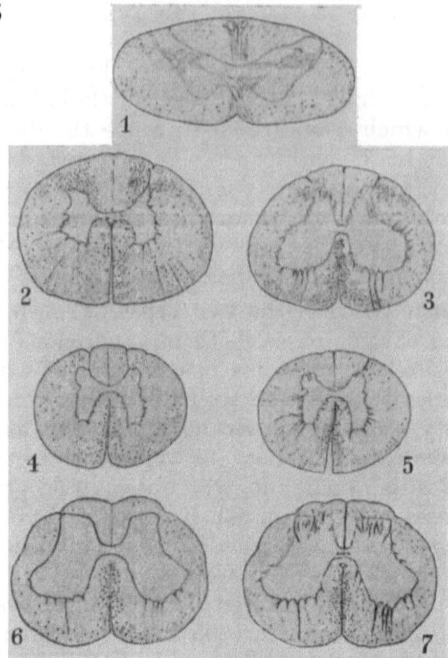

Fig. 46. Microphotographs of the degeneration in the spinal cord of a puppy, fed on a diet including ergot but not vitamin-A. Sections stained by the Marchi method; 1, medulla; 2, 2nd cervical; 3, 6th cervical; 4, 2nd dorsal; 5, 11th dorsal; 6, 2nd lumbar; 7, 4th lumbar. Note the difference in the degeneration at various levels, especially the variations found in the posterior columns. (From E. MELLANBY[1].)

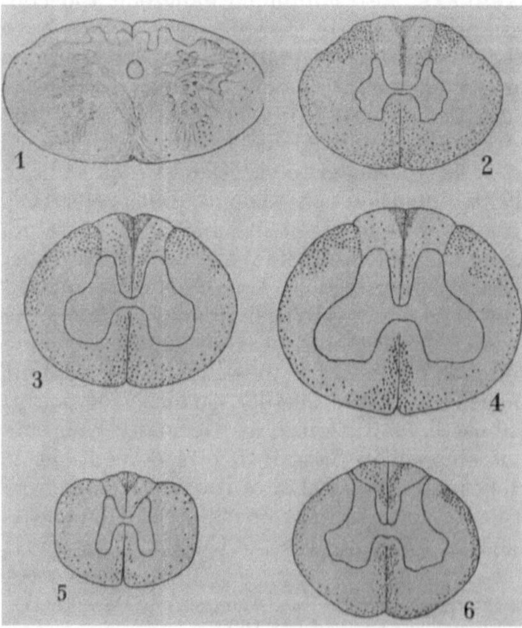

Fig. 47. Microphotographs of the degeneration in the spinal cord of a puppy, fed on a diet including ergot, but not vitamin-A. Sections stained by the Marchi method. 1, medulla; 2, 2nd cervical; 3, 4th cervical; 4, 6th cervical; 5, 7th dorsal; 6, 4th lumbar. The column of Gall shows degeneration in this animal, a relatively rare occurrence. (From E. MELLANBY[1].)

was only met with in a few of the many Russian epidemics, in which convulsive symptoms greatly predominated; in 1926 fingers and toes were occasionally amputated but the deaths were evidently all the result of nervous lesions.

Apart from the few exceptions on either side, which have been pointed out, we thus have gangrene in the west, convulsions in the east. How can this be accounted for? Our knowledge of the alkaloids now makes it impossible to attribute the two forms to different active principles; KOBERT's cornutine and sphacelinic acid were both impure ergotoxine. Ergotoxine, ergotamine, ergoclavine are so similar in their action that they cannot be held responsible for the difference between the types. FRANK[2] regarded the gangrenous form as the acute, and convulsive ergotism as the chronic variety of the same disease. Yet in particularly severe cases there were no premonitory signs and either gangrene or convulsions were the first symptoms. DESNOS[3] seems to regard convulsive ergotism as the earlier stage, which in the severest cases may be continued to the production of gangrene. Now the severer symptoms of convulsive ergotism, unaccompanied by gangrene, are so pronounced and characteristic, that they could not have escaped the notice of laymen, witness the

[1] MELLANBY, E.: Brain **54**, 247 (1931).

[2] FRANK, J.: Praxeos medicae universae praecepta. Partis secundae volumen primum. Lipsiae 1821. pp. 201—227.

[3] DESNOS: Ergotisme in Nouv. Dictionnaire d. méd. et d. chir. prat. 1870.

large number of popular German names for the disease (see p. 217). Yet there is no mention of these symptoms in the French accounts of gangrenous ergotism. Ergot alkaloids are now known to cause gangrene, in man as well as in animals, and the explanation of the gangrenous variety seems clear. Severe convulsive symptoms have not been produced by ergot alkaloids in man, and in convulsive ergotism another factor must have been at work.

Deficiency of Vitamin-A, a Probable Factor in Convulsive Ergotism. It seems from the work of E. MELLANBY[1] that this other factor is a deficiency of vitamin-A.

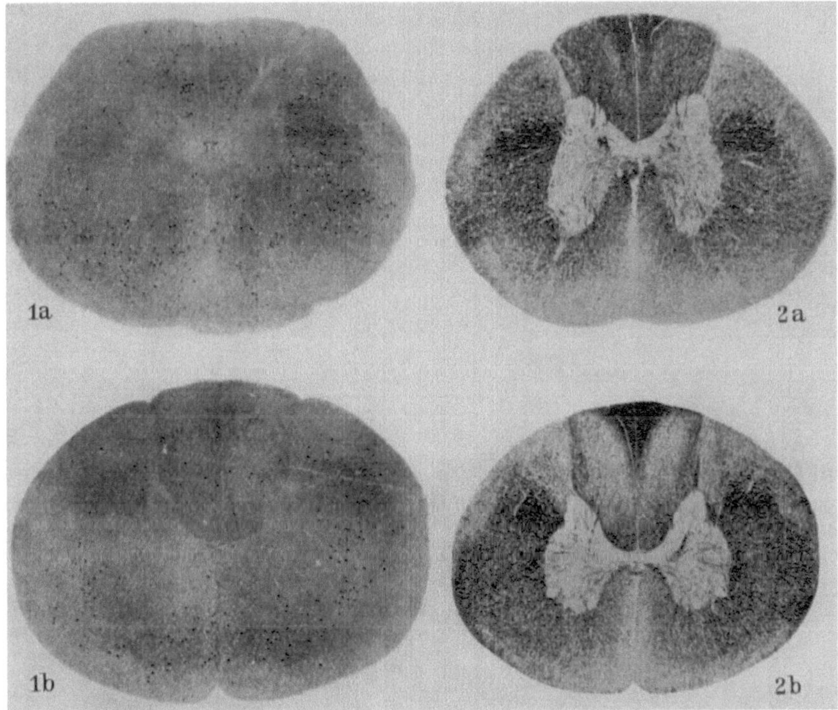

Fig. 48. Microphotographs of the spinal cord of a dog after five months of feeding ergot, without vitamin-A; 1a and 1b, stained by Marchi's method, show the nerve fibres actually degenerating (black points); 2a and 2b, stained according to WEIGERT, show where the nerve fibres have disappeared (light areas); 1a and 2a 2nd cervical, 1b and 2b 4th cervical. (From E. MELLANBY[2].)

He finds that in dogs, deprived of this vitamin, a daily dose of 2—3 g. of ergot produces as one of the earliest symptoms a stiffness, particularly in the hind limbs; the animal becomes dazed; there is inco-ordination of movements and occasionally there are cramps and convulsions. The spinal cord, examined by MARCHI's osmic method and by other methods, revealed various degrees of demyelination of nerve fibres and often there was very little neuroglial regeneration (see figg. 46, 47, 48, 49 and 50). In dogs receiving vitamin-A or carotene no such symptoms or lesions were observed and these substances are also curative, if not too much damage has been done. Nerve degeneration has been produced in rats by deficiency of vitamin-A alone, without cereals or ergot, but these make the condition worse, according to MELLANBY. Both contain a positive

[1] MELLANBY, E.: Brit. med. J. **1930** *I*, 679 — Brain **54**, 254 (1931) and particularly his book Nutrition and Disease. Edinburgh 1934, chapt. V and VI.

[2] MELLANBY, E.: Cit. p. 206.

neurotoxic agent of which there is more in wheat germ than in flour and more in ergot than in wheat or rye. MELLANBY was able to cause nerve degeneration in young rabbits (fig. 49), in rats and in birds, similar to that in puppies. Besides the central nervous system peripheral nerves are also affected, such as the cochlear division of the eighth nerve (fig. 50).

STOCKMAN[1] agrees with MELLANBY that convulsive ergotism (like pellagra and lathyrism) is caused by a neurotoxic agent of cereals, but entirely neglects

a

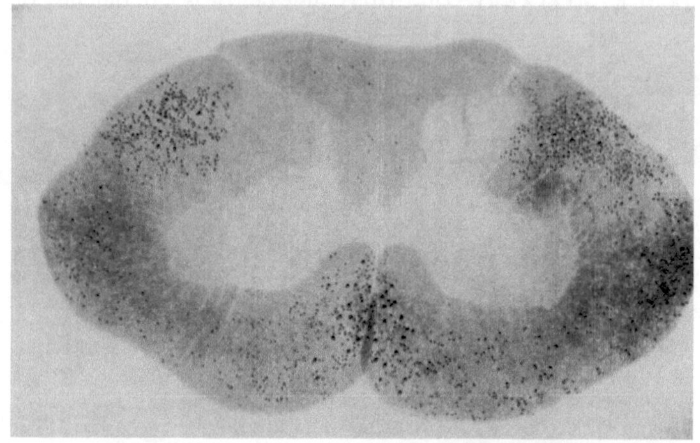

b

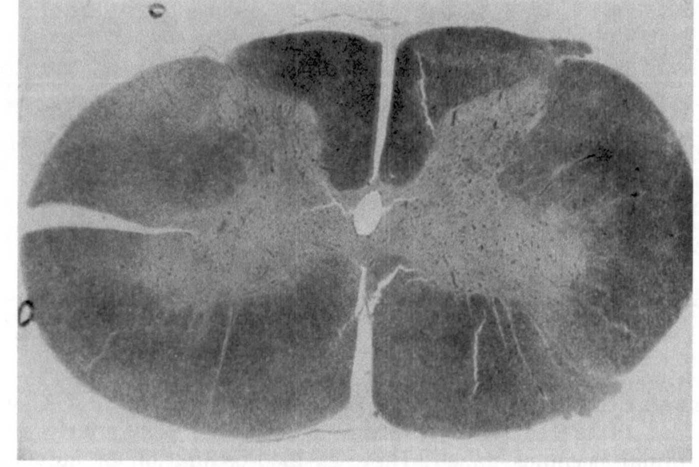

Fig. 49 a and b. Degeneration in the spinal cord of Rabbits. Photomicrographs of the spina cord (6th cervical region) of two rabbits (a) and (b). Each rabbit had been fed for three months on a diet containing oats and bran and some ergot. Rabbit (a) got no cabbage. Rabbit (b) ate 20 g. green cabbage daily. The cabbage has protected the spinal cord of (b) from degenerative changes. (Marchi method.) (From E. MELLANBY[2].)

MELLANBY's chief factor, deficiency of the vitamin. He fed monkeys on rye or whole wheat porridge, with some milk, butter and fresh fruit and observed for instance after 65 days paresis of all the limbs and flexion of the hands similar

[1] STOCKMAN, R.: J. of Hyg. **34**, 235 (1934); compare also R. STOCKMAN and J. M. JOHNSTON, ibid. **33**, 204 (1933) and R. STOCKMAN, ibid. **34**, 145 (1934) on lathyrism.

[2] MELLANBY, E.: Cit. p. 207 (book).

to that in human ergotism. An aqueous extract of 400 g. ground wheat caused after 10 days feeding with wheat the death of a monkey in 6 hours and microscopic examination showed wide-spread destructive changes in the nerve cells. STOCKMAN believes the toxic agent to be inositol hexaphosphate or phytin and reports that monkeys injected with phytates scratch a great deal in the early stages of the poisoning, suggesting a skin irritation corresponding to formication in man. In both man and monkeys the variability in the severity of the symptoms from day to day is a striking feature of the poisoning. This is attributed by STOCKMAN to a variation in the extent to which phytic acid is broken down in the bowel by enzymes and bacteria. "Convulsive ergotism is not a deficiency disease, nor is it an ergot disease, but is caused by poisons normally present in rye and other grains."

It is difficult to accept this extreme view taken by STOCKMAN. It is not in accordance with the clear-cut evidence of MELLANBY's experiments that vitamin-A

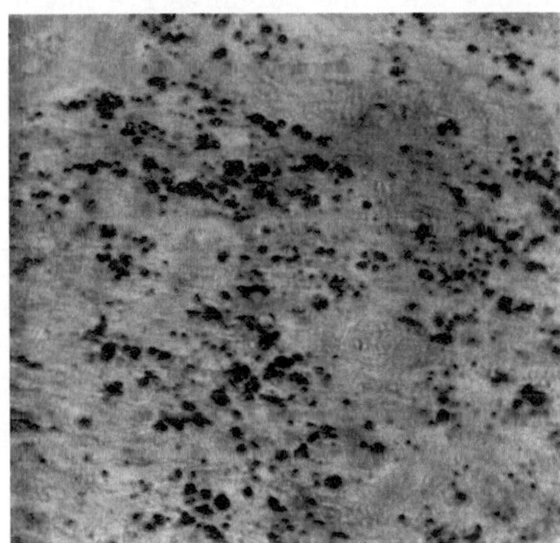

Fig. 50a. Diet deficient in vitamin A and carotene: much degeneration.

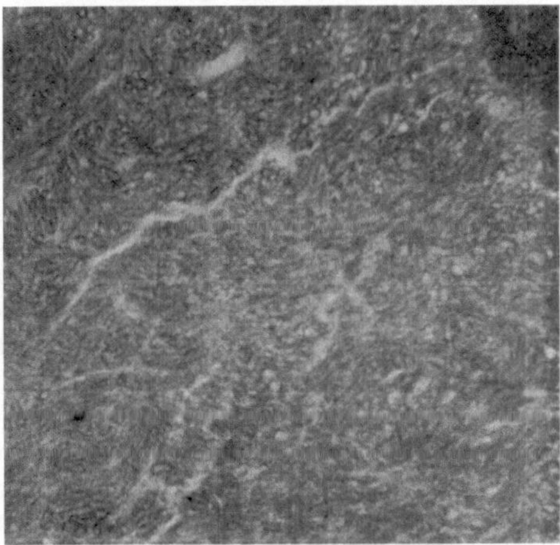

Fig. 50b. Diet contained a source of carotene: no degeneration.

Photomicrographs (X280) of cochlear nerves of two rabbits (a) and (b) (Marchi).

Fig. 50a and b. Degenerative changes in Cochlear division of 8th nerve produced and prevented by diet. (From MELLANBY[1].)

plays an important part. It may be that when this vitamin is deficient, rye alone occasionally caused the disease, but ergot is historically so closely connected with the Kriebelkrankheit that it seems impossible to deny that it was one of the principal factors in the production of this disease, perhaps only because it is richer in the toxic agent than is rye. In exceptional circumstances convulsive "ergotism" may have been produced without ergot. This seems indeed to have been the case in the remarkable epidemic which broke out in three Belgian prisons in October 1844, and is specially referred to by STOCKMAN in support of his view. It was reported very fully by VLEMINCKX[2]; on account of the failure of the potato crop the prison diet was restricted almost entirely to cereals and buckwheat. The outbreak occurred soon after the change over, when each prisoner received a daily ration of 1 kg. bread and in addition only soup thickened with cereals. HIRSCH is in error when he refers this epidemic to the mixed type; there is no mention at all of gangrene; the symptoms were quite typical of con-

[1] MELLANBY, E.: Cit. p. 207 (book).
[2] VLEMINCKX: Bull. Acad. Méd. Belg. 5, 410 (1846).

vulsive ergotism. For a time there were at Brussels 100 to 160 cases in hospital; those who received rye bread only and wheat bread only were equally affected. Out of 288 patients 33 died and two post mortem examinations showed lesions of the spinal cord. Many survivors suffered permanent damage to their nervous system. Thus there is little doubt as to the nature of the disease. The peculiar feature is that at Brussels and at Namur little or no ergot was found in the rye, and this cereal, as well as wheat, was exculpated in the discussion in the Academy of Medicine. The prison authorities at Ghent incriminated the rye and oats used for making soup.

It seems then that this outbreak was one of cereal poisoning by a diet obviously wanting in vitamin-A. The epidemic was unique in not involving ergot; a study of the numerous contemporary accounts of the Kriebelkrankheit in Germany and Scandinavia during four centuries leads to the irresistable conclusion that ergot may be very much more toxic than rye and that it was practically always the determining cause. Presumably it contains the same poison as rye but in greater and varying amount. If it is already present in rye it cannot be an alkaloid and this also follows directly from the work of Mellanby. It must be some substance of general biochemical importance; according to Stockman it is phytic acid, although his evidence of the toxic nature of this substance was obtained more in relation to lathyrism, where the microscopic picture of the nervous lesions was so similar to that produced in what he regarded as experimental "ergotism", that he did not describe the latter separately. The symptoms of these two diseases are however by no means identical and Stockman's description of "ergotism" in monkeys does not correspond very closely to those of the disease in man. Perhaps on account of differences in the nervous system no close correspondence can be expected. Mellanby, after discussing in detail the lesions produced by ergot feeding in puppies deprived of vitamin-A, concludes that "sufficient is known to allow the deduction that the disease as it occurs in man is essentially the same as the disease produced experimentally in animals. One difference, however, in the lesions in the central nervous system seems outstanding, namely that in dogs with convulsive ergotism the descending fibres or at least the crossed pyramidal fibres seem to escape for the most part, while in man, according to Buzzard and Greenfield[1], degenerative changes occur in these tracts. Apart from these differences, the diseases are similar, both in the behaviour of the dogs and men and in the central and peripheral degenerative changes in the nerves."

In order to support Mellanby's hypothesis of the aetiology of convulsive ergotism, it is necessary to show the relative deficiency of the vitamin in German sufferers of the disease, in comparison with the French, and further to compare the quantities of ergot required to produce the two types of disease. The main source of vitamin-A is dairy produce, and as a result of climate and soil, there is more pasture in France than in Germany. Tessier[2], who visited the Sologne (south of Orleans) because gangrenous ergotism was almost endemic there, reported that the district was well supplied with cattle. The reverse was the case in German districts especially subject to convulsive ergotism. Wichmann[3], in describing the country round Celle in Hanover, after the epidemic of 1770—71, stated that the affected districts were barren sandy heaths. Apart from buck-

[1] Buzzard, E. Farquhar, and J. Godwin Greenfield: Pathology of the Nervous System, London, 1921.

[2] Tessier, l'Abbé H. A.: Mém. Soc. roy. Méd. Paris **1776**, 324; see also ibid. pp. 61, 417 and 587; further Traité des maladies des grains, Paris **1783**, 21—188.

[3] Wichmann, J. E.: Cit. p. 218.

wheat, honey and *very little milk*, or *none at all*, the sole food of the peasants was rye. Buckwheat is not harvested until the late autumn, and since food supplies were often exhausted at the time of the rye harvest (late July or early August) the grain which fell out during harvesting (Krümmelkorn) was milled immediately; it was especially rich in ergot, since the ergot becomes detached more readily than the rye grain. "Since the buckwheat had not yet been harvested, there remained, besides some fruit and vegetables, nothing, absolutely nothing, with which to maintain life, except rye, although the various foods made from it bore different names" (WICHMANN). This almost exclusive use of the new rye explains the sudden outbreaks of ergotism immediately after the harvest. Ignorance and obstinacy played a part, but the poor peasant could not afford to waste anything. WICHMANN's patients had little or no milk, and used honey instead of butter. Milk and butter were repeatedly mentioned as remedies against convulsive ergotism. Already in 1597 the Marburg faculty[1] advised the use of "good fresh eggs and butter" (eggs are also rich in vitamin-A). GRUNER[1], who re-edited the MARBURG account almost two centuries later, confirms this opinion in a footnote. The Royal College of Physicians of Copenhagen, in replying in 1772 to practitioners in Schleswig-Holstein[2], advised butter and bacon.

Even better evidence than is supplied by these opinions, evidence having almost the value of a control experiment, is furnished in an account of a Hanoverian epidemic, by A. HENSLER, printed by TRAUBE (p. 860). In 1767 the author was called to a family of eight, all of whom were suffering from convulsive ergotism; there was much ergot in the rye from all the fields of the village, yet no other family was attacked. On enquiry, HENSLER learned that his patients alone had been deprived of milk and butter owing to their cow having died; the frugal housewife had not even supplied the small amount of bacon usual during the harvest. The convulsions exceptionally present in the gangrenous epidemic of 1749 and 1750 near Lille may have been due to a great mortality of cattle a year or two earlier, mentioned by BOUCHER[3]. HENSLER states that he never observed the disease in the fens (Marsch) a grazing country, but only on the higher ground (Geest). Here it was much rarer in the fertile districts than on sandy heaths, and in the latter much less common among farmers than among labourers and cottagers. The farmers, especially the "Marschbauer," were amply supplied with meat, bacon and milk; not so the labourers, who could only buy bad rye from the miller. A deficiency of vitamin-A is liable to occur in the dietary of institutions, and this would explain the repeated outbreaks of convulsive ergotism in orphanages; Heidelberg 1589(?), Turin (1789), Milan (1795), Braunsdorf in Saxony (1832) as well as in prisons: Treves (1801), New York (1825), Belgium (1844).

Finally it should be mentioned that TAUBE and HENSLER laid great stress on the heavy infection of their patients by round worms (*Ascaris*). They both devoted a separate section to this subject (TAUBE's book, pp. 131—141 and 874—875). It is significant in this connection that HIRAISHI[4] quite failed to infect young pigs with *Ascaris*, unless they were kept on a diet deficient in vitamin-A, when he succeeded in every case. Sir EDWARD MELLANBY also noted a large number of round worms in his dogs deprived of vitamin-A (private communication).

---

[1] GRUNER, C. G.: Cit. p. 217.

[2] Schleswig-Holsteinsche Physici: Berichte und Bedenken, die Kriebelkrankheit betreffend etc. Kopenhagen 1772. pp. 140.

[3] BOUCHER: Cit. p. 199.

[4] HIRAISHI, T.: Arch. Schiffs- u. Tropenhyg. **33**, 519 (1928).

If a deficiency of vitamin-A is a factor in producing convulsive ergotism, it is still not clear why there was practically no gangrene in Germany. It is conceivable that a quantity of ergot, owing to its content of an unknown (non-alkaloidal?) substance, was sufficient to produce fatal convulsive ergotism, when the alkaloids in this quantity were insufficient to produce even slight gangrene. There is some evidence that more ergot was required to cause gangrene than to cause convulsions, but the absence of gangrene in Germany still presents a problem; the absence of convulsions in France is more intelligible. It might be that French ergot, like the Spanish, contained more ergotoxine than the German; yet the large quantities of ergot often consumed in Germany, would contain enough alkaloid ultimately to cause gangrene; instead such large quantities rapidly produced convulsions; it would almost seem as if the onset of convulsions prevented gangrene (because the patient no longer ate much ergot?, an unlikely change of diet).

No precise data are available concerning the proportion of ergot in the rye of the Sologne. NOËL[1] mentions one quarter; READ[2] considers that one eighth would in the long run produce giddiness, nausea and spasmodic movements, whilst one quarter or even less, might produce gangrene. JANSON[3] states that in 1814 bread baked in Dauphiné and the department of the Isère contained 35—50% of ergot.

In epidemics of convulsive ergotism the amount was generally less. WICHMANN[4], HEUSINGER[5], SPOOF[6] place it as a rule at 10—12%; in Finland, according to SPOOF it varied from 4 or 5 to 33%. In Brunswick (1854—1856) it was 3 to 4.5% by accurate weighing. In Saxony two deaths from convulsive ergotism were recorded in 1867 after eating bread, baked from grain containing 6 to 7% of ergot, for only five days; both victims were 16 years of age; adults survived. In the extensive epidemic of 1879 in Hessen, there was only 2% of ergot in the rye, yet there were numerous deaths from convulsive ergotism. In the Russian epidemic of 1926 the proportion of ergot in the rye varied with the district from 1 to 26.7% by weight. In winnowed grain it was 1.12%, in grain taken from mills 0.56 to 2.4%. The correlation of grain inspection and medical statistics showed that the disease occurred when there was 1% of ergot in the rye, and that 7% caused fatal poisoning. At Manchester in 1927 the rye (from Yorkshire) contained 0.9% of ergot by handpicking, 1.5% by colorimetric analysis. GADDUM found 0.01% alkaloid by pharmacological means.

If we can draw any conclusion from these figures, it would be that 1% of ergot is enough to produce mild ergotism, including formication (Russia, Manchester) and that something like 7% (Russia, Saxony) or even a good deal less (Hessen) may result in fatal convulsions. An epidemic of gangrene would require a much higher ergot content. This difference between the amount required for the two types would explain why, with advancing civilisation nervous ergotism disappeared more slowly, since its elimination required more thorough cleansing of the grain than was necessary with the gangrenous type. It is not clear why the very high ergot content, occasionally met with in Germany, Scandinavia and Russia, did not produce gangrene; possibly it was that the victims died from convulsions before gangrene could develop. It is quite clear from sporadic cases in the 19th century, that violent convulsions may develop within a few days, (even as little as two), after the first eating of ergotised bread. It seems that the onset of gangrene was much slower, and also much less regular. Convulsive

[1] NOËL: Cit. p. 204. [2] READ: Traité du seigle ergoté. Strasbourg 1771; Metz 1774. pp. 93.
[3] JANSON, L.: Cit. p. 200. [4] WICHMANN, J. E.: Cit. p. 218.
[5] HEUSINGER, Th. O.: Cit. p. 203. [6] SPOOF, A. R.: Cit. p. 204.

ergotism affected the members of a family with such uniformity that it was at one time considered to be infectious; there are many records of every member being attacked, occasionally entire families were wiped out. There is much more variation in the case of the gangrenous type and pronounced idiosyncrasy has also been revealed by ergotamine therapy. These contrasts between the two types are shown by two sporadic outbreaks of ergotism in successive years in Savoy, about which BONJEAN[1] has supplied accurate data. A family in Haute Savoie ate in three days (Nov. 16th—18th, 1843) 8600 g. of bread containing 14% of ergot; on the average each member therefore consumed 133 g. of ergot. The father, the mother and all the seven children suffered from severe convulsions for a month. The second outbreak affected a family near Chambéry in November 1844; its eight members consumed 960 g. of ergot in three weeks. A boy of 10 years of age had both legs amputated and died; another child (one of twins) lost one leg; the parents and the four other children were but little affected. BONJEAN estimated that the dead child had consumed altogether 125 g. of ergot (in three weeks), about the same amount as produced convulsive ergotism (in three days). We would tentatively explain the absence of convulsions near Chambéry by an adequate supply of milk. The absence of gangrene in the other family would be due to the short period during which ergot was consumed, but a comparison of these two outbreaks illustrates the difficulties involved in a complete understanding of the aetiology of the two types. The children mentioned by BONJEAN as suffering from gangrene would have consumed 6 g. of ergot per day, possibly therefore 6 or more nearly 3 mg. of ergotoxine, of which perhaps only 2 or 1 mg. were absorbed, which is of the same order of magnitude as has been observed to cause gangrene in occasional cases of ergotamine therapy. These clinical cases seem however always to involve a lowered resistance or an idiosyncrasy. Nervous ergotism would be prevented in hospitals by an adequate supply of vitamin-A.

History of Gangrenous Ergotism. ST. ANTHONY's fire of the middle ages was first identified as gangrenous ergotism by SAUVAGES[2], and eight years later JUSSIEU, PAULET, SAILLANT and TESSIER[3] gave a fairly comprehensive history with quotations from the chronicles. At the same time SAILLANT[4] contributed a less detailed history of the convulsive variety which was afterwards treated very fully by TAUBE[5]. BALDINGER[6] supplied its first accurate bibliography. These writers were personally well acquainted with the disease; owing to the lack of first hand knowledge some confusion crept into later epidemiologies, until FUCHS'[7] admirable monograph on gangrenous ergotism gave copious quotations from original sources; his enthusiasm made him include a few epidemics of doubtful nature. Convulsive ergotism was more particularly dealt with by HECKER[8].

[1] BONJEAN, J.: Traité théorique et pratique de l'ergot de seigle etc. Paris, Lyon et Turin 1845. pp. 320.

[2] SAUVAGES, F. BOISSIER DE: Nosologia methodica. Amstelodami 1768. Tome I, 554, 569; tome II, 623.

[3] DE JUSSIEU, PAULET, SAILLANT et L'ABBÉ TESSIER: Recherches sur le feu Saint-Antoine. Mém. Soc. roy. Méd. Année 1776, 260—302.

[4] SAILLANT: Recherches sur la maladie convulsive épidémique, attribuée . . . à l'Ergot, et confundue avec la Gangrène sèche des Solognots. Mém. Soc. roy. Méd. Année 1776, 303—311

[5] TAUBE, J.: Cit. p. 218 in text.

[6] BALDINGER, E. G.: Mutterkorn und Kriebelkrankheit. Baldinger's neues Mag. f. Aerzte **15**, 289 (1793).

[7] FUCHS, C. H.: Das heilige Feuer des Mittelalters. Hecker's wissensch. Ann. d. ges. Heilk. **28**, 1 (1834).

[8] HECKER, J. F. C.: Geschichte der neueren Heilkunde. Berlin 1839. XIII. Kriebelkrankheit und Mutterkornbrand. 287—349.

The brief account of HIRSCH[1] is valuable for its full list of epidemics, with references to the original authorities. KOBERT's[2] historical study is mainly an (unsuccessful?) attempt to show that ergotism occurred among the Ancients, a view not shared by HUSEMANN[3]. EHLERS'[4] small book on the history of ergotism became readily accessible in a French translation; its author did not differentiate sufficiently between the two types of the disease and seems to have relied mainly on other compilations; he however collected some information about early Scandinavian epidemics.

In spite of KOBERT's arguments, there seems to be no valid evidence that ergotism occurred in ancient times; its occurrence is already unlikely from the fact that rye, the bread corn of the Teutons, was not introduced into Southern Europe until the Christian era and even now is much less cultivated there than wheat.

The chronicles of the 11th and 12th centuries, particularly in France, mention epidemics of a disease which they call fire, often "holy fire", which in the 13th century became associated with ST. ANTHONY and ST. MARTIAL, and was also known as *ignis Beatae Virginis, invisibilis* or *infernalis.* References to it became rarer, and ceased in the 14th century; in the 18th it was identified as gangrenous ergotism. The name *ignis sacer* had already been used in classical times for an entirely different (skin) disease and in the 14th and later centuries was a synonym for anthrax. The identification of references to ergotism in medieval writings depends not on the name, but on the symptoms. The earliest is in the Annales Xantenses for the year 857: "Plaga magna vesicarum turgentium grassatur in populo, ita ut membra dissoluta ante mortem deciderent.[5]" These annals are so called because they describe in detail the sack of the church of Xanten, near the lower Rhine, by the Norsemen in 863. The epidemic probably raged in that neighbourhood. A plague "of fire" took place in and around Paris in 945. Some half a dozen chronicles mention a violent outbreak in Aquitaine and Limousin in 994; after an extremely severe winter followed a great drought and scarcity; "ignis scilicet occultus, qui quodcumque membrorum arripuisset, exurendo truncabat à corpore[6]."

An epidemic in 1089 started near Orleans in the middle of August, in Flanders a fortnight later, apparently in both regions very soon after the harvest; it also visited Lorraine, where (exceptionally) nervous systems were also recorded: "Anno MLXXXIX ... Annus pestilens, maximé in occidentali parte Lotharingiae, ubi multi sacro igne interiora consumente computrescentes, exesis membris instar carbonum nigrescentibus, aut miserabiliter moriuntur, aut manibus ac pedibus putrefactis truncati, miserabiliori vitae reservantur, multi verò nervorum contractione distorti tormentantur[7]."

During the twelfth century the holy fire became associated with the order of ST. ANTHONY, founded in 1093 near Vienne in Dauphiné. A graphic description

[1] HIRSCH, A.: Handbuch der historisch-geographischen Pathologie. 2. Auflage. Stuttgart 1883. Ergotismus. 140—150.

[2] KOBERT, R.: Histor. Stud. a. d. pharmakol. Inst. d. kaiserl. Univ. Dorpat. I, 1—47. Halle a. S. 1889. Janus **4**, 240, 289 (1899).

[3] HUSEMANN, TH.: Ergotismus in: M. Neuburger u. J. Pagel's Handbuch der Geschichte der Medizin **2**, 916—925. Jena 1903.

[4] EHLERS, E.: Ignis sacer et Sancti Antonii. Kjøbenhavn 1895. Transl. as L'ergotisme, Ignis sacer, Ignis Sancti Antonii in the series Encyclopédie scientifique des aide-mémoire. Paris N.D. (1896 or 1897.)

[5] Monumenta Germaniae historiae, edidit G. H. PERTZ. Scriptorum II, 230.

[6] Glabri Rodulphi Historiarum liber II, cap. VII, in Bouquet: Recueil des historiens des Gaules et de la France. X, 20.

[7] Chronographia Sigeberti Gemblacencis. Bouquet XIII, 259.

of a visit to this shrine in 1200 is contained in the life of HUGH OF AVALON, bishop of Lincoln: "Vidimus enim juvenes et virgines, senes cum junioribus, per sanctum Dei Antonium salvatos ab igne sacro, semiustis carnibus, consumptisque ossibus, variisque mutilatos artuum compagibus, ita in dimidiis viventes corporibus, ut quasi integra viderentur incolumitate gaudentes.[1]" The chief virtue of the hospital must have consisted in wholesome food.

One of the last extensive epidemics occurred near Soissons, Chartres, Paris, Cambrai, etc. in 1128—1129. Many sufferers came to the church of St. Mary of Soissons "... ita ut intra quindecim dies centum et tres nominatim ab hoc igne restinguerentur, et tres puellae distortae sanitati redderentur.[2]" From this it would appear that while nervous ergotism was not entirely absent, it was indeed rare, compared with the gangrenous.

Another contemporary record of the association of ergotism with the saint is reproduced in the accompanying figures, representing still extant 15th century

Fig. 51.

Fig. 52.

Fig. 51 and 52. Mural paintings (15th century) in the chapel of St. Anthony at Waltalingen near Zürich, showing the loss of a foot through gangrenous ergotism (fig. 51) and contractures of hands and feet resulting from the convulsive variety (fig. 52). (From DURRER[3].)

mural paintings in the chapel of St. Anthony at Waltalingen, near Stammheim, north of Zürich[3]. The one clearly refers to gangrenous ergotism; the other almost certainly reproduces the contractures resulting from the nervous type (especially the left hand of the figure on the right).

To my mind there is no entirely clear explanation why practically no German or English medieval records of gangrenous ergotism have come to light. It may be that a search in the Monumenta Germaniae historiae (PERTZ), for the most part published since FUCHS wrote his monograph, might reveal some epidemics, but the search of this enormous series is rendered laborious by the absence of a subject index, such as is contained in the volumes of the corresponding French series (BOUQUET). I have only found one probable reference, in the annals of Meissen 1486: "Grassatus est novus et inauditus in his terris morbus, quem nautae Saxonici dicant, Den Schorbock: . . . sequitur membri affecti mortificatio, quam

[1] Magna vita S. Hugonis episcopi Lincolniensis ed. J. F. Dimock, Rolls series no 37, p. 308.

[2] Alterius Roberti appendix ad Sigebertum. Bouquet XIII, 328; Pertz VI, 475; Howlett, Rolls series No. 82.

[3] From DURRER, R.: Mitt. d. antiquar. Ges. in Zürich **24**, 233 (1898).

siderationem nostri, Graeci σφακελὸν dicunt, ultimum gangraenae malum: nam caro de ossibus defluit . . . Fuit idem morbus contagiosus.[1]" The confusion with scurvy and the supposed infectious nature of the disease both apply to later German descriptions of convulsive ergotism.

Our modern knowledge of gangrenous ergotism starts with a letter written by DODART[2] to the French Academy of Sciences, who had asked him to report on a disease in the Sologne, a district south of Orleans, at that time marshy and infertile. From enquiries on the spot and from animal experiments it was established that the disease was due to ergot (so-called from its resemblance to a cock's spur). In some years the ergot was without harmful effects, in others, when a hot summer followed a wet spring, it was poisonous, especially when fresh. After DODART the cause of gangrenous ergotism was never in doubt, but in Germany ergot was exculpated by some physicians until the end of the 18th century, presumably because another factor (vitamin-A deficiency) complicated the question. Among French accounts of the 18th century we may mention that of NOËL[3], a physician of the Orleans hospital, and particularly the memoires by TESSIER[4] on the Sologne, where gangrenous ergotism was almost endemic. Small outbreaks in the 19th century were referred to on p. 200. The small Swiss epidemic described by LANG[5] was essentially gangrenous, and ergotism of this type due to barley among a poor Kabyl population in Algeria was recorded as late as 1898 by LEGRAIN[6]. The sporadic English outbreak of 1762 is unique (see p. 199).

Convulsive Ergotism emerges rather suddenly in Germany towards the end of the 16th century. Some writers have identified the "scurvy," attributed by DODONAEUS[7] to the importation of diseased rye from Prussia into Brabant in 1556, with convulsive ergotism, but the writings of this botanist do not mention the striking symptoms of the disease. No such doubt is however attached to the nature of the "new and unheard of" disease which, according to RONSSEUS[8], broke out in many villages of the Duchy of Lüneburg in August 1581. The symptoms were entirely typical of severe convulsive ergotism, known to have visited the same district in later times. To RONSSEUS the disease was unknown, and he does not mention the word Kriebelkrankheit, so that this epidemic escaped the attention of TAUBE. The Silesian naturalist SCHWENCKFELT[9] in 1603 mentioned a new disease, "das Kromme," resulting from bread baked from rye which had been infested by "some baneful manna or poisonous dew" (the *Sphacelia* stage of ergot). This epidemic occurred some ten or fifteen years earlier on the northern slope of the Riesengebirge. It is remarkable that the same author, in another work[10], had three years earlier given one of the first descriptions of the ergot sclerotium and mentioned its styptic, but not its poisonous properties. The latter were only recognised in Germany a century later, and not universally admitted until after the lapse of a second century.

---

[1] Annales urbis Misnae 1486, in: G. FABRICIUS: Rerum Germaniae magnae et Saxoniae . . . Memorabilium volumina duo. Leipzig 1609. II, 71.

[2] Lettre de M. DODART etc.: Journ. d. Sçavans, 16. mars 1676. Amsterdam 1677. 79—85.

[3] NOËL: Cit. p. 204. [4] TESSIER, H. A.: Cit. p. 210. [5] LANG, C. N.: Cit. p. 205.

[6] LEGRAIN, E.: Rev. d'Hyg. **20**, 300 (1898).

[7] DODONAEUS, R.: Medicinalium observationum exempla rara. Coloniae 1581. Caput XXXIII, De Scorbuto, p. 82. Cruydt-Boeck etc. Leyden 1608. pp. 878—880. Stirpium historiae pemptades sex. Antwerpiae 1616. p. 500.

[8] RONSSEUS, B.: Miscellanea seu Epistolae medicinales. Lugduni Batavorum 1590. Epistola 69. Reprinted in Joannis Schenckii Observationum medicarum rariorum libri VII. Francofurti 1665. Liber VI. Observatio II, p. 830; also in: SENNERTUS, DANIEL: De scorbuto tractatus. Wittebergae 1624. pp. 231—298.

[9] SCHWENCKFELT, CASPAR: Theriotropheum Silesiae. Lignicii 1603. p. 334.

[10] SCHWENCKFELT, CASPAR: Stirpium et fossilium Silesiae. Lipsiae 1600. p. 338.

The best known of the early records of convulsive ergotism is the description by the Marburg medical faculty of a severe outbreak during 1596 and 1597 in Hessen and Westphalia: Von einer ungewöhnlichen, unnd bisz anhero in diesen Landen unbekannten, gifftigen, ansteckenden Schwacheit, welche der gemeyne Mann dieser ort in Hessen, die Kribelkranckheit, Krimpffsucht oder ziehende Seuche nennet ... durch die Professores Facultatis Medicae der Universitet zu Marpurg in Hessen, Marpurg, 1597. For the third time within a few years the disease was described as new. The uniformity of its effects on a population living on the same diet led to the belief that it was infectious. The first popular name refers to formication, the other two to the convulsions. The original is now very rare. A Latin translation was published by HORST[1]; this was freely retranslated into German by LEISNER[2]; the original text with valuable introduction and notes was reprinted by GRUNER[3] (1793); considerable extracts were also reprinted by WICHMANN[4] (1799). The Marburg physicians attribute the disease to bad food in general and recommend "good fresh eggs and butter" as preventives. Subsequent descriptions of German epidemics in the 17th century refer to a kind of scurvy ("Schorbock" or "Scharbock"); its identity with convulsive ergotism is certain. In their respective treatises on scurvy REUSNER[5] describes the Marburg epidemic of 1596—1597, SENNERTUS[6] quotes RONSSEUS' letter on the Lüneburg epidemic of 1581, DRAWITZ[7] wrote of "affectus scorbutico-spasmodicus" or "scharbockische Kriebelkrankheit." SENNERTUS, in another book[8], wrote of the "Kriebelkrankheit,"as febris maligna cum spasmo and evidently based his descriptions on that of the Marburg faculty. Besides these names of the 17th century the other appellations of convulsive ergotism may be classified as (a) referring to the sensus formicationis: Kriebelkrankheit, Kriebelsucht, Kribbel-, Krabel-, Gribbel-, Grübelkrankheit (b) referring to spasms and convulsions: morbus spasmodicus vagus, morbus epidemicus convulsivus, morbus rigidus, opisthotonus daemoniacus; Krimpfsucht, Krampfsouche, Krampfsucht; das Kromme, krumme Krankheit, krumme Jammer, Krümmer; das Steiffe, Steifenuss, steiffe Krankheit, Steiffkrampf; ziehende Seuche (Swedish Dragsjuka), ziehender Krampf, Ziehekrankheit, zusammenziehende Seuche, das Reiszen; (c) referring to nervous symptoms: Nervenkrankheit, Grimmsucht (mental derangement?), (d) aetiological: convulsio cerealis, Kornstaupe, Schwerenotskrankheit, Bauernkrankheit; raphania (this latter on account of the erroneous view expressed in a dissertation under LINNAEUS[9], that *Raphanus* seeds were the cause).

The disease did not really attract much attention until an outbreak in Holstein and in Saxony in 1717; one of the numerous writers on this epidemic still speaks of the "rare disease" of which few have heard and which still fewer have seen. During a Pommeranian epidemic of 1722—1723 ergot was fully recognised as the

[1] HORST, GREGOR: Opera medica. Tom. II. Goudae 1661. pp. 117 and 444.

[2] LEISNER, GEORGIUS: Spasmus malignus etc. Plauen 1676. (Quoted from Gruner.)

[3] GRUNER, C. G.: De convulsione cereali epidemica, novi morbi genere, Facultatis medicae Marburgensis responsum etc. Jenae 1793.

[4] WICHMANN, J. E.: Cit. p. 218.

[5] REUSNER, H.: ... liber de scorbuto. Francofurti 1600. p. 71.

[6] See under RONSSEUS, B.: Cit. p. 216.

[7] DRAWITZ, J.: Unterricht vom schmertz-machendem Scharbock. Leipzig 1647. Titulis II, pp. 72—158.

[8] SENNERTUS, DANIEL: Opera omnia. Parisiis 1641. Tomus II, p. 751. Doctor D. SENNERTUS, of Agues and Fevers ... made English by N. D. B. M. London 1658. chap. XVI, p. 114.

[9] LINNÉ, CAR. v. *praes.*: Raphania, quam ... proposuit G. ROTHMAN. Upsaliae 1763. Reprinted in Car. à Linné Amoenitates academicae. Holmiae 1763. VI, 430—451.

cause, and the Prussian government exchanged the bad rye for sound grain. The last great epidemic of convulsive ergotism in Western Europe started soon after the harvest in August 1770 (at the same time as an outbreak of the gangrenous type in several parts of France). Parts of Hanover, Prussia, Holstein and Sweden were affected. Much the most important account is by Johann Taube (1727—99) a Hanoverian court physician: Die Geschichte der Kriebel-Krankheit besonders derjenigen, welche in den Jahren 1770 und 1771 in den Zellischen Gegenden gewütet hat. Göttingen 1782. He abstracted nearly all German writers on the subject and gave his own careful description of the disease, together with what was then known about ergot. The bulk of the work is made up of numerous detailed reports on patients in hospital and there is an appendix consisting of eight accounts by neighbouring colleagues. The winter of 1769—1770 was not continuously severe; the spring was late, in June there was much cold and mist, particularly during the flowering of the rye, and then after heavy rain, followed a period of great heat and drought. It would appear that June greatly favoured the spreading of ergot, and that the great heat made the ripe ergot particularly toxic, but only in particular villages. In December a few cases occurred in the town of Celle as a result of importation of rye from an affected village; in February 1771 a violent outbreak followed in a village previously free, after the threshing of rye from an infected locality. Next in importance to Taube's account is that of his friend and colleague Wichmann[1], who gives interesting information about the diet of the peasants. Numerous other publications of the time are mainly of interest in showing that even at that late period a belief in the poisonous qualities of ergot was far from universal, probably because these qualities were much more pronounced in some places than others. Thus R. A. Vogel wrote a Schutzschrift für das Mutterkorn als einer angeblichen Ursache der sogenannten Kriebelkrankheit, Göttingen 1771, and even many authors who dealt with local epidemics failed to recognise ergot as the cause. As late as 1800 a pamphlet appeared exculpating ergot. The great diminution of ergotism after 1772 was due to various causes. The cleaning of grain became general, partly through governmental action (in Austria after 1812 insufficiently cleaned grain was confiscated). Further improvements in agriculture, particularly by drainage (notably in the Sologne) made ergot less common. Finally two American plants yielded a subsidiary food supply: the cultivation of the potato was greatly extended after the famine of 1770—1771, and in the south maize later fulfilled the same function. For references to German epidemics in the 19th century see Cushny, pp. 1328 to 1329; additional good accounts are by the Wagners, uncle[2] and nephew[3].

Some ten Swedish epidemics have been recorded from 1745—1867, nearly all in the south. Ergotized barley was often responsible. In Finland the disease occurred sporadically or epidemically almost in every year between 1836 and 1871; there is a monograph by Spoof[4]. For earlier Russian epidemics see Kobert[5] and Grünfeld[6], for later ones Bechterew[7], Kolossow[8] and Rojdestvensky[9]. An outbreak of ergotism in three Belgian prisons in October 1844 was described on pp. 209 and 210.

[1] Wichmann, J. E.: Beytrag zur Geschichte der Kribelkrankheit im Jahre 1770. Leipzig und Zelle 1771. (pp. 78.) Reprinted in the author's Kleine medicinische Schriften. Hannover 1799. pp. 63—112. See also his Ideen zur Diagnostik. Bd. I. 2. Auflage. Hannover 1800.

[2] Wagner, Kreisphysikus Dr.: Beobachtungen der Kriebelkrankheit im Jahre 1831. Hufeland's Journ. d. prakt. Heilk. **73**, 3 (1831); **74**, 71 (1832).

[3] Wagner, Aem. A.: De convulsione cereali, adnexa morbi historia. Diss. Berolini 1833.

[4] Spoof, A. R.: Cit. p. 204.

[5] Kobert, R: Cit. p. 214.

[6] Grünfeld, A.: Cit. p. 203.

[7] Bechterew, W. von: Cit. p. 202.

[8] Kolossow, G. A.: Cit. p. 203.

[9] Rojdestvensky, N. A.: Cit. p. 204.

Ergot in Public Health. Detection. Attempts by public authorities to prevent ergotism were made in Germany from 1722 onwards, much earlier than in France. On 24th Sept. 1770 the government of Hessen issued a warning, with orders to clean the grain, to be promulgated by public crier. HEBENSTREIT[1] mentions preventive ordinances in Saxony, said to have been the best of their kind. Later such regulations appear to have lapsed; they are not mentioned by THIEME[2] in a recent paper written under official auspices. The amount of ergot permissible in flour seems to be 0.1 or 0.15%; this amount can still be detected by the better chemical and histological methods; a limit lower than 0.1% cannot be enforced, since rural mills in Germany constantly produce flour with this amount of ergot or more, and 0.1% is often also present in American flour. The proportion of ergot in threshed grain may be much larger, because modern methods of screening and milling readily reduce it to one fifteenth or one thirtieth of the original. For methods of detection in flour see THIEME. It is best to begin by concentrating the ergot particles by a flotation method. These particles remain in suspension in a chloroform-alcohol mixture of density 1.435, with which the flour is shaken. After pouring off the suspension from the particles which have settled, the ergot can be precipitated by diluting the mixture with more alcohol. For chemical recognition the ergot particles (or the white flour) are extracted with ether containing sulphuric acid, which removes the red colouring matter sclererythrin. The ether is then shaken with a little saturated sodium bicarbonate solution, which latter becomes purple, if ergot is present (HILGER[3], OKOLOFF[4]). The absorption spectrum of sclererythrin has two characteristic bands, which may be used to obtain greater delicacy (TSCHIRCH[5]). The histological method for the recognition of ergot was later preferred to the chemical by GRUBER[6], SPAETH[7], THIEME and others; by this means THIEME could detect as little as 0.005% of ergot in flour. For further details in this and other points consult G. BARGER, Ergot and Ergotism, a Monograph. London 1931.

Here I wish to thank Sir HENRX DALE for much advice, criticism and the reading of several sections of the manuscript; also Dr. A. C. WHITE, of the Wellcome Physiological Research Laboratories, Beckenham, for having allowed me to publish numerous observations, as yet unpublished by him. The literature has generally been considered up to the end of 1937, but a few later results are mentioned in the addendum.

Addendum.

To pp. 87 and 97. The crystallographic study of addition compounds of ergotamine and ergotaminine, referred to on p. 97, has been extended by KOFLER[8] to ergotinine, ergotoxine and sensibamine, as well as to ergosine, ergosinine and their additive compounds with solvents. A third paper deals with the molecular

[1] HEBENSTREIT, E. B. G.: Lehrsätze der medizinischen Polizeywissenschaft. Leipzig 1791. p. 38.

[2] THIEME, P.: Ueber Mutterkorn in Getreide, Mehl und Brot, seinen Nachweis und die Verhüttung von Mutterkornvergiftungen. Veröffentl. a. d. Gebiete d. Medizinalverwaltung **23**, 1930. (Reprint. of 53 pp.)

[3] HILGER, A.: Arch. Pharmaz. **223**, 828 (1885).

[4] OKOLOFF, F. S.: Z. Unters. Lebensmitt. **57**, 63 (1929).

[5] TSCHIRCH, A.: Handb. d. Pharmakognosie. III, 139—165. Leipzig 1923.

[6] GRUBER, MAX: Arch. f. Hyg. **24**, 228 (1895).

[7] SPAETH, E.: Pharmaz. Z.halle Dtschld **37**, 542 (1896).

[8] KOFLER, A.: Arch. Pharmaz. **275**, 455 (1937); **276**, 40, 61 (1938).

complexes formed from two alkaloids; all papers are illustrated by microphotographs. Some fourtens of these complexes are described; they all consist of a member of the inert ergotinine series with one of the potent ergotoxine series; no complexes consisting of two members of the same series have been encountered. The known complexes are crystallographically very similar, indeed isomorphous, so that they form mixed crystals; thus ergoclavine, whilst consisting principally of ergosine-ergosinine, may contain also the ergotamine-ergosinine complex. The

Fig. 53 a to d. Gangrene of the cock's comb resulting from injections of ergotamine tartrate; (a) before the first injection; gangrene set in after 51 mg. had been injected over a period of ten days and extended after a further final dose of 24 mg., making a total of 75 mg.; (d) terminal portions of the digitations have been shed. (From Dale and Spiro[1].)

complexes can be divided into two groups; some can be recrystallised from all the usual organic solvents, others only from chloroform, trichlorethylene or (occasionally) from benzene. The former group is typified by ergoclavine, the latter by sensibamine, which at once breaks up into its constituents on crystallisation from alcohol. The first group consists exclusively of complexes of ergosinine with all the five known potent alkaloids; apart from ergoclavine, the ergosinine-ergocristine complex may be mentioned, which was the form in which ergocristine was first recognised (see p. 86). The second group comprises complexes of ergotinine with ergotoxine, ergotamine and ergosine, of ergotaminine with

[1] Dale, H. H., u. K. Spiro: Cit. p. 106.

ergotoxine, ergotamine (= sensibamine), ergosine and ergocristine, of ergocristinine with ergotamine and ergocristine. No addition compound of ergometrinine has been observed, and only one of ergometrine (that with ergosinine), but the fourteen complexes mentioned may not exhaust the list.

To p. 88. JACOBS and CRAIG[1] have found that when ergotinine is completely hydrogenated catalytically and then hydrolysed, it yields as much isobutyryl-

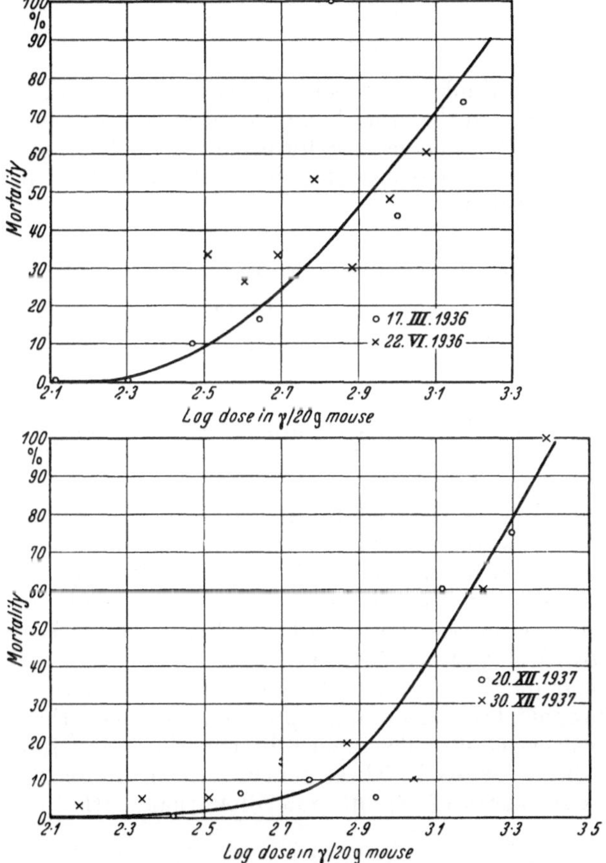

Fig. 54. Curves showing the toxicities of ergotoxine ethanesulphonate and of ergotamine tartrate to mice on intravenous injection. Abscissa logarithm of dose in γ/20 gr. mouse; ordinate percentage of each batch killed within 24 hours. In each case the circles relate to an earlier and the crosses to a later series of injections. In the lower curve diagram, of ergotamine tartrate, the circles refer to a specimen at least seven years old, which is seen to have undergone very little deterioration. A comparison of the two curves shows that of ergotoxine ethanesulphonate to be the more on the left, so that this salt is the more toxic. The curves have been drawn rather arbitrarily to fit the scattered points as well as possible; we can read of approximately the logarithm of the dose which might be expected to kill 50 per cent of mice injected. For ergotoxine ethanesulphonate this dose is 800 γ for a mouse of 20 gr., for ergotamine tartrate it is 1260 γ. (From Dr. A. C. WHITE, private communication.)

formic acid as without hydrogenation; no α-hydroxyvaleric acid is formed, so that ergotoxine contains no keto group and isobutyrylformic acid does not occur as such in the molecule (as represented by formula II on p. 88). Likewise pyruvic acid does not exist as such in ergotamine, for this alkaloid gives no colour reaction with sodium nitroprusside before hydrolysis. Hence the potential keto groups of the two acids must be represented by hydroxy groups (as in formula I on p. 88).

[1] JACOBS, W. A., and L. C. CRAIG: J. of biol. Chem. **122**, 419 (1938).

JACOBS and CRAIG consider this hydroxy group to belong to α-hydroxy-alanine (in ergotamine) and to α-hydroxyvaline (in ergotinine); they suggest the following constitution for the latter alkaloid:

```
                     ┌──────O──────┐
C15H15N2·CO·NH·C·CO·N              CO
               ·                   ·
               CH  /\CO·NH·CH·CH2·C6H5
              / \  |  |
             C   C  ‾‾
             H3  H3
```

They consider a diacyl amide (such as is represented by both formulae on p. 88) to be very improbable. On the other hand the formula of JACOBS and CRAIG does not seem to explain the pyrogenetic formation of isobutyrylformamide from ergotinine, which would become more intelligible if the proline and phenylalanine are interchanged as below:

```
                     ┌──────O──────┐
C15H15N2·CO·NH·C·CO·NH             CH
               ·      ·            ·
               CH     CH·CO·N<‾‾‾|
              / \     ·        ‾‾‾
             C   C    CH2
             H3  H3   C6H5
```

To p. 106. Since vol. II of this Handbook contains no good illustration of the effect of ergotoxine on the cock's comb, an example (relating to ergotamine) has been included here as fig. 53.

To p. 103. The curves referred to on this page are reproduced in fig. 54. The upper curve relates to ergotoxine ethanesulphonate and each point gives the percentage mortality within 24 hours of a group of 30 mice. The lower curve represents the toxicity of ergotamine tartrate and was obtained mostly with batches of 20 mice. Compare this Handbook, Ergänzungswerk Bd. IV, General Pharmacology by A. J. CLARK, Chap. 14.

To p. 135. MELVILLE[1] finds that after ergotamine both adrenaline and arterenol dilate the bronchioles; ergotamine appears to sensitise them to adrenaline. After ergotamine acetylcholine also induces bronchodilatation, provided the suprarenals have not been removed. These conclusions are more in agreement with the perfusion experiments of BAEHR and PICK than with the experiments of JACKSON.

---

[1] MELVILLE, K. L.: Arch. int. Pharmacod. **58**, 129 (1938).

Index of Subjects.

(BARGER: The Alkaloids of Ergot.)

Namenverzeichnis.

Sachverzeichnis.